第一推动丛书: 宇宙系列
The Cosmos Series

物理天文学前沿
The Physics-Astronomy Frontier

[英] F. 霍伊尔 [印] J. 纳里卡 著 何香涛 赵君亮 译
Fred Hoyle Jayant Narlikar

湖南科学技术出版社

THE
FIRST
MOVER

总序

《第一推动丛书》编委会

科学，特别是自然科学，最重要的目标之一，就是追寻科学本身的原动力，或曰追寻其第一推动。同时，科学的这种追求精神本身，又成为社会发展和人类进步的一种最基本的推动。

科学总是寻求发现和了解客观世界的新现象，研究和掌握新规律，总是在不懈地追求真理。科学是认真的、严谨的、实事求是的，同时，科学又是创造的。科学的最基本态度之一就是疑问，科学的最基本精神之一就是批判。

的确，科学活动，特别是自然科学活动，比起其他的人类活动来，其最基本特征就是不断进步。哪怕在其他方面倒退的时候，科学却总是进步着，即使是缓慢而艰难的进步。这表明，自然科学活动中包含着人类的最进步因素。

正是在这个意义上，科学堪称为人类进步的“第一推动”。

科学教育，特别是自然科学的教育，是提高人们素质的重要因素，是现代教育的一个核心。科学教育不仅使人获得生活和工作所需的知识和技能，更重要的是使人获得科学思想、科学精神、科学态度以及科学方法的熏陶和培养，使人获得非生物本能的智慧，获得非与生俱来的灵魂。可以这样说，没有科学的“教育”，只是培养信仰，而不是教育。没有受过科学教育的人，只能称为受过训练，而非受过教育。

正是在这个意义上，科学堪称为使人进化为现代人的“第一推动”。

近百年来，无数仁人志士意识到，强国富民再造中国离不开科学技术，他们为摆脱愚昧与无知做了艰苦卓绝的奋斗。中国的科学先贤们代代相传，不遗余力地为中国的进步献身于科学启蒙运动，以图完成国人的强国梦。然而可以说，这个目标远未达到。今日的中国需要新的科学启蒙，需要现代科学教育。只有全社会的人具备较高的科学素质，以科学的精神和思想、科学的态度和方法作为探讨和解决各类问题的共同基础和出发点，社会才能更好地向前发展和进步。因此，中国的进步离不开科学，是毋庸置疑的。

正是在这个意义上，似乎可以说，科学已被公认是中国进步所必不可少的推动。

然而，这并不意味着，科学的精神也同样地被公认和接受。虽然，科学已渗透到社会的各个领域和层面，科学的价值和地位也更高了，但是，毋庸讳言，在一定的范围内或某些特定时候，人们只是承认“科学是有用的”，只停留在对科学所带来的结果的接受和承认，而不是对科学的原动力——科学的精神的接受和承认。此种现象的存在也是不能忽视的。

科学的精神之一，是它自身就是自身的“第一推动”。也就是说，科学活动在原则上不隶属于服务于神学，不隶属于服务于儒学，科学活动在原则上也不隶属于服务于任何哲学。科学是超越宗教差别的，超越民族差别的，超越党派差别的，超越文化和地域差别的，科学是普适的、独立的，它自身就是自身的主宰。

湖南科学技术出版社精选了一批关于科学思想和科学精神的世界名著，请有关学者译成中文出版，其目的就是为了传播科学精神和科学思想，特别是自然科学的精神和思想，从而起到倡导科学精神，推动科技发展，对全民进行新的科学启蒙和科学教育的作用，为中国的进步做一点推动。丛书定名为“第一推动”，当然并非说其中每一册都是第一推动，但是可以肯定，蕴含在每一册中的科学的内容、观点、思想和精神，都会使你或多或少地更接近第一推动，或多或少地发现自身如何成为自身的主宰。

出版 30 年序
苹果与利剑

龚曙光

2022 年 10 月 12 日

从上次为这套丛书作序到今天，正好五年。

这五年，世界过得艰难而悲催！先是新冠病毒肆虐，后是俄乌冲突爆发，再是核战阴云笼罩……几乎猝不及防，人类沦陷在了接踵而至的灾难中。一方面，面对疫情人们寄望科学救助，结果是呼而未应；一方面，面对战争人们反对科技赋能，结果是拒而不止。科技像一柄利剑，以其造福与为祸的双刃，深深地刺伤了人们安宁平静的生活，以及对于人类文明的信心。

在此时点，我们再谈科学，再谈科普，心情难免忧郁而且纠结。尽管科学伦理是个古老问题，但当她不再是一个学术命题，而是一个生存难题时，我的确做不到无动于衷，漠然置之。欣赏科普的极端智慧和极致想象，如同欣赏那些伟大的思想和不朽的艺术，都需要一种相对安妥宁静的心境。相比于五年前，这种心境无疑已时过境迁。

然而，除了执拗地相信科学能拯救科学并且拯救人类，我们还能有其他的选择吗？我当然知道，科技从来都是一把双刃剑，但我相信，科普却永远是无害的，她就像一只坠落的苹果，一面是极端的智慧，一面是极致的想象。

我很怀念五年前作序时的心情，那是一种对科学的纯净信仰，对科普的纯粹审美。我愿意将这篇序言附录于后，以此纪念这套丛书出版发行的黄金岁月，以此呼唤科学技术和平发展的黄金时代。

出版 25 年序
一个坠落苹果的两面：
极端智慧与极致想象

龚曙光

2017 年 9 月 8 日凌晨于抱朴庐

连我们自己也很惊讶,《第一推动丛书》已经出了 25 年。

或许,因为全神贯注于每一本书的编辑和出版细节,反倒忽视了这套丛书的出版历程,忽视了自己头上的黑发渐染霜雪,忽视了团队编辑的老退新替,忽视了好些早年的读者已经成长为多个领域的栋梁。

对于一套丛书的出版而言,25 年的确是一段不短的历程;对于科学研究的进程而言,四分之一个世纪更是一部跨越式的历史。古人“洞中方七日,世上已千秋”的时间感,用来形容人类科学探求的日新月异,倒也恰当和准确。回头看看我们逐年出版的这些科普著作,许多当年的假设已经被证实,也有一些结论被证伪;许多当年的理论已经被孵化,也有一些发明被淘汰……

无论这些著作阐释的学科和学说属于以上所说的哪种状况,都本质地呈现了科学探索的旨趣与真相:科学永远是一个求真的过程,所谓的真理,都只是这一过程中的阶段性成果。论证被想象讪笑,结论被假设挑衅,人类以其最优越的物种秉赋——智慧,让锐利无比的理性之刃,和绚烂无比的想象之花相克相生,相否相成。在形形色色的生活中,似乎没有哪一个领域如同科学探索一样,既是一次次伟大的理性历险,又是一次次极致的感性审美。科学家们穷其毕生所奉献的,不仅仅是我们无法发现的科学结论,还是我们无法展开的绚丽想象。在我们难以感知的极小与极大世界中,没有他们记历这些伟大历险和极致审美的科普著作,我们不但永远无法洞悉我们赖以生存的世界的各种奥秘,无法领略我们难以抵达世界的各种美丽,更无法认知人类在找到真理和遭遇美景时的心路历程。在这个意义上,科普是人类极端智慧和极致审美的结晶，是物种独有的精神文本，是人类任何其他创造——神学、哲学、文学和艺术都无法替代的文明载体。

在神学家给出“我是谁”的结论后，整个人类，不仅仅是科学家，也包括庸常生活中的我们，都企图突破宗教教义的铁窗，自由探求世界的本质。于是，时间、物质和本源，成为了人类共同的终极探寻之地，成为了人类突破慵懒、挣脱琐碎、拒绝因袭的历险之旅。这一旅程中，引领着我们艰难而快乐前行的，是那一代又一代最伟大的科学家。他们是极端的智者和极致的幻想家，是真理的先知和审美的天使。

我曾有幸采访《时间简史》的作者史蒂芬·霍金，他痛苦地斜躺在轮椅上，用特制的语音器和我交谈。聆听着由他按击出的极其单调的金属般的音符，我确信，那个只留下萎缩的躯干和游丝一般生命气息的智者就是先知，就是上帝遣派给人类的孤独使者。倘若不是亲眼所见，你根本无法相信，那些深奥到极致而又浅白到极致，简练到极致而又美丽到极致的天书，竟是他蜷缩在轮椅上，用唯一能够动弹的手指，一个语音一个语音按击出来的。如果不是为了引导人类，你想象不出他人生此行还能有其他的目的。

无怪《时间简史》如此畅销！自出版始，每年都在中文图书的畅销榜上。其实何止《时间简史》，霍金的其他著作，《第一推动丛书》所遴选的其他作者的著作，25年来都在热销。据此我们相信，这些著作不仅属于某一代人，甚至不仅属于20世纪。只要人类仍在为时间、物质乃至本源的命题所困扰，只要人类仍在为求真与审美的本能所驱动，丛书中的著作便是永不过时的启蒙读本，永不熄灭的引领之光。

虽然著作中的某些假说会被否定，某些理论会被超越，但科学家们探求真理的精神，思考宇宙的智慧，感悟时空的审美，必将与日月同辉，成为人类进化中永不腐朽的历史界碑。

因而在 25 年这一时间节点上，我们合集再版这套丛书，便不只是为了纪念出版行为本身，更多的则是为了彰显这些著作的不朽，为了向新的时代和新的读者告白：21 世纪不仅需要科学的功利，还需要科学的审美。

当然，我们深知，并非所有的发现都为人类带来福祉，并非所有的创造都为世界带来安宁。在科学仍在为政治集团和经济集团所利用，甚至垄断的时代，初衷与结果悖反、无辜与有罪并存的科学公案屡见不鲜。对于科学可能带来的负能量，只能由了解科技的公民用群体的意愿抑制和抵消：选择推进人类进化的科学方向，选择造福人类生存的科学发现，是每个现代公民对自己，也是对物种应当肩负的一份责任、应该表达的一种诉求！在这一理解上，我们不但将科普阅读视为一种个人爱好，而且视为一种公共使命！

牛顿站在苹果树下，在苹果坠落的那一刹那，他的顿悟一定不只包含了对于地心引力的推断，也包含了对于苹果与地球、地球与行星、行星与未知宇宙奇妙关系的想象。我相信，那不仅仅是一次枯燥之极的理性推演，也是一次瑰丽之极的感性审美……

如果说，求真与审美是这套丛书难以评估的价值，那么，极端的智慧与极致的想象，就是这套丛书无法穷尽的魅力！

译者的话

何香涛
赵君亮

翻译《物理天文学前沿》一书的想法始于 20 世纪 80 年代，当时译者在英国皇家爱丁堡天文台进修。天文台的图书馆里摆满了各种天文书籍和杂志，其中最引人注目的一类图书便是霍伊尔的各种天文著作。尤其是他的科普著作，被誉为当今世界上最流行的天文读物。

霍伊尔虽然早就是一位蜚声全球的天文学家，但对于中国的读者来说却显得陌生，他的著作迄今尚未系统地介绍到中国。霍伊尔于 1915 年生于英国的约克郡宾利，1939 年获剑桥大学硕士学位，1957 年当选为英国皇家学会会员。霍伊尔在天文学研究领域里的成就是多方面的。2001 年，美国天体物理学杂志主编阿伯特（Abt）访华，送给译者之一（何香涛）一本 20 世纪最有价值的天体物理学领域的论文集，共收录 53 篇文章，霍伊尔为第一作者的论文竟有 3 篇。霍伊尔对恒星演化过程中的元素合成理论作出过重要贡献，是著名的 B^2FH 理论（4 位作者名字的第一个字母拼写而成）的参加者。其中的福勒曾获 1982 年度诺贝尔奖。霍伊尔思想十分活跃，对地球上生命的起源、引力的本质等问题都有自己独到的见解。他是宇宙稳恒态学说的创始人。虽然他的稳恒态学说一直被人们质疑，甚至遭到批判，但是，近年来的天文观测却证实了“暗能量”的存在。宇宙中的暗能量占据了宇宙的70%物质总量。暗能量存在于真空之中，和霍伊尔的“无中生有”产生物质的思想有异曲同工之妙。

霍伊尔写过大量的天文科普著作，在当代天文学家中堪称翘楚。我们选择的这本《物理天文学前沿》，构思新颖，以物理学中的4种作用力（强相互作用力、弱相互作用力、电磁相互作用力和引力相互作用）为框架，系统地介绍了天文学和天体物理学的知识。书中包括了近代天文学的最新研究成果以及作者自己创立的学说。

霍伊尔于2001年8月20日在英国逝世，享年86岁。译者之一（何香涛）专门写了一篇纪念文章——《天文界的一代枭雄——霍伊尔》，刊登在《天文爱好者》杂志上（2002年第4期）。

本书的另一位作者纳里卡是印度的著名天体物理学家，印度总理的科学顾问。他与霍伊尔长期合作，在量子宇宙学和红移的本质等问题上进行过广泛的研究。

翻译这样一本内容丰富的天文著作，我们深感知识水平和英文能力的不足。不当之处，敬希读者不吝指正。

前言

F. 霍伊尔
J. 纳里卡

宇宙就其现象范围来说，必然比我们在地球上所能期望经历的任何事物都要广泛，人类过去一直在观测天空，寻找了解世界本质和规律的各种线索，直到今天依然如此。物理学家在研究支配我们世界的自然规律时也转向天文学和宇宙学，寻找支持其理论的证据；而天文学家又依据物理学家在地面实验室中的物理实验去理解天空中的现象。物理学和天文学之间这种根本性的相互联系，促使我们编著了这本《物理天文学前沿》。

本书从物理学观点出发来阐述天文学的问题，因此，一开始我们便讨论了诸如原子性质、量子力学以及辐射等概念。遗憾的是日常生活与这些概念并不密切相关，要了解原子的结构，必须付出很大的精力和代价，而量子力学的研究也只是在现代微电子学出现之后才普遍发展起来。但是，不掌握物理学的这些比较深奥的部分，对天文学的理解就几乎寸步难行。

规律通常通过所谓“因果关系”而存在于世界之中。因果关系通过粒子间的相互作用体现出来，这种相互作用有四种类型——电磁相互作用、强相互作用、弱相互作用和引力相互作用。这四种相互作用都在开头一章中作了讨论；随后本书共分3篇分别论述属于一种或两种相互作用范畴的现象。第1篇阐述电磁相互作用，描述由辐射波谱获得的天文知识，包括光学天文学、射电天文学、毫米波天文学、红外天文学和X射线天文学；第2篇论述强相互作用和弱相互作用，着重讨论恒星内部的特性；第3篇阐述引力相互作用，讨论牛顿理论和爱因斯坦理论，并以此为基础去认识黑洞和宇宙学的各种问题。在每一篇中都是以物理学的基本发现为基础去理解各种天文现象。我们期望，这种叙述方式会使天文学面目为之一新；不像大多数天文书籍那样，或者着眼于发现的顺序，或者按天体到地球的距离，由近及远地去讨论。我们着眼于在宇宙中起作用的各种基本力，从而为理解各种天文现象提供了一个基础，而不只是简单地描述它们。

本书中我们几乎完全局限于用非数学方法去论述。最困难的数学也只不过是第11章中出现的一些简单的代数运算。离开这些代数运算，我们发现在讨论黑洞物理学时很难做到意义确切。在一般科学常识方面有扎实的中学水平的读者，在阅读本书时应该没有什么困难。

我们衷心地感谢福克纳（J. Faulkner）博士，他细心地阅读了手稿，提出了建设性的评价，同时提出了许多改进意见。

中译本序言

F. 霍伊尔
J. 纳里卡

我们很高兴《物理天文学前沿》即将以中文出版。

自从本书的初稿问世之后，天文学和物理学都有了长足的进展，尽管如此，许多新的发展仍被认为处于推测和研究阶段。其中，应该提到的是粒子物理学家们试图将所有已知的物理相互作用构造成一幅统一的图像，而宇宙学家们则应用这些观念来研究宇宙的早期历史。

虽然这些进展目前相当令人鼓舞，但对于研究这一领域的新人来说，会被不断变化着的各式各样的方案搞得迷惑不解。出于这种原因，我们认为把这类内容包括在一本实质上属于导引性的教科书中是不合适的。

我们祝贺何香涛先生和赵君亮先生完成了将本书译成中文的艰巨任务，并希望他们杰出的译著会激励我们的中国科学界同事们在天文学和物理学的前沿领域里努力工作。

目录

第1章
时空图和物质结构

几年前，作者之一曾作过一次旅行，那是去芝加哥为美国物理学会的一次会议做一篇报告。这次旅行给作者留下了难忘的印象，原因是航行中出现了太阳从西方升起的现象。飞机跨越大西洋，朝西北方向飞行。那是1月份的一个下午，白天很短，和通常一样，一天即将结束，太阳正在从西南方向地平线上沉下，天空逐渐黑暗起来。机舱里，有的旅客已进入梦乡，有的则在聊天、饮酒，有的则在聆听音乐。就在这个时候，机舱里的光线开始轻微而又微妙地变化。西方天穹逐渐明亮起来，而不是像通常那样暗下去。天空居然越来越明亮，宛如奇迹一般，一直到一轮金光灿烂的太阳又重新呈现在西方地平线上。

那天太阳从西方升起，原因是航线非常偏北地越过格陵兰岛，结果飞机的飞行速度超过了地球的自转速度。这样，我们就好像处在一颗自东向西、而不是自西向东旋转的行星上。随着超音速客机的使用，这种现象会变得尽人皆知。然而，在这次飞行中，这一现象的确令人十分惊奇，好像地球和太阳在时空中的运动被颠倒了过来。

在日常生活中，很少有人会对我们通常的时空概念产生疑问。对我们大多数人来说，时间就是时钟的连续走时，一秒钟接着一秒钟，仿佛是无休无止；而空间则没有边际，仿佛是无穷无尽。但是，物理学家和天文学家总是试图认识支配物理世界的规律。对他们来说，空间和时间在含义上是密切相关的两个概念。从爱因斯坦时代起，空间和时间被看作是称之为时空的一种更为基本的实体的组成部分。为了说明这一概念，让我们来绘制一张从伦敦飞往芝加哥的飞机运动图。假定飞机的航线是平滑的，没有任何曲折，那么便可以用图 1-1 的方式来表示它的运动，一个方向表示时间，另一个方向表示飞行距离。描述旅行过程的这种图示方法，在物理学中称之为时空图。

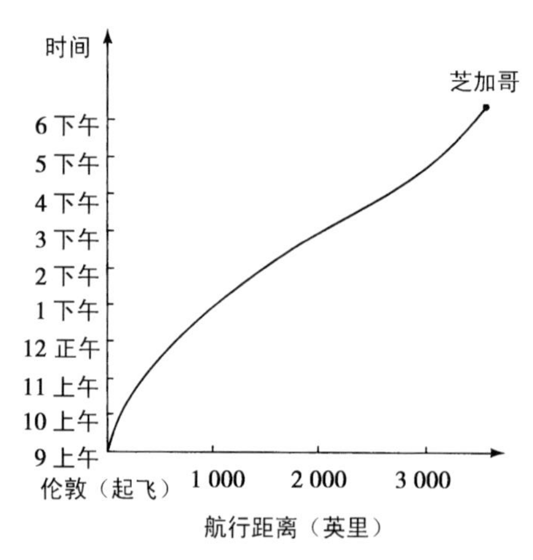

图 1-1　飞机从伦敦飞往芝加哥的时间-距离图。请注意，图上所画的不是一条直线，这是因为飞机在航行开始和终了阶段的速度要比中途飞行时来得慢

当然，实际的航线不是完全平滑的。但是，附加上一些细节不会引起任何困难。我们可以把图 1-1 推广为更接近真实的形状，使用两维空间加上一维时间。两维空间可以用来表示飞机航线在经度和纬度上的变化。如果还希望表示出飞机离地面高度的变化，我们可以加上第三维空间。于是，一幅完整的时空图应当具有三维空间和一维时间。

这样一来，我们便从图 1–1 的简单概念（一维时间和一维空间）过渡到比较复杂的四维图概念（一维时间和三维空间）。在物理学家看来，宇宙的全部变化都在这个四维时空图上呈现出来了。

重要的问题是，要注意到时空图和纯空间之间的差别，也就是如图 1–2 和图 1–3 所表示的差别。图 1–2 是一幅纯空间图，表示地球绕太阳的轨道，代表地球的黑点随着时间绕太阳运动。但是，这种思考方式有含混之处，因为它没有表示出空间运动和时间过程之间的联系。如果我们希望把时间过程清楚地表示出来，则必须如图 1–3 那样，在一幅综合的时空图上把地球轨道表示成一条螺旋线，太阳位于螺旋线的轴上。

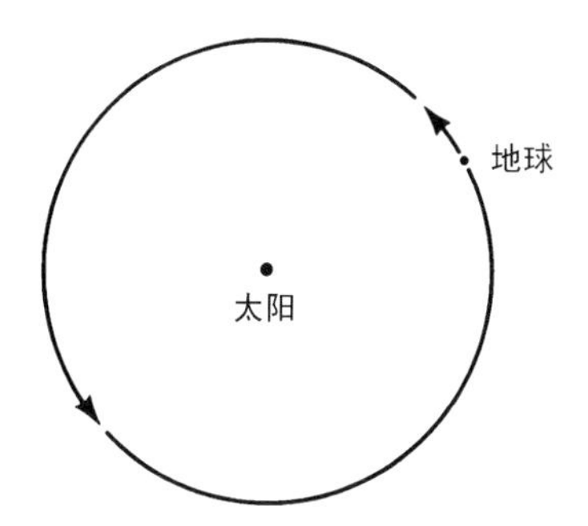

图 1–2　表示地球绕太阳运行轨道的纯空间图。在某个确定的瞬间，地球位于轨道上某个特定的位置。随着时间的推移，地球以图中所示的方式运动

这里，我们碰到了一个颇为奇妙的问题。实际上我们往往喜欢采用图 1–2，而不是图 1–3，原因是我们主观上重视时间的确定瞬间。设想图 1–2 代表某一个确定瞬间，而地球和太阳的其他轨道形态对应于另外一些确定瞬间。另一方面，图 1–3 中所表示的则是地球运动的整个历史，任何一个轨道形态都没有赋以特定的意义而单独地表示出来。图 1–3 中没有任何内容与现时瞬间概念有关。在物理学中通常

都这样理解，即不存在表示现实的确定瞬间，所有的时间瞬间一起存在，而整个世界占有四维时空。

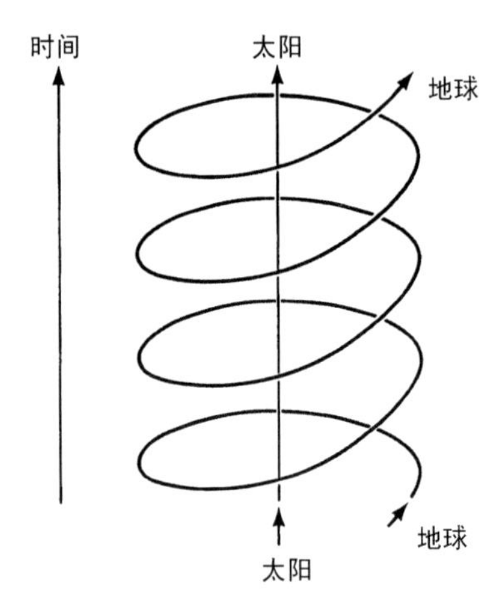

图 1–3　对图 1–2 加上时间维后，地球的轨线成为一条螺旋线，这张图所反映的不是某个现实瞬间，而是将所有的瞬间都综合在一起了

人们可能会认为，物理学家为了简单明了而舍去了有趣的细节。图 1–1 没有给出任何有关伦敦飞往芝加哥那架飞机的具体内容，耳机、鸡尾酒、机组人员、乘客全都不见了。物理学家对于这类指责的回答是，常规的描述毕竟十分有限，这类描述所提供的细节总归是远远不够的。什么算是鸡尾酒？人脑又是如何起作用的？物理学家在为这些深入一步的问题寻求答案，而如果我们硬要他们提供细节的话，那他们是完全可以用极其丰富的内容来做出回答的。

宏观物体是由原子组成的

对物理学家来说，任何一个物体，诸如一架飞机或者地球，都是一个组合体；也就是说，它们可以分成一些更小的小块。究竟能分解到多小呢？古代希腊人虽然没有给出十分明确的答案，但是他们相信，任何一个物体可以分割成的小块，其大小必然有一个最终的限度，他们把这些最小的小块叫作原子。19 世纪的科学家们抱有同样的信念，他们开始试图弄清楚世界上究竟存在着多少种不同的原子。在这一探索中，他们获得了相当的成功，结果如附录 B 的附表 B-1 所示，其中列出了到目前为止已经知道的所有原子，以及每种原子的宇宙丰度和发现的年份。

在 19 世纪，把物体分离为组成它们的原子是一项重要的研究课题。科学家们掌握了制备各种原子标准样品的技术，这里的标准是指不管什么类型原子的样品都含有同样数目的原子。例如，一份氢样品中含有的氢原子数目和一份碳样品中碳原子的数目是相同的。这样制备以后，便可以比较各种样品的质量，从而计算出各种原子的相对质量。附录 B 的附表 B-1 是按原子量增加的顺序排列的，只有两对相邻原子是例外，即钴、镍与碲、碘。氢是最轻的原子，氦次之，然后依此类推。如果取一个氢原子的质量为 1，他们发现氦原子的质量大约是 4，碳原子大约是 12，氧原子是 16，铝原子是 27，铁原子是 56，等等。于是，科学家们把这些相对质量称为原子质量。

一个大物体的质量只不过是组成它的原子的质量之和。设想把物体分解成各种类型的原子，计算每一种原子的个数，同时考虑不同原子具有不同的质量。这种计数总是以质量最小的原子氢为单位。因此，每一个氢原子计作 1；而每一个碳原子则计作 12，因为一个碳原子的质量是一个氢原子的 12 倍；每个氧原子计作 16，依次类推。这样计数的结果，便可以得到以氢原子作为标准单位来计量的该物体质量的一种量度。我们可以设想对任何物体、任何行星或者任何恒星进行这样的计数过程。

让我们暂时回过头来看一下某一物体，比如一架飞机的时空图。如果不把飞机在时空图上的航行轨迹看成单一的一条线，而是看成一束轨线，每个原子各有一条，这样便可以把时空图画得较为精细。我们可以把这样的一束轨线想象为一条由许许多多细线构成的缆线。

没有必要对每一种不同的物体都单独地去画一张时空图。任何物体都可以在同一张时空图上用各自的缆线加以表示。有时，一根细线会从某一条缆线里露出来，相当于一个原子从太阳里逸出，进入由太阳不停地发射出来的原子风里去。有时一根细线会从一条缆线里露出来，单独地游荡一会，然后又加入到另一条缆线里去，这相当于太阳风里的一个原子跑进了地球大气层。虽然从概念上说变化并不是很大，但是表观上非常简单的图 1-1 一下子就变得相当复杂。代表那架飞机的缆线包含着大约 10^{31} 根细线。由此可见，原子实在是小得很，相比之下我们周围世界中的物体要比它大得多。

原子是由更基本的粒子组成的

我们还全然没有回答最初的问题：物质最终能分解成的小块究竟有多小？20 世纪 50 年代物理学家的一项成就是证明了附表 B-1 所列出的那些原子并不是这一问题的答案，因为原子本身也是组合结构，它们是由更基本的粒子构成的。原子的绝大部分质量集中在一个很小的中心区域内，叫作原子核。原子核包含有两种粒子，即质子和中子。核的外边是一些质量小得多的粒子，叫作电子。在一个普通的原子里，电子和质子的数目是相等的。但是，即使对于同一种原子，中子的数目也并非总是固定不变的。如果某一特定种类原子内所具有的中子数目不下一种，那么它们就称为同位素。例如，氯原子有两种同位素，一种有17个质子和18个中子，另一种有17个质子和20个中子。附表B-1中，我们按原子序数Z值增加的次序对原子作了分类，质子的数目递次增加1个。

如果以这样的方式来观察原子，那么为了描述我们的物理学就只需要用三种粒子，而不需要像19世纪那样把许许多多种原子都认为是粒子。不过，虽然我们由此对原子的本质有了更好的理解，但时空缆线也因此变得更复杂了。一个原子不再是用一根细线来表示，它本身也变成了一束细线，而每一个电子、质子和中子各对应一根线。质子和中子的细线合在一起构成了原子的核，电子的细线则编成了网络，远远地漫延在原子核的周围。为了理解尺度上的差异，设想一个原子（例如一个氧原子）的核像一个高尔夫球的大小，则电子细线编成的网络就会有一个棒球场那么大。研究这些电子网络所形成的学科叫作原子物理学，而研究致密的质子和中子所形成的学科则叫作核子物理学。

更基本的粒子可以互相转化

现在人们已经能够合成人造原子，这类原子的核内所包含的质子和中子数同天然形成的不同。人造原子有着奇特的性质，即其中的一些质子可以转化为中子，或者是一些中子可以转化成为质子，结果原子本身也就发生了变化。这些不稳定的原子称为放射性原子。

人造原子通过质子-中子间一系列的相互变换，最终便成为自然界中所存在的原子。天然形成的原子通常是稳定的，在它们核的内部不会发生任何的相互转变。不过也有一些特例，在这种情况下，质子和中子间的相互转换过程需要极长时间，甚至可以同太阳系的年龄相比。我们已经发现了以天然形态出现的这类特例及其生成物。我们把这类例子中质子-中子间的相互转换称为产生了天然放射性。

质子和中子之间可以根据下列公式互相转换：

中子→质子 + 其他粒子，

或

质子→中子 + 其他粒子。

这一事实意味着质子和中子并非是两种截然不同的粒子，它们只是某些更基本实体的不同表现形式。另外一些新粒子的发现也说明了同样的问题。大约自 1940 年以来发现了越来越多的这类新的粒子，其中有 6 个被赋予相当古怪的名称，它们是 Λ，Σ^+，Σ^0，Σ^-，Ξ^-，Ξ^0。这 6 种粒子，加上在某些方面与它们有相似之处的质子（p）和中子（n），构成了由 8 种粒子组成的粒子族，称为重子（baryon）。

8 粒子族中的 6 个成员在我们日常生活世界的原子中是找不到的，因为它们中的任何一种都会在极短的瞬间（通常约为 10^{-10} 秒）内转化为中子或质子，转换公式如下：

Λ, Σ^+, Σ^0, Σ^-, Ξ^-, $\Xi^0 \rightarrow$ n 或 p+ 其他粒子。

在这些转换中所涉及的其他一些粒子与 p, n, Λ, Σ^+, Σ^0, Σ^-, Ξ^-, Ξ^0 不相同，它们或者是电子，或者是与电子相类似的一些粒子，这些粒子称为轻子（lepton）。它们同八粒子族有明显的不同（最主要的一点是 8 粒子族中每个成员的质量都要比轻子来得大）。但是，也确实还存在着与八粒子族相类似的其他重子族。有一个粒子族由 10 种粒子组成，其中的一个成员 Ω^- 颇为有名，因为在实验室中用实验证实它存在之前，人们已对它的一些性质作出了预言。

能对 Ω^- 的存在作出预言的理论思想出现于 20 世纪 60 年代早期。当时盖尔-曼（M. Gell-Mann）和兹韦格（G. Zweig）各自独立地提出，所有这些重的粒子都是一些复合粒子。8 粒子族和 10 粒子族都可以由 3 种更为基本的粒子来加以构成，这 3 种粒子现在称为夸克（quark）。有时候把这 3 种不同的夸克称为上夸克、下夸克和奇异夸克。8 粒子族和 10 粒子族中的每一个成员都可以通过 3 种夸克的某种组合来得到。这样，质子是 2 个上夸克和 1 个下夸克的组合；中子是 1 个上夸克和 2 个下夸克的组合；Λ 是 1 个上夸克、1 个下夸克和 1 个奇异夸克的组合，而 Ω^- 为 3 个奇异夸克的组合。

采用特殊的名词来命名这些新的粒子是经过审慎考虑的。所有的名词都要有一定的意义，而且如果物理学家想要避免同日常生活世界发生联系，他们就必须选择某种新的、因而是人们所不熟悉的名词，如夸克。另一方面，“奇异”这个词是众所周知的，对它的选用也经过了仔细的考虑。奇异夸克无论在质子或中子中都是不存在的，而质子和中子都是可以在我们日常生活世界里找到的 8 粒子族中的两个成员。含有奇异夸克的粒子都有旋即消失的属性，它们隶属于由现代实验所提示的“奇异”新世界之列。

在最近两三年之内又发现了一些粒子，它们与以前所知道的粒子族成员不相同。为了对这些粒子作出解释，物理学家目前正在提出也许存在着 3 种以上夸克的可能性。第四类称为粲夸克，如果它同两个其他类夸克（上夸克、下夸克或奇异夸克）相联合，就会形成新的粒子系列，后者实际上在作出预言之后也已发现了。在本书书写之时已探测到了第 5 种夸克。夸克的总数最后也许会达到 6～8 种——这也正是在各种理论中已预言的数目[1]。具体实验中所发现的各种预言粒子的明显发展趋向表明，不论物理学的概念可以变得如何神秘莫测，它们始终包含了对于真理的某种令人满意的测度。

世界图像要受到限制

让我们再一次对有关缆线和细线的时空图作一番考察。前面，对于每个原子核中的每一个中子和质子我们都有一条细线，而现在每个中子和质子都必须用 3 个夸克组成的一束线来表示。因此，出现在我们面前的是一幅由缆线和细线织成的、极其错综复杂的挂毯，其细节之众多我们在前面已提到过了。

不论时空图上大量的缆线和细线会有多复杂，它决计不会是一幅

1. 目前，已确认存在着 6 种夸克，每种又有 3 种颜色。——译者注

随心所欲的图案。无论是代表大天体（如地球）的缆线，还是代表基本粒子的细线，都不是随意编织的。它们都受到严格的限制，在这幅世界挂毯上只允许织出确定的图案来。正因为有了这些限制，因与果联系了起来，而规律和结构也就建立起来了。

前面我们已经看到，飞机与其所包含的内容——鸡尾酒、食物、机组人员以及乘客——是由极其大量的原子组成的，其数目约为 10^{31} 个。令人惊讶的是如此巨大数目的原子居然能自行组织成我们日常生活中的各种复杂成分，如飞机和飞机的构件、您所坐的椅子、供您阅读的书籍和报刊、同邻人的谈话，等等。所有这一切都依靠由我们现在就要加以讨论的那些限制来完成。

我们用图 1-4 来说明对于一个典型粒子 a 的这种限制的性质。在粒子 a 轨线上的 A 点，粒子会受到来自其他粒子的某种影响——通常又称为相互作用。例如，在图 1-4 上所表示的相互作用来自位于 b 轨线上的 B 点，这种相互作用会影响粒子 a 轨线的形状。因此，任何粒子所遵循的轨线会因同其他粒子的相互作用而受到影响。所以，粒子的轨线并不是随意选取的。所有这些轨线之间全都互相牵连，而数学家（或戴有数学家桂冠的物理学家）的职责就是要计算这些联系如何起作用，而那些限制又是如何影响粒子的轨线的。

现在已经发现有 4 种不同形式的相互作用，这就是物理世界上已经知道的 4 种力，它们是引力、电磁力、弱力和强力。

引力对于我们挂毯中的粗缆线来说是重要的，然而对于那些细

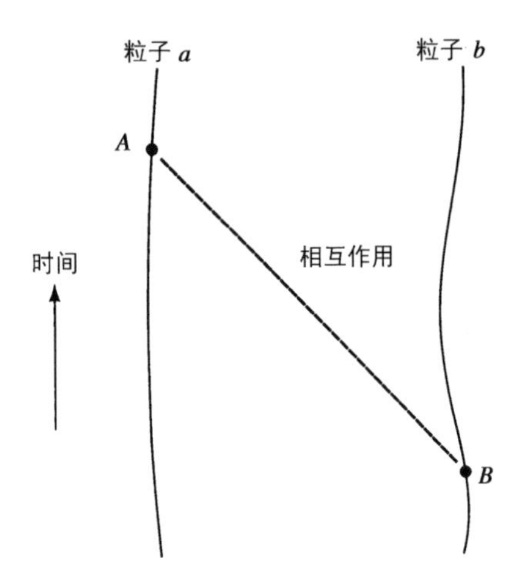

图 1-4　粒子 a 在轨线上某一点 A 所经受到的来自粒子 b 的相互作用，后者位于自身轨线上的某一点 B

线则并不很重要。引力相互作用把地球约束在围绕太阳的轨道上。它也把我们束缚在地球表面上，或者束缚在月球表面上，后者如图 1-5 所示。

图 1-5　阿波罗 17 号：月球荒凉表面上的登月车

电磁力在这四种力中大概是研究得最为广泛的一种。由于原子核中质子对周围电子的电磁相互作用，电子就不会飞散，原子核不至成为裸核。电磁相互作用也使原子结合在一起而形成分子。例如，两个氢原子和一个氧原子便形成一个水分子 H_2O。水分子之间的电磁相互作用十分重要而又非同寻常，因为这种相互作用使得大片的液态水有着作为一种溶剂所具有的一些值得注意的性质——这些性质看来对生命的发育是必不可少的。对于原子和分子性质的详细研究便形成了化学这门科学。

弱力使夸克从一种形式变为另一种形式，而强力则把 3 个夸克结合在一起，形成一个质子或中子，或者是我们已经讨论过的 8 粒子族或 10 粒子族中某种其他粒子。强相互作用也把质子和中子束缚在原子核中。要是不存在强相互作用，那么核内的质子和中子就会一下子飞散开去。

这 4 种力的作用范围是很不一样的。弱力和强力在 10^{-13} ~ 10^{-12} 厘米（cm）的距离范围内很重要，这是原子核所具有的尺度。电磁力在围绕原子核的电子的尺度以及分子的尺度（10^{-8} ~ 10^{-7} cm）上特别重要。引力相互作用在大天体尺度上起着重要的作用。诸如地球、太阳以及遥远的世界。

世界图像所受到的是数学上的限制

所有这 4 种力都是用数学方法也就是用数学方程来加以表示的。任何数学方程都具有 $x=y$ 的这种形式，这里 x 和 y 是两个相同的数。

为什么认为这类方程是很重要的呢？如果 x 和 y 是两个相同的数，那么显然会有 $x=y$。然而，x 可以是利用某种方法计算或测量得到的数，而 y 则是由另一种方法计算或测量到的数。最初，我们也许没有任何理由认定由两种显然不同的方式求得的数一定是相同的。一旦发现它们确实相同，我们会感到惊讶和高兴，满怀喜悦地写下 $x=y$！这便是数学的实质所在。例如，x 可以是从图 1-4 中粒子 a 轨线的几何形态算得的一个数，而 y 可以是通过来自粒子 b 的相互作用所计算得到的数。这时，命题 $x=y$ 就把粒子 a 的轨线的形态同它所受到的相互作用联系了起来，这恰恰正是牛顿在导出他的引力理论时所依据的逻辑。

如果用这种方法知道了粒子 a 轨线的形态，那么我们就能够对粒子 a 的去向作出预言。要是把 a 看作绕地球轨道上的月球，那么我们就可以对下次日食作出预报。读者也许要问，实际上做出的预报准确性如何，并对这种预报进行检验。毫无疑问，我们会发现预报是有效的。迄今为止还没有发现可以通过任何别的途径来对世界的未来行为作出成功的预报。

正因为我们知道了引力相互作用的数学形式，便可以成功地预报下一次月球掩食太阳的事件。这不过是一个计算问题，因为它只涉及几个天体；如果把行星引力的微小影响忽略不计，便仅仅涉及太阳、月球和地球。不过，如果要把许许多多物体都考虑在内，那么这类计算在实际上便无法完成。困难并不来自数学上的无知，我们对每一个具有 $x=y$ 的方程都是掌握的。困难在于运算的时间太长，无法完成所有的加、减、乘、除基本运算，而这类运算对于计算全部 x、y 数值又是必需的。即使用最好的数字计算机，我们充其量也只能模拟几百个物体，这根本谈不上对由缆线和细线织成的挂毯的错综复杂程序进行全面的测定。我们已经知道了整幅挂毯的数学结构，但是如果要进行数学运算，那么不得不承认我们所能对付的只是这幅图上的一些很小的碎片。

能量和动量代表着有关世界图像的全部真理

尽管我们所能处理的只是图上的一些碎片，但是关于整个图像，或者关于它的任何孤立部分——不管这些部分可能会有多么复杂，我们还是可以说出一些有重要意义的东西来。虽然对于缆线和细线如何相互作用的大部分具体细节我们还只能是无可奉告，但是数学告诉我们，不管具体细节如何，某些东西必然是真实的。对于任何一个由缆线和细线组成的系统来说，即使以更为复杂的方式在相互作用——也就是说涉及所有的相互作用形式，总有 4 个与这一系统有关的量是不会随时间而改变的。其中一个称为系统的能量，另外 3 个是系统动量的分量。

能量有着多种形式。一个物体之所以有能量，是因为它的运动（动能）和位置（势能）。此外，物体又因为它的原子以及原子的排列而包含有能量。原子在核反应中性质发生改变，而在化学反应中发生变化的是原子的排列，前者产生核能，后者释放出化学能。一切物质只要存在就具有这些类型的能量。在物质的相互作用中也要涉及能量问题。例如，光和热便是由电磁相互作用产生的能量形式，我们将会在第 2 章中看到这一点。

要是把某个系统中全部形式的能量加在一起，那么总数始终保持不变。当然，过一段时间，能量可以从一种形式转变为另一种形式——我们可以从原子的化学能取得运动的能量，燃烧汽油来驱动汽车时就是这样做的。但是，如果把一段时间的开始和终了时的各种形式的总能量加以比较，我们会发现其大小是相同的。使这一点得以成立需要满足一个重要的条件，那就是我们所讨论的那一部分应当是独立的，能量不得同别的系统进行交换。从汽车油箱内的汽油所取得的机械能，正好同汽油的化学能相匹配，但是如果我们停下来给油箱加油或者给汽车提供一组蓄电池，这种匹配就会遭到破坏。

系统动量的3个分量是与能量相类似的一类量。由于它有3个分量，分别对应于空间的三维方向，因而动量有着单一的能量所不具备的某种性质。如果我们受到某个物体的碰撞，那么撞击的效果是由物体的动能决定的。但是，如果我们偶尔站在峭壁的边缘上，那么撞击的能量也许不是最关键的。这时，一个重要的因素是撞击的方向，也就是撞击来自峭壁的上方还是峭壁边缘的后方。因此，方向是动量的一个重要成分，能量则不具备这种成分。

同能量一样，动量也有着多种形式，所有这些形式都可以用数学方法来加以计算。在进行动量计算时我们又一次发现，对于任何孤立系统来说，动量的每一分量在任何一段时间的开始和终了时的大小都是一样的。

各种形式的能量都可以用同样的单位来加以量度

也许我们大家对商务上的电单位是很熟悉的，这一单位称为千瓦时（kW · h）。额定功率为1kW的电动机使用1小时，电能转换为各种形式的机械能以及热能，这时所消耗的能量就是1kW · h。要是把额定功率为10kW · h的一台设备使用0.1小时，那么所消耗的电能量是完全一样的（能量消耗等于功率乘以所使用的时间）。

为了维持个人的日常生活，你需要的各种形式能量一共是多少呢？在美国来说，这个数量大约为每人每天250kW · h。这相当于每生活一年就要把差不多10万kW · h的能量转换为热量。在这10万kW · h中，只有一部分包含在我们吃下去的食物内。我们所消耗的大部分能量（我们把它们从一种形式转变为另一种形式）用于汽车驱动、房屋及其他建筑物的取暖、金属熔化以及货物制造等。我们今天的社会同早期人类社会不同，因为现在所吃的食物在我们消耗的能量中只占了很小的一部分（百分之几）。在早先的年代里，甚至在希腊和罗马时代，食物能量在能量消耗总数中所占的比例都要比现在高得多。有些人认为，我们和过去不同是因为诸如法律、联合国、议会这一类东西。其实，这些社会和政治结构只不过是现代社会的一些表面现象，而根本的差异则反映在能量的消耗上。

假设我们试图把世界上每个人的生活标准都提高到美国人的水准，这就要求为现在生活在世界上的60亿人每人每年提供约10万kW · h的能量。因此，总的年需求量应当是600万亿（6×10^{14}）kW · h。把这一数字同太阳每年的年均能量转换作一番比较是很有趣的。太阳能转换的结果是向空间发射光和热，它每年发出的能量大约是3×10^{27}kW · h，同人类的需求相比这可是一个惊人的巨量。如此巨大的太阳能输出，使许多人认为太阳能将是未来社会的能源。然而，实现这一理想还是有困难的。我们可以在小范围内收集太阳光，但是我们不可能收集大面积范围内的太阳光。我们还不知道，是否有朝一日能以某种切实可行的方式在大面积范围内来进行这种收集。

尽管 kW · h 是最简单的常用能量单位，对于科学工作来说，更为方便的还是用千瓦秒（kW · s）作为能量单位，我们在本书中就准备采用这一单位。正如 1kW · h 是 1kW 的设备在 1 小时内转换的能量一样，1kW · s 便是 1kW 的设备在 1 秒钟内所转换的能量。因为 1 小时等于 3600 秒，显然 1kW · h=3600kW · s。

用 kW · s 比用 kW · h 更好的一个重要理由是，kW · s 同科学文献中的常用单位尔格[1]（erg）之间有着简单的关系。erg 与 kW · s 的关系是

$$1\,\mathrm{kW}\cdot\mathrm{s}=10^{10}\,\mathrm{erg}。$$

因此，把以 kW · s 表示的任何一份能量转换为 erg 数，只需在数字的后面添上 10 个零。或者，我们也可以把以 erg 为单位表示的能量换算为 kW · s，这时要在数字上划掉 10 个零，或乘以 10^{-10}。所以 3 erg 同 3×10^{-10}kW · s 是一样的。

目前为止所讨论的能量单位中，从日常生活角度来说应该选用 kW · h 和 kW · s，而对于我们时空图中的缆线则选用 erg 比较方便。

---

1. 1 尔格 $=10^{-7}$ 焦耳，即 1 erg$=10^{-7}$J。—— 译者注

但是，这些对时空图中的细线却都不适用。对于代表电子的细线通常采用电子伏（eV），换算关系是

$$1\,\text{eV} \backsimeq 1.6\times10^{-12}\,\text{erg}。$$[1]

对于质子、中子和其他一些重子来说，在实验工作中会出现数百万甚至几十亿电子伏的能量，这时就要用兆电子伏（MeV）和吉电子伏（GeV）为单位，换算关系是

$$1\,\text{MeV}=10^{6}\,\text{eV} \backsimeq 1.6\times10^{-6}\,\text{erg},$$

$$1\,\text{GeV}=10^{9}\,\text{eV} \backsimeq 1.6\times10^{-3}\,\text{erg}。$$

本书在编排上将服从基本物理学而不是传统的天文学

天文学家所观测到的五花八门的现象，是由物质的四种相互作用通过多种形式的途径而造成的，以下各章就是要对造成这些现象的各种途径来进行讨论。我们不是按照天文学发现的随机次序来进行讨论，而是根据物质的基本性质和 4 种基本力来选择次序。第 1 篇比较详细地介绍了电磁相互作用以及光学天文学、射电天文学、毫米波天文学、红外天文学和 X 射线天文学（第 2 章到第 7 章）。

第 2 篇集中讨论强相互作用和弱相互作用。在第 8 章、第 9 章两

---

1. 为书写方便起见，记号≌表示这里的 1.6 是从 1.6021 约略而来的。

章中，我们首先说明了恒星的内部性质怎样经受着强、弱两种相互作用的影响。然后再说明我们可以利用恒星的这些性质来确定整个宇宙范围内的距离尺度。

第3篇所论及的是引力相互作用。第10章从牛顿引力的最简单概念出发，一直谈到爱因斯坦广义相对论，这部分内容构成第11章中有关黑洞问题讨论的基础。最后几章的主题是宇宙学。

物理天文学前沿

1

电磁相互作用

第 2 章
辐射、量子力学和谱线

§2–1 宏观粒子的辐射

在第 1 章中我们已经看到，物理学家是怎样动辄把宏观物体（包含有许许多多原子的物体）看作单一的“粒子”，而我们又是如何把从伦敦开往芝加哥的飞机看作图上两点之间的一条连线。图 2–1 中，P 和 Q 即是此类意义上的两个“粒子”。辐射从一个粒子向另一个粒子传播，图 2–1 中示意性地表明了传播的方式。P 是带电粒子 a 世界线上的任意一点，辐射从这点出发向粒子 b 传播，在某一点 Q 到达 b。如果粒子 b 也带有电荷，那么它的运动就要受到 a 发出的辐射的影响。一个粒子的运动可以通过这种方式影响另一个粒子的运动。我们说在这两个粒子之间存在着相互作用。

尽管通常把辐射看成一种与粒子无关的实体，但是稍加思考就会明白，除非通过辐射对粒子的影响，不然我们对辐射就永远一无所知。所有与辐射有关的问题都能依据图 2–1 这种相互作用来加以处理，这些问题可以通过一种确定的方式来予以解决。让我们来考虑一个重要的例子。

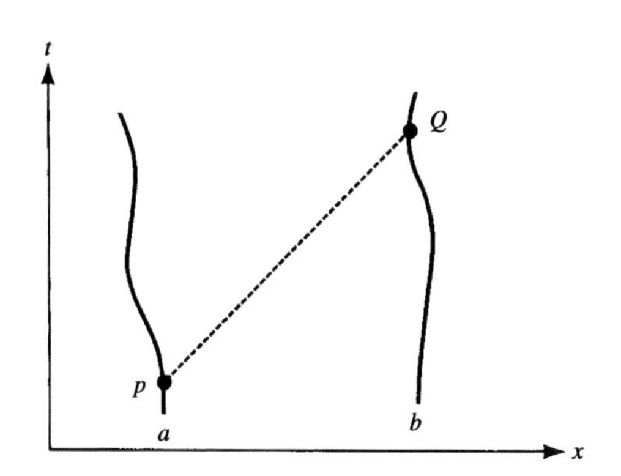

图 2-1　假设 a、b 两个粒子都带有电荷。来自 a 轨线上一点 P 的辐射影响，在 Q 点处到达粒子 b。Q 点所对应的时间迟于 P 点所对应的时间

假设粒子 a 只是在一维空间中运动，比如沿 x 方向运动，又假设这一运动是一种简单振荡，如图 2-2 所示。我们可以计算出某一特定时间间隔内发生的振荡次数。于是我们就得到比值（以 v 表示）

$$v= \text{振荡次数 / 时间间隔。}$$

这一比值给出了每单位时间内的振荡次数，量 v 称为振荡的频率。

接下来我们引入一个重要的条件，这就是粒子 a 的运动速度要远远小于光速（运动速度接近光速的情形在以后予以考虑）。

因为 a，b 两个粒子都带有电荷，由 a 引起的辐射相互作用会使 b 也以同样的频率振荡，图 2-2 中说明了这种情况。这里为简化起见，假定对于 b 粒子除了因 a 的影响所造成的运动外不再有任何其他的运动。我们根据 v 值的大小对辐射进行具体的分类。表 2-1 列出了这

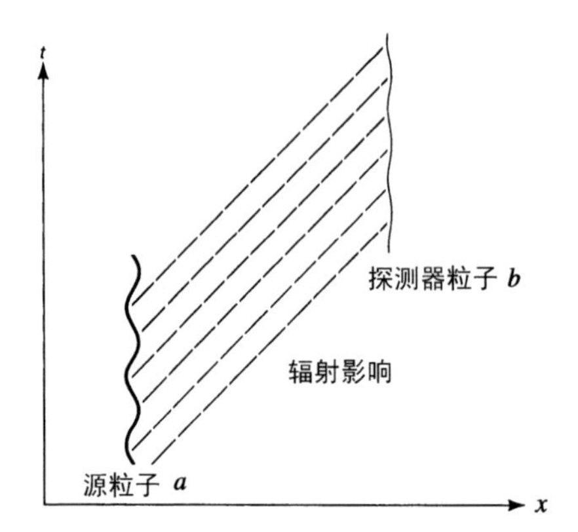

图 2-2　粒子 a 做有规则的振荡，频率为 v，如果粒子 a 的运动速度远小于光速，则由 a 的振荡造成的辐射效应会使 b 也做同样频率的振荡。因为 b 的振荡发生在 a 的振荡之后，我们称 a 为源粒子，而 b 为探测器粒子

种分类的情况。这些分类是人为的，是因为检验不同 v 值范围的辐射要用到不同的实验方法而作了这样的分类。

表 2-1　　按习用名称划分的辐射形式

名称	频率（每秒振荡次数）	探测方法
射电波	$<3\times10^9$	电子
短波（微波）	$3\times10^9\sim3\times10^{11}$	电子
红外光	$3\times10^{11}\sim3.75\times10^{14}$	对晶体的效应
可见光	$3.75\times10^{14}\sim7.5\times10^{14}$	人眼、照相、电子
紫外光	$7.5\times10^{14}\sim3\times10^{16}$	照相、电子
软 X 射线	$3\times10^{16}\sim2\times10^{17}$	电子、照相
硬 X 射线	$2\times10^{17}\sim3\times10^{19}$	气体的电离
γ 射线	$>3\times10^{19}$	气体的电离

空间位置做了合理安排的探测器粒子组可以产生聚焦效应

以后我们把粒子 a 称为源粒子，而粒子 b 称为探测器粒子。实际应用中，探测器要涉及许多粒子，而不只是一个。图 2-3 对这一点作了说明，图中的若干个探测器粒子与源粒子有着相同的频率。

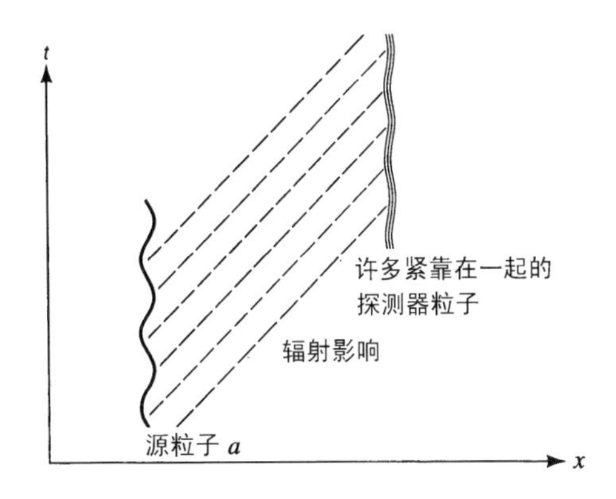

图 2-3 一个源粒子使许多探测器粒子产生振荡，后者的振幅通常要比源粒子的振幅小得多

在图 2-4（a）中，假定探测器粒子组 b 受到一个远方源粒子的触发，后者在图上没有表示出来。由此造成的粒子组 b 的运动又继而触发了粒子 c，它们的影响要比那个远方源粒子强烈得多。粒子组 b 的这种第二级优势是如何取得的呢？这需要通过对它们的位置作合理的安排。为此，我们必须考虑到三维空间，图 2-4（b）即是一例，图中的探测器粒子位于镜子的表面。图 2-4（b）不是一幅时空图，而是表示了某一特定时刻的探测器粒子组。同一特定瞬间粒子 c 位于镜子的焦点处。图 2-4 的两个部分对望远镜的原理做出了说明。

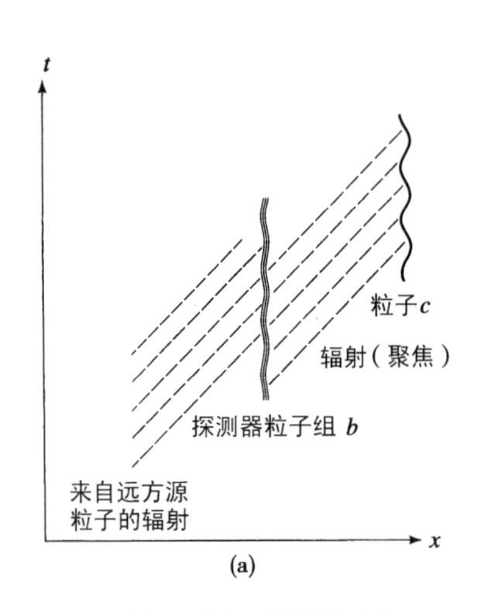

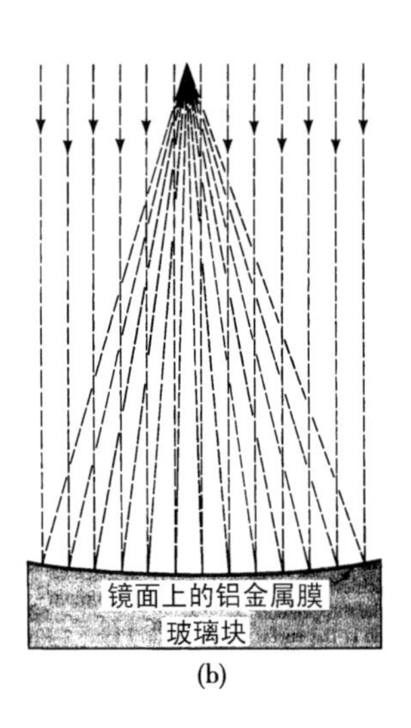

图 2-4（a） 可以利用许多探测器粒子 b 的小幅度振荡，来使 c 产生较大幅度的振荡，这便是望远镜的基本原理

图 2-4（b） 某一特定时刻大量的探测器粒子位于镜子表面，而这一瞬间粒子 c 则位于焦点上

空间位置做了合理安排的探测器粒子也可以产生反聚焦效应

我们可以把探测器粒子组以某种确定的方式加以安排，以使得它们会产生出一种与望远镜全然不同的效应。就图 2-5 而言，可以对这些粒子做适当的安排，使得只要 ν 不碰巧接近某个已知值，比如说 ω，它们就不会使粒子 c 产生振荡。这类设备中 ω 的数值有时候取决于探测器粒子的位置安排，有时取决于 c 的位置，而有时候则通过某种电子学手段来加以确定。这类设备的一个重要方面是 ω 应该是已知的，而且应该可以遵照观测者的意图来加以改变。分光镜、衍射光栅以及电子接收机都属于这一类设备。当你选择无线电接收机的调谐器位置时，便是在决定 ω 的大小。如果你选择的调谐位置是把本地电

台“关掉”，那就什么也听不见，图 2-5 就是这种情况。然后，改变调谐器的位置你就可以找到本地电台的频率 v。

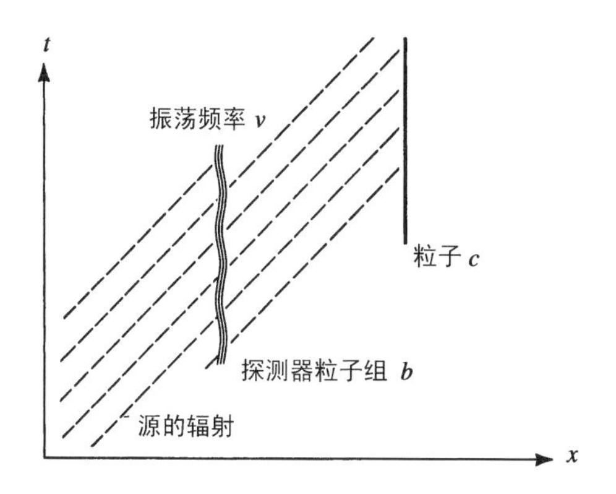

图 2-5　给定某个频率 ω，它可以由观测者来加以确定；只要探测器粒子组 b 的振荡频率 v 不接近 ω，图 2-4（a）中粒子 c 的运动就受到阻止，实现这种条件时的安排便构成分光镜的原理。对于图上描述的情况来说，v 与给定的 ω 值不相同，所以粒子 c 就不产生振荡

这种类型的设备具有能确定 v 的这一重要性质。我们只需改变 ω，以使得观测到的粒子 c 产生振荡。通过这种方式，就可以确定从远方源粒子来的辐射频率，比如一颗遥远恒星中粒子的辐射频率。

许多源粒子可以各自独立地发挥作用（非相干情况），也可以步调一致地起作用（相干情况）

正如必须考虑一个以上的探测器粒子一样，我们也必须对许多源粒子的情况作一番研究。如果对许多源粒子的空间位置做出适当的安排，使之能步调一致地发挥作用，就可以出现一些值得注意的效应。比如一台无线电发射机，这种位置上的安排就是经过精心考虑的，是人为的。但在天文学中则不存在这类细致的调节作用。尽管如此，无论在天文学中还是在实验室中，有时源粒子会自动地以某种相干方式自行做适当的排列。激光也许可算是这类过程中最典型的例子。类似的情况在天文学中也偶有出现，比如我们银河系中气体云的发射，在这种情况下，辐射频率 ν 是不高的。对于激光来说，ν 值在可见光范围之内，而银河系气体云的相干辐射则不同，这时 ν 值落在射电和微波范围内。这些波长发射的过程在物理机制上同激光相类似，称为脉泽（微波激射）。

高速运动粒子会产生更为复杂的电磁相互作用

迄今为止我们所涉及的仅仅是那些与光速相比运动速度很慢的粒子。如果振荡源粒子的运动速度接近光速，那么探测器粒子组 b 的振荡频率就不再和源粒子的频率 ν 相同。图 2-5 中那台可变频率设备所具有的性质是，只要探测器粒子组 b 的振荡频率不接近某个给定频率 ω，粒子 c 就不会建立起振荡；认识到这一点我们就可以理解图 2-6 所表示的情况。对于高速源粒子来说，我们发现粒子 c 在一个很宽的给定 ω 值范围内发生振荡，尽管 ω 比 ν 大得多。

图 2-7 所示的天体就是蟹状星云，其中包含有运动速度接近光速的电子。这些电子在磁场中沿螺旋线运动（参见图 2-8）。就典型情况而言，这种螺旋式运动引起的振荡，源频率范围从每秒 10 周起，最高也许可达每秒 10^3 周。但是，用一台如图 2-5 中那样的探测设备可以观测到粒子 c 的振荡，这时 ω 值的范围从射电波段的每秒 10^7 周左右一直到红外和光学波段的频率，甚至高达 X 射线和 γ 射线的频率，这就是说，可以高达每秒 10^{18} 周以上。

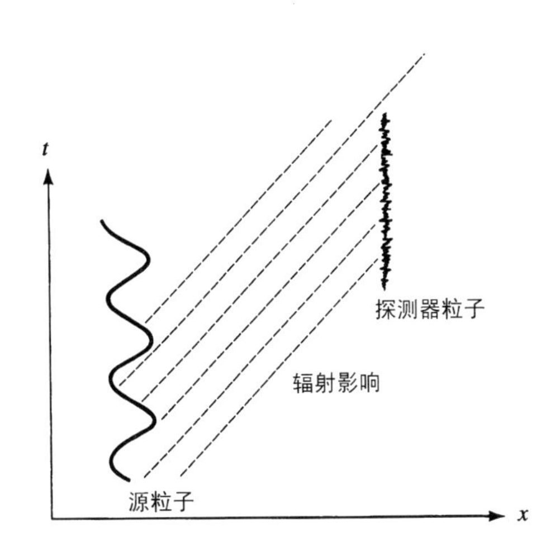

图 2-6　这里所考虑的源粒子的速度已接近光速，现在，探测器粒子的振荡要比源粒子的振荡快得多，也复杂得多

后面一节中要对这类粒子的速度起因问题加以讨论。这里我们只不过要指出，快速运动的粒子不仅出现在我们星系中，而且也出现在别的星系中，尤其是那些经观测后确认为强射电源的星系（射电星系）。快速运动粒子也出现在 30 多年前所发现的一类奇特的天体中，即类星体，或者说类星射电源。这些内容我们将在第 4 章中加以研究。

§2-2　时间的方向性和因果律

我们现在要来讨论一个比迄今为止所考虑过的任何内容更为深入一步的问题。由什么因素来决定哪一个是源粒子，哪一个是探测器粒子？对这一问题的回答是，辐射相互作用在时间上永远是向前进行的。在图 2-1 中，位于 P 点的粒子 a 的运动影响到位于 Q 点的粒子 b 的运动，其原因是 Q 迟于 P。Q 点上 b 的运动不会影响到 P 点上 a 的运动，因为这意味着辐射的相互作用在时间上是反向运行的。所以，

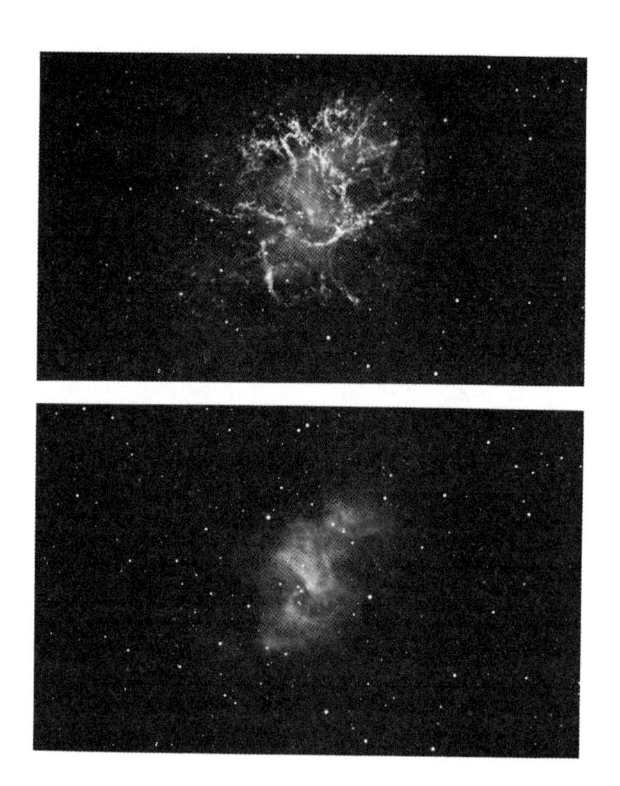

图 2-7　蟹状星云，直径约为 5 光年。下面一幅图单独表示来自蟹状星云内部的光，它是由星云内部运动速度接近光速的一些电子发出的。星云的外部呈现不规则形状，这是因为光是由氢原子发射出来的，其性质与内部不同

对我们问题的回答是，通过相互作用的时间指向来区别源粒子和探测器粒子，如图 2-9 所示。

有些问题可以按严格的数学方法来加以解决

有两个与电磁相互作用有关的问题可以准确地求解。第一个问题通常的叙述方式是这样的：如果已知某粒子轨线上的一点 P，轨线在

P 点处的方向（粒子在 P 点的速度），以及按正时间方向来自其他粒子的全部相互作用，那么我们完全可以确定轨线的其余部分。我们可以计算轨线上的每一点，并且知道粒子到达每一点的时间。

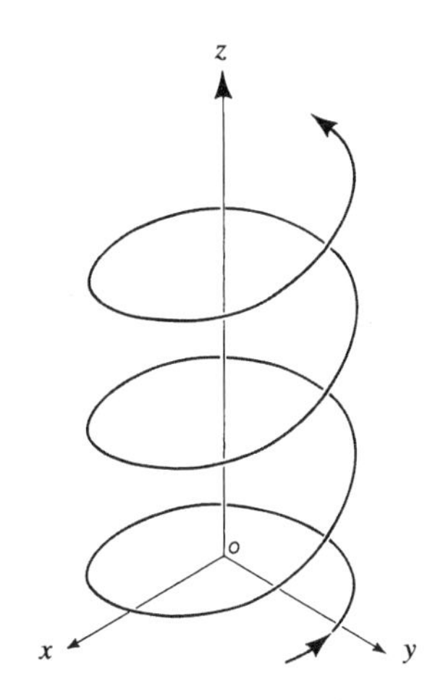

图 2-8　均匀磁场中运动电子的螺旋形轨线，图中 OZ 所指的为磁场方向

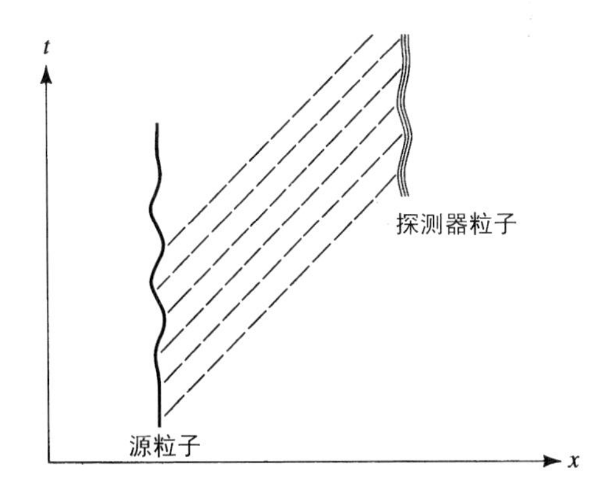

图 2-9　源粒子和探测器粒子在时间上的差距确立了普天之下都能适用的因果关系。探测器的振荡迟于源的振荡

对这同一个问题，另有一种人们并不太熟悉，然而含义相同的表达方式（这种表达方式在后面是会有用的）：如果已知某粒子轨线上的两点，比如说 P_1 和 P_2，又知道按正时间方向来自其他粒子的全部相互作用，那么我们完全可以确定 P_1 和 P_2 之间轨线的形状。我们可以计算出轨线上的每一点，并且知道粒子到达每一点的时间。

可以做严格解算的第二个问题是：如果知道了某个粒子的轨线，那么我们完全可以计算出该粒子对其他粒子所施加的辐射相互作用。

请注意这两个问题同时间方向性的关系。为解决第一个问题所要知道的相互作用必须来自过去。在第二个问题中所计算的粒子对其他粒子施加的相互作用是要走向未来，与图 2-9 中源粒子有关的就是这种情况。

关于第一个问题我们可以这样提问：究竟怎样才能知道来自过去的全部相互作用呢？我们需要知道的这些相互作用是由一些粒子引起的，因而我们打算通过对这些粒子的研究来寻求问题的答案，于是就要设法对这些粒子应用第二个问题。但是，这时我们必须知道另一批粒子的轨线，因而就必须知道它们自身所受到的相互作用。所以问题只不过是兜了一圈又回到原地。确实，我们面临着图 2-10 那种鸡和蛋的局面：我们有一组粒子，它们受到另一组粒子的影响，而后者又受到第三组粒子的影响，如此继续。那么我们必须在这条因果长链中追溯多远，才能合理地肯定那里发生的事情不再同目前瞬间我们所希望研究的具体物理系统发生联系？

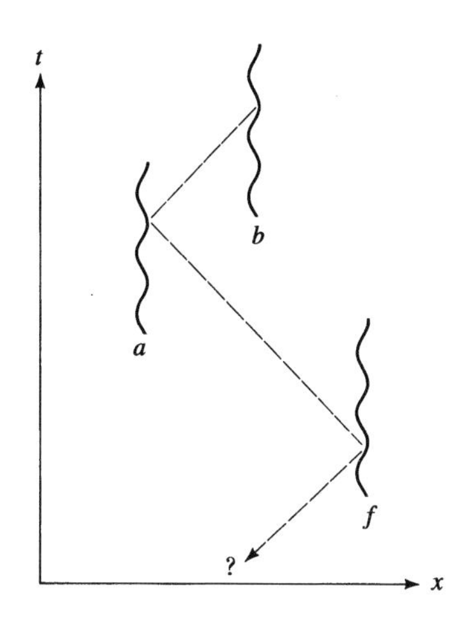

图 2-10 因果链，其中 b 的运动取决于 a，a 的运动取决于 f，f 的运动又取决于更早瞬间的其他一些粒子。原则上说，这条因果链只有当我们把时间追溯到宇宙起源之时 —— 如果宇宙有过起源的话 —— 才能得以拆解

原则上，我们需要追溯多远是没有限制的，除非认为宇宙有过明确的开端，在这种情况下，过去某个时刻之前便什么都不存在了。然而，实际上往往研究粒子在一定条件下的局部性集结状态，这时，以前的相互作用的影响是很小的。物理学家试图确立的就是这样的情况。他们设计了一些实质上与以前的影响无关的实验，并且十分成功地克服了因果困境，否则的话会像图 2-10 中那样永远无休止地追溯下去。图 2-11 所表明的实验过程有可能通过物理学家本人所施加的局部性限制来加以实现。对因果链的这一类解脱永远不会是严格准确的。但是，只要任何以前的相互作用对结果产生的影响极其微小，物理学家就会感到心满意足了。然而，如果我们所关心的不只是局部结构，而是整个宇宙，那么情况就不太令人满意。这时，因果链不可能加以解脱，并且会出现有关“开端”的逻辑上的问题。我们在后面的内容中将会一而再地遇到同样的问题。

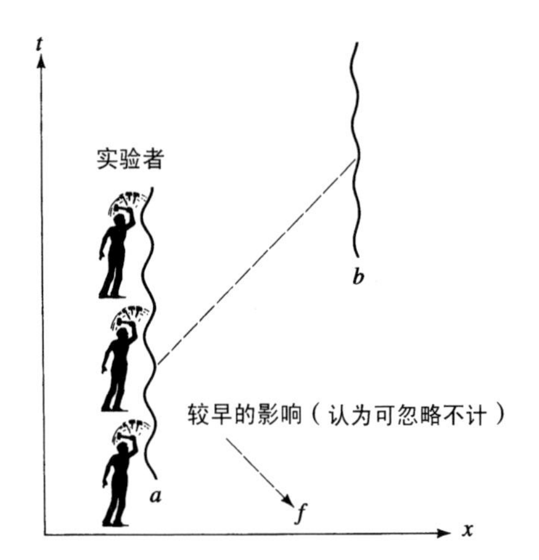

图 2-11 实验者认为，如果对图 2-10 中的粒子 a 施以某种巨大而又已知的影响，比如用槌子对它进行敲击，那么就能够使因果链解脱。这种影响是非常巨大而猛烈的，相比之下，粒子 f 的影响可以忽略不计

§2-3 量子力学

上面一节所考察的内容对于宏观“粒子”是适用的，这就是说适用于由许许多多如电子和质子一类基本粒子所组成的物体。例如，图 2-2 中的源“粒子”a 应该包含有许多这类基本粒子。这些内容对于一个基本源粒子（比如电子）来说，只要有许多电子有着同样的运动状态，那么它们也是适用的。例如，蟹状星云中的许多电子便具有如图 2-8 所示的螺旋运动。但是，如果只有几个基本源粒子，或者仅仅只有一个电子时又会怎么样呢？这时情况就不同了，其差异之大可谓出乎意料。

然而，直到 19 世纪末，人们仍然以为情况是相同的，而且自信对此已有充分的了解。1899 年，英国物理学家洛奇（O. Lodge）爵士曾发表过一项不够慎重的意见。他认为："一切事物看来正在奇妙地对自己进行精心的安排。"就在他发表这一看法后不久，一场风暴爆发了，从而导致物理学上出现了一次深刻的危机，这场危机直到 1925 年，由于后来称之为量子力学的研究途径的出现才最终得到解决。量子力学好像同以前所有的物理学概念都不相同，以致整个科学界因它而受到了强烈的冲击。其中特别是爱因斯坦，他始终同量子力学格格不入，而对于量子理论的发展起过重大作用的薛定谔（Schrödinger）曾这样说过："我并不喜欢它，然而遗憾的是我有生以来总是在同它打交道。"

量子力学中，粒子在时空图上遵循的轨线并不是唯一的

我们马上可以来说明量子物理学和经典物理学之间在概念上的本质差异。在旧的物理学中，如果已知某个（宏观或基本）粒子轨线上的两点 P_1 和 P_2，又知道对于这个粒子来自较早时间的全部相互作用，那么我们就能把 P_1 和 P_2 之间轨线的形状完全确定下来。我们可以计算出轨线上的每一点，也知道粒子在什么时间位于每个这样的点上。可以通过解 $x=y$ 这种形式的一些方程来做到这一点，这种方程已经在第 1 章中做了讨论。计算的方法同确定下一次月球掩食太阳所用的方法非常相似。

如果这个粒子是一个基本粒子，比如说一个电子，那么在量子力学理论中问题就会采取一种完全不同的形式。这时，不存在连接 P_1 和 P_2 的唯一的轨线。原则上说，粒子可以采取任何一条轨线从 P_1 走向 P_2。我们可以设想粒子必然遵循某一条具体的轨线，但是我们根

本不知道究竟是哪一条。图 2-12 说明了这种情况。描述量子力学的那一套规律允许就每一条这样的轨线来计算出一个称为振幅的量，根据振幅很容易求得粒子遵循这条轨线的概率，振幅是概率的某种形式的平方根。这种全新的处理问题方法在概念上是极为重要的，它所内含的简单性使人受惠不浅。振幅可以相加，把从 P_1 走向 P_2 的每条轨线的振幅全部加在一起，我们就得到了代表 P_1 和 P_2 间轨线的总振幅，由此立即可以求得粒子从 P_1 走向 P_2 的概率。注意，我们并没有把概率相加，相加的是概率的“平方根”。

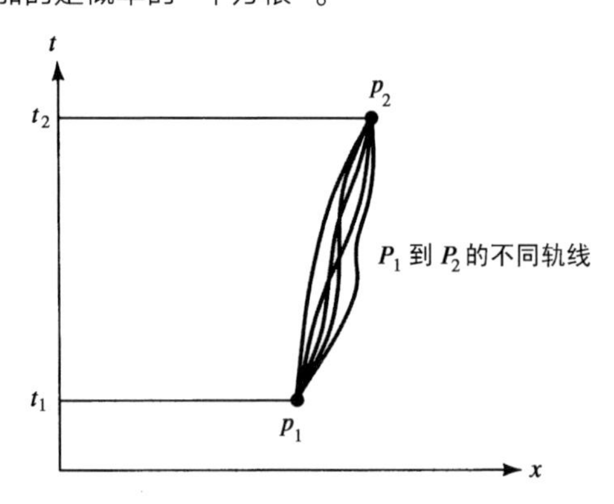

图 2-12　在量子物理学中，粒子可以取不同的轨线从 P_1 走向 P_2

图 2-13 表明了量子力学中有代表性的一种情况。我们有两个时间值，用 t_1 和 t_2 表示，其中 t_1 早于 t_2。对图 2-13 这种情况来说，我们甚至不知道粒子从什么位置出发。它可以位于任何空间位置，例如 P_1 和 Q_1。在 t_2 时刻它可以走到任何别的空间位置，比如从 P_1 走向 P_2，从 Q_1 走向 Q_2，它可以取任意的轨线来做到这一点。毫无疑问，就普通的意义上来说，这一概念包揽了所有的可能性。现在的问题在于从中抽出有规律性的东西来。在经验世界中，至少在日常生活的宏观世界中，粒子所处的位置看来应该是十分明确的，并且应该能够

沿着某些确定的轨线从一个位置移向另一个位置。我们该怎样从这里学到些东西呢？

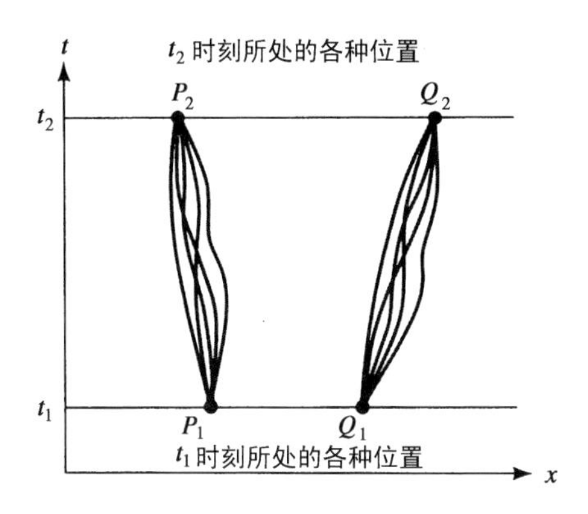

图 2-13　从时刻 t_1 到时刻 t_2，粒子不仅可以取任意一条轨线从 P_1 走向 P_2，而且 P_1 可以是 t_1 时刻的任意一点，P_2 可以是 t_2 时刻的任意一点，原则上说这种情况带有最广泛的普遍性

在着手回答这一问题时我们先要强调，尽管原则上说每一条轨线都有可能，但是这种可能性对所有的轨线来说并不总是相同的。为了说明这一点，我们可以假想有两类轨线，一类有着较大的概率，另一类的概率比较小。如果我们重画图 2-13，并且只画出大概率的轨线，那么处理起来就会容易得多。如图 2-14 所示，大概率轨线只限于一束的范围。而如果设想把这束轨线再进一步收紧（图 2-15），我们就接近这样一种情况：即可以认为粒子是通过唯一的轨线从一点走向另一点。在这种情况下，我们发现量子力学所引得的轨线，同早期麦克斯韦（Maxwell）、洛伦兹（Lorentz）和爱因斯坦理论得出的结果是严格一致的。至少来说，这也可以算是这场激烈争论中的一个避难所。事实上，图 2-15 所示的情况适用于所有的大物体。地球绕太阳的运动，或者任何宏观物质块的运动，都和以前的结果相同。

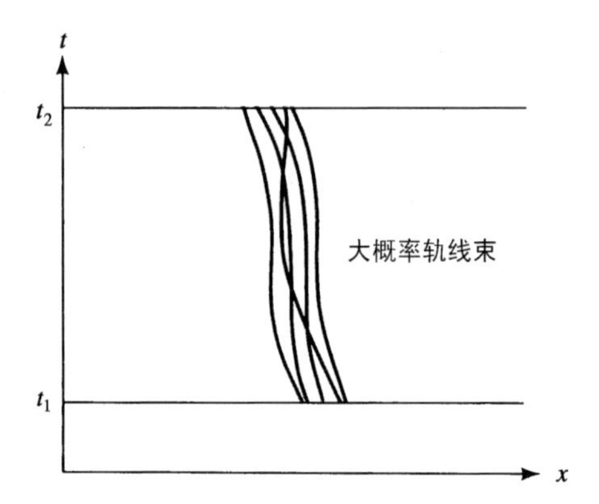

图 2-14　对图 2-13 的最一般情况加以约束，即只画出限定的一束轨线粒子会有较大的可能性沿着其中的一条轨线运动。粒子也可以遵循别的轨线，但是出现这种情况的概率比较小

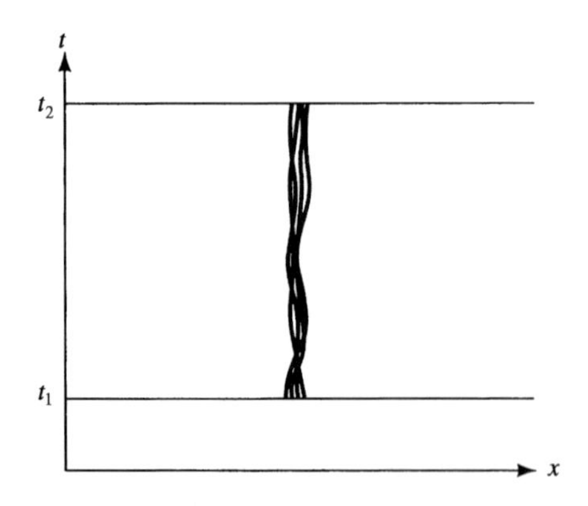

图 2-15　如果把大概率轨线束不断收紧，那么就逐渐逼近于经典的情形。这时，我们认为粒子所遵循的具体轨线是唯一的

但是，如果只涉及为数不多的几个粒子，比如单个原子，情况就同早期的理论大不相同了。以最简单的氢原子来说，它是由一个电子和一个质子组成的。由于质子的质量比电子大得多，质子轨线束的宽度范围要比电子轨线束窄。为简单起见，我们可以把质子看作遵循着

一条确定的轨线，就好像是一个经典粒子。但是电子并不具有唯一的轨线，不能把它看作在质子周围遵循一条确定的轨线运动。在有关原子物理学的一些初等讨论中有时会讲到，氢原子中电子围绕着质子运动，很像绕着太阳运动的一颗行星，不同的只是行星可以在任意一条椭圆轨道上运动，而电子只能在某些特定的轨线上运动。然而，这种说法是完全错误的。电子可以在任意一条轨线上围绕着质子运动，这条轨线甚至不一定像行星那样是一个椭圆。我们最多只能说某些轨线的可能性比另一些大。

存在着若干确定的能态，原子通常取其中之一

上面所说的情况似乎依然是一幅极为含糊不清的图像。但是，最终会发现这一难题有着奇妙的规律性。如果我们所关心的不是一些特定的轨线，而是轨线束，那么对氢原子中的电子来说就存在着一族确定的标准轨线束，每个电子通常只取其中之一。图 2-16 表示了这族轨线束中的一部分。这些轨线束如果用符号来表示可称为 ψ_1，ψ_2 等，系列中每个符号代表了一族标准轨线束。以这种方式所表示的标准轨线束称为能态。

根据量子力学，辐射的发射和吸收是在粒子改变其能态时出现的

氢原子的电子通常处于 ψ_1，ψ_2 等中的某一个能态，但并不是始终不变的。我们这样说，是因为电子有可能从一种能态跃迁到另一种能态，比如说 $\psi_2 \rightarrow \psi_1$。我们可以对系列 ψ_1，ψ_2 等做一番适当的排列，使得在原子发出辐射时电子总是向左跃迁，而在吸收辐射时则保持向

右跃迁。这时，我们称能态系列按能量做了排列。因此，我们认为在大部分情况下电子占有 ψ_1，ψ_2，… 中的某一个能态，但是偶然也会改变它的能态，向左或向右跃迁。

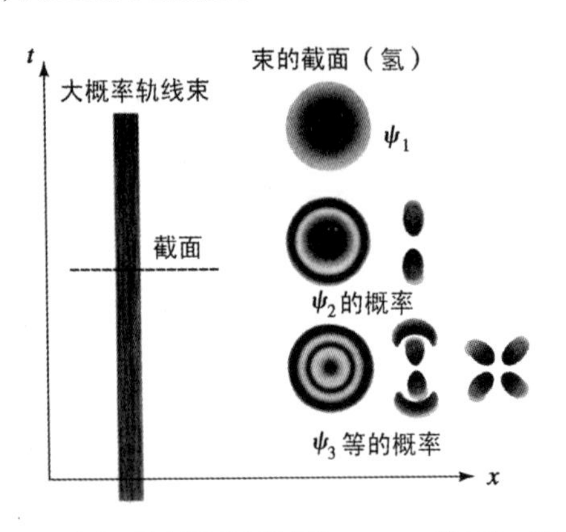

图 2-16　原子中电子的轨线可以用轨线束 ψ_1，ψ_2，ψ_3 等中的一个来加以研究，这里的意思是电子通常所遵循的是其中某一束内的轨线。但是，有时候可以从一束换到另一束，这时我们称原子经历了一次跃迁。ψ_1，ψ_2，ψ_3 等的截面用于氢原子中的单个电子。正如正文中所注意到的那样，对于 ψ_1，ψ_2 等存在着若干种不同的概率。在图的右边部分中，轨线在阴影区内穿过

不仅是辐射的发射和吸收，粒子间的相互碰撞也可以引起能态的改变，这种变化同样也可以在两个方向上进行，即在系列 ψ_1，ψ_2，… 中向左或向右跃迁。在炽热气体中，任何瞬间都有着处于各种标准能态的原子，这些称为定态，因为原子在跃迁到另一种能态之前暂时性地停留在某一种能态上。在炽热气体中还有着一批在各个能态之间跑来跑去的原子，有些按系列 ψ_1，ψ_2，… 中某一个方向跃迁，有些则按相反的方向跃迁，就好像是一个巨大的跳蚤马戏团。如果所有向右方的变化严格地同相应的向左方的变化保持平衡，比如说 $\psi_{37} \rightarrow \psi_{53}$ 与 $\psi_{53} \rightarrow \psi_{37}$ 相平衡，那么就说这部分气体处于平衡状态，因而可以用第 3 章中所介绍的方法来算得它的温度。

对于包含有大量原子的一种气体来说，我们假定在一个给定的时间段内有许多原子在经历着某种确定的能态变化，比如说 $\psi_2 \to \psi_1$ 的跃迁。大量的原子通过在我们能态系列中这么一种向左的移动而发出辐射，这种辐射的性质同图 2–2 中由粒子的简单振荡所发出的辐射是相类似的。然而，我们必须很小心地记着，图 2–2 中经典粒子的振荡频率 v 可以按具体情况有不同的数值，而在我们现在的情况中，v 是由相应的跃迁所确定的。氢原子不会随意地发出任何一种频率的辐射。它只能发射与能态在系列 ψ_1，ψ_2，⋯ 中向左方变化相对应的那些频率。

图 2–17 是氢原子的能级图，每一个能级对应着 ψ_1，ψ_2 中的一种能态，其中 ψ_1 是最低能级，ψ_2 是次一个能级，如此等等。作图时，相邻能级所间隔的距离，与对应的相邻能态间跃迁的频率 v 成正比。例如，最低能级与上一个能级间的距离，与 $\psi_2 \to \psi_1$ 这一跃迁的频率成比例，第二、第三能级间的距离与 $\psi_3 \to \psi_2$ 这一跃迁的频率成比例，依此类推。

当我们涉及系列 ψ_1，ψ_2，⋯ 中极右端那些能态时，能级就密集在一起。这意味着像 $\psi_{105} \to \psi_{104}$ 这样一种跃迁所对应的频率应当是很低的，实际上已落入射电波段的范围内，并且已经在我们银河系内炽热气体云的辐射中探测到了。

随着所讨论的能态越来越靠近系列 ψ_1，ψ_2，⋯ 的右端，相对应的轨线束的空间范围就越变越宽。这意味着电子沿着越来越远离质子的一些轨线运动的概率是相当大的。最后，有一些轨线使电子完全同质子相脱离，这时称电子是自由的。与这样一种自由态相对应的能级位于图 2–17 中有规律的“束缚”态系列之上，如图 2–18 所示。跃迁可以在一种自由态和另一种自由态之间发生，也可以在一种自由态和一种束缚态之间发生，当跃迁在图 2-18 中表现为向下进行时会发出辐射，而跃迁向上进行时便造成对辐射的吸收。

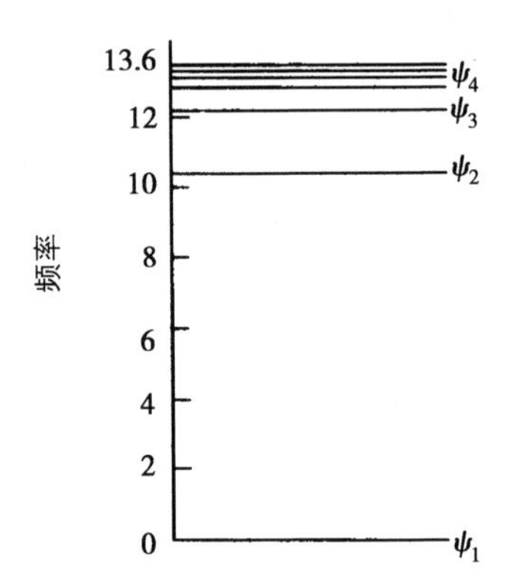

图 2-17　氢原子的能级图，如果给定能态 ψ_1，ψ_2，ψ_3 等，则能级由 $\psi_2 \to \psi_1$，$\psi_3 \to \psi_1$ 等跃迁过程中所发出的辐射频率所确定。图中频率的单位为每秒 2.418×10^{14} 次振荡。这些分立的能级最高不超过 13.6

接下来我们要谈论一个重要的细节问题。对于图 2-17 中的每一个能级总存在两个或两个以上能态。例如，我们应该把 ψ_1 看作代表了两种能态，ψ_2 代表几种能态等，图 2-16 已经说明了这一点。说得更确切一点，图 2-17 中的最低能级实际又分裂为相距很近的两条，如图 2-19 所示。在最低能级的这两个分立能态之间所出现的跃迁，其频率为 $\nu=1.42 \times 10^9$ 周 · 秒 $^{-1}$（赫兹[1]）。射电天文学家在许多地方观测到了由这种跃迁造成的辐射，它出现在我们银河系中氢原子分布的旋涡形图案上，在第 6 章中我们将要讨论这一问题。

1. 周 · 秒 $^{-1}$ 又称赫兹，可用 Hz 表示。—— 译者注

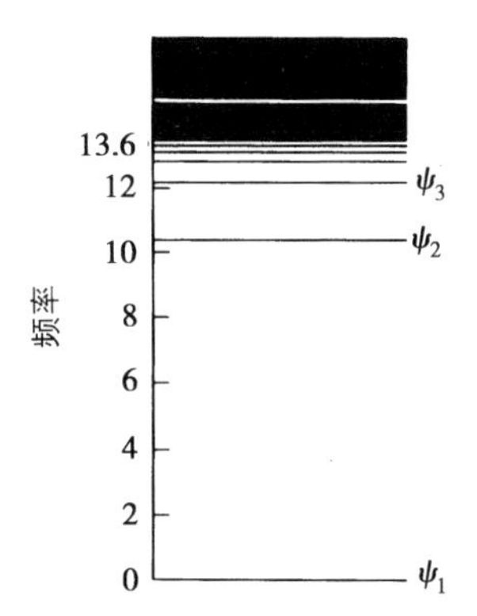

图 2-18　存在着这样一种能态，它所对应的电子轨线离开氢原子的质子很远；这些能态出现在 13.6 能级之上。如果电子的轨线处于这些能态相应的轨线束内，则称这些电子是自由的。利用与图 2-17 相同的辐射判据，可以给出与这些自由态相应的能级。它们在能级图中形成了一种连续带。图中的频率单位与图 2-17 相同

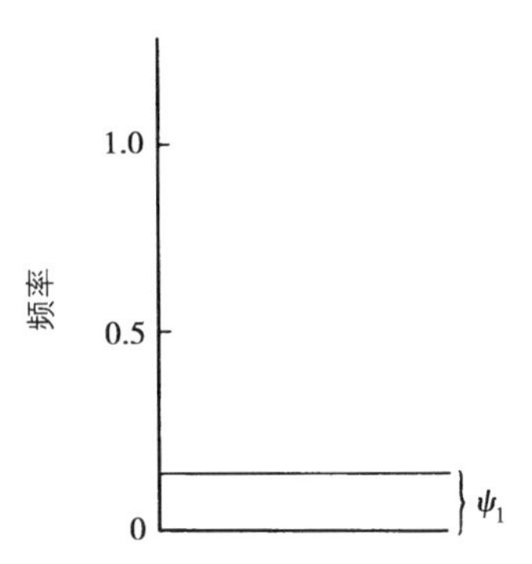

图 2-19　氢原子的 ψ_1 能级实际上又分裂为两个靠得非常近的能级。因为这一微小的差距，这种双能级中位置略高的成员向着略低位的跃迁就会发出辐射，它的频率非常低，为每秒 1.42×10^9 次振荡。这种低频辐射对于射电天文学家中的许多研究是十分重要的。图中的频率单位为 10^{10} 周 · 秒 $^{-1}$

原子能级图中的频率是完全知道的

我们可以按以下的方式来构造如图 2-17 所表示的那种氢原子能

级图。首先，作一条水平线，用来表示刚好成为自由电子时的极限情形。接下来，在这第一条水平线的下面标出能态 ψ_1，ψ_2，$\psi_3\cdots$，它们的深度之比为 1：1/4：1/9：…，这里分数中的分母部分恰好就是自然数的平方，即 $2^2=4$，$3^2=9\cdots$。这时，最低的那条水平线相应于 ψ_1，它和与 ψ_2，$\psi_3\cdots$ 相应的各条水平线之间的间距之比为（1−1/4）：（1−1/9）：…。同样的比例也反映在对于 $\psi_2\to\psi_1$，$\psi_3\to\psi_2\cdots$ 这些跃迁所观测到的频率上。略去一些微小的尾数后，这些频率为

$$3.29\times10^{15}\,[\,1-1/4,\ 1-1/9,\ \cdots\,]\,\mathrm{Hz}。$$

这么一来，在我们所构成的图中，各条水平线之间的相对间距就对应于 $\psi_2\to\psi_1$，$\psi_3\to\psi_1\cdots$ 这些跃迁所观测到的实际频率之比。这些跃迁所发出的辐射称为赖曼系。图 2-20 表示了这一谱线系，对于 $\psi_1\to\psi_2$，$\psi_1\to\psi_3$，… 这些向上的跃迁，就会出现对相同频率的辐射的吸收，图 2-21 表示了这种情况。类似地，我们也可以有 $\psi_3\to\psi_2$，$\psi_4\to\psi_2$，… 这些向下的跃迁。观测表明与这些跃迁有关的对应频率为

$$3.29\times10^{15}\,[\,1/4-1/9,\ 1/4-1/16,\ \cdots\,]\,\mathrm{Hz}。$$

观测到的这些频率，同样与我们所作图中能级线之间的间距有着相同的比例。图 2-22 表示了由炽热氢气在这些频率上所发出的光，图 2-23 通过图解的方式表明了相应的跃迁。图 2-23 中的系列称为巴耳末系。在同样的频率上也可以发生与吸收有关的向上跃迁，图 2-24 和图 2-25 说明的就是这种情况。

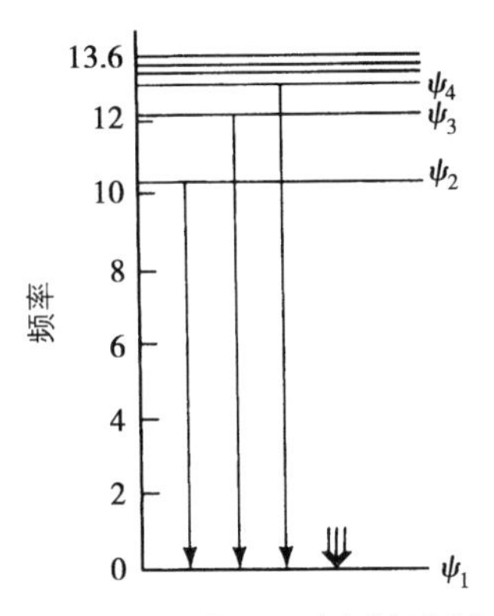

图 2-20　由 $\psi_2 \to \psi_1$，$\psi_3 \to \psi_1$ 等跃迁所发出的辐射称为赖曼系。图中的频率单位与图 2-17 相同

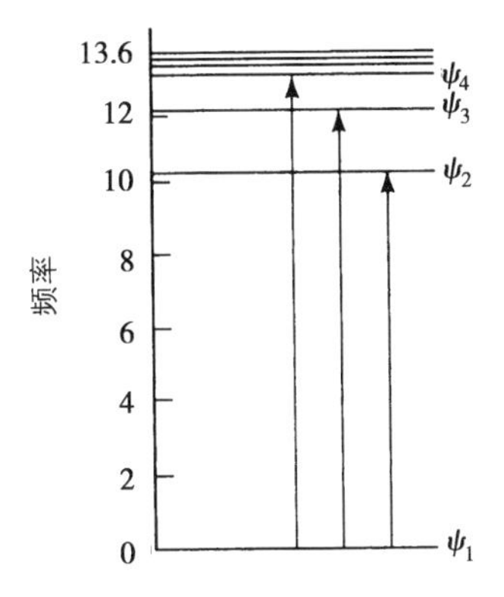

图 2-21　与图 2-20 相反方向的那些跃迁可以吸收辐射（频率单位相同）

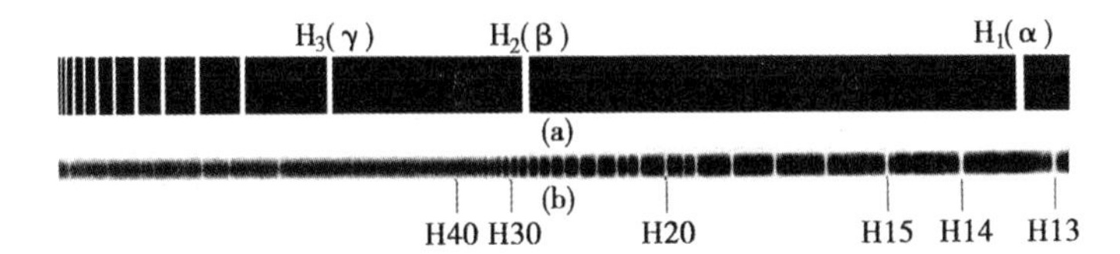

图 2-22　通过某种实验装置把辐射按频率分离开来，如图（a）所示，向左为频率增加方向，巴耳末系的辐射落在一些离散的位置上，它们之间的间距则有着确定的规律。如果把这样一种装置用于恒星 HD 193182，那么就会发现巴耳末系中许多相当高级的成员，如 $\psi_{13} \to \psi_2$，$\psi_{14} \to \psi_2$，$\psi_{15} \to \psi_2$ 等，在（b）中可以看到这些谱线

作为量子理论的早期成就之一，它确实可以对刚才所给的频率数值做出预言，数字 3.29×10^{15} 是通过精确计算求得的，并且可以由观测来加以验证。

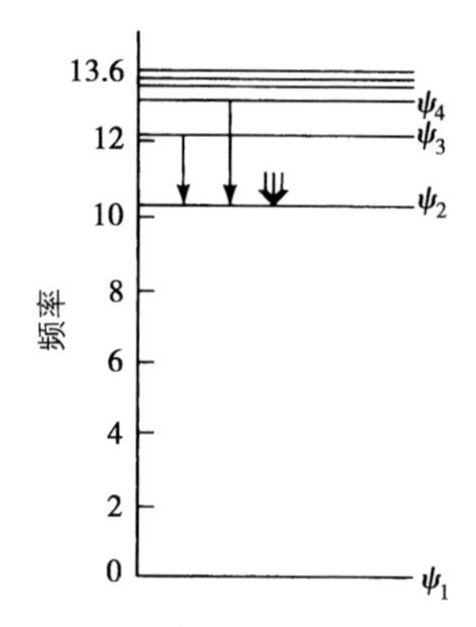

图 2-23　由 $\psi_3\rightarrow\psi_2$，$\psi_4\rightarrow\psi_2$ 等发出的辐射称为巴耳末系（频率单位同前）

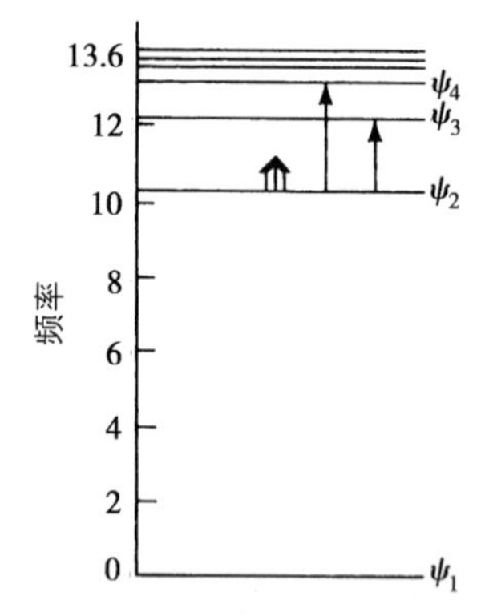

图 2-24　也可以通过 $\psi_2\rightarrow\psi_3$，$\psi_2\rightarrow\psi_4$ 等，在巴耳末系的特征频率处造成对辐射的吸收（频率单位与图 2-17 相同）

现在我们可以理解，氢是怎样既能够发出离散频率的辐射，又能够发出连续辐射。对于造成连续辐射的跃迁来说，两个能态中至少有一个能态的电子是自由的；对于造成离散频率的那些跃迁来说，两个

图 2-25 在这张照相负片中，我们通过某种观测装置把来自类星体 3C 273 的辐射按频率分离开来，其中向左为频率增加方向。试问，哪一些是氢的巴耳末谱线？

能态的电子都为质子所束缚。

类似的讨论也适用于氢以外的其他原子。尽管有关轨线束的同样概念仍然有效，并由此引出关于能态系列 ψ_1，ψ_2，… 的相同的观念（跃迁就发生在这些能态之间），但是问题的细节则变得复杂得多，这是因为我们必须考虑一个以上的电子。即使对只有两个电子的氦原子来说，情况已经变得比氢远为复杂得多，我们可以从图 2-26 所表示的氦能级图上看到这一点。这里，能级按两个分支进行分类。对于不同能级所加的一些符号是分类工作中用到的记号，这里我们就不必管它了。

对于像图 2-26 这类复杂能级图的研究便形成了原子物理学的主题内容。每一种原子的辐射都具有由离散频率构成的特征图，从而把它同其他原子区分开来，这一事实在天文学中有着十分重大的意义。一旦在天体发出的光中发现了某一类原子的特征辐射图，我们就知道在那个天体上存在着这种原子。比如，从图 2-25 我们就知道，类星体 3C 273 中含有氢。通过这种方法，就可以发现不同天体上所存在的各种原子。如果原子只能发出连续频率辐射，像量子理论之前的旧理论所认为的那样，那么我们就永远不可能推断出遥远的恒星、星系或类星体的化学组成。没有量子力学，许多有效的现代天文研究方法也就不存在了。

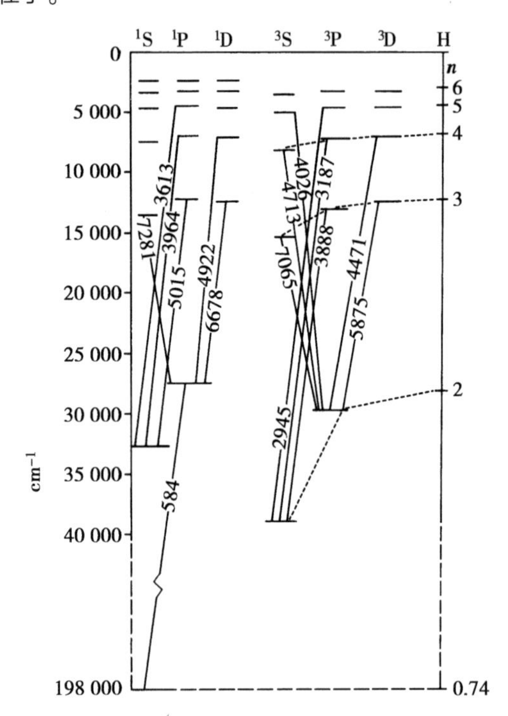

图 2-26 氦的能级图。光谱学家通常用 cm^{-1} 来作为频率的单位，而不是用每秒的振荡周数。图中，向下是频率增大的方向，每一格为 $5000cm^{-1}$，对应于频率增大 1.5×10^{14}Hz；标度中的虚线部分相当于 31.6 格。图中已加上了有关氢的一些内容以便于比较和分配 n 的数值

一个原子发出的辐射往往为另一个原子所吸收

氢在一次特定跃迁中发出的辐射，比如说 $\psi_2\rightarrow\psi_1$ 所发出的辐射，只能为 $\psi_1\rightarrow\psi_2$ 所吸收，而不可能为氢原子任何其他两个分立能级间的跃迁所吸收，图 2-27 说明了这种情况；但是，它却有可能为从 ψ_2

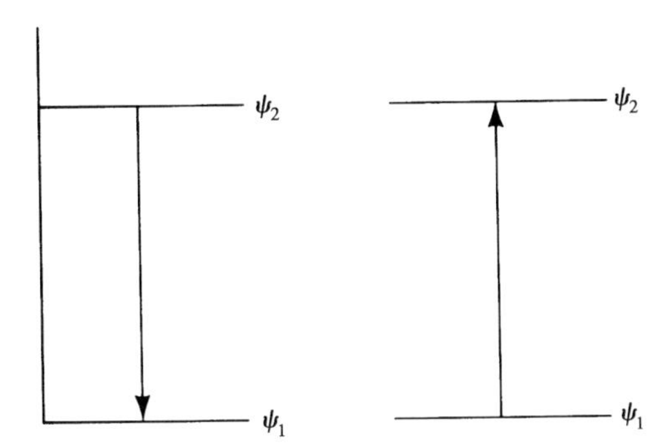

图 2-27　由 $\psi_2 \rightarrow \psi_1$ 造成的辐射，可以为同一类的另一个原子在出现相反方向跃迁 $\psi_1 \rightarrow \psi_2$ 的过程中所吸收

出发到电子处于自由态的某种能态间的跃迁所吸收。在少数情况下，由某一种原子所发出的离散辐射，可以被另一类原子在两个分立能级间的跃迁过程中所吸收，如图 2-28 所示。但是这种吸收只是偶尔地出现，因此是很罕见的。一类原子的离散频率通常与另一类原子的离散频率不相同。图 2-29 所表示的是一种比较普遍的情况。这里，某个原子向下跃迁所产生的辐射，使另一个原子中的一个电子成为自由态。这时我们说第二个原子被电离了 —— 它失去了一个电子。这种电离过程实际上在各种各样的电子设备中有着广泛的应用，我们称它

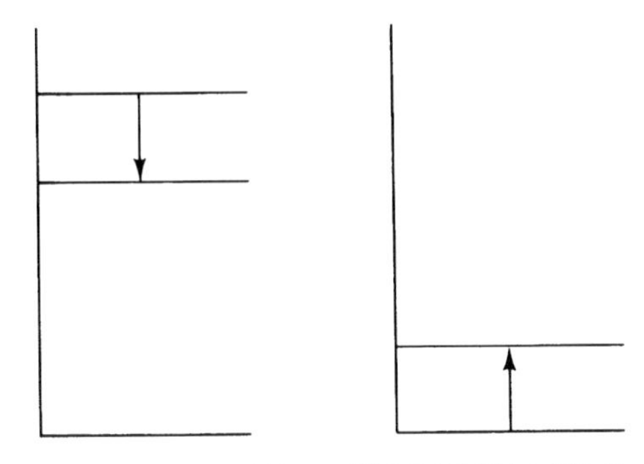

图 2-28　在极少数情况下，某个原子所发生的离散辐射，可以为另一类原子在一次离散跃迁过程中所吸收，这要求两个原子的能级图出现某种巧合。在两张图上必然有相同的能级间隔

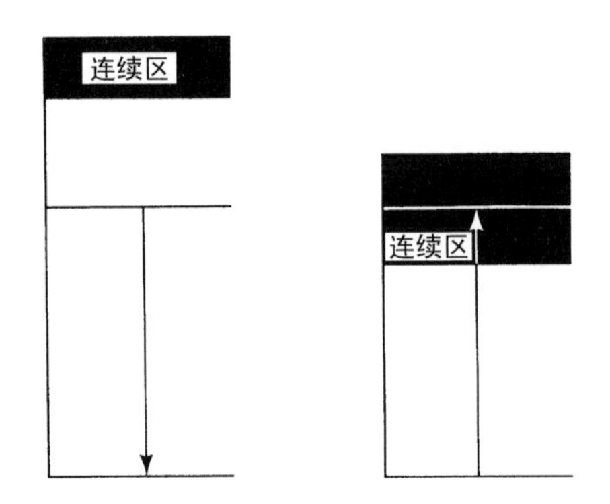

图 2-29 在比较多的情况下，一种原子的辐射为另一类原子所吸收，同时使一个电子成为自由态，这个过程称为电离。我们称产生吸收的原子是被电离了

为光电效应。图 2-30 所表示的是钙原子电离后的能级图的下面部分。图中由 H 和 K 所标明的向上跃迁，会吸收频率为 $\nu=7.554\times10^{14}$Hz 和 $\nu=7.61\times10^{14}$Hz 的辐射。这两种吸收在天文学上有着重要的作用。

§2-4 名称、单位和测量

前面几节也许像是以一种复杂的方式来作为一本非专业性书籍的开场白。但是，量子力学被认为属于物理学的最困难部分之列，而我们也并不打算要掩饰这些困难。事实上，通过一种比较合理的方式来思考事物的全过程，就能够有助于迅速地理解许多方面的问题。当一个原子的能态实际上发生了变化，比如对氢原子从 ψ_3 变到 ψ_2（图 2-23），这时就会发出辐射。但是，单独一个原子的辐射并不是我们所熟悉的经典式的辐射，后者使带电的探测器粒子以图 2-2 的方式出现振荡。为了得到图 2-2 中的那种现象，必须有许多氢原子在经历从 ψ_3 到 ψ_2 的跃迁。一旦出现这种情况，就可以对探测器粒子的振

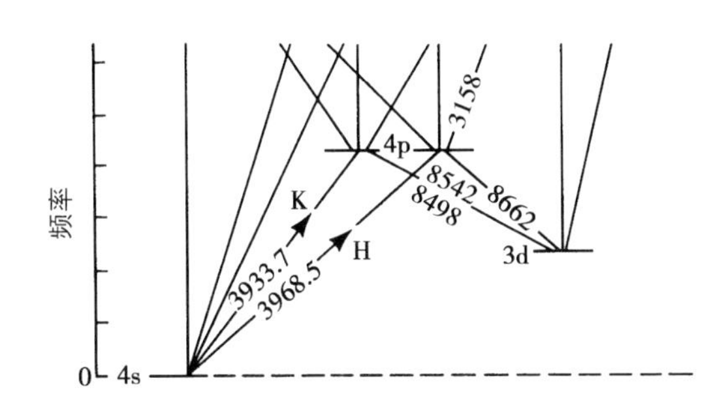

图 2-30　失去一个电子的钙原子能级图的下部，图中表明了形成所谓 H 线和 K 线两种跃迁（频率单位与图 2-26 相同）

荡进行计数，便能求得这种辐射的频率 v。以每秒周数计的频率实际上就是 3.29×10^{15} 乘以（$1/4-1/9$）。对于这样一种情况，我们说氢原子发射出一条谱线。这一具体例子中的谱线称为 H_α 线。在图 2-24 所示的相反情况中，许多氢原子吸收辐射而经历 $\psi_2\rightarrow\psi_3$ 的跃迁，这时的 H_α 谱线表现为吸收线。

原子的一次跃迁会发射或吸收一个辐射量子

如果对于单个原子在跃迁中所发出或吸收的辐射来说，我们不能仍然像图 2-2 那样把它解释成频率为 v 的一种波，那么，我们应该怎样来说明这种辐射呢？显然，需要某种新的解释，而 20 世纪早期所创造的量子一词也正是给出了这种新的解释。在 $\psi_3\rightarrow\psi_2$ 这样的一次跃迁中发出一个量子，而在相反的跃迁 $\psi_2\rightarrow\psi_3$ 中则会吸收一个量子。某一个原子所发出的量子可以为另一个原子所吸收，同图 2-29 中所看到的情况一样。1925 年以后，物理学家学会了如何来计算原子的跃迁，这门新的学科称为量子力学，即能够对量子的吸收和发射情况加以计算的力学。当认识到这一点时，量子力学一些基本概念就远远不止于用在辐射的发射和吸收上了。同样的概念适用于原子核的内部，而且很可能对引力也是适用的，尽管这一点还必须通过实验来加以证实。

图 2-29 表明，如果一个量子先由某一个原子发射出来，然后又被另一个原子所吸收，那么第一个原子在能级图上向下跌落的量，正好等于第二个原子在它自身能级图上向上跃起的量。每一次跃起是由辐射量子的什么性质所决定的呢？为了回答这个问题，我们回到图 2-2，其中的频率 v 可以由探测器粒子的振荡来加以测定，这时要涉及许多个同类的量子，这同许多原子经历图 2-29 中向下跃迁时的情况一样。频率 v 也是单个量子的一种属性，不过对于单个量子来说，这种属性并不在图 2-2 的含义上表现出来，而是反映在图 2-29 中发射原子的能级图上。因此，“频率”实际上与“能量”是同一回事（参见下面的讨论）。而且，通过对图 2-2 中探测器粒子的振荡（这种情况涉及许多量子）进行具体的计数，我们便有了一种用于实际计算频率的简单明了的方法。这样一来，我们也就有了一种方法来确定如图 2-29 这一类图中的各个能级，或用来确定图 2-17 和图 2-26 的氢和氦能级图中的能级。

辐射量子频率和能量间的关系取决于时间单位和能量单位的选取

我们是想通过实际计数探测器粒子的振荡（图 2-2）来得到 v，这一答案同我们所用的时间单位有关。如果我们用小时而不是用秒作为时间单位，那么在单位时间内计得的振荡次数显然会多得多。事实上这时所数得的振荡次数应当是原来的 3600 倍。由这么一个简单问题可以看出：如果要把频率和能量看作两个等价的物理量，那么我们就一定要以两个有适当关系的单位来对它们进行测量。因此，如果我们决定以秒来量度时间，那么这时对能量的量度就不能随意地采用我们所想用的任何一种单位，例如第 1 章中讨论过的那些单位（千瓦时，千瓦秒，或尔格）。但是，物理学家在 20 世纪早期正是这样做的。他们选用秒（s）作为时间单位，以尔格（erg）作为能量单位，结果两者便不相一致，从而使许多人没有理解到频率和能量是相同的物理量。若不是在能量和频率之间建立 $E=v$ 的等式关系，而是使它们彼此成比例，比例常数取为 h，于是有 $E=hv$。这个 h 称为普朗克常数。许多人至今还错误地认为，我们对普朗克常数所赋予的数值有着某种重要的含义，而它实际上是作为一种改正因子出现在 $E=hv$ 这一关系式中，这一因子的存在是由于所选用的能量和时间单位彼此间没有关系。如果时间以秒来量度，能量以尔格来量度，则 h 的数值为 6.6252×10^{-27}，但是关于这一数字并不存在有什么神圣不可侵犯的东西。要是我们用其他某种单位来量度时间和能量，那么 h 数值就会发生变化，而且如果把这两个单位配合得当，那么就会有 $h=1$。这个微小量 6.6252×10^{-27} 在某些人看来显得神秘莫测，但它根本不存在任何奥秘。造成这一小量的客观条件是，为了方便于日常生活的宏观世界——这种世界由为数极多的原子所组成，当时就采用尔格和秒作为单位。如果单位的选取是为了方便于某种微观世界，也就是只包含有少数几个原子的世界，那么这一小量就会不存在了。

量子力学是理解探测辐射的各种实用方法的基础

在结束有关量子力学问题的讨论时，让我们回到表 2–1。我们现在可以来讨论这张表中第三列的意义了。探测辐射的一般性规律有下面这一些：

1. 对于最低的频率（射电波、微波）来说，探测依赖于在每种频率上都存在有大量的量子。从本质上说这也就是图 2 - 2 的方法。

2. 对于最高的频率（γ 射线，X 射线）来说，可以探测到个别的量子事件，如图 2-29 中的光致电离。这些个别的量子事件构成了所用方法的基础。

3. 在光学和紫外波段，对方法可以进行选择。个别事件是可以探测到的，如规律 2；也可以利用在每种频率上同大量量子有关的一些过程。但是，在后一种情况下，所采用的并不是图 2-2 的方法。可以利用图 2-29 那种类型的许多光致电离事件来改变微小晶体的结构，这就是照相术的原理，光照射在乳胶薄膜上，这些乳胶是由非常微小的溴化银或氯化银晶体构成的。光对晶体的作用会使构成晶体的原子在排列上出现微妙的变化，这种变化可以在显影液的作用下通过化学反应显现出来，因为显影液会使受影响后的晶体变为金属银的细小颗粒。然后，在定影液中把处在未受光照射位置上的未经变化的晶体洗去。于是，在定影之后我们就得到了原始光分布的一种反像，即所谓负片。

4. 在红外波段所用的概念是很相似的。落在晶体上的大批量子可以使晶体中原子的排列发生变化，差别在于红外波段上发生变化的是晶体的电性质而不是它的化学性质。对于较高的红外频率来说，采用的是硫化铅晶体；对于较低的频率来说，则要用到奇异的半导体锗，其中还要故意地掺入某种杂质。在第 6 章中将会再一次遇到这些概念，届时我们要对红外天文学做比较详细的考虑。

人们也许会感到惊讶的是，居然有可能探测出图 2–29 中所说明的那一类单个事件。我们将在有关 X 射线天文学的那一章中对这一问题做比较详细的讨论，现在只要举出一个简单而又相当粗略的例子就已足够了。光照射在称为光阴极的一个表面上，使表面物质发射出几个自由电子。然后，每一个这样的电子在电场（一种简单形式的辐射场）中受到加速，结果就会以足够的能量轰击第二个表面，并又从这第二个表面打出更多个自由电子。这一过程重复出现，每一个被打出的电子都受到加速而飞向第三个表面，通过这一表面自由电子的数目再一次增多。经过一定级数的这类放大作用后，最后就会收集到由此而生成的大量的电子，从而产生了电流输出，于是，就可以毫不费力地进行测量了。图 2–31 中说明了这样的一种光电倍增管。

同照相底片相比，单个光电倍增管有它重要的优点和明显的缺点。它的灵敏度要比底片高得多，而且在光的强度不高时，它的响应同光强度的大小成正比，而不是表现为照相乳剂所具有的那种颇为复杂的特性。这一点使得光电倍增管特别适合于对恒星、星系和类星体进行精确的星等测量。另一方面，只要入射辐射的频率 ν 足够高，可以使电子从光阴极逸出（参见图 2–29），而光电倍增管对于 ν 是不加区别的。在这样一个“阈值”以上的全部频率都会对最后的电流作出贡献。因此，为了区分不同频率范围的情况，我们必须使入射光通过一定颜色的滤光片，或者采用某种相当的器件。但是，这种做法是非常不经

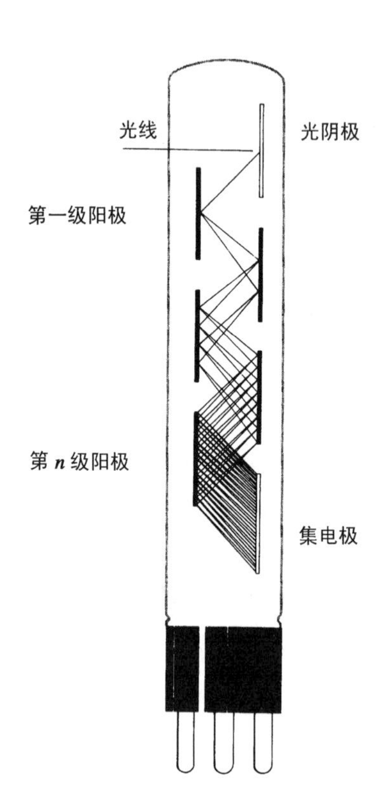

图 2-31　在光电倍增管中，照射在光阴极上的光通过光电效应而释放出一些电子。这些自由电子受到加速并进行聚焦后去轰击一个金属表面，这时又会从金属表面击出许多电子。这一过程级联式地重复出现。最后，原来从光阴极释放出的电子数目会增大 100 万倍以上

济的；一旦用上了滤光片，那么除了为这一滤光片允许通过的范围外，所有其他频率的光都损失掉了。另一方面，照相底片配以摄谱仪，就能同时接受某个很宽范围内的各种频率光线，而这就有助于弥补照相乳剂灵敏度较差的缺陷。

就我们的主观经验来看电磁相互作用扮演着最重要的角色

你也许已经充分地体会到，这一章的内容是不容易懂的。为了理解它而需要付出的努力是否真值得呢？回答是绝对肯定的，因为我们日常生活完全取决于一开始所谈到的图 2–1 中的电磁相互作用。物理学的其他一些相互作用也是有用的，它们实际上发挥着极其重要的作用。强相互作用使得原子不会飞散开去。要是没有强相互作用，原子就不可能存在；而没有原子，我们也就不可能存在了。引力相互作用把我们保持在地球的表面上（或月球表面上，如图 1–5 所示）。尽管我们自身并没有意识到这些有用的功能，但我们知觉的各个方面都要受到辐射和电磁相互作用的影响。

从原理上说，眼睛视网膜的性能同我们刚才讨论过的原子排列的变化是十分相似的。许多量子落在视网膜分子上，使它们的形状发生暂时性变化，这些变化被转换成电信号而为人脑所识别。我们的思想和外部感觉就其作用来说都是电的过程，即使是声音和气味同样也必须转换成某种电的形式，然后我们才会感觉得到。

仔细考虑一下，在制作一张乐曲唱片并欣赏这张唱片时所涉及的全部过程是很有趣的。首先，乐曲的内容来自作曲家脑中的电脉冲。作曲家的脑子又利用电信号来指挥手上的肌肉，使之在纸上谱写出合适的音符。一旦写在纸上之后，乐曲就固定下来。它通过乐师的演奏而表现出来。演奏者用眼睛扫视所书写的音符，把音符又重新变为演奏者脑子可加识别的某种电的形式。现在演奏者就把相应的电信号送到肌肉上，从而把乐曲变为声音，这时所采用的方式是巧妙地操纵钢琴的琴键，弹拨琴弦，吹奏管乐器，或者放声歌唱。声音通过空气传播而送到话筒，这种装置用来使乐曲再一次变为电信号。对于制作唱片来说，电信号经放大后送到一块晶体上，后者会根据讯号来改变它的形状。这时，乐曲又一次固定下来，为了使它复活，就必须来放这张唱片。当唱针沿着唱片上的细纹运动时，由于细纹对唱针的压力作用，唱头中的一块晶体便不断地改变形状。这种形状的改变又一次用来把乐曲变为某种电的形式。接下来把电脉冲的强度加以放大，然后通过电线送到扩大器上，后者第二次使乐曲变为空气中的声波。声音传到听众的耳朵，耳朵又把声音重新换为电信号（这是最后一次）。现在，听众脑子中的这些信号又重现出最初存在于作曲家脑中的那些电信号，这种重现可能很真实，也可能会失真。为了实现所要求的目标，也就是把脑子中的电脉冲从一个人传送到另一个人，这一系列的事件是一个漫长而又十分曲折的过程。要是一切做得十分谨慎小心，加上又有一位富于音乐感的听众，那么目标可以“高保真度”地得以完成——这可算是一个奇迹。

让我们撇开乐曲，言归正传，回到图 2-2 上来，看看振荡从源粒子到探测器粒子这种简单的传送，是怎样成为大部分长距离通信的基础。假设图 2-11 中拿着槌子的人使源粒子做一段有限时间的振荡，那么探测器粒子也会在相应的一段时间内出现振荡。这个人通过用槌敲击，可以送出一系列间插有若干空隙的这类辐射脉冲，脉冲可长可短，于是信息可以通过某种点划的组合发送出去。这确实曾经是整个地球上最初用来发送长距离信息的方式，是通过在 20 世纪初期称之为无线电报的手段来进行的。早在 1835 年，莫尔斯（S. F. B. Morse）已经发明了一种普通的电报，其中用电来表现的点划组合可以沿着电线送出去，从而成为电话的某种先驱。无线的重要性则在于利用辐射来传送信息。

现在已经可以使源粒子以两个频率的某种组合形式来进行振荡，其中一个叠加在另一个之上，同时对两者的比例作了细致的安排。由于在图 2–11 原始方法上所作的这种技术上的改进，就可以把复杂程度高得多的一些信息（例如电视节目中的信息）辐射出去。尽管如此，所有这类传输的基本原理仍然是图 2–2 中的原理，这可能也是我们恒星系统中的智慧生物借以进行星际通信的原理。所以，电磁辐射是极其可贵的，它是智慧生物用来表达自己的物质相互作用的方式。

第 3 章
黑体、恒星光谱和赫罗图

§3-1 温度和绝对温标

当两个物体接触在一起时，能量就会从较热的物体传到较冷的物体，这种能量传输一直要进行到两个物体具有相同的温度为止。温度计是一种测试装置，只要出现相当小的这一类能量传输，温度计的温度就会发生显著的变化。如果把温度计同我们打算做温度测定的一个较大物体相接触，那么它就会接受大物体的温度，同时对后者却没有明显的影响。对于一支水银温度计来说，从水银柱的长度就可以推算出大物体的温度。水银柱随温度的升降而膨胀或缩小。尽管利用水银温度计所做的实际温度测定把不同的温度区分开来了，但是，对某一特定温度所赋予的数值不仅取决于所讨论的那个物体，而且也同水银的膨胀性质有关。水银的膨胀性质是我们希望回避的一种额外因素。

为了更好地理解温度的物理意义，我们来考虑一种不同的温度计，它的组成成分是一种适度弥散的气体，而气体中所包含的则是一些相当简单的粒子（这种气体必须有一定的弥散性，这样就不需要在下面所列方程的右端增加一项重要的补充项。如果需要补充项，那么气体就称为非理想气体）。我们使气体温度计与温度为 T 的物体接触，T

是我们所要测定的，如图 3-1 所示。这时我们用下式来确定 T:

$$T=(\text{常数})\times(\text{气体温度计中的压力})。$$

图 3-1 利用气体温度计来测定物体的温度。热量可以自由地通过物体和气体的分界面，不过要假定物体的其他表面不会失去或得到热量

这里压力用压力表来测定。为了决定这一方程中的常数，需要对 T 进行两次测定，一次对融冰，一次对沸水，它们的 T 值严格相差 100 度。

由于沸水的温度与大气压有关 —— 高山上水沸腾的温度要比海平面的低，因而就必须规定一种标准大气压。对融冰进行温度 T 的测定时也要用相同的标准大气压；融化温度也与大气压有关，尽管没有像沸水那么明显。现在采用的标准大气条件所对应的气压为 76cm 水银柱。

用这种方法所确定的温度称为绝对温度，用符号 K 表示。T 的单位是度。对于水银温度计来说，如果用另一种液体替代水银，比如说用水来代替，那么它就不会给出同样的结果。气体温度计的情况则不同，任何一种气体，只要是由相当简单的粒子所组成，它们所确定的温度总是相同的[1]。

炽热表面所发出的辐射种类因其温度高低而有所不同。5000K所发出的基本上是黄光。温度越低光变得越红，而温度越高光则越蓝。我们断定温度为2000K的物体是很红的，而20000K的物体一定很蓝。正是通过对恒星颜色的观测，我们可以估计出恒星的表面温度。现已知道有一些表面温度低于2000K的冷星，以及表面温度在20000K以上的热蓝星。

温度适用于能量已作了适当均分的封闭系统

我们应该做得比目前所做的更为小心一点。我们十分习惯于谈论日常生活世界中的温度，因而往往认为对于每一个物质系统总可以给定一个温度值，但是这种想法是很不正确的。下面有关温度的实际物理意义的讨论非常清楚地说明了这一事实。

假想有一个物质系统，处在一个完全孤立的封闭器内，它同外部世界没有任何的接触。再假定组成这种物质的粒子可以在自身之间进行能量交换，比如说通过相互之间的碰撞来交换能量。那么，不管这个系统的初始状态如何，能量最终会平均分配给系统的各个独立成分（比如，具体来说，这种独立成分可以是一个粒子在某一个方向上的运动速率）。粒子的质量是无关紧要的。一个典型小质量粒子所具有的能量，恰好同一个典型大质量粒子的能量一样多，这意味着重粒子

---

1. 如果改变温度会引起粒子化学性质或内部结构发生变化，那么这种气体温度计就不可应用了。对于组成气体的粒子性质来说，这一限制是不可缺少的。

最后总是运动得比轻粒子慢，而与某一种粒子在开始时是否具有较多的能量没有关系。

系统的每一个成员具有相同的能量，而正是这种相同的能量确定了系统的温度。只是在能量实现了平均分摊之后，才能对系统确定一个温度值。如果是按这种基本方式来定义温度，我们就没有任何理由认为沸水和融冰之间的差正好是 100 个单位。因此，为了同我们以前所用的温度实测方法（图 3-1）联系起来，需要按以下的方式来进行处理。把温度乘以一个常数，这个常数写为 $\frac{1}{2}k$ 。只是在乘以 $\frac{1}{2}k$ 之后，我们才得到系统每一个独立成分所具有的平均能量，

$$\frac{1}{2}kT = \text{平均能量}。$$

这个方程的右端是一个确定的物理量，这意味着 k 和 T 的乘积是一个基本物理量。现在，只要我们得出这一所需要的乘积，就不用在有关 T 的定义问题上来兜圈子了。具体来说，我们可以把 T 定义为沸水和融冰之间的 T 值之差为 100 个单位。当然，这一点决定了我们必须对 k 赋以一定的值，以使得乘积 kT 有着物理学上所要求的数值。有了用这一方法所确定的 T，以及以 erg 为单位量度的能量（参见第 1 章），k 值即为 1.3805×10^{-16}。这个常数有一个专门的名称——玻耳兹曼常数。

§3-2　黑体

真实的物理系统决不会处在理想的封闭器之内

重要的问题是我们应该认识到，上面一节中所给出的有关温度的准确定义是完全理想化的，因而我们会怀疑在宇宙中是否存在着这样的物质系统，对于它可以完全准确地把温度确定下来！任何地方也找不到一个限制在完全孤立的封闭器内的物质系统。在实验室内，物理学家用一种称为量热计的装置来尽可能准确地代表一个封闭器。要是对精度的要求不高，那么建筑物中的条件就近似地代表了一个封闭器。例如，在寒冷的冬天，我们可以谈论一个大建筑物内部的温度，也可以谈论这个建筑物外边的温度。但是，议论进出口处的温度就不那么有意义了，因为在那些地方情况是很难确定的（也许我们应该提醒自己，在我们收听电视中天气预报员的报告时，他们所给出的温度绝不是真实的温度，而只是一个粗略的近似值，这是因为地球并不处在一个孤立的封闭器之内）。

地球不断地接受来自太阳的能量，又不断地把能量辐射回宇宙空间——后者是以不可见的红外辐射形式发射出去的。地球很接近于一个封闭器，有关温度的概念在描述气候状况时是有用的，这是由于我们从太阳接受到的可见辐射的频率，要比从地球发射到宇宙空间去的红外辐射的频率高得多，因而影响甚小。可是，这种频率上的差异对于生物学却是至关重要的。要使温度成为生物学上的一种有用的近似，那么绝不能把地球看作很接近于一个封闭器。

也许，对于严格定义的温度来说，我们所能做到的最好近似是埋在一个大物体内部深处的某个小东西，在那里，周围物质的作用犹如封闭器的周壁。地球和太阳内部的物质就属于这种情况。但是，即使在这些天体中同理想封闭器的差异仍然是十分显著的。因为地球内部物质的温度并不是严格固定的，地热就能从地球的内部逸出而传到表面。同样，在太阳内部，能量从内部逸出到表面，供给我们阳光。能量从太阳内部向外流出，是因同封闭器有微小偏离而引起的，要是没有这种能量流出，太阳表面马上会变得漆黑一团，而地球上的生命活动也就很快会完全停顿下来。

限制在理想封闭器内的物质系统会产生出黑体辐射

让我们暂时回来讨论理想封闭器的情况。到目前为止，我们还没有说到封闭器内部的辐射，所说的只是物质粒子。迄今我们所考虑的情况意味着粒子可以进行能量交换，但并不产生电磁辐射。原则上说不仅电磁相互作用，其他的相互作用，如引力相互作用或强相互作用，也会产生辐射。不过，实际上我们所涉及的绝大多数情况是电磁相互作用，因而确实会有辐射产生出来。

对于一个包含有许多粒子的封闭器来说，量子跃迁的数目是大量的；根据我们在第 2 章中学到的内容，就可以来谈论图 2-2 中所表示的辐射频率 v。要是在某种情况中出现有大量的原子跃迁和多次碰撞，那么就会产生出各种不同的频率 v。确实，在一种杂乱无章的情况中，只要有足够的时间就会产生出各种各样的频率，而且 v 能达到很高的数值。辐射不仅由源粒子产生出来，而且也为探测器粒子所吸收。封闭器的周壁也会吸收辐射。由于假定封闭器是完全孤立的，那它的周壁最终必然会产生辐射，而且辐射量同它所吸收的量恰好一样，这种辐射重新又发射回封闭器的内部，而不是向外部发射出去。

从这样一种极其混乱的情况中所表现出来的却是一种妙不可言的简单性。如果粒子可以产生并吸收各种各样的频率 v，那么辐射变得与产生辐射和吸收辐射的细节情况无关，或者说同粒子本身的性质无关。这样一种频率分布便是黑体所具有的特征，这种分布同封闭器内的温度 T 还是有关系的。不过即使如此，它的简单性也是惊人的。

假定 v 和 $v+dv$ 是两个邻近的频率值，它们之间的带宽很窄，而我们所考虑的是这一带宽内所有频率的全部辐射。再假定我们把 Edv 记为封闭器内每单位体积在这一带宽内的辐射能，那么，强度 E 同 v 和 T 这两个量有关。因此，如果我们画一张曲线图，其中一根轴表示 E，另一根轴表示 v，那么对于不同的温度 T，我们应该得到不同的曲线。如果不是用这种方式来画出 E 和 v 的曲线图，而是把 E 除以 T^3，把 v 除以 T 再来画图（即 E/T^3 和 v/T），那么由此得到的曲线对于所有的 T 都是一样的。在我们对恒星发出的黑体辐射作近似的描述时，将要用到这种简化关系。

只有来自恒星的连续辐射才同黑体辐射相类似

因为恒星表面物质并不是限制在一个孤立的封闭器内，所以恒星向空间发出的辐射并不严格服从黑体分布。最重要的差异是恒星的辐射拥有一些谱线，我们马上就会看到这一点。

太阳的大部分辐射来自称为光球的区域内的物质，这种物质不断地接受从太阳内部传来的能量，又把能量不断地向空间辐射出去。在向外发射的途中，辐射要通过位于光球之上的一层薄薄的大气，这层大气称为色球。色球会把从内层光球所辐射的很小一部分吸收掉。光球的辐射接近于黑体辐射，正是这种吸收作用使得在光球辐射中附加了一些谱线[1]。暂且不管这类细节情况，我们认为通常可以就光球物质来规定恒星的温度，对太阳来说大约是 5800K。这种温度下的黑体辐射具有图 3-2 中曲线的形状，而太阳的连续辐射非常接近于这种分布。图 3-2 中对能量标度的安排使得曲线下部的总面积等于 6.41×10^{10}kW，即太阳光球 1km^2 面积所辐射的功率。

图 3-2 适用于某个特定的温度，有了这幅图就很容易求得任何其他温度时的发射情况。我们所要做的全部工作只是对图 3-2 中的单位标度加以改变。频率单位只与温度大小成比例，所以，例如对温度为 2×5800K 的一颗恒星来说，频率单位应当是 2.42×10^{14}Hz。

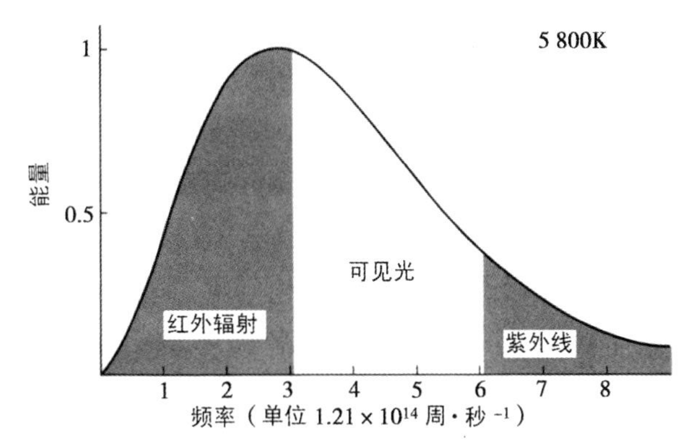

图 3-2　太阳辐射的频率分布，大部分能量在可见光部分，红外光（热）部分的能量略少一些，而紫外光对能量的贡献则是比较少的。当温度为 5800K 时，为了得到太阳表面 1km^2 所辐射的功率，纵坐标的能量单位应是 1.16×10^{-4}kWs，这时曲线下部的面积为 6.41×10^{10}kW

1. 有些作者称紧靠于光球之上的那一部分色球为反变层，大部分谱线就是在反变层中产生的。

如果我们再次需要 $1\,km^2$ 表面积所辐射的功率，则能量单位就同温度的三次方成正比。因此，对于温度为 $2\times5800\,K$ 的恒星，能量单位应当是图 3-2 中单位的 8 倍。除此以外，曲线的形状应当严格地保持不变。

改变图 3-2 的频率单位，会使红外光、可见光和紫外光的分布情况发生变化，从图 3-3 给出的 10000K 恒星的例子可以看出这一点。图 3-2 和图 3-3 中的黑体曲线通常称为普朗克曲线，这个名称指的是马克思 · 普朗克（Max Planck，1858—1947），是他第一个发现如何来得到这种曲线。

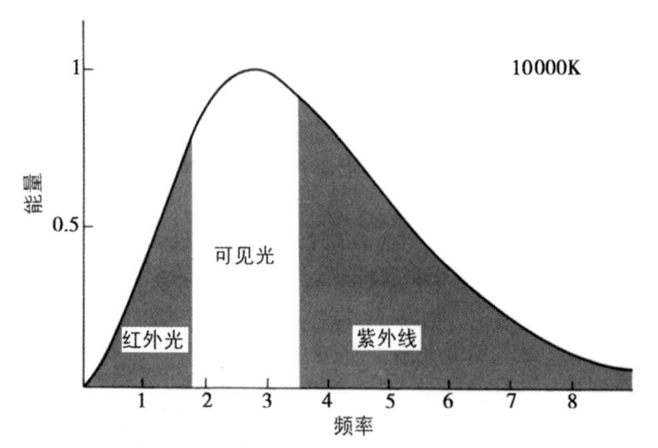

图 3-3　为了求得恒星给定表面积的发射功率，必须选择好纵坐标的单位，使之同温度的三次方成比例。通过同太阳的情况（$T=5800\,K$）相比较就不难看出，为了给出 $T=10000\,K$ 时 $1\,km^2$ 上的发射功率，纵坐标所应选用的单位是 $1.16\times10^{-4}\times(10000/5800)^3\,kWs$

对于任何一颗恒星来说，如果能取得它整个辐射分布的情况，那么天文学家只要研究恒星辐射的频率分布，就可以很容易地确定光球的温度。但是，地球大气对频率高于大约 $9\times10^{14}\,Hz$ 的辐射会产生强烈的吸收；对于表面温度很高的恒星来说，这种吸收严重影响到可观测频率分布的完整性。但是，对于表面温度不太高的恒星来说，这种方法是非常有效的。通过这条途径得到的温度称为色温度。

§3-3 恒星光谱

在弥漫气体中也许没有足够的自由电子来产生出非常强的连续辐射，尽管仍然可以有足够的物质来发出很明显的离散频率辐射。在图2-22中我们已经看到了这类气体的一个例子，它展现出氢的巴耳末系，伴随出现的只是微弱的连续频率的辐射分布。这种离散的“线”频率与连续频率的比值可以有很大幅度的变化，具体情况取决于气体的密度、温度以及它的尺度范围。天文学家通过对这一比值进行仔细研究，往往就能对存在于恒星之间的气体云的密度、温度及含量做出重要的推断。有时候，他们甚至可以推断出其他星系中气体云的一些状况。

介于观测者和连续辐射之间的气体产生出分立谱线

如果在产生黑体频率分布的某个表面的前方有一团弥漫气体，黑体辐射所对应的温度为 T，现在来考察一下这时所出现的情况。气体内部进行着分立能态间的电子跃迁，例如氢的巴耳末系的跃迁。

如果气体的温度比 T 来得低，它就会吸收背景方向来的辐射，这是因为冷的气体意味着其中的原子所占有的能级往往要比组成较热背景的原子所占有的能级来得低。在观测者看来，辐射在某些离散的频率位置上出现有空缺，这些位置是由较冷气体原子的向上跃迁所决定的，图 3-4 作为一个例子表示了巴耳末系的这种情况。

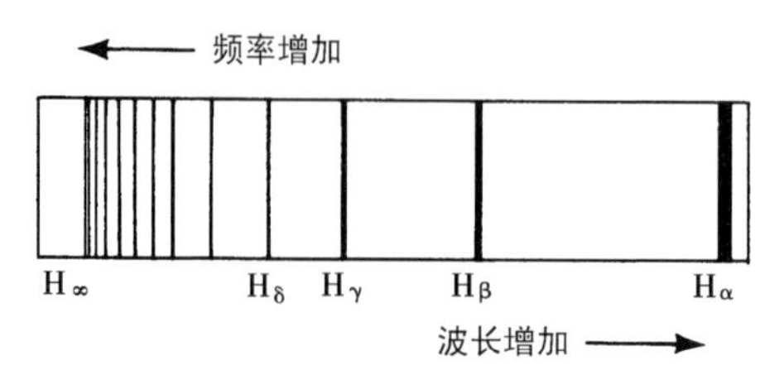

图 3-4 巴耳末吸收线系的示意图，图中朝左是频率增加的方向，朝右为波长增加方向（试与图 3-8 的情况相比较）

相反，如果夹在中间的那块气体的温度比 T 来得高，那么这时气体中处于较高能态的原子已经比温度较低的背景来得多。对于这样一团温度较高的中介气体来说，向下跃迁超过向上跃迁，从而多余的辐射便添加在由原子所确定的那些离散频率上。因此，这团温度较高的中介气体在背景辐射上增添了一些发射线。

图 3-5 说明了上述的两种情况，而这两种情况在位于太阳光球层上部的气体中都是存在的。紧靠光球之上那些气体的温度比光球本身来得低。因此，我们应当在某些离散频率的位置上看不到辐射。我们说的这些情况可以从图 3-6 中观测到，这幅图所表示的是太阳所发出的频率分布。这些吸收线是由许多不同种类的原子产生出来的，其中有钙原子——请注意钙的 H 线和 K 线——和铁原子，以及其他一些金属原子，它们都显得很突出。从光球向外温度会有一段短暂的下降，然后，温度会随着在太阳色球层中高度的增大而升高。由于色球的温度比光球来得高，色球物质会把超额辐射增加在某些离散频率的位置上。因为色球所包含的物质相比之下要少得多，因此这种效

应就不太显著。然而，这种效应确实是存在的，从图 3-7 可以看到这一点，那是一幅太阳的照片，是用钙的 K 线频率的光来拍摄的。

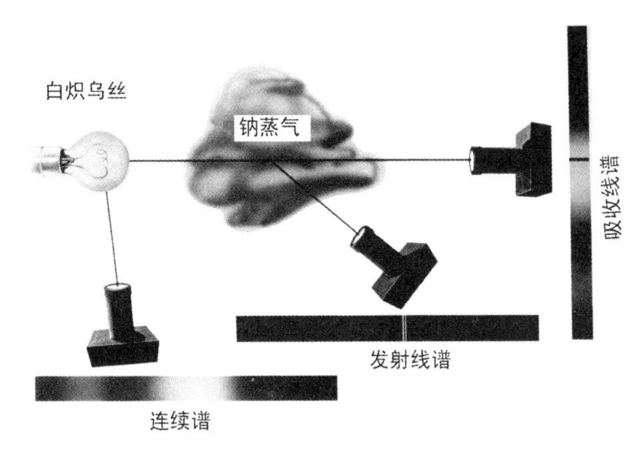

图 3-5 位于观测位置和温度较高的连续光源之间的气体产生出吸收线。要是从观测位置看不到背景连续光，那么这时气体便产生出发射线

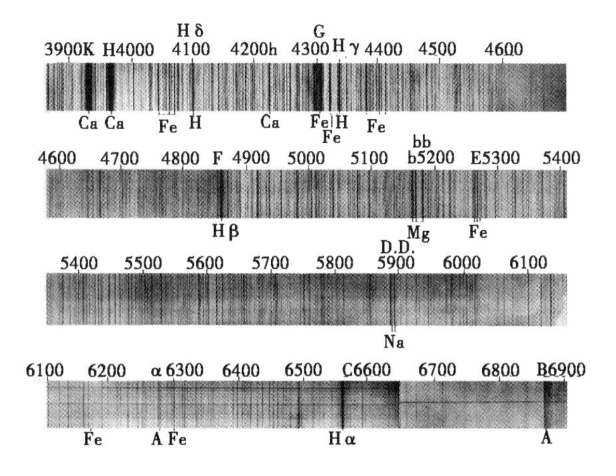

图 3-6 在太阳光中出现为数众多的吸收线（夫琅和费线）。这幅太阳光谱是用 13 英尺（1 英尺约 0.3048 米）太阳单色光谱照相仪取得的。数字表示辐射的波长，单位为埃（Å），1 Å $=10^{-8}$cm$=10^{-10}$m。朝右为波长增加的方向，同图 3-5 一样。各条吸收线下面的字母是产生这些谱线的原子的化学符号

不同种原子所产生的谱线对温度的灵敏度是不同的

能级图上各能级间的间距对于不同的原子是不一样的。如果一些原子能级图中的间距比较大，而另一些原子能级图中的间距比较小，那么对于前者来说，跃迁所发射或吸收的辐射频率，要比后者所发射或吸收的频率来得高。前面那种原子对表面温度高的恒星光谱的吸收作用，要比对低温度恒星光谱的吸收作用来得大，这是因为前者较之后者有着较高频率的辐射，我们通过对图 3-3 和图 3-2 的比较可以看出这一点。

在普通原子中，间距最宽的为电离氦，即一个电子已成为自由电子的氦原子。次一个间距最宽的是中性氦，然后是有一个电子已成为自由电子的一些电离金属原子，如钙（请记住电离钙产生 H 线和 K 线）。间距最窄的是一些中性金属原子，即没有自由电子出现的金属原子，如铁。

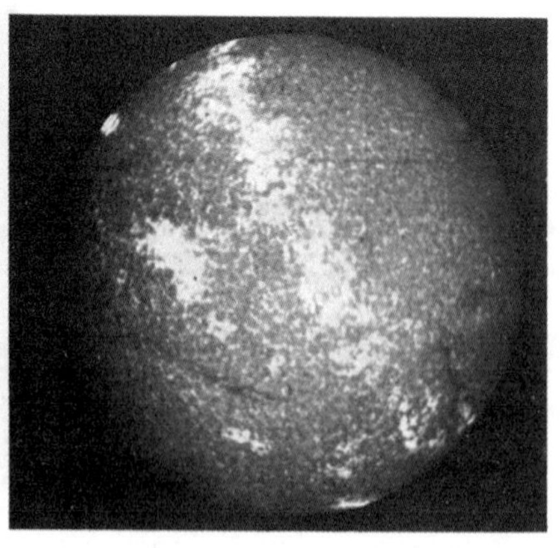

图 3-7　如果只限于钙的 K 线频率，那么位于正常太阳表面之上的那些温度比较高、弥散性更大的气体，会显示出一些明显的发射斑点

可以根据恒星频率分布（即光谱）的主要特征来对恒星进行分类，或者说分为各种光谱型。这些光谱型形成一个温度系列，原因是不同原子的能级图有着不同的间距，结果使原子的吸收线或发射线大部分只出现在一定的温度范围内——这些温度范围以一定的方式刚好同能级图相匹配。我们预料，氦的出现与最热的恒星联系在一起，氢对应着次热的恒星，与电离金属原子相对应的恒星温度还要低些，最后，中性金属原子则对应着温度更低的恒星。光谱型的分类见表 3-1，而图 3-9 展示了一些例子。选择某些字母来代表不同的光谱型是有其历史原因的，这种做法从人们对光谱型同温度间的关系尚未充分理解之时起一直沿用到今天。各个光谱型又可以分为一些次型。例如，就 A 型来说，氢吸收线相对于电离钙线的强度，在温度范围的高温端要比低温端来得强。因此，就某一颗具体的 A 型星来说，通过对氢和电离钙相对强度的估算，就有可能比较准确地确定这颗星在 7200 ~ 11000 K 温度范围内的具体位置。对不同种次型的研究，以及确定各颗恒星属于哪一个光谱次型，便构成了恒星光谱学的主要研究课题。

表 3-1　恒星的光谱分类

分类记号	主要特征	温度范围 K
O	电离氦比中性氦强	>30000
B	电离氦比中性氦弱	11000 ~ 30000
A	氢强度最大，电离钙出现	7200 ~ 11000
F	电离钙强，氢减弱，中性金属出现	6000 ~ 7200
G	电离钙强，中性金属强	5200 ~ 6000
K	中性金属强，电离钙减弱	3500 ~ 5200
M	中性金属强，分子吸收谱带	<3500

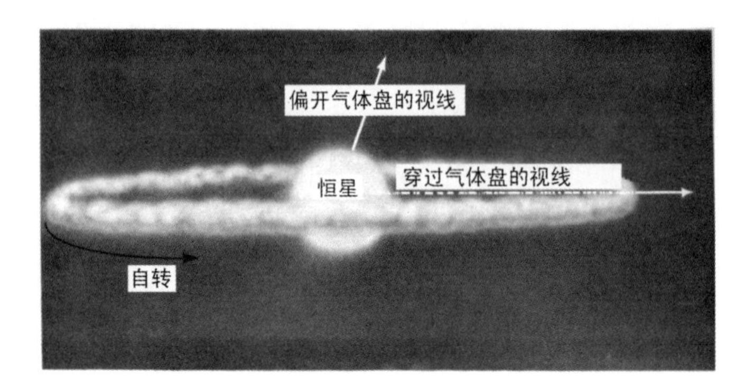

图 3-8 在一个表面温度很高的恒星周围，环绕着由温度较低的气体所组成的旋转盘。视线穿过气盘时就会看到吸收线（试与图 3-4 相比较）

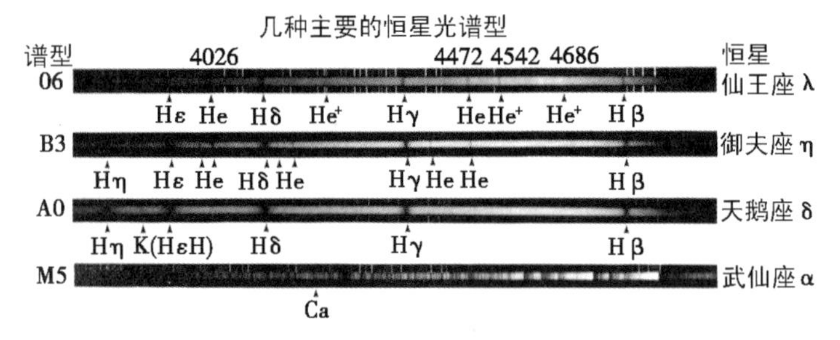

图 3-9 不同表面温度恒星光谱的一些例子。谱线波长以Å为单位表示。图上还标明了产生谱线原子的化学符号。分类字母之后的数字是次型的名号

在 M 型冷星中出现一些由分子引起的吸收线或吸收带。我们只是指出这些恒星中最为突出的分子是氧化钛，至于这些谱带就不再讨论了。其他的冷星有着另外一些突出的分子谱带，在 R 型星中是氰，在 N 型星中是碳，在 S 型星中是氧化锆。

光谱型的名称及其排列次序可以利用下面经常引用的一句话来帮助记忆：Oh Be A Fine Girl，Kiss Me Right Now，Smack！（哦，好

一位美丽的姑娘，快来吻我吧，咂！）

§3-4 赫罗图

赫罗图（HR图）建立了恒星表面温度和总光度输出之间的关系。图3-10采用了太阳目前的输出功率作为光度单位，即 3.8×10^{23} kW。表面温度单位为1000 K，向左为增加方向。光度和温度都用对数标度来表示。在这类图上每颗恒星用一点来表示，这是由赫茨普龙（E. Hertzsprung，1873—1967）和罗素（H. N. Russell，1877—1957）两人首先独立地加以应用（取名即由此而来），图3-10中还给出了一些等恒星半径线，以太阳目前的半径 6.96×10^{10} cm 为单位。

在许多场合下恒星的表面温度和光度是能够测定的

天文学家能够从恒星的颜色或光谱来估计它们的表面温度。但是，估计恒星的总光度输出则是一件比较复杂的事情，这时必须知道恒星距离。在这一章中我们将要假定距离是已知的，至于如何知道距离的问题则放在后面第9章中去讨论。

如果以 r 表示某一恒星的距离，L 表示它的总辐射输出，以kW为单位，那么单位时间中恒星投射在天文学家望远镜单位面积上的能量为 $L/4\pi r^2$，因为 $4\pi r^2$ 正是图3-11所表示的那个球的表面积。如果 F 表示这个量，即 $F=L/4\pi r^2$，那么 F 正是天文学家所想要测定的量。然后，只要知道 r，我们所要求的光度 L 就立刻可以从简单的方程 $L=4\pi r^2F$ 来加以计算。出现在赫罗图罗上的光度正是通过这条途径来取得的。

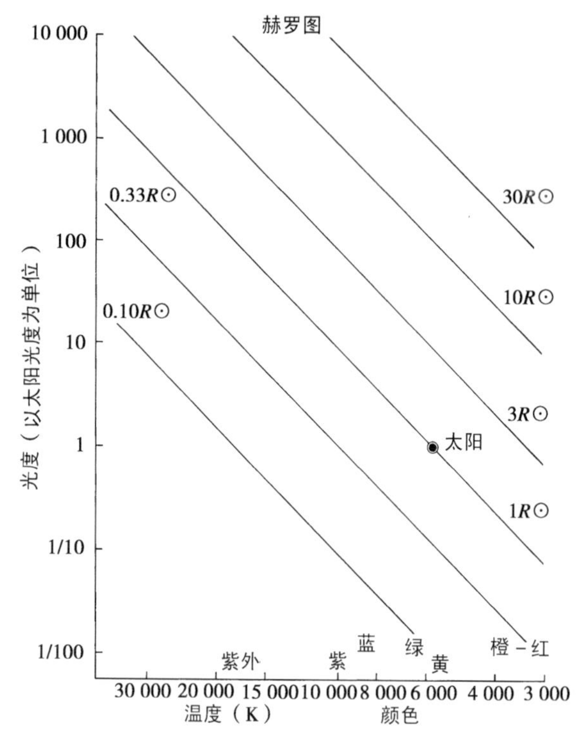

图 3-10　赫罗图，图上还标出了等半径线（以太阳半径为单位）。注意，左边的标度是恒星在各种频率上所发出的总辐射量，这就是所谓的热光度

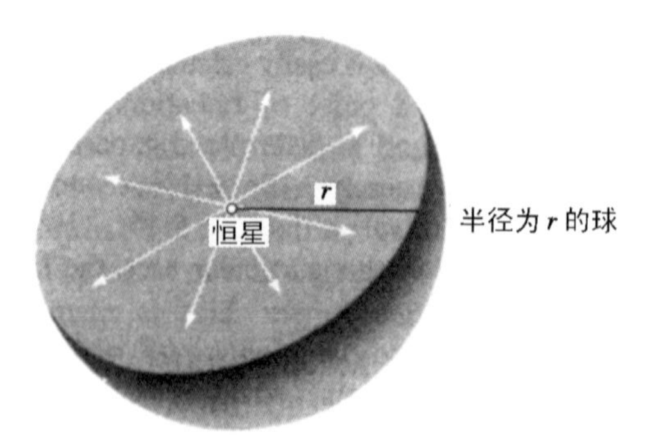

图 3-11　设想有一个以恒星为中心、半径为 r 的球，那么单位时间通过球单位表面积的能量是 $L/4\pi r^2$，这里 L 为恒星的光度

尽管使用方程 $L=4\pi r^2F$ 时所包含的概念十分简单，但在测定 F 时却会有一定的麻烦，这一点从图 3-12 可以清楚地看出。只有处在标有可见光的那个狭带内的辐射才会到达天文学家的望远镜。尽管这部分辐射可以用照相的办法来加以测量，或者更好的办法是用光电倍增管（参见图 2-31）来测量。但是对于被大气所吸收而不能到达地面天文台的辐射（红外光、紫外光等），我们又应作如何考虑呢？就大部分恒星来说，是可以对这一问题做出回答的，理由是它们的辐射大致上具有黑体辐射的形式。我们已经知道，E/T^3 和 v/T 之间的黑体关系在任何场合中都是一样的，而且对这种关系已有了充分的认识。如果有一颗恒星，已经从它的光谱知道了表面温度 T，那么我们也就知道了 E 和 v 之间的关系，这样就不难估计出落在可见光频率范围内那部分恒星辐射所占的比例。因此，很容易把可见光区域所测得的能通量按比例换算或者加以修正，从而得到当整个频率范围都可加以观测时所应当有的数值。为把全部恒星辐射都包括在内而加上的这一份修正称为热修正。

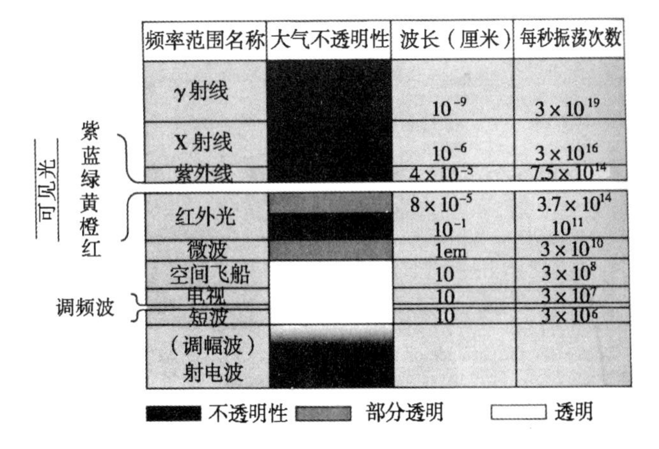

图 3-12　除表 2-1 中的频率，又补充了波长的数值。无阴影区域的辐射可以从外部空间穿过地球大气

在回到赫罗图之前，我们先要花一些时间来留意一下图 3-12 第三栏中所列出的一个新的量。波长 λ 与辐射频率 v 有关，它不难从 $\lambda=cv$ 来加以计算，这里 c 为辐射脉冲的传播速度。毫无疑问，速度 c 与 v 无关，通过实验所确定的 c 值约为 300000 千米 · 秒 $^{-1}$（$km \cdot s^{-1}$）。一年大约等于 3.156×10^7 秒，所以辐射脉冲在一年内走过的距离为 9.46×10^{12} km。这个特殊的单位称为光年，人们通常用它来量度天文学上的距离。

原恒星在收缩过程中 4000K 的表面温度基本保持不变

作为赫罗图用过的一个例子，图 3-13 说明了一颗新形成恒星的演化轨迹，该恒星的质量等于太阳质量。恒星一直不断地在星际气体尘埃云中形成，图 3-14 中的猎户星云就是这样的星际云。在主星云内部有一些密度较高的比较小的云块，而在这些小云块内又有一些范围更小、密度更高的区域，图 3-15 中示意性地表明了这一点。在这种级联式的破碎结构中，最后就出现了原恒星（图 3-15 中用白色小点来表示）。它们不断收缩，同时，收缩物质内部的温度变得越来越高。由于原恒星内部深处物质的温度要比表面附近物质的温度来得高，这就形成了从中心区朝向表面的一种热量流动，结果表面便向周围空间发出辐射。随着收缩过程的进行，表面温度最后升高到大约 4000K。这时，这一表面温度就会稳定下来，在到达图 3-13 中 A 点之前一直保持不变。图 3-16 说明了这种稳定的外层温度之所以能维持的原因，在 4000K 温度以上，大部分原子能使辐射发生偏转，结果辐射便无法自由逸出。对于 4000K 以下的温度来说，它们就不可能做到这一点，辐射可以很自由地流出而进入空间。这种性质要求原恒星的表面温度在它收缩的整个后期阶段中必须维持在 4000K 左右，这一状态一直保持到半径变得同今天的太阳相接近时为止。

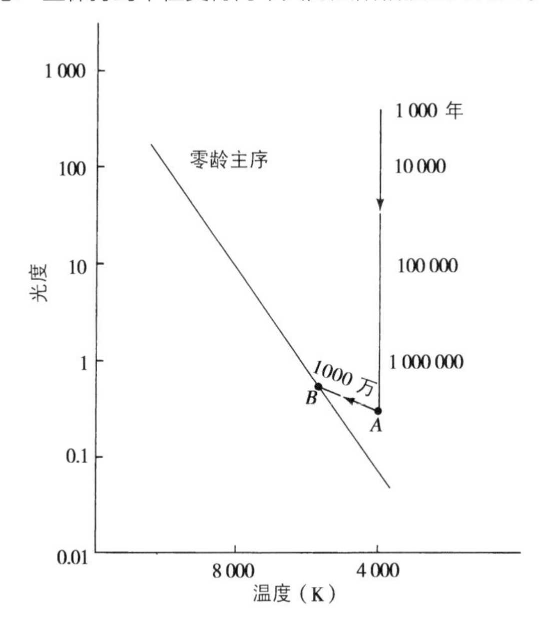

图 3-13 收缩中太阳型恒星在赫罗图上的轨迹。请注意收缩速率的不断减慢。轨迹中从 A 到 B 这最后一部分所花的时间，要比恒星形成过程中所有其余的时间加在一起都来得长

图 3-13 给出了收缩中不同阶段所需要的时间。可以看出，从 1000 年到 10 000 年、100 000 年以至 1 000 000 年，原恒星的收缩过程一直在减慢。最后从 A 到 B 的那段轨迹是比较短的，方向倒转，这一阶段有着特殊的意义，我们接下来就要来研究这一点。

原恒星中早期的对流现象让位于能量通过辐射向外传输

演化过程向着 A 点进行时，图 3-16 中对于表面温度的要求迫

图 3-14　猎户星云，恒星现在正在从这块气体云中诞生出来

使原恒星的内部出现对流运动。尽管原恒星的半径很大，对流却进行得很快。能量迅速地被携带到需要把温度维持在 4000K 的表面部分。也正因为能量的这种向外对流传输进行得很快，使得原恒星出现早期的短时间收缩。但是，对流运动是在减慢的，而当到达 A 点时整个恒星内部的对流都完全消失了。就是因为内部对流的消失，同时向外的能量传输仅仅通过辐射来进行，于是就造成了图 3-13 中 A 到 B 这一段方向倒转的轨迹。

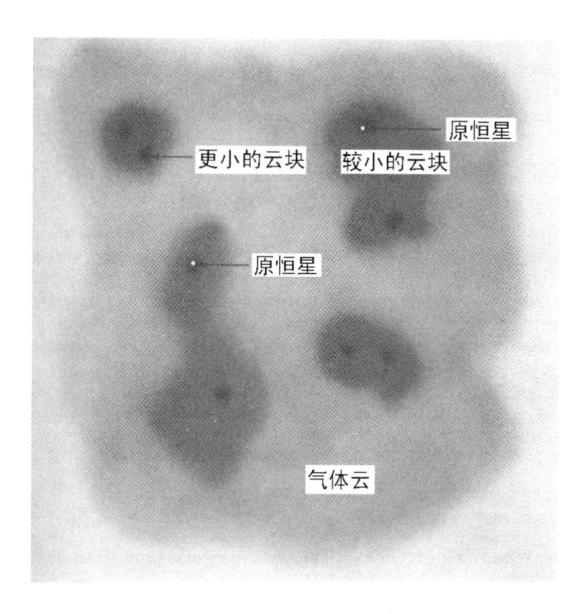

图 3-15 气体云碎裂而成原恒星

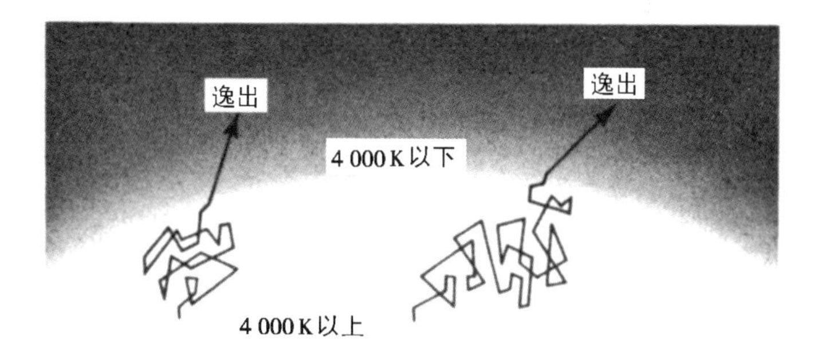

图 3-16 要是新形成恒星的表面附近温度降低到大约 4000K 以下，那么气体就不再能有效地阻挡辐射的向外逸出

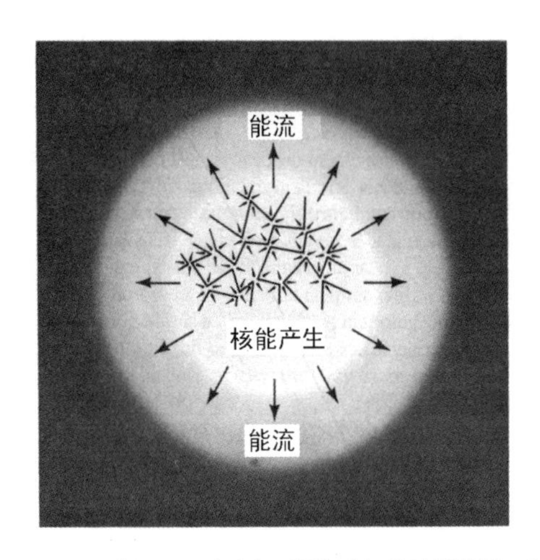

图 3-17 凝聚中的恒星最终会到达一种平衡形态，这时穿过任意一个球的能流等于球内的核能产生率

核反应开始时原恒星即变为恒星

从 A 到 B，收缩在继续进行，而中心温度则继续升高，一直到相当数量的能量由核反应提供为止，这些反应使得原子发生变化，从一种原子变为另一种原子。它们涉及粒子间的强、弱相互作用以及电磁相互作用。我们将要在第 8 章中详细研究这些反应。现在我们所关心的只是它们会提供能量这一事实。在图 3-13 中 B 点所对应的阶段，核反应释放出的能量有着重要的影响，它确立了一种新的、极其重要的平衡形式。

如果我们在恒星内部作一个半径为 r 的球，如图 3-17 所示，那么通过这个球面所流出的能量，等于球内部所产生的核能。如果令 r 等于总的半径 R（$r=R$），这时我们就知道外表面所失去的能量，正好为整个恒星内部所产生的全部核能所补偿。因此，这是一种完善的能量平衡，为取得这一平衡所付出的代价是要把一种原子转变为另一种原子。要是我们把原子看作核燃料，那么这种平衡是通过核燃料的燃烧而取得的。到达这一阶段，也就是到达图 3-13 中的 B 点时，我们说恒星到达主序。现在，我们认为恒星已经形成，它不再是一颗原恒星。

对于质量和太阳不相同的原恒星可以进行类似的讨论。它们会到达与太阳演化中 B 点相应的终点，而所有这些终点全都位于图 3-13 所表示的一条线上，这条线即是主序。而且因为它给出开始由核燃料的燃烧来实现能量平衡时恒星的状态，所以有时就称它为零龄主序。

恒星的质量决定了它们在零龄主序上的光度大小

从现在起，我们要用符号⊙来表示与太阳质量相等的一份质量。我们也许会问：恒星质量的整个范围有多大呢？这个问题很难回答，因为质量小于 0.3 ⊙的恒星其内禀光度很小，不容易观测到；而质量大于 50 ⊙的恒星往往被包围在它们借以诞生的稠密不透明星云内，特别是因为它们存在的时间很短，还没有足够的时间离开它们的母星云。因此，在 0.3 ⊙到 50 ⊙这一范围之外的观测就要受到限制。所以，通常把主序范围的下端取为 0.3 ⊙，上端大约是 50 ⊙。然而，我们必须认识到这一范围之外恒星是存在的，在低质量端可能数量很多，但是高质量端的恒星是相当少的。

在光度 L 和质量 M 之间有着简单的比例关系，即 $L \propto M^4$，这一关系对于 0.3 ⊙到 20 ⊙的质量范围是一种合理的近似。因此，20 ⊙

质量的恒星大约比 0.3 ⊙质量恒星明亮 60^4 倍。

由于 $M=$ ⊙时，L 必须接近太阳的光度，那么如果用太阳光度作为 L 的单位（参见图 3-10 和图 3-13），从比例关系 $L \propto M^4$ 就必然得出 $L=(M/⊙)^4$。图 3-18 中的曲线即表示了 $L=(M/⊙)^4$ 这一关系。此外，当质量增大到超过 $M=20$ ⊙时，光度的增大就要比比例关系 $L \propto M^4$ 来得慢，图 3-18 中也说明了这一点。

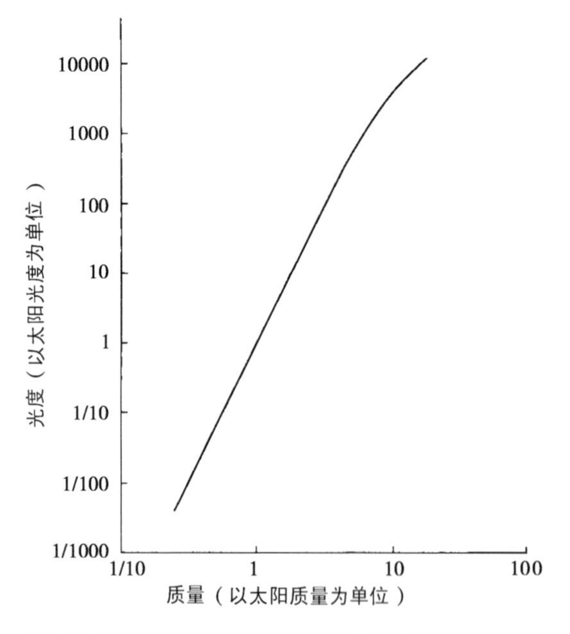

图 3-18　新形成恒星的光度和质量间关系的一般形式。当质量和光度很大时曲线趋于向下弯斜

§3-5　天空中的恒星

在这个问题上，我们可以有两种处理的方法。有关恒星的讨论已

经开始，我们可以把这一讨论继续下去，并扩展到恒星内部的物质，特别是核反应问题。这就要求我们不再去考虑电磁相互作用，而着重于强相互作用和弱相互作用。或者我们可以用电磁相互作用来处理问题，把它应用在恒星以外的天体上，也就是辐射形式与黑体完全不同的那些天体。在一本明显偏重于天文学的书籍中，前一条途径无疑是更可取的。在我们这本书中，所要强调的是物理学与天文学的结合，看来比较好的做法是继续把电磁相互作用应用于射电天文学、毫米波天文学、红外天文学以及 X 射线天文学。在第 8 章中还要再一次对恒星进行讨论，届时我们就会遇到与强、弱相互作用有关的一些问题。

但是，在结束本章之时，对有关恒星的一些简单事实进行扼要的汇总也许是有用的，其中包括天空中的恒星星图以及有关最近最亮恒星的一些细节，这里的最近和最亮是指从地面天文台看来的情况。首先我们来简要讨论一下如何确定恒星和其他各种天体在天空上的位置。

假想有一个半径很大的球，地球位于它的中心。以这一点作为投影中心，把地球赤道以及把太阳看作绕地球运动的轨道（参见图 3-19 和图 3-20）投影在这个球上（如图 3-21 所示），这两个投影都是大圆，它们相交于 γ 和 Ω 两点。所谓两个大圆，是指通过其中任一个圆的平面会经过球心，由作图的性质必然如此。在一年内，太阳的投影沿着这两个大圆中的一个——黄道运行，春分那一天位于 γ，秋分位于 Ω。地球自转轴和这个球相交于 P 和 P' 两点，即天极。这个球本身称为天球。

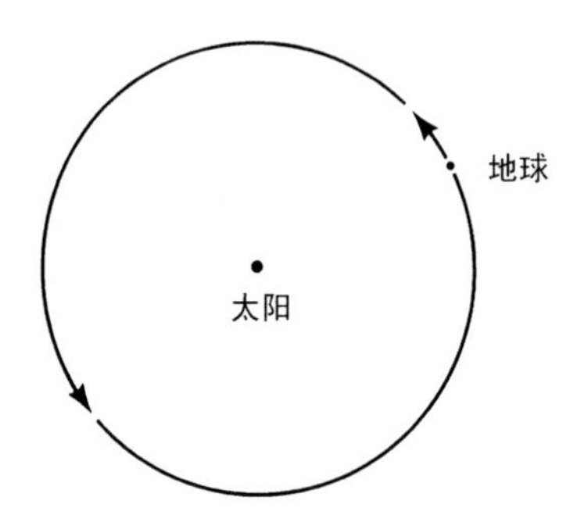

图 3-19　在许多问题中，把地球看作在它的周年运动轨道上绕太阳运行的一个小点是有好处的。这个轨道的直径约为 3×10^{8} km

对我们在天空中所看到的每一个天体都可以作类似的投影，包括恒星、行星、彗星、星系等。如果出现在我们面前的天体是一个点，那么我们在天球上就得到一个点。如果是一个延展天体，也就是有一定的面积的天体，那么在天球上就得到一个斑点。图 3-22 说明了这种情况。从图中我们将看到，尽管天球的半径同地球绕太阳轨道的尺度相比是很大的，但恒星的距离比这更大[1]。

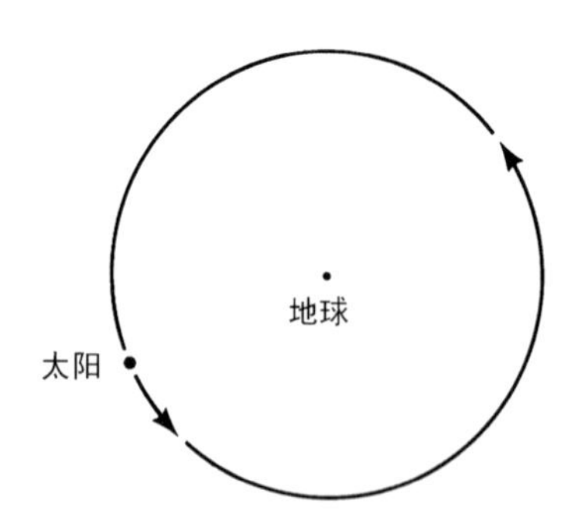

图 3-20　这里表示的是地球和太阳的相对运动，与图 3-19 一模一样

1. 也可以把天球想象为以地球为中心、以任意长为半径的一个球，这时任何天体均位于它的内部。—— 译者注

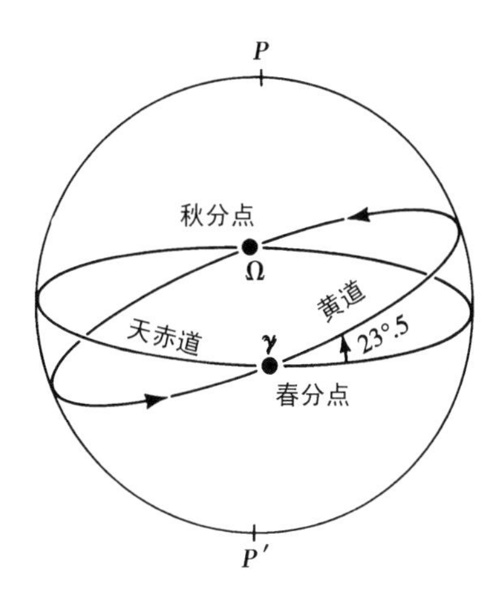

图 3-21　太阳在天空中的视轨迹称为黄道，它与天赤道斜交，交角约为 23.5°黄道和天赤道交于春分和秋分两点。黄道上的箭头表示太阳周年视运动的方向

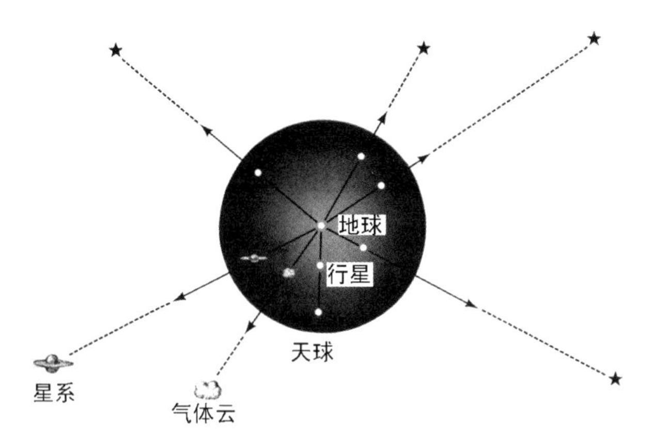

图 3-22　各种类型的天体投影在天球上，天球的半径应该取得比太阳系的尺度范围来得大

利用天赤道和两个天极 P 及 P'，便不难在天球上建立一个经纬度系统。经线和纬线的划定和通常的地球坐标系相类似。取过 P、γ

和 P' 的圆弧作为 0° 经线，这个圆称为子午圈[1]。实际应用时同地理坐标系有若干处小的变动。经度不是从东、西两个方向量度，而是全部经度始终向东进行量度，从 0° 到 360°（参见图 3-23）。

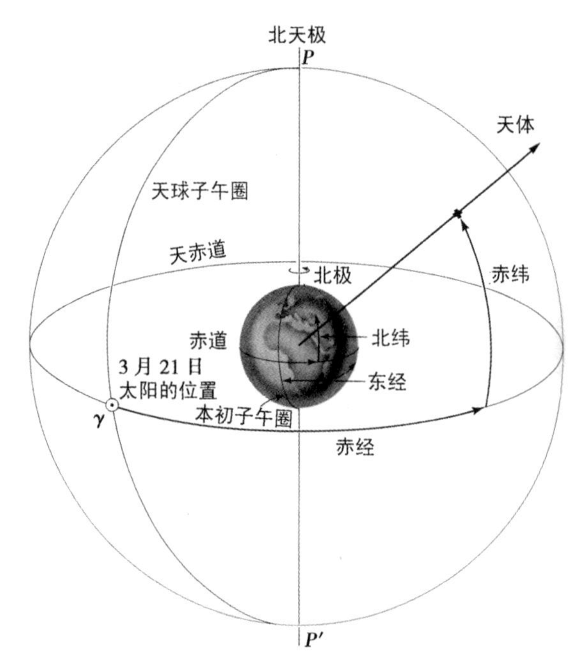

图 3-23 天球上的赤经（RA）、赤纬（DEC）坐标系，同通常地理上的经纬度坐标相类似。天球赤经的起算点即图 3-21 上的 γ 点。图中对地球的尺度明显地作了放大

以角度表示的经度值，可以按以下的方法换算为相应的时间。把 0°~360° 这一范围等分成 24 份，每份 15°。每一份为 1 小时，不到一份的部分用时分和时秒来表示，具体规则如下：1 时分 ≡ 15 角分，

---

1. 这种说法不妥。应当说过两极的任意一个大圆都称为子午圈。—— 译者注。

1 时秒 ≡ 15 角秒。利用这些等量关系，我们就可以用时、分、秒（h，min，s）来表示经度。

地理坐标系和天文坐标系之间的另一个不太重要的差异是，地理纬度有北纬和南纬之分，而对天文坐标系则用 + 号和 – 号来表示。由于有这些小的变动，天体在天球上的经纬度便称为赤经（RA）和赤纬（DEC）。

赤经 ≡ 经度，赤纬 ≡ 纬度。

尽管从原则上说情况简单明了，但要有一大批的天体通过这种方式投影在天球上，不仅数量众多，而且种类也五花八门。为了区分不同种类的天体，天文学家已经建立了一个星表库：其中有各种恒星星表（有时又按不同类型的恒星分别编表）、星系表、发光气体星云表、称之为射电源的射电发射天体表，以及特殊形式辐射（X 射线和红外）源表，最后两种是近年来发展起来的天文学分支。确实，每当发现一种新的天体，天文界所要做的首要工作之一就是要对它们进行编表。每份星表中的天体是按赤经和赤纬来进行编排的。要是天文学家想要观测某一个特定的天体，那么他就要在星表中来查它，找出相应的赤经、赤纬。这些数据便确定了他们的望远镜所必须指向的天空位置，以便进行所需要的观测工作。

由于地球和恒星都在不断地运动，每颗恒星的赤经、赤纬会随时间而发生微小的变化。因地球绕太阳的轨道运动所引起的变化称为视差，而由于恒星本身运动造成的变化则称为自行。但是，这些变化是极其微小的，我们可以把它们忽略不计。如果图 3-23 中的 γ 点相对恒星背景的位置是固定不变的话，那么对每颗恒星可以给出不变的赤经、赤纬值。可惜，情况并非如此。地球中心到 γ 的方向，是由地球赤道平面与地球绕太阳运动轨道平面的交线所确定的。由于地球经历着一种缓慢的进动，就像一只旋转着的陀螺，这条交线便相对恒星而缓慢地运动。这种进动使得 γ 沿天赤道移动，在大约 26000 年内走完一整周。因此，当天文学家要说明一个天体的赤经、赤纬时，他们就必须明确 γ 在某个特定瞬间的位置。目前所采用的这个特定瞬间是 1950 年 1 月 1 日 00.00 时[1]。自 1950 年来，γ 点已移动了大约三分之一度。因此，必须对相对于 1950 年给出的恒星星表位置加以修正，修正的角度大致在三分之一度左右。[2]

由天体在天球上的投影，我们便知道了它的方向，但是并不知道它的距离。遥远天体和邻近天体的投影可以彼此靠在一起。太阳、月球和行星，同恒星相比是很近的，而恒星与遥远的星系相比又是很近的。我们将要在第 9 章中来考虑距离的确定问题。

我们可以像考虑地球表面上点的位置一样，来考虑恒星和其他天体在天球上的投影。因此，我们可以制作一些天图，就同用地图的形式来展示地球上点的位置一模一样，图 3-24 就是这种天图。

用地球上一些稀奇古怪的动物形象来标识恒星的分布是没有任何科学意义的。但是，这些异想天开的星座却一直有着吸引力，我们

1. 原则上说，也可以采用别的瞬间，目前通用的是 2000.0。——译者注
2. 这是一种非常粗略的说法。实际上修正量的大小同天体的坐标有关。——译者注

把它们列于附表 B-2。天文学家仍然用它们来谈论天空中的不同部分，也用它们来说明星表中的恒星。这样，星座中最明亮的一些星依次用希腊字母表中的字母来命名；一般来说 α 指最亮的星，β 是次亮的星，γ 又次之，依此类推。但是，最最明亮的一些恒星则有着专门的名称，其中许多起源于阿拉伯语[1]。这些特例中的一部分已标明在图 3-24 的星图上。例如，织女星也就指天琴座 α。

附录 B 中的附表 B-3 列出离开我们太阳系最近的一些恒星。量 B-V 是色温度的某种量度[2]，表的最后给出了 B-V 和温度之间的关系。绝对星等的大小决定了恒星的目视亮度，也就是在目视辐射频率范围内的能量输出。由绝对星等来确定光度的过程是有点曲折的。

附表 B-4 中列出了在天空中显得最为明亮的一些恒星。注意，附表 B-3 和附表 B-4 中出现重复的只有很少的一部分，这意味着从总体上来看最近的星并不表现为最亮的星。

1. 指西文名。—— 译者注
2. B-V 称为色指数。—— 译者注

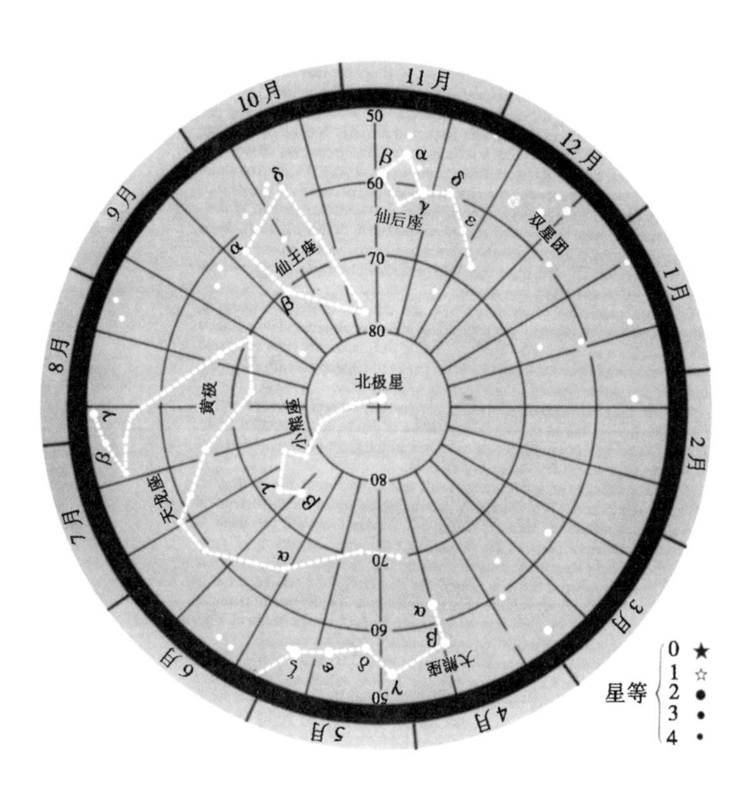

图 3-24（a） 北天极附近拱极天区内的星座

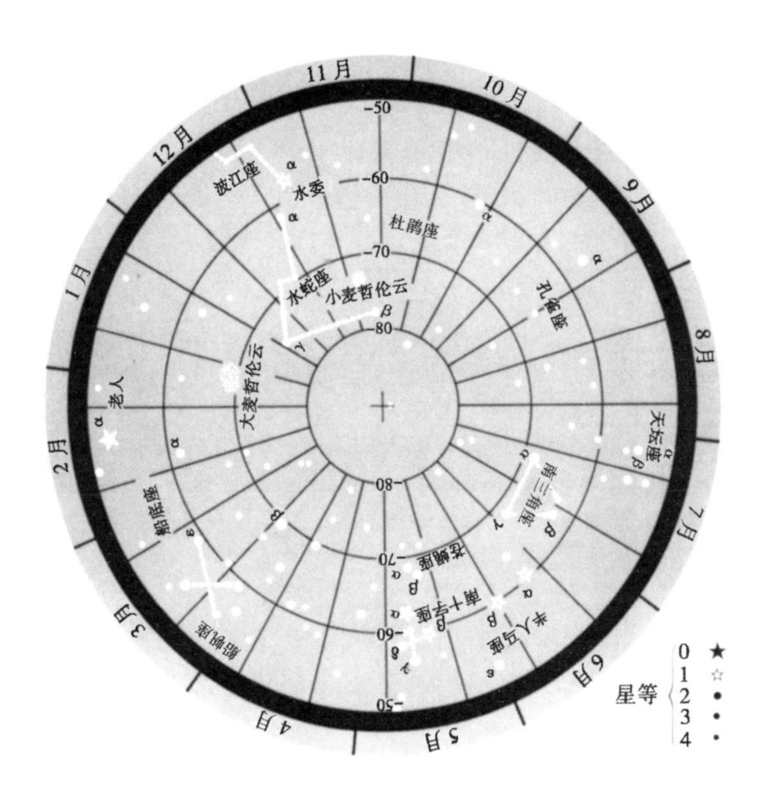

图3-24(b) 南天极附近拱极天区内的星座

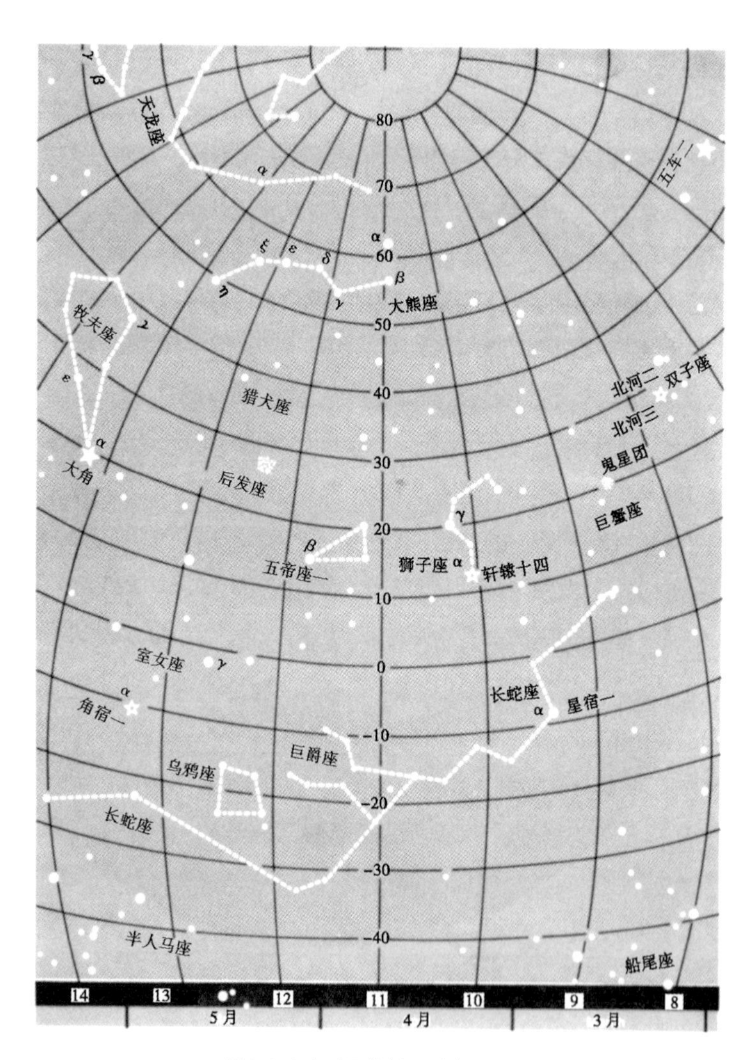

图 3-24（c） 春天的夜间天空（北半球）

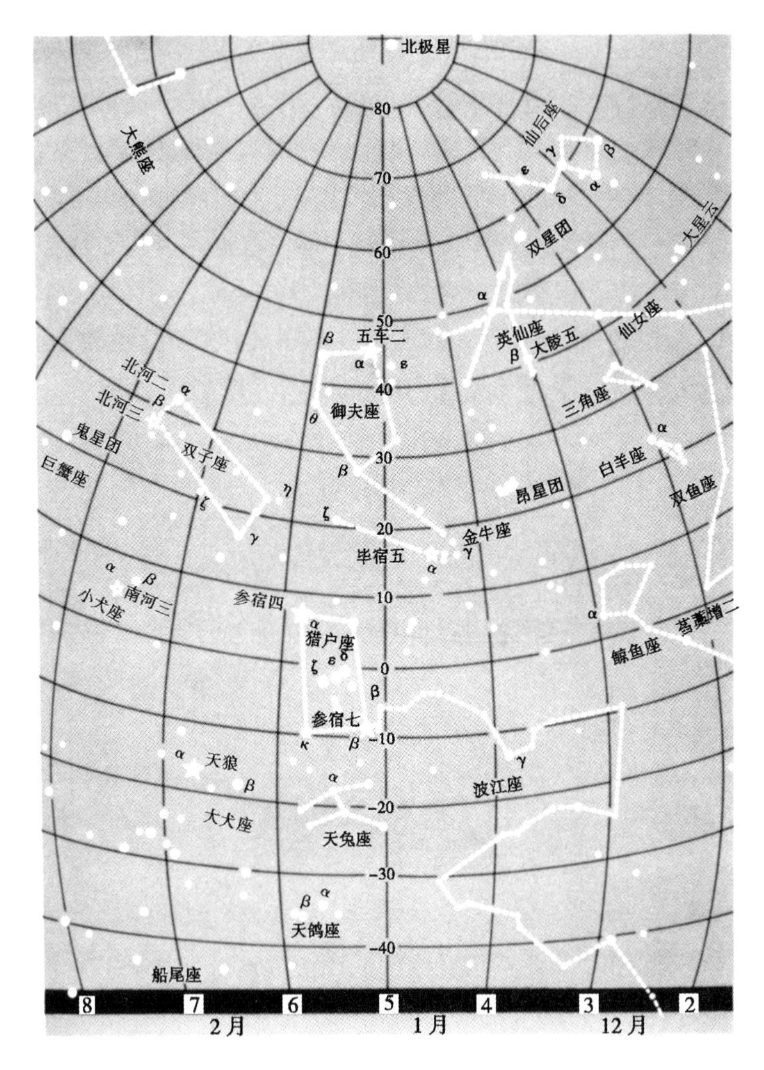

图 3-24（d）　冬天的夜间天空（北半球）

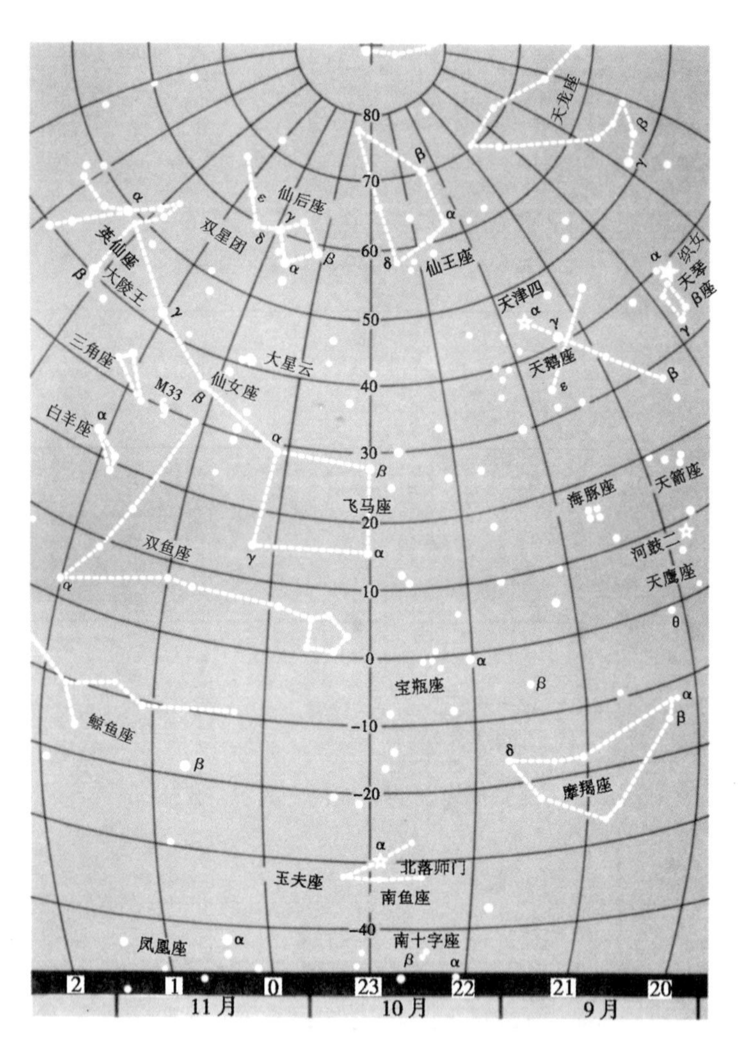

图 3-24(e) 秋天的夜间天空(北半球)

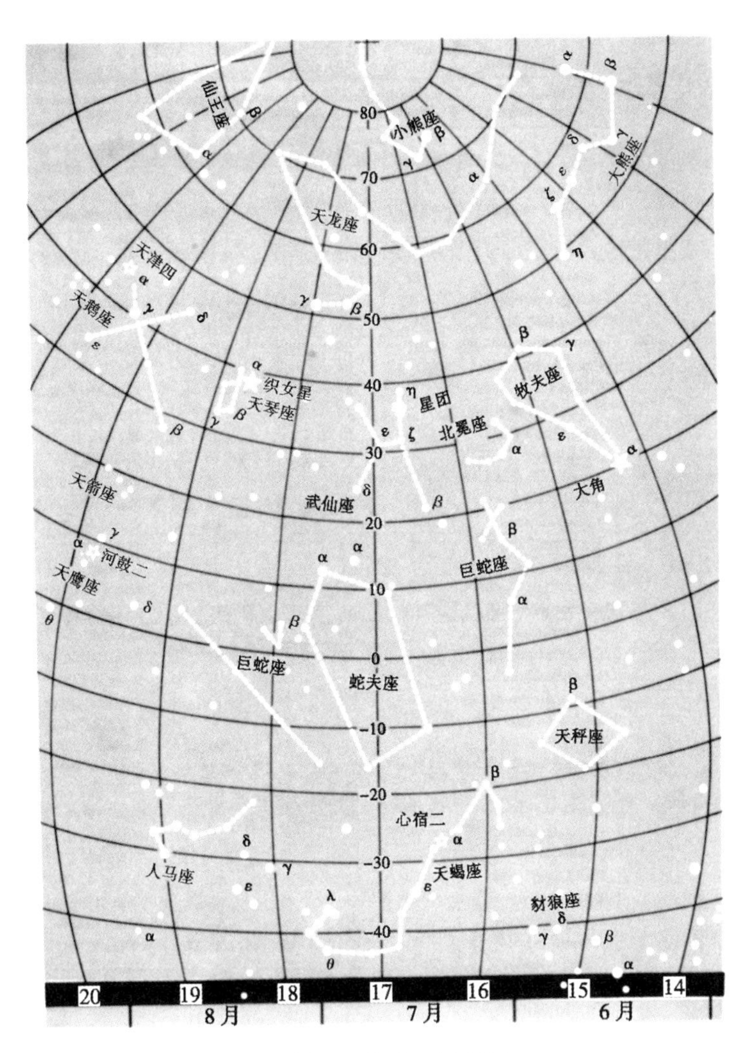

图 3-24（f） 夏天的夜间天空（北半球）

第 4 章
射电天文学

§4-1 历史简况

在前面一章中我们已经探讨过带宽的概念，它就是相邻两个值 v 和 $v+dv$ 之间很窄的频率范围，因而 dv 就是这一范围内的变化量。我们看到，当物质具有某一温度，并且在这些频率上又有足够数目的量子吸收和量子发射，那么这种物质向空间辐射的能量分布便具有黑体曲线的形状。在射电波的低频端，除非温度极高，不然的话在黑体曲线上占有的能量是不多的。正因为这一点，天文学家在很长一段时间内（直到 20 世纪 40 年代末）一直认为，即使地球大气对射电波是透明的（参见图 3-12），也不值得花力气用射电波去观测宇宙。因此，那时候射电天文学的大部分重要现象都不是在天文台上发现的。二次大战前，这类发现多少有点偶然性，它们是由从事商业性质电子研究的那些人做出的。大战以后，曾经从事于发明和生产雷达设备的科学家，在物理实验室内也做出了一些发现。天文学家疏忽了这样一个事实：前面谈到过与图 2-8 有关的一种情况，而诸如这一类与低密度快速运动电子有关的情况是有可能存在的。要是电子在磁场中做螺旋式运动，就会在各种射电带宽 dv 上发射出大量的量子，结果，用普通的射电方法就可以把它们探测出来（参见图 2-2）。

这类情况同第 3 章中讨论过的封闭器装置完全不同，因为快速运动电子能自由地向空间发出辐射。稀奇的是即使在这一误解已变得明白无疑之后，天文界仍然无法摆脱对黑体的先入之见。有关射电天文学一些论文的作者们继续在称呼所谓“亮温度”，即一个假想黑体所需要有的温度。在这个温度上，它所发出的射电强度就同观测所表明的一个实在天体在某个特定带宽上发出的射电强度相同。这种没有意义的做法现在已经废止不用了，因为除了极少数情况外，它没有任何的物理含义。

假设我们把带宽 $d\nu$ 内从某个天体所接收到的辐射能通量记为 $I d\nu$，这个天体可以是我们星系内的一块星云，另一个遥远的星系，或者是一个类星体。如果以天体为中心作一个球，球半径等于天体和我们之间的距离（图 3-11），则能通量是指单位时间内穿过单位球面积的能量。一般来说，I 的数值同带宽所在的具体频率 ν 有关，这一关系可以用 $I(\nu)$ 来表示，我们可以看到 I 随 ν 而变化。我们用一条曲线来表示对应于不同 ν 值时 $I(\nu)$ 的具体形式，它也称为天体的谱，就同黑体的情况一样。对于许多天体来说，$I(\nu)$ 近似同 ν 的幂次 $\nu^{-\alpha}$ 成比例，其中 α 为常数。负号的出现，意思是对于大部分源（至少对初期发现的大部分源）来说 α 是一个正值。当 $I(\nu)$ 可以用这种方式来表示时，我们说这个源具有指数为 α 的幂律谱。因为 α 是正值，频率增高时强度就降低，对于 α 出现负值的那些源来说，频率增高时强度便增大，我们说这些源具有倒谱。现在，越来越多的具有倒谱的射电源正在不断地被发现。

现在回到我们前面的讨论上来。1930 年，位于新泽西州霍姆德尔（Holmdel）的贝尔电话实验室，曾参与建造频率为 2×10^7Hz 的船-岸间通信设备。这时有关外部干扰的来源和性质的问题就出现了，这种干扰对上述设备的使用可能是一种麻烦因素。由雷雨引起的静电干扰是可以预料到的外部干扰的一个明显例子。扬斯基（K. G. Jansky）打算对干扰的来源进行研究，为此他建造了一架 30m 宽、4m 高的旋转天线。整个 1931 年，内扬斯基都在持续不断地进行着他的工作。到了 1932 年，他已经可以发表这样的报道：除了当地雷雨引起的激烈的静电干扰和远处雷雨引起的持续性噼啪声外，在他的耳机中还存在着一种稳定的嘶叫声。天线转动时这种嘶叫声会发生变化。在实验的最初阶段，这种变化表现为太阳大致位于嘶叫声最激烈的方向。因此，认为太阳一定是嘶叫声来源的看法似乎是很自然的。扬斯基并没有抱着这一观点不放，而是继续保持收听。几个月过去之后，太阳慢慢地离开了嘶叫声最强的天区，因此它并不是来自太阳，而是来自天空中的某个固定区域。这就是说，嘶叫声来自图 3-24 这张星图上某个固定区域。问题是它来自星图中哪个地方呢？到了 1933 年，扬斯基查明嘶叫声最强的天区位于我们银河系中心所在的方向。因此，干扰源存在于某个巨大的宇宙尺度上，即使对强有力的美国电话电报公司来说，集其财源也不可能把它排除掉。《纽约时报》在第一版上对扬斯基的发现作了整版的报道，标题是："在银河中心方向探测到的新射电波"。一位记者在收听了这种射电波后写道，它们听起来"像是从散热器上发出的蒸汽泄漏"。1933 年，科学界仍然沉浸在由量子力学引起的那场骚动的余波之中，而且甚至在那个时候科学界已预料到核物理学的出现，相比之下，扬斯基关于嘶叫声的发现好像只是一件小事情，只是听起来像从散热器上发出的蒸汽泄漏声。但是，后来表明这乃是 20 世纪的重要发现之一。

有趣的是霍姆德尔的贝尔实验室在 1965 年做出了第二项重要发现，而这个发现也是因为有关一项商业用计划的研究而得来的。计划要求彭齐阿斯（A. A. Penzias）和威尔逊（R. W. Wilson）对噪音干扰源进行研究，这一次的对象是地面-卫星间的通信设备。同扬斯基的情况一样，他们发现了一个干扰源，但它既不是本地源，又同他们的实验天线或无线电接收机没有什么关系。干扰源也是从天空中来的。这一次同扬斯基的情况不同，这个源在天空中呈现平滑的分布（因而探测起来就比较难）。现在把这种做平滑分布的射电波称为微波背景。人们马上认识到了这第二项发现的重要意义，它牵涉有关整个宇宙结构理论的一些最根本的方向。我们将要在第 12 到 14 章中对它进行详细的讨论。

回想起来，奇怪的是当时居然没有一个天文台或大学对扬斯基的发现做彻底的研究。下一步工作是由一位年轻的无线电工程师雷伯（G. Reber）来承担的。他自己花钱在自家的后花园内建造了他的设备。雷伯没有扬斯基所能得到的那笔财源，他不可能建造一架旋转天线或可操纵的天线，所以他造了一架较大的天线。利用这架天线，到 1944 年，他清楚地证明了射电波是从银河面方向来的，其中最强的集中区指向人马座内的银心方向，而在天鹅座和仙后座还有两个次强的射电集中区。图 4-1 表示了雷伯的那幅引人注目的射电图。

到这个时候，有关射电天文学的一个奇怪现象是，所有的发现都是在最意想不到的情况下取得的。但是，对太阳来说，尽管 50 多年来人们都认为它是一个射电源，却没有一个人能够探测到它的射电波。太阳射电波是在战争年代的英国开始探测到的，这里有一个有趣的故事。

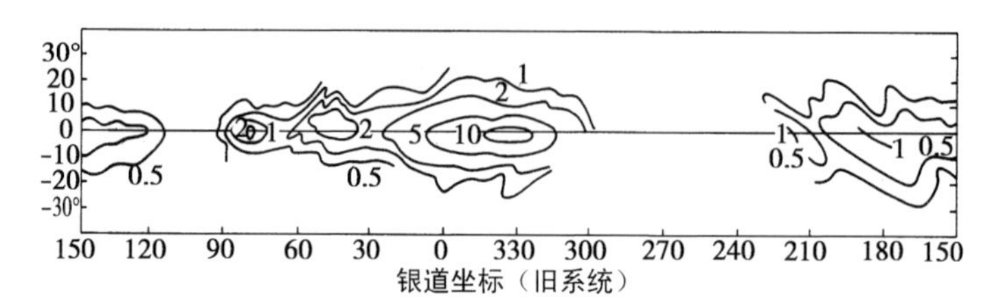

图 4-1　雷伯所作的第一幅银河射电发射图。这张图表明，发射的集中区指向银河面，也就是指向银纬 0° 的方向

1939 年，在雷达研究领域内已征集了英国的相当大一部分专业物理学家。很自然，由于这么一大批智力集中在一个课题上，他们到 1942 年就已把有关雷达应用方面的大部分可行计划提出来了（1942 年的技术有时还显得过于粗糙，致使这些计划无法得以实施）。有一项简单的计划涉及用很多薄的金属条带来产生出假的雷达回波。这样，如果把它们从一架飞机上撒出来，所产生的效果就可以用来冒充一大批攻击机。这样一个基本概念竟成了关心攻击德国和负责保卫英国两种人之间一场激烈的权力斗争的主题。关心攻击的一派想要利用这种金属条带（条带的密码名是窗口）来迷惑德国的雷达，而负责保卫者则非常担心一旦这一计划被人知道的话，德国人就会立即用它来反击英国的防御体系。在这一背景上，陆军战地雷达站关于强烈的假回波的报告便在伦敦海陆空军总司令部掀起了一场恐慌：也许德国人已经有了窗口。

海伊（J.S.Hey）是由陆军作战处派去进行研究的一位年轻人，幸运的是海伊从一开始起就有着正确的观念。他很快注意到，这种假雷达回波在时间上同靠近日面中心一个特别大的活动太阳黑子的出现相一致。因此，在别的科学家告诉他太阳（在陆军雷达设备的工作频率上，即大约 5 × 10^7Hz 的频率上）并不产生射电波的时候，海伊知道对这种看法的正确回答：以前人们在试图探测来自太阳的射电波时，没有出现过位置合适的大的活动太阳黑子。

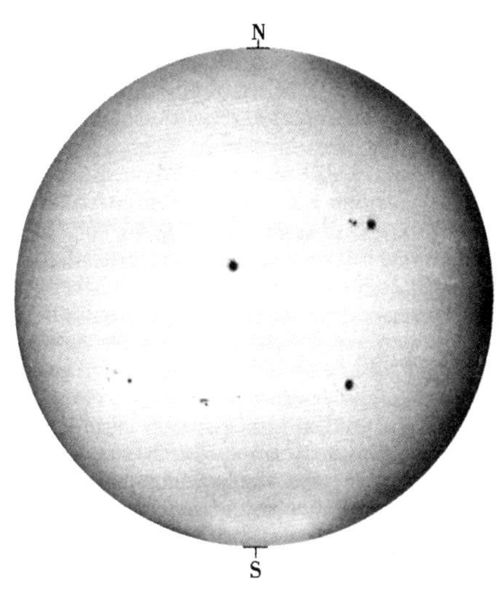

图 4-2　强烈阳光中看到的情况，在太阳上可以见到黑子，这就推翻了古人关于太阳表面必然完美无缺的信念。太阳的直径为 1.4 × 10^6km

这里暂时地离开本题，讨论一下黑子的性质是有好处的。黑子在大小和数目这两个方面有盛有衰，周期不太有规则，大约为 11 年。图 4-2 所表示的是一种典型的情况。太阳黑子是由伽利略（1564—1642）用他刚做好的望远镜（图 4-3）发现的。在有利的条件下，肉眼也不难看到一些大的黑子。所以说，一直到现代科学诞生之时才发现太阳黑子是令人奇怪的。即使英国的气候条件对天文观测颇为不利，但笔者之一也曾两度用肉眼观测到了黑子。肉眼观测黑子最好是在日落之前，这时大气的吸收作用使正常条件下太阳的耀眼光芒有很大的减弱，以至我们可以直接注视太阳的圆面。尽管这一条件经常出现，但通常高度很低的时候大气不再是清澈透明，结果使得下落中的太阳变得像是一个“沸腾的”图像。用肉眼能看到大黑子的必要条件是大气有吸收光的能力，但并不使像发生形变，因而出现这种条件的机会就很稀少了。尽管如此，早在伽利略之前必然已有人用肉眼观测到过黑子，也许已有数以千计的人看到过。令人奇怪的是，看来僧侣或宫廷记年学家从来没有把黑子的存在记录下来。[1]

黑子只是在同它周围日面区域的明亮光辉相比之下才呈暗黑色。实际上黑子的温度约为 4000K，这要比大多数工业用炼矿炉的温度

图 4-3 伽利略的望远镜

1. 中国《汉书 · 五行志》曾记载公元前 28 年 5 月 10 日出现的太阳大黑子。—— 译者注

高得多。不过，黑子周围区域的温度大约是 5800 K。由于炽热表面的发射随温度的四次方（T^4）而变化，所以周围区域看起来就要明亮得多。

现在回到关于太阳射电波的正题上来。在 1942 年海伊对英国陆军发现的假回波进行研究后的几个月，贝尔电话实验室的索思沃思（G. C. Southworth）也从太阳那里接收到了扬斯基的特征嘶叫声，所用天线设备的工作频率为 10^{10} Hz，这样高的频率在当时是前所未有的。尽管在海伊的情况中太阳黑子是惹事的原因，而索思沃思探测到的则是表面温度约 6000 K 的正常太阳的黑体发射。在索思沃思所用的高频部分，黑体发射要比以前采用的较低频率部分的发射强得多。虽然，就太阳作为射电源来看，这项深入一步的探测工作在射电天文学上是又一个重要的事件，特别是用了很高的射频。但是海伊的工作有着更为重要的含义，因为它无可辩驳地证明了射电源的辐射强度远远高出按黑体计算所给出的强度。

4 年以后，也就是 1946 年，海伊又获得了另一项根本性的发现。海伊同帕森斯（S. J. Parsons）和菲利普斯（J. W. Phillips）一起，着手研究沿着银河方向的射电波发射，而且要比雷伯所能做到的更为细致。他们在天鹅星座内发现了一个强度起伏变化的源。这个源来自天空中一个很小的强发射区，后来称为天鹅 A。可惜的是，当时所有的天线还不能确定天鹅 A 的准确位置，还不能取得为与某个光学天体相认证所需要的精度。直到 1951 年，剑桥大学的史密斯（F. G. Smith）才取得了有足够精度的射电位置，当时他是为威尔逊山和帕洛玛山天文台的巴德（W. Baade）来对天鹅座 A 进行证认。图 4-4 表示了巴德的历史性照片。天鹅 A 是一个遥远的星系，今天我们应当把这个星系描述为正在受到扰动，但当时巴德认为它是碰撞中的两个星系。海伊、帕森斯和菲利普斯所发现的是第一个射电星系。

图 4–4　天鹅 A 射电源，这是一个非常强的源

也许在我们熟悉的天文界中认真领悟扬斯基发现的第一个人是荷兰莱顿天文台台长奥尔特（J. H. Oort）。但是，同其他天文学家一样，奥尔特认为不表现任何特征频率的普通的嘶叫声，对于恒星和气体云的研究绝不可能有太大的帮助。但是，如果有可能发现属于某一特定频率的射电发射，那么情况就不同了。奥尔特把对可能存在的射电谱线进行搜索的问题交给了一位年轻的学生赫尔斯特（H. C. van de Hulst），并作为他博士论文的题目。1944 年赫尔斯特得出了这样的结论：频率为 1.42×10^{9} Hz 的氢原子跃迁（图 2–19 所表明的跃迁）有

着最大的可能性。1945 年，他进一步断定，对我们星系中氢云所发出的这种辐射进行搜索从技术上来说是可行的。

奥尔特曾作为人质在盖世太保手中经历了一段令人苦恼的时期。嗣后，于 1945 年回到了他在莱顿天文台的工作岗位。这时，他和马勒（C. A. Muller）一起，开始检验赫尔斯特的预言。由于战后的荷兰缺少高级电子设备，这项计划进展很慢。后来又因为一场损失重大的火灾，使得工作被严重地拖延。直到 1951 年，奥尔特和马勒才最终成功地探测到了所谓 21 cm 原子氢谱线（21 cm 是波长，$\lambda=c/v$，相应于 $v=1.42\times10^9$ Hz）。在这之前一到两周，尤恩（H. L. Ewen）和珀塞尔（E. M. Purcell）也已探测到了来自银河系中气体云的 21 cm 谱线。*Nature* 杂志第 168 卷同时发表了这两个独立研究小组的结果。嗣后不久，澳大利亚的克里斯琴森（W. N. Christiansen）和欣德曼（J.V. Hindman）也探测到了这一射电发射谱线。

这项工作在天文界引起了轰动。在接下来的 10 年左右时间内，人们花了很多精力，借助 21 cm 辐射来描绘我们星系中旋臂结构内原子氢的分布（图 4–5）。重要的一点是，像图 4–5 所表示的结果会使人产生误解，这是因为这幅未经证实的图像代表着被探测到的全部未电离的氢，而图像所遍及的范围又显得过大。这种令人误解的图像对星际气体云块结构的研究，以及对星云内恒星形成的研究来说，都是一个严重的障碍。21 cm 谱线的真正重要性在于，它预示着可以在很宽的射电谱线范围内进行观测，频率大部分高于 3×10^{10} Hz —— 也就是毫米波范围的波长。正如我们在下一章就要看到的那样，毫米波天文学这一新课题，现在在重要性上几乎可以同所有其他波段的射电

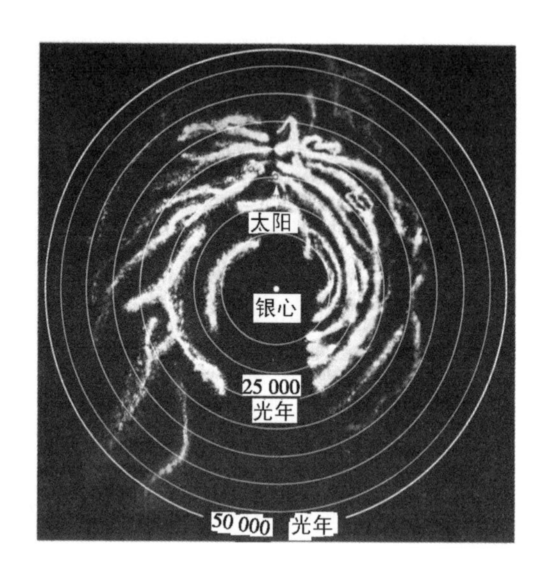

图 4–5 我们星系中的气体条迹，由射电天文方法所测定

天文学相匹敌。

二战后不久，英国创立了两个重要的属于大学的射电天文研究小组，一个在剑桥大学卡文迪许实验室，以赖尔（M. Ryle）为首；另一个在曼彻斯特大学，受洛弗尔（A. C. B. Lovell）的领导。在澳大利亚，联邦科学工业研究组织（CSIRO）射电物理部在鲍恩（E.G.Bowen）领导下，将很大一部分时间和精力用于射电天文工作。在美国，最早在海军研究实验室开始，哈佛大学在博克（B.J.Bok）的领导下也很早就参与了这一领域的研究。但是，差不多 10 年之后射电天文研究才在美国蓬勃地开展起来。确实，一直到 20 世纪 60 年代初，也就是在扬斯基的发现之后 30 年，国家射电天文台（NRAO）才成为这一领域内最强有力的研究机构。

在银河系内光学可见天体的第一批证认工作是在1948年和1949年完成的。在剑桥，史密斯和赖尔发现，当时已称之为仙后A的射电源是由气体纤维组成的一块网状星云，而联邦科学工业研究组织的博尔顿（J. G. Bolton）、斯坦利（G. J. Stanley）及斯利（O. B. Slee）证认出金牛A射电源就是蟹状星云（图2-7）。现已证明，后一项证认对由此而产生的全部天文研究工作来说有着决定性的意义。蟹状星云这一称呼现在已为人们所熟知，我们将在后面的一节中来对它进行专门的讨论。博尔顿和他的同事们还做出了第二项划时代的证认工作，这项证认发现，半人马A射电源是一个星系，它的星系表编号为NGC5128，也即图4-6所展示的那个星系。两年以后，布朗（R. H. Brown）和哈扎德（C. Hazard）探测到了从离开我们最近的巨星系发来的射电波。这就是图4-7所示的仙女座中的星系M31。M31的中央区域用肉眼是很容易看到的。要是把我们银河系放在M31所处的距离上，那么银河系是可以探测到的，其强度与M31大致一样，这

图4-6 星系NGC 5128。这是一个巨椭圆星系，直径约为10万光年，从这个星系向外一块巨大的气体尘埃云看来已经形成

图 4-7　星系 M31，直径约为 10 万光年，位于仙女座。这个星系是大的星系中距离我们最近的一个，有时又称为仙女星云。肉眼可以看到它的中央部分

也就是普通星系所具有的典型强度。但是，M31 的情况与 NGC5128 完全不一样，后者在强度和距离这两个方面都是 M31 的 10 倍。所以，NGC5128 的内禀强度就是 M31 或我们银河系的 1000 倍。

到 1951 年，已经知道了大约 100 个射电源。射电源是天空中的小块区域，所发出的射电波要比周围天空的射电波来得强。因此，它们是天空中一种有很高发射强度的小岛。有几十个射电源的位置沿着

银河排列，它们显然是我们自己星系中的源。例如，蟹状星云以及构成仙后 A 的那一片网状云块，现已知道这些源是超新星的遗迹（参见第 8 章）。另外有一些源在天空中的分布比较均匀，而正因为这种分布上的均匀性，人们曾普遍地认为这些源或者离太阳非常近，就像是一些近距星；或者是非常远，远在我们星系之外，两者必居其一。绝大部分天文学家的意见偏向于前一种可能性，因此这些源就称为射电星。戈尔德（T. Gold）对这种意见提出了疑问，他坚持认为（并显然得到笔者之一的唯一支持），这些源是一些遥远的星系。反对遥远星系观点的理由主要是由正在开始对射电源进行编表的那些人提出来的。这条理由是，除非存在射电发射比普通星系（如我们银河系）约强 100 万倍的特殊星系，不然对这份射电源表是无法理解的。但是，NGC 5128 已经比普通星系强了 1000 倍，看来这种异议并非绝对不可动摇，它的确是不正确的。大概一年以后，巴特证认了天鹅 A 射电源就是图 4-4 中那个遥远的星系，很清楚戈尔德的观点是正确的。当时观测到这个特殊星系的射电发射要比我们自己的星系大约强 1000 万倍，这种情况显然同它受到扰动的状态有关。

在射电天文的黄金时代，几乎每一次精心设计的观测都会得出一项重要的发现，而到了 20 世纪 50 年代中期，这一时代就快结束了。不过，仍然作出了两项重要的发现：一是哈扎德和施密特（M.Schmidt）在 1963 年发现类星体［尽管桑德奇（A. R. Sandage）和布朗在一两年前已接近于做出这项发现］；二是贝尔（S.J.Bell）和休伊什（A. Hewich）在 1967 年发现脉冲星。

今天，人们对新设备应采取的方案进行着热烈的讨论，促使射电天文学变得生气勃勃。关于这一点在两个小组之间存在着分歧，而由扬斯基和雷伯所建立的不同天线系统已经预示着会有这一分歧：一个用的是可动的小天线，另一个则用固定的大天线。这一分歧在英国表现得十分典型，剑桥的赖尔鼓励用越来越大的固定系统，而曼彻斯特的洛弗尔则力图建造可操纵的大型金属抛物面。位于焦德尔班克（Jodrell Bank）的那台相当有名的250英尺射电望远镜在1957年底左右建成，后来所有大型可操纵射电望远镜就是由此而开始建立起来的。经过一番恰当的选择，洛弗尔在避免因各种工程问题连接出现而带来麻烦的前提下，终于找到了可能达到的最大天线尺寸。直到今天，规模超过焦德尔班克那架仪器的只有位于德国波恩的100m可操纵望远镜，图4-8中所示的就是这台仪器。在澳大利亚也存在着类似的两种不同意见，以米尔（B.Y.Mill）为首的一个小组偏向于使用固定的大仪器，而包括博尔顿在内的另一些人则喜欢用可操纵的射电望远镜。

坚持使用可操纵仪器的人有两条理由，后来表明其中只有一条是正确的。不正确的那条理由认为，可操纵仪器能够更好地测定射电源在天空中的精确位置。在黄金时代，这条理由看来是对的。但是，人们最终证明，大型的固定式系统，特别是赖尔在剑桥所建立的那台仪器，能够测定出射电源的很精确的位置，其精度之高可以同恒星光学位置的测定精度相媲美，甚至超过后者的精度。正确的那条理由是博尔顿所最强烈坚持的那一条，即认为在甚高频率上进行工作时，采用可操纵的仪器要比用大型固定仪器来得好。然而，当时（20世纪50年代中期）建立高频无线电接收机的工艺不是很精细，因此，有人论证了在天线上所得到的任何好处将会在接收机上丧失掉。为了答复这一点，博尔顿论证了接收机技术必然会获得重大的改

图 4-8　德国波恩马克思·普朗克射电天文研究所的 100m 射电望远镜，这是迄今业已建成的最大全可动射电望远镜

进，这一点也确实是做到了。向高频端推进的最初目标是要达到大约 3×10^{9}Hz，但是随着时间的推移，20 世纪 60 年代射电望远镜所能获得的最高频率约为 10^{10}Hz。这恰好能使射电天文学跨入毫米波天文学的领域，后者将在下一章中加以讨论。不过，这还不是完全处在真正的毫米波范围之内，但是，它已充分地说明了毫米波是片肥沃的土地，它在等待着第一批研究者去建造频率范围高达 1.5×11^{11}Hz（波长 0.2cm=2mm）的设备。从此，又会跨进一个新的黄金时代。

§4-2 蟹状星云

蟹状星云提出了有关射电天文学的基本理论问题。造成强烈射电波以及从星云内层部分发出的光线的原因是什么？在肖特（G. A. Schott）所写的一本书（《电磁辐射》，剑桥大学出版社出版，1912年）中，已述及我们这里所讨论的概念。第二次世界大战后，核物理学家开始对建造实验室加速器发生兴趣，这就是同步加速器。他们发现，在磁场中做回转运动的快速电子会通过光发射而失去它们很大的一部分能量。对这一问题做进一步研究（尽管已由肖特做了论述）的有苏联的阿特西莫维奇（L. A. Artsimovich）和波马兰钦克（I.Y. Pomaranchuk,1946），以及后来美国的施温格（J. Schwinger，1949）。由于当时没有把苏联科学杂志的文章译成英语，因而对欧美射电天文学家起主要影响作用的是施温格的工作。阿尔芬（H. Alfvén）和赫洛夫森（N. Herlofson）在1950年提出的看法就是由这项工作而来的。他们认为，由肖特首先考虑到的那个过程可能就是产生恒星射电波的原因（请记住，在1950年，天文学家相信大部分射电源是恒星）。差不多与此同时，德国的基彭霍耶尔（K.O.Kiepenheuer）认为，肖特过程，或者像后来所称呼的那样即同步加速过程，可能就是银河射电波起源的原因，也就是造成扬斯基所发现的嘶叫声的原因。

在磁场中做快速运动的粒子会在一个很宽的频率范围内发出辐射

作为有关同步加速过程讨论的开始，让我们来重温一下这样的内容：振荡带电粒子的简单辐射效应（我们已在图2-2中做了研究），总是由运动速度比光速（300000 km · s^{-1}）慢得多的源粒子来决定的。

如果这一点不再成立，那么我们就会有图 4-9 那种更为复杂的情况，这时探测器粒子的频率不再是确定的，它不等于源粒子的频率。那么，我们怎样来解释图 4-9 的那种情况呢？

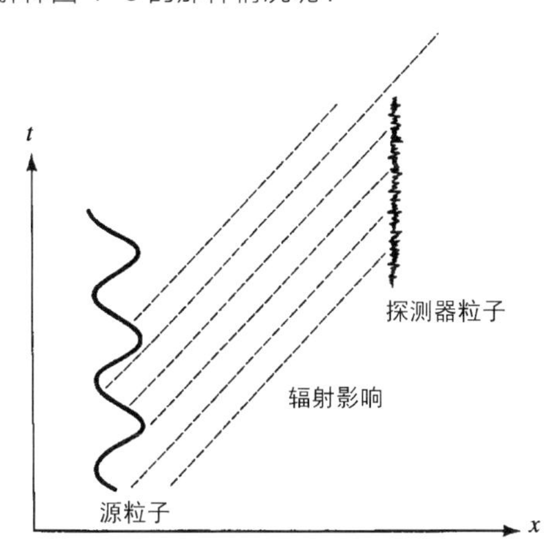

图 4-9　探测器粒子的运动是复杂的，它的振荡频率要比源粒子的振荡频率高得多

150 年前，法国数学家傅里叶（J.B.J.Fourier，1768—1830）证明，可以把图 4-9 中那样的探测器粒子的复杂轨迹看作是若干个简单振荡混合的结果。实际上，傅里叶确定了若干个振荡，每个都有着确定的频率 v，把它们加在一起时，混合结果所给出的运动便同图 4-9 中的情况一模一样。这个数学问题之所以重要，是因为对于有着图 4-9 那种复杂轨迹的电子来说，它可以通过傅里叶方法分解为若干个振荡，而电子的电磁效应同这若干个振荡的总和是一样的[1]。因为我们知道如

1. 请注意，这是可以应用傅里叶数学问题的辐射的物理特性。处在复杂运动的带电粒子所表现的特性，同若干个简单振荡运动的总和是一样的。但是，同样的方法不能用于处于复杂运动状态粒子的引力效应。因此，在爱因斯坦引力理论中，如果一个粒子有着复杂的运动轨迹，它可以通过傅里叶方法分解为若干个振荡运动，但粒子的作用同这些振荡运动总和的作用是不一样的。所以，运动粒子的辐射效应和引力效应有着完全不同的性质。我们说引力是非线性的，而辐射效应是线性的。

何解释简单振荡，所以我们也就能够解释图 4-9 中的运动，办法是把许多这样的简单振荡叠加在一起。

因此，情况是这样：如图 4-9 所示的那种快速运动源粒子，使探测器粒子做（傅里叶意义上的）各种频率的振荡，频率的范围是很宽的。同黑体辐射的情况一样，现在也不可能用可调接收机来探测出探测器粒子的某个唯一的振荡频率。当我们改变可调频率 ω 时，接收机响应的强度也随之而缓慢地变化。换句话说，即使源粒子的振荡频率 ν 完全确定，这时的效果像是一种连续辐射，就同炽热气体中的情况一样。

乍一看来，我们也许会以为当 ω 很靠近 ν 时，在接收机便得到最强的响应，当源粒子速度并不是很接近光速时情况就是这样。另一方面，如果源粒子的速度接近光速，那么接收机上出现最强响应时的 ω 值要比 ν 大得多。频率 ν 可能是很低的，比如说为每秒 1000 次振荡，但是接收机响应最强时的 ω 值可达每秒 10^{15} 次振荡，这也就是可见光的频率。人们相信，在蟹状星云中所出现的就是这一类情况。尽管 ν 估计约为每秒 1000 次振荡，但是蟹状星云内层部分发出的蓝光就是通过这种方式产生出来的（但是不适用于外层的红光，红光是中性氢原子发出的线辐射）。事实上，甚至在 X 射线和 γ 射线波段的频率上都观测到来自蟹状星云的响应讯号，频率范围为每秒 $10^{18} \sim 10^{21}$ 次振荡。

当粒子运动速度接近光速时，就不大容易因同别的粒子发生碰撞而偏离运动轨道。因此，乍一看来我们也许以为蟹状星云中快速电子的运动轨线是直线。这应当意味着没有任何振荡，因而也就没有任何的辐射相互作用。那么又是什么原因使电子产生振荡呢？答案是蟹状星云有一个磁场，磁场迫使电子沿着图 4-10 那种形式的螺旋形轨线运动。请注意，在图 4-10 中我们已经回到三维空间 x, y, z 的电子轨线图，而假定磁场在 z 方向上。如果我们现在采取一种简单的方法，使之对于时间 t 的特性分别用三幅图来说明，一幅是 x 对 t，一幅 y 对 t，第三幅是 z 对 t，那么我们就得到图 4-11。显然，x 和 y 这两维都有着所要求有的振荡特性，两者有相同的振荡频率。要是把 x 和 y 这两维综合成一维，那么我们就得到图 4-9[1] 中的图像。对于 z 维的特性只不过对应着匀速运动，它对辐射毫无影响，因而也用不着进行仔细地考虑了。

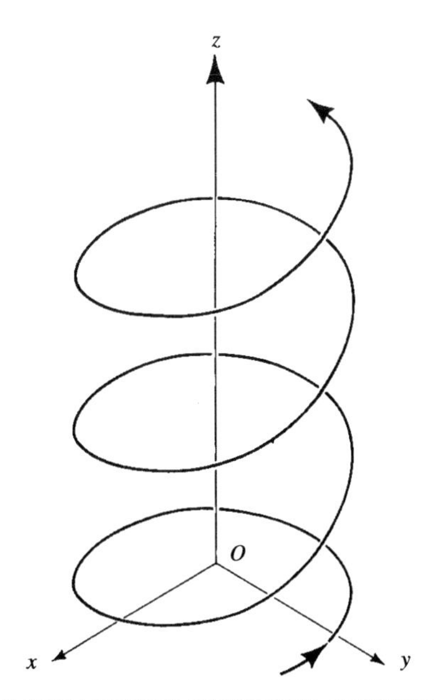

图 4-10　蟹状星云中电子在运动速度接近光速时，由于磁场的存在，便沿着螺旋形的轨线运动

1. 原文为图 4-8，有误。—— 译者注

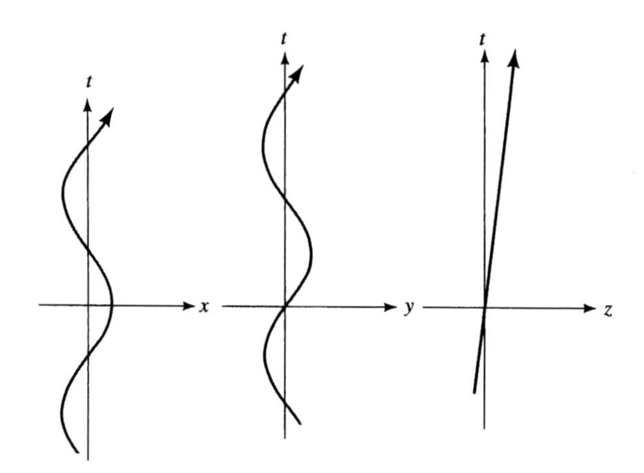

图 4-11 磁场位于 z 方向时的 (x, t)，(y, t)，(z, t) 图

因此，对于蟹状星云的蓝光光源以及 γ 射线和 X 射线源这样一个基本而又有重要意义的问题，我们已经找到了答案。这就是说，由于这一著名天体内部磁场的作用而使电子发生振荡，然后又由振荡产生出这些辐射。通过详细的计算发现，当磁场强度大约为地球磁场的千分之一时，就足以产生出所要求的电子振荡。乍一看来，这个磁场也许显得弱了一点。但是我们一定要记着，蟹状星云是在直径大约为 10 光年的整个区域内维持着这样一个磁场。同地球磁场、太阳磁场的尺度相比，或者实际上同任何一颗普通恒星磁场的尺度相比，这个范围都是极为巨大的。

在第 8 章中我们将要讨论称之为超新星的爆发星。据信，蟹状星云应该是差不多 1000 年前出现的一颗超新星的遗迹。今天所观测到的外层物质正在快速地向外膨胀。如果把时间往回推算，那么这种向外膨胀意味着大约 1000 年前位于中心位置上的一个天体曾发生过一次爆发。当然，这样一种推理并没有给出超新星爆发的准确日期。但是，从中国天文学家的记录可以得到一个准确的日期，因为他们曾经观测到因爆发而产生的星光。这颗超新星是在公元 1054 年 7 月 4 日观测到的，谓之“客星昼见如太白”。到 7 月 24 日为止一直保持同金星一样的明亮。嗣后慢慢地变暗，到 1056 年 4 月 7 日肉眼便看不见了，这时离开爆炸差不多已有两年时间。此外，中国人所估计的逐日变化情况同今天观测到的超新星的特性非常一致。中国天文学家对这颗客星所给出的天空位置同蟹状星云今天的位置是相符合的，差异在预期的误差范围之内。

奇怪的是欧洲或阿拉伯的记录中没有发现类似的记载。天空中有这么一个幽灵，亮度至少同金星一样，那么没有发现它几乎是不可能的。因为差不多有一个月的时间一直是特别地明亮，所以很难相信欧洲、北美或阿拉伯地区的天空会在这么长一段时间内都被云所遮蔽。我们只能猜想有数以百万计的人看到了这颗超新星。他们中大部分人一字不识，所以也不可能做什么记录。专职史学家选作记录的内容看来取决于他们的信条。在中国，人们认为可以从天空中出现的天象来预言地面上的事件，因而人们热切地搜索并记下那些奇特的天象；另一方面，在欧洲，僧侣史学家们相信，天国乃是上帝亲手制成的尤物，因而它是完美无缺的，不会发生什么变化。任何与此相反的记录都应视作异端邪说，它们会激起神学家和哲学家们的强烈情绪，5 个多世纪后伽利略关于太阳黑子的发现即是一例。

图 4–12 所表示的两幅壁画是由米勒（W. C. Miller）报道的。人们在探索北美印第安人帕布洛（Pueblo）文化（这一文化所经历的时间

包括了 1054 年）的洞穴住所时，于两个不同的地方发现了这两幅图。米勒认为，这两幅壁画所对应的，正是月球在天空上做周月运动过程中接近中国人的客星之时。也许还可以有另一种解释，即靠近娥眉月一个尖角的天体是金星。但是，正如米勒所指出的，金星接近月球的这种现象每 2～3 年出现一次。在现已发现的许许多多幅壁画中，却只有两幅包含有明确的天文意义，这就是图 4-12 中所复制的那两幅。这一事实意味着帕布洛的印第安人通常对天文事件并不感兴趣，只是在出现很不寻常的情况时才会促使他们做出这些引人注目的目视记录。除了公元 1054 年的超新星外还会是什么呢？但是，月球真会离开这颗超新星有这么近，而且对于亚里桑那的观测者来说是如此，而对中国的观测者来说又不是如此呢？不然的话，中国天文学家几乎肯定会把这一事件记录下来。米勒认为对这两个问题的回答都是肯定的，从而有力地证实了这两幅壁画所指的确确实实就是 1054 年的超新星。欧洲史学家的偏见极为厉害，以至没有把这一事件记录下来，而北美洲的印第安人却不是这样。尽管没有书写的能力，他们还是想方设法留下了一份记录。

你会注意到图 4-12 这两幅壁画是不同的，它们互为一根垂直轴上的两个镜像。米勒注意到两位艺术家在雕刻各自的壁画时一定是背对着天空，这样一来就会出现左右混淆。一个人会不会因心理上的因素而使左右方向出现颠倒？设想你自己从肩膀的上方来观看月球的两个尖角，你会按实际的左右方向把月亮画出来吗？或者说你是否会像正面对着天空时一样把月亮画出来呢？

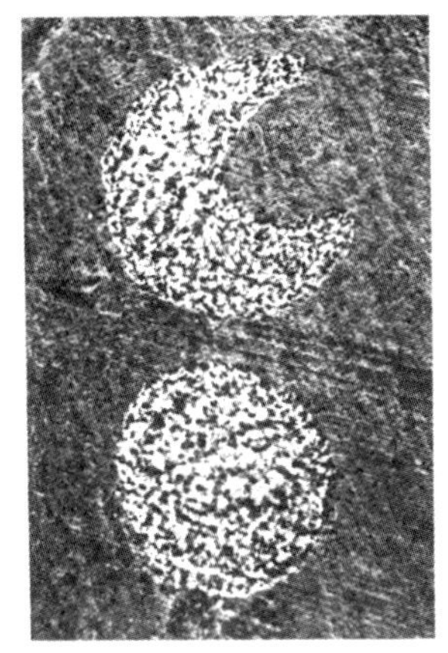

图 4-12 两幅帕布洛印第安人的壁画。左边一张取自纳瓦天 · 卡尼翁 (Navajo Canyon), 右边一张来自白色高地

§4-3 个人的回忆

在 1950 — 1960 年的 10 年中，人们已对这里所讨论的有关蟹状星云本质的各种概念做了系统的阐述。尽管天文学家已经确信这些概念的正确性，但仍然存在着一个很大的奥秘。辐射作用使源粒子失去能量，这就是图 4-13 所说明的效应。振荡的幅度和频率都因此而变小。对于运动速度接近光速的电子来说，这种能量损失尤为显著，比如人们认为蟹状星云中的电子即属此例。我们可以算出，用不了几年，造成星云所发出的蓝光的电子便会失去它们的大部分能量。但是，蟹状星云的年龄差不多已有 900 年。中国人在 1054 年观测到的那次爆发中所产生的高速电子早就应当失去了它们的能量，因而也就失去了辐射可见光的能力。那么，形成星云中蓝光的电子，如果不是来自那次真实的超新星爆发又会来自何处呢？

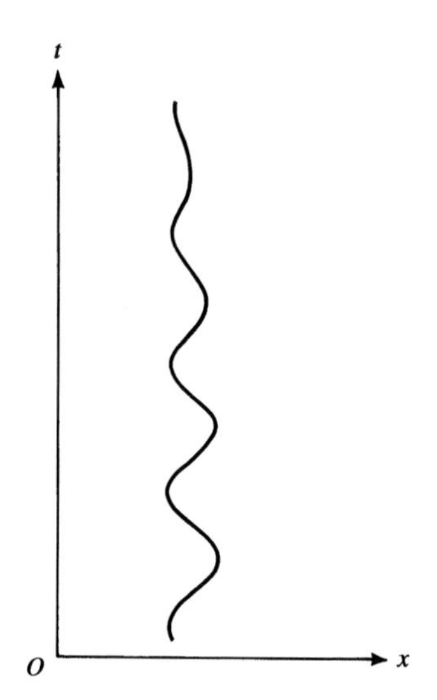

图 4-13　辐射粒子失去能量，对于一个在磁场中运动的粒子来说，振荡的幅度和频率都变小了。这里所画的只是 (x, t) 图（参见图 4-11）。实际上，为使这个粒子失去相当数量的能量，需要的振荡次数比这里所表示的次数要多得多

巴德直到他去世之前，曾负责对蟹状星云进行了大量的光学方面的工作，他证认出在星云中心附近有一颗特殊的黄星，他相信这颗星可能就是引起 1054 年那次爆发的原因。他也探测到了在星云状物质自身内部运动着的波纹结构。这些问题，以及其他一些与蟹状星云有关的问题，曾经是 1958 年夏天天文学家在布鲁塞尔的一次聚会上所讨论的话题。在会议室外同从荷兰莱顿来的奥尔特所做的一次谈论中，我们曾推测巴德星可能会表现出有快速的光变。笔者之一认为，这种变化也许同不断产生高速电子的源有关，而我们也知道需要有这些电子来维持蟹状星云的蓝光发射。我们因受这种想法的强烈鼓动而把它提交给了巴德，并且问他是否有可能通过观测来加以检验。巴德立即想要知道这种光变可能有多快，而笔者的回答是它们也许会在数秒钟

内出现，这是依据有关脉动白矮星的概念所做出的估计。巴德认真地考虑了在大约 1 秒钟间隔内拍摄一系列照片的可能性，这在当时是唯一可行的方法。但是，最终他还是没有继续下功夫，这大概是因为后来表明照相方法太不灵敏。只有当更精密的电子设备取代照相底片时，这一问题才成功地获得解决。结果表明，光变的确是存在的，这一点可以从图 4-14 中看出。但是，它并不是我们所估计的 1~2 秒，所发现的振荡频率约为每秒 30 次。这就是说每次振荡所花的时间只有 0.033 秒。这种非常短的脉动周期意味着造成光变的天体一定比白矮星要小得多。现在认为这个天体是一颗中子星，它的性质我们将在第 8 章中加以讨论。中子星属于脉冲星的一类天体，脉冲星由贝尔、休伊什以及休伊什在英国剑桥大学的同事们于 1967 年首次发现。

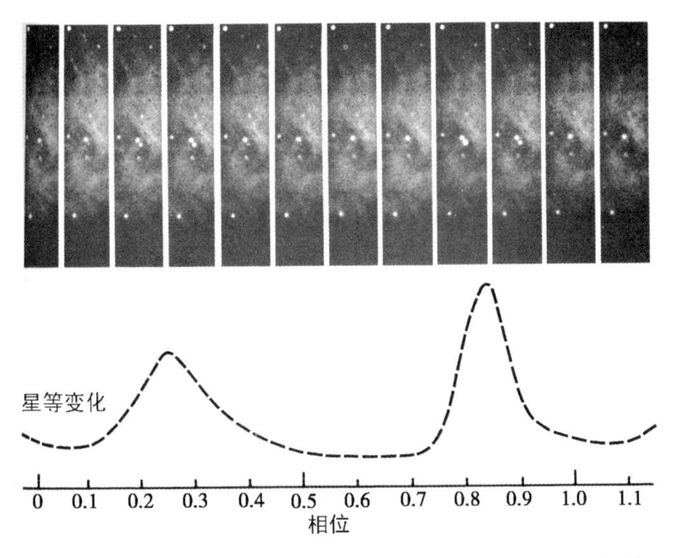

图 4-14　蟹状星云中振荡着的恒星状天体（NP 0532），而图 2-7 所示的是整个蟹状星云，试在该图中找出 NP 0532

这段轶事的要点在于再一次强调天文学家能加以利用的技术手段是多么重要，仅仅有正确的概念是不够的。概念必须以十分先进的仪器为支撑，这样才能应用概念，发展概念。不然的话，概念始终不会开花结果，1958 年那次会议后的情况就是如此。只是在大约 10 年以后，随着新方法的应用，才能向前迈进一步。这时，巴德已经去世，研究工作传给了年轻的一代[1]。

§4-4 脉冲星

脉冲星，正如这一名称所指的那样，会发出规则的系列脉冲。尽管从蟹状星云探测到了光脉冲，但是发现这种脉冲的最好办法是射电观测。现在已经发现了大约 200 个这种引人注目的天体[2]。两个脉冲之间的间隔称为脉冲周期。一般地说，脉冲周期的范围从 0.25 秒到 2 秒左右不等，不过比这短得多的周期也有可能出现，对于蟹状星云就只有 0.033 秒。两个脉冲之间的间隔通常比单次脉冲的持续时间长得多，从图 4-15 所示的例子可以看出这一点。

人们认为脉冲是由自转引起的，辐射则以灯塔光束的形式向外发射，图 4-16 示意性地说明了这一点，其中的辐射来自天体表面的某一点，或者是天体周围大气中的某个区域。由于脉冲星产生出高速电子，一方面向外逸出，同时在蟹状星云内部照亮了整个星云，那么自然有理由假定在这类天体自身的周围也存在着这种高速粒子。人们认

1. 蟹状星云中脉冲星的规则光变是由科克（W.J.Cocke）、迪士尼（M.J.Disney）和泰勒（P.J.Taylor）发现的。
2. 截至 2003 年 4 月共发现 1412 颗脉冲星。—— 译者注

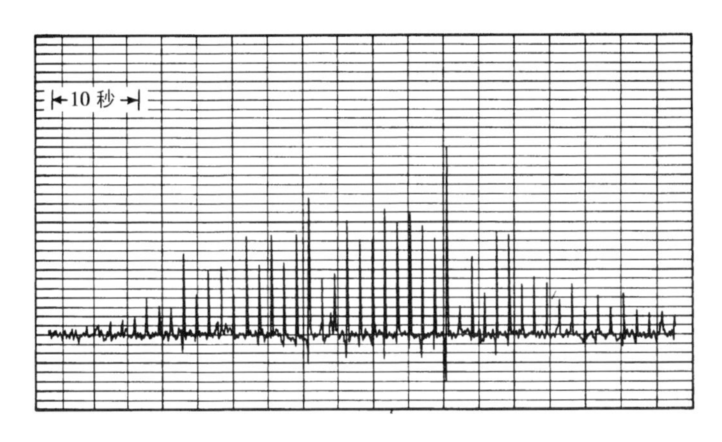

图 4-15　脉冲星的一份记录

为，造成图 4-16 这种灯塔光束式的辐射，就是同这种高速粒子以及粒子在强磁场中的特性有关。不过，发射的细节却不是那么简单。

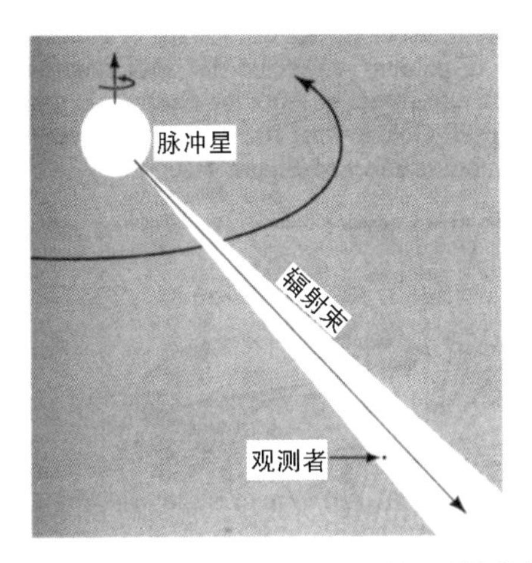

图 4-16　人们认为脉冲星的变化特性就像是做自转运动的灯塔光束

显然，对任何一个在短短的 0.033 秒时间内自转一整周的天体（如蟹状星云脉冲星）来说，它的大小同太阳那样的普通恒星相比必然是很小的。对太阳来说，即使转速为每 1000 秒钟转一周，那么它在强大的旋转力影响下，也立即会土崩瓦解。就算是白矮星这种致密程度高得多的恒星，它的转动也不可能有蟹状星云脉冲星那么快。我们唯一所知道的可以转动得这么快而又保持稳定的天体就是中子星。

对于一大堆中子来说，只有当它们为数既不过多又不太少时才能保持稳定。大约像太阳内所含有的那么多个中子（10^{57} 个），便可以处于稳定结构状态。但是，如果数目明显地比 10^{57} 来得多，那它们就会收缩而形成称之为黑洞的天体（黑洞的性质在第 11 章中加以讨论）。中子数比 10^{57} 少得多时，稳定的中子星是有可能存在的。但是，人们相信，对于大部分所观测到的脉冲星来说，恰好大致就是这个数目。那么这个数目的特殊之处在哪里？ 10^{57} 的魔力又是什么呢？

有些事是值得思索的。试考虑在观测所及的最远星系距离上的宇宙，说得明白一点，也就是 10^{25}cm 尺度上的宇宙。这大约是典型中子星尺度的 10^{22} 倍。现已知道，在这么一个巨大尺度的宇宙图像中，所包含的粒子总数大约为 10^{79} 个。这个数字同我们魔法般的 10^{57} 之比也是 10^{22}。由此我们就得到一个引人注目的等式：

$$\frac{\text{宇宙的尺度}}{\text{中子星的尺度}}=\frac{\text{宇宙中的粒子数}}{\text{恒星内的中子数}}。$$

这是若干个引人注目的相等关系中的一个。我们在后面有关引力的讨论中将会遇到另外的一些相等关系。目前对这种相等关系所知甚微，但是它们看来暗示着在局部物理学和大尺度宇宙结构之间存在着某种深奥的关系。

脉冲星是同步加速过程的范例

1960 年，笔者之一曾与福勒（W. A. Fowler）共同指出，经历超新星爆发后的剩余天体应该是中子星或黑洞，二者必居其一。脉冲星发现之前，帕西尼（F. Pacini）曾认为这种中子星形式的遗迹应当会伴有快速的自转。在发现了脉冲星后，这一概念由戈尔德做了进一步的发展，10 年之后，由戈尔德发展的内容看来仍然是图 4–16 中灯塔效应的最简单解释。

图 4–17 表示了地球磁场的力线。如果把一根磁棒放在地球的中心，并且略为有点倾斜，那么磁棒力线的形式与图中力线的结构形式是十分相像的。磁棒周围的铁屑会按照磁力线以某种图形自行排列起来，如图 4–18 所示。问题在于随着地球的旋转，图 4–17 中的图像会出现什么样的情况。磁力线系统也会跟着转动吗？如果我们的回答是

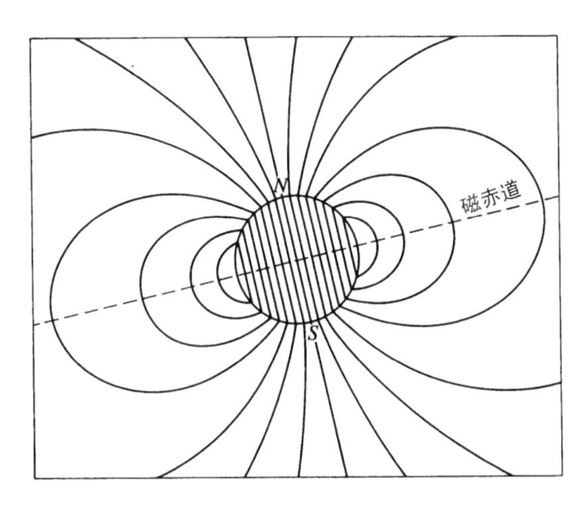

图 4–17　地球磁场大致上可用来表示脉冲星磁场的内部闭区域。请注意，磁轴 NS 与地球自转轴不相重合

肯定的，那么对于力线上不同的点来说，离开地球中心越远，围绕地球旋转轴的自转运动也越快。确实，从原则上来说，总会有那么一条力线，它离开地球中心很远，以至于它在赤道部位上的运动速度必然要增大到等于光速才能来得及一天转动一整周。甚至还会有一些从地球磁极附近出发的力线，力线上有一些地方的旋转运动会超过光速。只要我们抽象地去考虑力线而不去考虑物质粒子，那么对这个结论的理解是没有任何困难的。正如爱丁顿（A. S. Eddington）曾经说过，要使我们的思想比光速快那是不存在任何障碍的，我们可以设想自己在不到1秒钟的时间内跑出100万光年之外。基本物理学所不允许的是运动速度快于光速的任何物质粒子。因此，只是当我们考虑到旋转磁场力线中所携带的物质粒子（如图4-18中的铁屑）时才会出现问题。这时，所出现的情况是，在任何特定瞬间，在某一段距离之内，可以认为物质粒子与磁力线一起旋转，而这段距离的长短则取决于粒子的密度。超出这段距离后，物质粒子所受到的加速作用极强，以致使力线发生开裂。这样，力线就不再像图4-17中那样保持封闭形式而穿过赤道（封闭形式是指沿着穿过赤道的某个回路，从一个磁极出发走向另一个磁极）。当力线由于这一原因断开时，物质粒子就会沿着断开了的力线离开地球向远方而去。

人们相信中子星有磁场，其形式同地球磁场相类似，但是强度要大10^{12}倍。因为存在这样一种强度很大的磁场，由电子和电离原子组成的弥漫气体想要使磁场的回路断开就会困难得多。事实上，只是在非常接近于光速时，这种低密度气体粒子才有可能使力线开裂，并使其不再穿越恒星的磁赤道。但是，在接近光速时这样的情况是会出现的，这同地球的情况完全一样。于是，在中子星的附近就会出现一

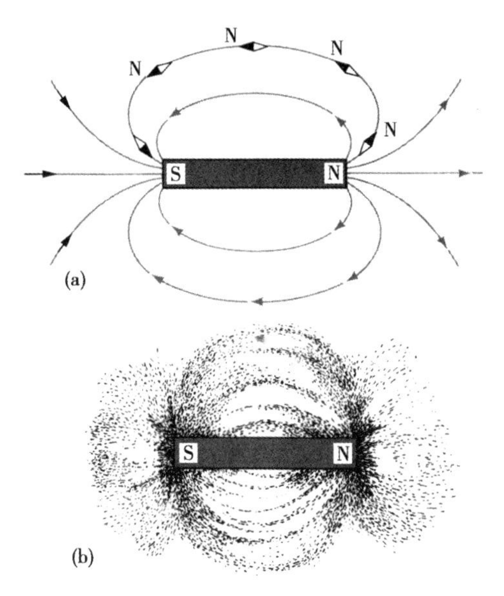

图 4–18　磁铁周围的磁场对罗盘指针（a）和铁屑（b）都会产生某种效应，这一效应表明磁场可以穿越空缺区[1]

些能量特别高的粒子，在使力线断开之后，它们就会从恒星的邻区向外泄出，从而能够把一些高速运动的电子和电离原子注入到外部世界中去。蟹状星云的高能电子有可能正是通过这条途径产生出来的，也许宇宙空间所有的高能电子和宇宙线一般就是通过这一方式而出现的。假设磁力线出现开裂时离开中子星的距离为 d，则 d 由方程式 $d=cP/2\pi$ 给出，这里 c 为光速（300000 km · s^{-1}），而 P 为中子星的自转周期。对蟹状星云脉冲星来说，d 约为 1600 km，大约是地球半径的 1/4。作为比较，中子星本身的半径不过只有 10 km 左右。

1. 原图磁力方向有误，译者更正。—— 译者注

现在，让我们稍微详细一点来对中子星中出现的力线作一番考察。出现在低磁纬度地区的那些力线闭合成与赤道相交的回路，这些力线不会离开恒星走得很远，它们是不会引起任何问题的。力线出发地点的纬度越高，它们与赤道相交的最远端向外伸的距离也越远。但是，最终会到达临界值 $cP/2\pi$。以后，力线就断开了，它们不再同赤道相交。因此，我们可以设想有一个磁闭区域，在它的外围是一个磁开区域。后者向外部世界提供高能粒子，而闭区域所贡献的则是来自脉冲星本身的辐射。图 4-19 所表示的是恒星以及自转闭区内的赤道截面。图中的外圈线代表了闭区的最外磁力线与磁赤道相交的位置，这些力线从磁北半球走向磁南半球。图中所画的这条线是一个圆圈，而它所涉及的是从恒星上某个特定磁纬度地区出发的一些力线。对于理想的对称情况，恒星应当与这个圆圈同心。但是，实际情况中，在恒星中心和由磁力线形成的这个圆圈中心之间，不可避免地存在着小量的位移。在圆圈上必有一个地方离开恒星的距离为最大，这里图中所画的是靠近点 A 的一个区域。随着恒星上力线出发点磁纬度的增大，就会在该区域上使临界条件 $d= cP/2\pi$ 首先得到满足。因此，在 A 点附近粒子的能量比图 4-19 中圆圈上的其他地方高得多，而这种较高的能量便引起由 A 点出发的同步加速辐射，辐射束的方向如图所示。这便是灯塔效应。

初看起来，好像在 A 点之外的其他经度位置上也有可能达到临界条件 $d=cP/2\pi$，这一点似乎只要考虑从恒星上更高磁纬度地方出发的那些力线就可以做到。但是，这样的力线系必然会在 A 点的经度位置上开裂，而这种开裂便为上述更高磁纬度地方的全部粒子提供了外逸的通路。事实上，在不规则情况下，粒子能够以进动的方式缓慢地改变它们的磁经度，一直到它们在 A 点经度位置上找到外逸的开裂区。正因为如此，在高纬度地区便没有从恒星磁场发出的粒子。

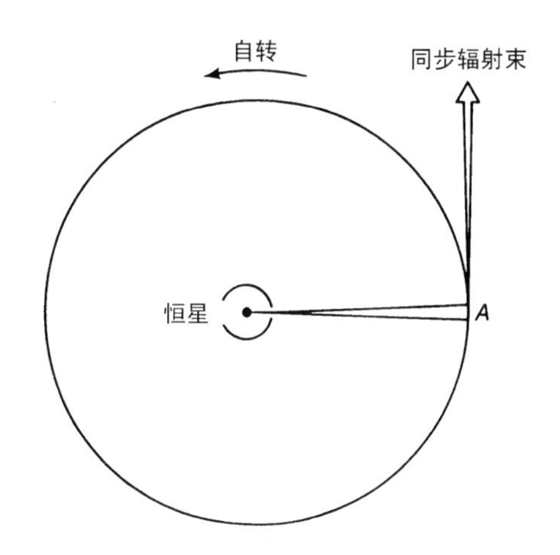

图 4-19 脉冲星所产生的磁闭区域的赤道截面，图上表示了辐射束的方向

这一理论为脉冲星的主要特征提供了一种简单而又圆满的解释，其中只用到在地球磁场中和加速器中发生的那些我们所知道的过程，这些加速器就是由物理学家在实验室内建造的。

§4-5 射电星系

射电星系也是同步加速辐射过程的范例

星系中的某些事件有时候会造成极其猛烈的爆炸，人们相信这类爆发出现在星系的最中心部分。速度接近光速的粒子向外抛出，通常形成两股方向相反的粒子流，图 4-20 示意性地说明了这种情况。如果这样的粒子流与分布在整个星系范围内，或者甚至超出星系范围之外的气体云相撞击，由于在这样一类的云块中总有磁场存在，那么向外高速运动的粒子就会受到磁场的阻碍。这时粒子便会绕着磁场方向快速运动，速率保持不变，如图 4-21 所示。这种圆周运动使电子发出射电波，所经历的过程同蟹状星云中发生的情况相类似。结果是会产生出两个有射电发射的子源，如图 4-22 所示。射电星系往往表现出这种双发射结构，图 4-23 所表示的就是这类情况。

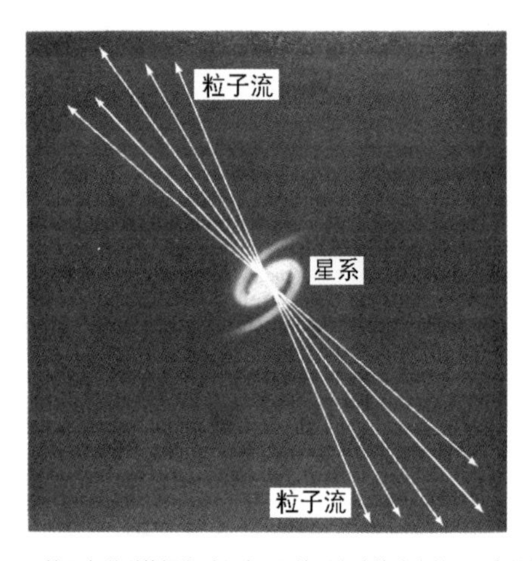

图 4-20　粒子在激烈的爆发过程中，以接近光速的速度从星系向外抛出，通常形成方向相反的两股粒子流

尽管超新星可以在短时间内变得有一个星系那么明亮，但射电星系爆发的能量要比超新星爆发大得多。一次超新星爆发的能量约为 10^{51}erg。但是，射电星系爆发所释放出来的巨大能量要比这更多，其大小少则 10^{54}erg 左右，而最剧烈的爆发则可高达大约 10^{60}erg。

如此巨大的能量使人们怀疑它们来自哪里。有些天文学家推测，能量储藏在数百万倍于太阳质量的物质之中，它可能通过物质的

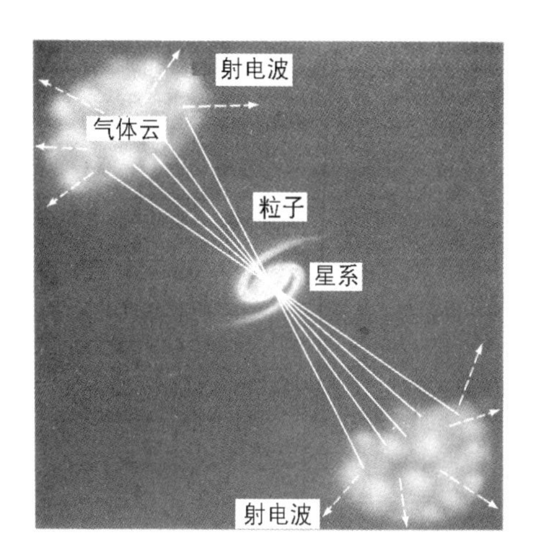

图 4-21 如果图 4-20 中的粒子流同外部的一块气体云相撞击，那么在有磁场存在的情况下就会发出射电波

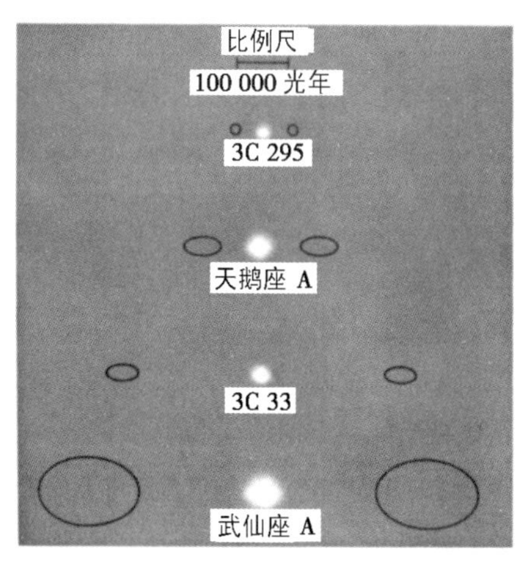

图 4-22 图 4-21 所示情况的结果是会产生出两个有射电发射的子源。图中的几个名字都是一些著名的射电源

完全湮没而释放出来。但是，在考虑到细节问题时发现，要使这种理论令人满意是有困难的。更为常见的是假定位于星系中心区域的巨大

质量成为高度致密状态，几亿倍于太阳质量的物质限制在一个比太阳系大不了很多的小区域中。由于存在非常强的引力场，预期这些致密物质的运动速度应当接近于光速。这种运动状态的突然变化可能会导致巨大规模粒子流的爆发性抛出，结果便形成射电星系。

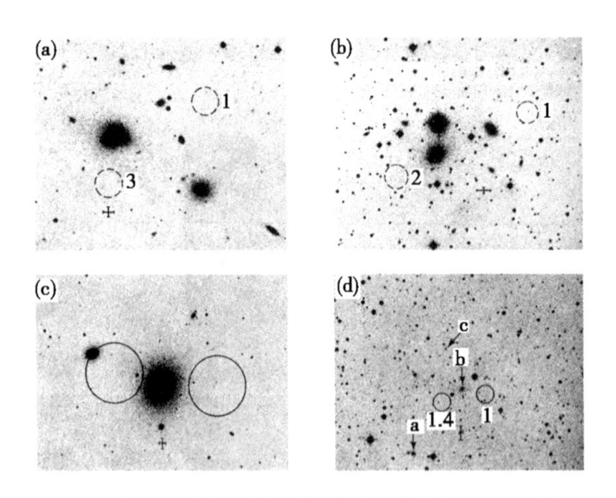

图 4-23 有双子源发射的射电源的一些例子，(a)是 3C40，(b)是 3C66，(c)是 3C270，(d)是武仙座 A，这是一些负片，星系在明亮天空背景上呈暗黑色，圆圈表示的是射电子源的位置

当然，这都是一些特别的星系，也许在 1000 个星系中只有一个是天文学家称之为射电星系的天体。爆发的证据在图 4-24 中看得很清楚，图中从星系 M87 的中心向外有一个很明显的喷流。这个喷流所发出的光线来自高速运动的电子，电子围绕着磁场方向沿着图 4-10 那种形式的螺旋线运动。因此，M87 喷流所发出的可见光是同步加速辐射，而不是普通星光。星系 M87 也通过同样的同步加速辐射发出射电波。有趣而又奇妙的是距 M87 最近的一个射电星系是星系 M84（如图 4-24 所示），而连接 M87 和 M84 的方向几乎同喷流的

方向相同。这仅仅是一种意外的巧合，或者还是意味着 M84 和 M87 之间的某种联系呢？按照一般的想法，方向上的这种一致性只能归因于巧合，因为在大多数天文学家看来，认为 M84 是从 M87 抛射出来，或者认为这两个星系都是从介乎中间的某个不可见天体抛射出来的推论实在是不可思议，因而是不值得去认真对待的。

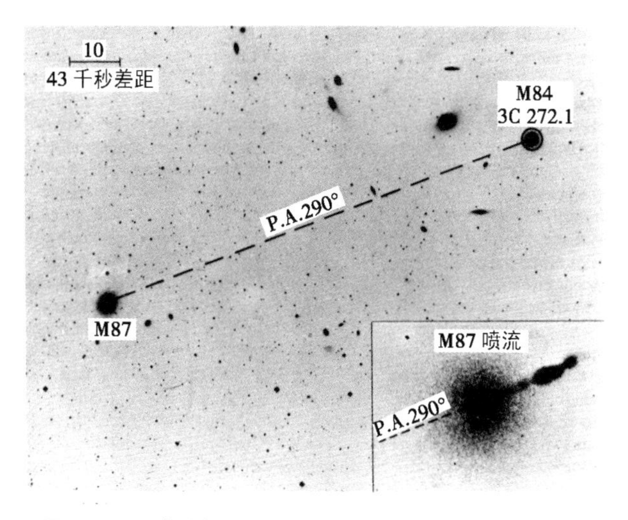

图 4-24 M87 的喷流几乎正对着星系 M84，后者也是一个射电源。请注意，1 千秒差距 =3260 光年，P.A. 表示方位角

图 4-25 中所表示的是又一个奇妙的例子。这是星系 NGC7603，它有一个伴星系，后者显然同主星系联系在一起，这里既有一个清晰可见的连接臂，又有一个较为暗淡的拱形连接结构。多普勒位移技术（下一节中要做详细介绍）表明，主星系以大约 8000 $km \cdot s^{-1}$ 的速度远离我们而去，而伴星系的退行速度却约为 16000 $km \cdot s^{-1}$。除非这种表观是一种极为罕见的现象，不然的话，对这种结果最不费劲的解释便是伴星系是从主星系抛射出来的，抛射速度至少为 8000 $km \cdot s^{-1}$。然

而，星系可以通过这一方式吐出另一个星系的概念可算是一种异端邪说，因而没有为大多数天文学家所接受。

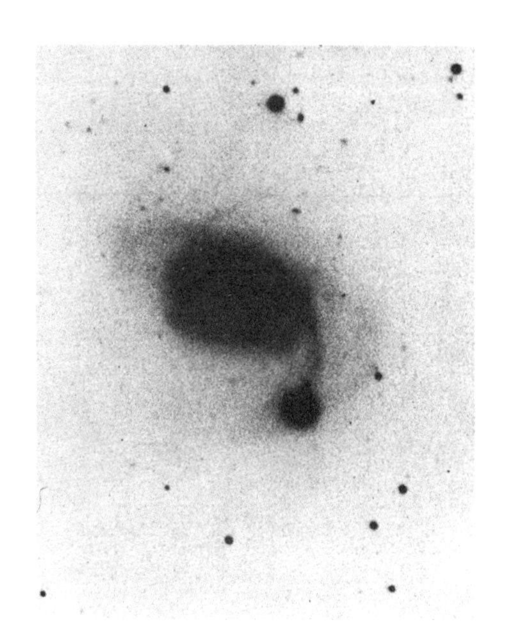

图 4-25　令人不可思议的 NGC7603。较小的星系看来同主星系联系在一起，其间不仅有一个清晰可见的连接臂，还有一个比较暗淡的拱形连接结构。但是，较小星系的多普勒位移（16000 $km \cdot s^{-1}$）却是主星系（8000 $km \cdot s^{-1}$）的两倍

§4-6　类星体

1963 年，施密特通过观测射电源 3C273 光谱中的氢巴耳末谱线发现了类星体，图 2-25 中已给出了这个天体的光谱。射电天文学曾发挥过决定性作用的那段有趣的历史，在时间上早于施密特的发现。到 1959 年，布朗已注意到有一类奇特的射电源，后来发现它们便是类星体。位于切希尔（Cheshire）焦德尔班克地方所确定的另外一批

射电源在天空中的大小范围都是可以测定出来的，但这类异常射电源的范围非常小，用当时的仪器无法对它们做准确的测量。在20世纪60年代早期，技术上的另一个严重限制是一般情况下不可能以足够好的精度来确定射电源在天空中的位置，因而无法与可见天体相证认。当时，射电天文学家所能做到的，只是在所谓误差框的范围内来定出射电源的位置。遗憾的是，通常情况下误差框的范围很大，其中包含了许多个可见天体。

尽管如此，在做出决定性发现前的大约两年时间，桑德奇发现了一个有着特殊光谱的恒星状天体，它与焦德尔班克表中的一个源在误差框范围内位置一致，即图4-26的图(a)所示的射电源3C48。但是，它的光谱很难加以解释，其特性令研究它的天文学家无法理解。不过，博尔顿曾对笔者之一谈到过他的一种看法，要是能对这一看法继续研究下去的话，那就会很快得出正确的解释来。

3C48所表现的不仅有光谱学上的困难，而且还有心理学上的困难。焦德尔班克表中的那些高度致密源在天空上的分布好像是不均匀的，所以又一次要在两种观点之间做出抉择：一种认为这些源是十分遥远的，远在我们自己银河系之外；另一种则认为它们是一些离开太阳系不远的本地天体。还有，每个源都是天空中一个很小的斑点，因而对于大多数天文学家来说，认为表中所列的是一些本地射电星的看法就好像是很自然的了。在射电天文学的早期日子中，人们真心诚意地相信这是一些射电星。然而，用本地恒星，哪怕是用特殊恒星来解释3C48光谱的企图都是注定要失败的。

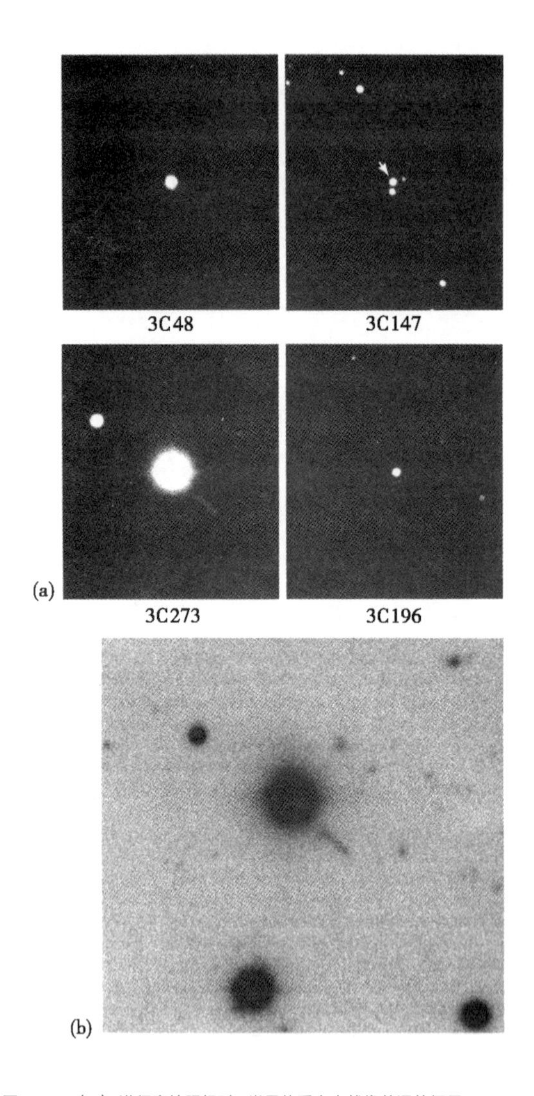

图 4-26 (a): 进行直接照相时，类星体看上去就像普通的恒星；
(b): 长时间露光后可看出 3C273 的喷流。根据通常对类星体红移的解释，这个喷流的延伸范围离开系统中心大约有 300000 光年

1962 年笔者之一与福勒共同提出了射电源是一些具有极大质量的致密天体，可达典型恒星质量的 100 万倍以上。最初我们曾以为核能就是射电爆发的能源，但是在 1962 年底前，我们终于认识到引力是一种更有希望的能源（这一观念将在第 11 章中与黑洞结合起来加以讨论）。尽管这些本质上正确的意见意味着焦德尔班克表中的致密源根本不是本地射电星，而是在我们星系之外的一些遥远的射电源，但是这项工作还不足以突破心理学上的障碍，突破是通过另一条途径实现的。

月球绕着地球做轨道运动，每一个太阳月（27.3 天）内在天空中运行一整周。月球绕地球的轨道在逐月之间稍有变化，这种变化使得月球在天空中的轨迹也发生相应的变化。月球时而出现在某颗恒星的前面，使星光发生食，也就是掩的现象。由于月球轨道的逐月变化，位于天空中某个带区内的恒星会偶然性地出现被掩的现象。对于焦德尔班克专用表中的射电源来说，如果有一些恰好位于天空中这条合适的带区之内，那么情况应当也是一样。哈扎德注意到专用表中有 1~2 个源，实际上的确处于月球掩带之内。他还注意到，只要对掩的现象做详细的研究，特别是关于掩的开始及掩的持续时间，同时再利用从误差框所能取得的信息，那么就有可能得到源的高精度天空位置，精度达到数秒而不是数分。能做到这一点是由于事实上任何时刻月球的准确位置都是知道的。射电源 3C273 具备了所要求的这些条件。

虽然这种技术首次成功地在焦德尔班克得到验证，但当 1962 年月掩 3C273 时刻到来之际，哈扎德却碰巧在澳大利亚工作。他能够在博尔顿的指导之下，同希明斯（A. Shimmins）合作继续对 3C273 进行研究，所用的仪器是联邦科学工业研究组织在新南威尔士帕克斯的 210 英尺射电望远镜。这项研究是成功的，3C273 的位置测定得很精确。博尔顿把这一位置写信告诉了加州理工学院的施密特。图 4–26 的图（b）所表示的是施密特在哈扎德–希明斯位置上所发现的天体，这是一个亮度足够强、因而很容易得到光学光谱的天体。研究结果发现，光谱中包含有氢的巴耳末线，这样一来天体的性质就明确无疑了（下面要讨论的红移的性质在那个时候已经十分清楚）。有了通过上述过程从 3C273 所取得的信息，我们就可以回到 3C48 上来，并且对这个源的光谱做出正确的解释。在后来的几个月中，施密特同格林斯坦（J.L.Greenstein）一起，对类星体的光谱做了广泛的讨论，目的是验证一个模型，为以后所有的研究工作之用。这样，不仅发现了类星体，而且也知道了它们的性质，即知道它们是一些质量很大而又高度压缩了的天体。不久，萨尔彼特（E.E.Salpeter）又进而补充了一个正确的概念，即射电源的爆发同新物质向内跌落到这类致密天体中的过程有关。沿着第 11 章的思路前进所必需的基本步骤已经具备。

类星体的可见光展现出由各种频率组成的连续谱，人们认为这是由同步加速过程产生的，如 M87 喷流中的情况一样。此外也还存在着一些由原子造成的线辐射，氢、氦、碳、氮、氧、氖、镁、硅、硫和铁等元素在类星体中都已探测到了。通常情况下这些线辐射是一些发射线，但决不意味着永远是这种情况。图 4–27 表示的是典型的辐射分布（光谱）。这些光谱是普通弥漫气体所具有的特征，也就是指密度约为每立方厘米 10^6 个原子的气体。这些光谱与众不同，很容易同其他各类天体的光谱区分开来。通常认为尽管连续光产生于类星体的致密中央区域，但线辐射则来自范围更大得多的气体云，其尺度大小为 10～100 光年。

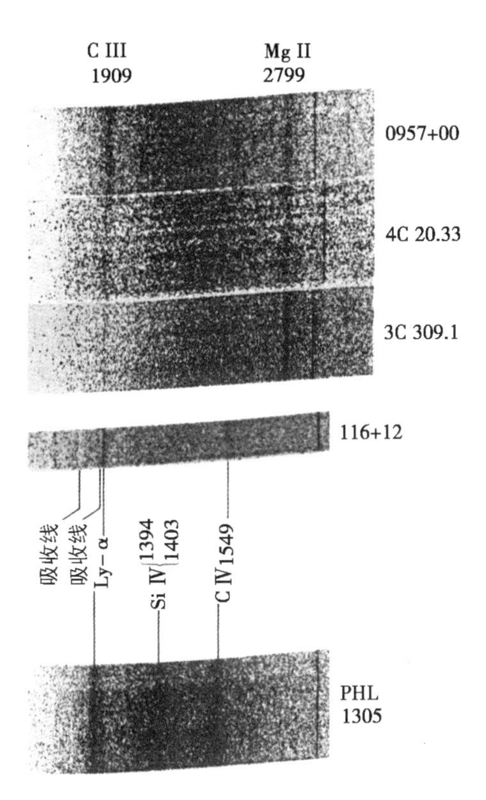

图 4-27　一些类星体（类星射电源）的负片光谱。这种光谱是普通弥漫气体所具有的特征，它们呈现有普通原子的发射线——氢、碳、镁、硅

用普通方法以天空为背景进行直接照相时，类星体看上去像是一些暗而略带蓝色的恒星，从图 4-26 所给出的几个例子可以看到这一点。如果对图 4-26 做一番仔细研究，那么人们也许会对怎样发现类星体感到不可思议，因为所有的普通恒星也都散布在整个天空范围内。

发现类星体的第一种方法是利用射电观测。今天，射电天文学已经能够以很高的精度来确定天空中探测到有射电发射的那些位置。这些小块的发射区称为射电源，有时候发射区的延展范围较大，特别对于我们银河系中由快速运动电子所产生的射电辐射来说尤其如此。天空中还有一些发射区的范围极小，特别是类星体。要是知道了它们的精确位置，那么对天空中相应部位的光学照片进行搜索是一项比较简单的工作。一旦发现某个光学天体同一个射电源位置相重合，就假设这个光学天体与该射电发射源有关。为了确定这一假设是否成立，就要对从天体来的光进行分析以知道它的频率分布情况。一旦得到了光谱，天体是否为类星体马上就清楚了。如果光谱具有类星体光谱的特征，那么就认为天体与射电发射有关的初始假设已得到证实。这时，我们说射电源得到了证认。

发现类星体的第二种方法很简单，就是在天空的某一限定区域内对蓝色的恒星状暗天体进行搜索，然后再取得它们的光谱。属于类星体的那些天体很容易通过它们的光谱来加以证认。这第二种方法的缺陷是，即使花上相当长的时间，用这种方法所能搜索的天空范围还是十分有限的。但另一方面它也有优点，即不管它们是否是射电发射源，用第二种方法总可以把类星体找出来。令人惊讶的是，大部分类星体并不是射电发射源。尽管类星体最早是用射电方法发现的，但现已证明射电发射这种特性并不多见，这就如同强射电发射对星系来说是一种珍品一样。1000 个星系中大约只有 1 个是射电星系。

我们现在可以知道，在这一意义上用类星射电源这个名称是一种误称。类星射电源是类恒星状射电源的简称。在人们以为所有这类天体都是射电源的那个时候，这一名称开始得到广泛的应用。因此，如果把类星射电源这个名称用在不是射电源的那些天体上是完全没有意义的。正因为如此，许多天文学家认为比较好的是采用类恒星状天体这个更带有普遍性的名称。无论天体是否恰好是一个射电发射源，这个名称都是适用的。通常这个更为合乎逻辑的名字又简称为类星体。

类星体的光谱是有红移的

我们是怎样知道类星体要比星系亮得多呢？回答这一问题的第一步，是应该对所谓的红移现象有所了解。对于遥远的星系或类星体所发出的光来说，其中线辐射的频率是完全确定的，它们可以测定出来。例如，也许会有氢的巴耳末线，或者是一次电离钙的 H 线和 K 线。就一条光谱来说，无论它来自地球外的辐射源，还是来自地球上的实验室中，所测得的各条谱线频率之间的比值总是相同的。但是，我们发现对于遥远的星系或类星体的光谱来说，谱线的绝对频率总是要比实验室中所测得的相应谱线的频率来得低。作为类比，假定我们把线辐射设想对应于一架钢琴上的琴键，尽管构成遥远的星系或类星体的“钢琴”有着完美的相对音调，但是这样一架钢琴的绝对音调要比我们这里地球上同类的钢琴的音调来得低。天文学家用 z 这个量来表示这种音调的降低情况，即

$$1+z=\frac{\text{地球上的音调}}{\text{遥远天体中的音调}}。$$

如果我们用 v_{1ab} 表示实验室中测得的某一条线辐射的频率，用 v_{obj} 表示从遥远天体光线中所观测到的同一谱线的频率，那么就有 $1+z=v_{1ab}/v_{obj}$。

既然我们知道了 z 的含义，也知道了如何才能把 z 测定出来，那么我们就可以回到有关确定类星体和星系相对宽度的问题上来了。对于星系来说，我们发现所测得的 z 值随距离 d 而有规律地增大，这里的距离用第 9 章中所要讨论的方法来加以确定。如果画一幅图，如图 4-28，其中用对数标度表示 z 和 d 两个量之间的关系，那么就会看出这种有规律变化的特性。从 z 和 d 的测定值可以看出一个明显的结果：结构上相类似的星系（比如，同类星系团中最明亮的星系）往往落在图 4-28 中的那条直线上。

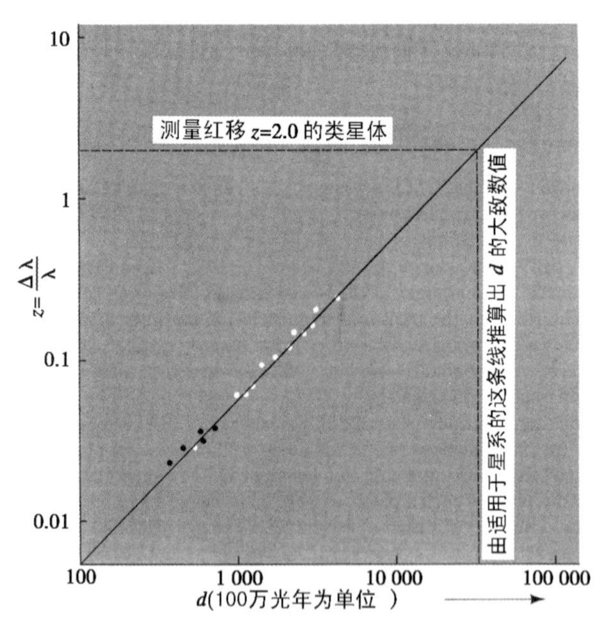

图 4-28　这幅图示意性地说明了对于那些结构上相类似的星系，由观测发现的红移 z 和距离 d 之间的关系。对于类星体来说，测得它们的 z 值，再把这一关系进行外推，就可以用来推算出它们的距离值

现在回到类星体上来，假设在 z 和 d 两个量之间存在着同星系一样的关系。但是，现已知道大部分类星体的 z 值要比星系所测得的 z

值大得多，因而就无法同星系做直接的比较。为了解决这一困难，把图 4-28 中的直线延长，使它扩展到足够大的 z 值部位，于是就可以利用这条线来读出类星体的距离，图 4-28 中示意性地表明了这一点。有了通过这种方法所确定的类星体的 d 值，就可以把它们的内禀光度同星系的光度进行比较。正如我们已经提到的那样，就是通过这种方法使我们发现了大部分类星体比最明亮的星系还要明亮。有些类星体的光度非常之高，有些事实上比最明亮的星系至少要亮 100 倍。

现已知道，对于星系来说，无论是普通星系还是射电星系，它们所测得的 z 值很少大于 0.3。另一方面，对类星体所观测到的 z 值则高达 3.5 左右[1]，如图 4-29 所示。我们自然会想到，对于小的 z 值能适用的 z 和 d 之间的直线关系，是否可加以扩展，用于大到 3.5 的那些 z 值。当 z 值很大时，z 和 d 的关系是否会变为曲线呢？这是一个重要的问题，我们将要在第 12 章至第 14 章中进行讨论；不过这一问题的回答对我们这里所讨论的内容是不会有很大的影响的。

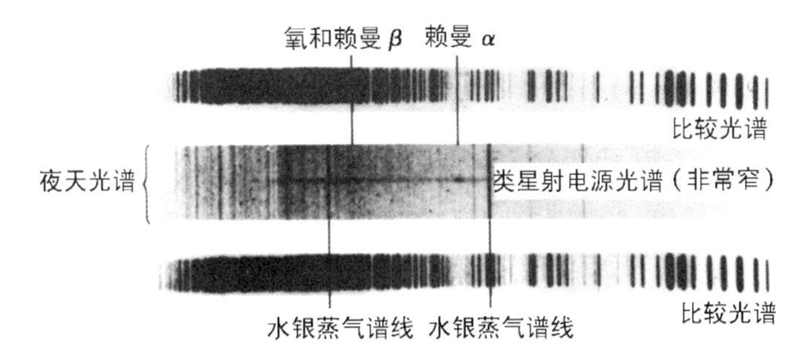

图 4-29 一个红移很大的类星体（OH471）的光谱，$z=3.40$

1. 现已发现 z 值大于 6 的类星体。—— 译者注

这里更恰当的是要问，为什么类星体会比星系明亮得多？先来看普通星系，并假设同步加速过程所产生的辐射会在致密的中央核内造成很强的发射。事实上，如果假定核变得非常明亮，因而从很远的地方看来，星系核压倒了星系中的普通星光，那么这时所能识别的就只是中心部分一个明亮的光点。许多天文学家相信，这就是类星体。简而言之，类星体也就是核区在短时间内变得极其明亮的一种星系。至于造成核区变亮以及射电源强烈爆发的过程，我们将在第11章中对它的物理性质做一般性的讨论。

第 5 章
毫米波天文学

§5-1　分子

在前面一章中，我们知道了氢原子会发出射电波，这种射电波有足够的强度，因此很容易用射电望远镜来加以探测。发射的频率为 1.42×10^9 Hz，位于射电技术所应用的波段中央。相应的波长 λ 接近 21cm，由公式 $\lambda=c/\nu$ 所确定。

我们利用在这一频率上所做的观测，估计出在银河系中的星际空间中会有多少氢气体以原子的形式出现。利用现代的大型射电望远镜，我们也可以对其他一些近距星系做类似的测量，其结果是氢原子大约占星系总质量的 1%～10%。我们发现对于较小的星系，也就是总质量比较小的星系，原子氢所占的比例往往比较大，尽管并不是所有的小质量星系都包含有大量的气体。在图 4-5 中已经看到对我们自己的星系进行 21cm 射电观测所得到的结果。图 5-1 表示的则是在荷兰对星系 M51（NGC5194）所取得的结果。请注意，射电图上有两个亮斑没有出现在光学图上。

过去总是认为，大部分星际氢以单个原子形态存在于世，所以可

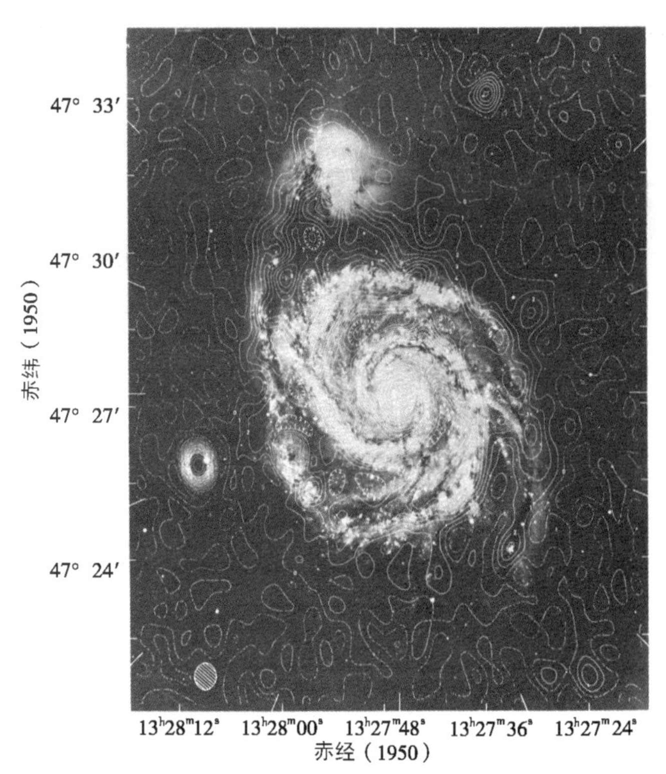

图 5-1 这里，射电强度用等强度线图来表示，上面叠加了 M51 的光学图像。左下方给出了无线电设备的射束大小。这个星系的直径为 100000 光年

以通过 21cm 射电观测来加以探测。氢分子 H_2 并不发射出这种特定的辐射，因此它们就无法通过这种射电技术来加以探测，而单原子氢是可以探测到的。现在，从其他一些（非射电）观测资料知道，以分子形式存在的星际氢的数量，也许就同原子形式的星际氢一样多。分子氢存在于稠密的云块中，每立方厘米内的粒子数也许高达 100 万；而原子氢的分布要均匀得多，它们的密度很低，每立方厘米只有 1~2 个原子，很可能 H_2 存在的数量甚至会比 H 更多。所以，在我们星系

中所存在的星际气体的数量，完全有可能比迄今所猜想的要大得多。如果确实如此，那么大部分气体就应当出现在稠密的气体云中，对于这种云块我们在第 3 章中讨论恒星形成问题时已经做了研究。

元素在化学性质上具有周期性

在继续进行有关宇宙空间中分子问题的讨论之前，我们先要对在相当低的温度条件下原子自行形成分子的原因做一番考察。在第 2 章中，我们知道了原子中电子的行为是十分有规律的，这种规律性支配着各种不同原子的化学性质。

19 世纪后半叶初期，一位英国化学家纽兰兹（J.Newlands）曾经指出，要是把元素按图 5-2 的次序排列起来，那么每相隔 8 个元素便表现出有类似的一些性质。俄国人门捷列夫（D.I.Mendeleev，1834—1907）对这一思想做了发展，他把元素排成如图 5-2 所示那样的一个表，这个表的一个明显特征是每一列上的元素有着一些类似的化学性质。

图 5-2 所列出的全部元素中，有一些在门捷列夫时代是不知道的。因此，当时在他的表上存在着一些空区。读者从第 1 章一开始给出的各种元素的发现日期就会注意到，尽管 20 世纪内所发现的大部分元素都比铅来得重，但也有 5 种比铅轻的元素是在这个世纪中发现的。它们是原子序数为 43 的锝，发现于 1937 年；原子序数为 61 的钜，发现于 1947 年；原子序数为 71 的镥，发现于 1907 年；原子序数为 72 的铪，发现于 1923 年；以及原子序数为 75 的铼，发现于 1925

1 H																	2 He
3 Li	4 Be											5 B	6 C	7 N	8 O	9 F	10 Ne
11 Na	12 Mg											13 Al	14 Si	15 P	16 S	17 Cl	18 Ar
19 K	20 Ca	21 Sc	22 Ti	23 V	24 Cr	25 Mn	26 Fe	27 Co	28 Ni	29 Cu	30 Zn	31 Ga	32 Ge	33 As	34 Se	35 Br	36 Kr
37 Rb	38 Sr	39 Y	40 Zr	41 Nb	42 Mo	43 Tc	44 Ru	45 Rn	46 Pd	47 Ag	48 Cd	49 In	50 Sn	51 Sb	52 Te	53 I	54 Xe
55 Cs	56 Ba	57* La	72 Hf	73 Ta	74 W	75 Re	76 Os	77 Ir	78 Pt	79 Au	80 Hg	81 Tl	82 Pb	83 Bi	84 Po	85 At	86 Rn
87 Er	88 Ra	89+ Ac	104	105	106												

* 镧系元素	58 Ce	59 Pr	60 Nd	61 Pm	62 Sm	63 Eu	64 Gd	65 Tb	66 Dy	67 Ho	68 Er	69 Tm	70 Yb	71 Lu
+ 锕系元素	90 Th	91 Pa	92 U	93 Np	94 Pu	95 Am	96 Cm	97 Bk	98 Cf	99 Es	100 Fm	101 Md	102 No	103 Lr

图 5-2　元素周期表，这是门捷列夫在 19 世纪所采用的分类体系

年。门捷列夫已经注意到了表中空隙的位置，因而他能够预言，有什么样的一些元素最终是会被发现的。今天，周期表已经填满了。未来所能发现的新元素只会朝图 5-2 更重原子的一端扩展。

化学性质同原子内壳层中电子的排列方式有关

图 5-2 中，元素的原子序数是按原子核中质子数增加的次序来进行排队的。但是，对于不带电的中性原子来说，我们还可以按每一类原子所具有的电子数目来对元素进行排队。如果我们这样做的话，所得到的排列结构是完全一样的。因此，我们可以把门捷列夫周期表看作按电子数目对原子所做的一种分类系统。

从周期表的顶端开始，计算每一行中元素的数目，我们就得到 2，8，8，18，18，32（即 18 加上 14 种稀土元素），剩下最后一行是不完整的。最后边一列中的元素为氦（序数 2）、氖（序数 10=2+8）、氩（序数 18=2+8+8）、氪（序数 36=2+8+8+18）、氙（序数 54=2+8+8+18+18）、氡（序数 86=2+8+8+18+18+32）。除了一些非常特殊的环境条件，这 6 种元素的化学性质都是不活泼的。只要温度不是太低，它们总是以单个原子构成的气体形式出现，因而被称为惰性气体。这种化学上的惰性可以用前面提到的电子数来加以解释，因为这些电子数代表的闭合壳层几乎不能同其他原子发生相互作用。氦有 2 个电子，它的第一个壳层是闭合壳层。氖有两个闭合壳层，第一个壳层有 2 个电子，第二个壳层有 8 个电子。类似地，氡有 6 个闭合壳层，电子数分别为 2，8，8，18，18，32。其他原子以同样规则的次序构成闭合壳层，但是因为它们所具有的电子数与惰性气体的电子数（即 2，10，18，36，54 或 86）不同，在填满了所有可能的闭合壳层后必然还会余下一些电子。因此，有 11 个电子的钠（Na）在填满了由 2 个和 8 个电子组成的两个壳层后还多余 1 个电子。同样，钾（K）有 19 个电子，它可以在填满电子数分别为 2，8，8 的三个壳层后余下 1 个电子。如果为了简单起见，把图 5–2 底部各由 14 种元素构成的两个支系撇开不谈，那么很容易看出，对于这幅图上每一列中的全部元素来说，在填满了所有可能的封闭壳层后余下的电子数是相同的。就这一点来说，不管是什么元素，它们的壳层总是一定以同样规则的次序（2，8，8，18，18，32）出现。正是元素电子结构的这种性质，决定了哪一些元素会有着类似的化学特性。

虽然钠原子的全部电子无论如何也不可能自行排列为一些闭合壳层，但对于一个钠原子来说，它可以利用那个多余的电子通过与另一个合适的原子的相互作用来构成一个混合闭合壳层。氯原子（Cl）为构成完整的一组闭合壳层还缺少一个电子。因此，如果钠原子把它剩余电子出借给一个氯原子，那就会形成一个混合闭合壳层。用第 2 章中的术语来说，这时钠原子剩余电子的运动轨线会以很大的概率保持同氯原子紧靠在一起，结果这两个原子便形成了一个复合粒子，记作 NaCl。这种复合粒子称为分子，NaCl 就是氯化钠分子，即普通的食盐。

在这种电子共有的过程中有可能涉及 2 个以上的原子。例如，在氨分子中，3 个氢原子的 3 个电子同一个氮原子的 5 个多余电子相结合，形成由 8 个电子组成的混合壳层，这一例子中的分子记为 NH_3。

尽管我们可以把有 1~2 个备用电子的原子，如 Na，Mg，K，Ca 等，看作施主原子，而把像 O 或 Cl 这一类只需要有 1~2 个电子来填满壳层的原子看作受主原子，但这种概念的界限并不是截然分明的。碳有 4 个多余电子，但为了完成一个 8 电子壳层同样需要 4 个电子。因此，碳可以是施主原子，比如四氯化碳（CCl_4）分子中的碳；又可以是受主原子，比如在甲烷（CH_4）分子中的碳。碳这种两个方向都起作用的能力正是它能够以种种不同的形式与其他原子相结合的原因；也正因为如此，碳才会成为生物物质中所出现的各种复杂化学过程的基础。

混合闭合壳层并不像惰性气体的闭合壳层那样互不交往。就现在在混合意义上完全闭合的两个分子来说，它们很有可能会结合成一个复合分子。例如，CO_2 和 CaO 就混合意义上来说都是完全闭合的，但是它们可以结合起来形成碳酸钙分子 $CaCO_3$。同样，水（H_2O）和三氧化硫（SO_3）相结合形成 H_2SO_4。可是，这种结合通常不是牢固的，无须很大的麻烦就可以使它们分解，往往通过简单的加热方法便可以做到这一点。因此，碳酸钙在石灰窑中分解为 CaO 和 CO_2。工业化学中的许多内容就是同这类闭合分子的结合和分解有关。

分子形成时也有可能不仅产生出一个或几个混合壳层，而且还会剩下一些多余的电子。在 CO 这个简单分子中，碳原子的 4 个电子和氧原子的 6 个电子结合在一起形成一个 8 电子的混合壳层。此外还有两个多余电子，这些多余电子能够和第二个氧原子相结合而形成二氧化碳分子（CO_2）中的第二个混合壳层。因此，CO 总是会有攫取 O 的趋向，这种性质在我们吸入过多的 CO 气体时就会产生一种令人窒息的效果。几乎每一种带有剩余电子的分子都会有类似的毒性，有的毒性非常厉害。

通常，在任何一种分子和原子的混合物中，所有可能形成的混合壳层都已经形成了，多余电子只是在无论如何也没有办法使它们再形成闭合壳层时才会出现。但是，在少数场合中，可以配制一份固体或液体，使其中一些可能形成的混合壳层还没有得以形成。对于化学炸药来说就会出现这种情况，炸药的爆炸是由混合壳层形成过程的突然出现而造成的。壳层的形成一旦开始就会迅速而又自发地一下子进行到底，同时伴有剧烈的能量释放，而爆炸本身也正是由这种能量释放过程构成的。任何突如其来的能量释放过程，不管它是不是由化学反应产生，都会产生爆炸现象。要是有一块化学性质不活泼的石块以很高的速率从空中掉下来（这就是指一颗陨星），那么当它撞击地面时就会引起一种爆炸。

即使在没有形成一个混合壳层的情况下，也有可能会形成分子。例如，一个氢原子会把它的电子出借给一个氧原子，从而形成分子 OH。或者，一个氢原子会把它的电子出借给一个碳原子，结果形成分子 CH。这些非常简单的分子是极其活泼的，其活泼程度让我们几乎根本无法在实验室中对它们进行研究，因为它们会立刻同其他一些原子或分子相结合而构成一个闭合壳层。我们给这些特别活泼的分子起了特殊的名字，叫自由基。

§5-2 星际空间中的分子

分子是通过它们的自转探测到的

分子因它们自转能态上出现的跃迁而发出谱线，这些谱线的频率是完全确定的。在第 2 章中我们已经知道，原子的能态可以用 ψ_1，ψ_2… 来表示。同样，我们也可按能量大小的排列次序，用 φ_1，φ_2… 来表示分子可能有的自转能态。这样一来，向左的跃迁相当于辐射的发射，而向右的跃迁则相应于辐射的吸收。分子的能级图就同我们在第 2 章中研究过的原子能级图一样（例如，关于氢的图 2-17），其中能态 φ_1 在最底下，φ_2 是它上一个能级，φ_3 是再上一个能级，如此等等。分子自转能态同原子间的一个重要差别是同能级图上跃迁有关的频率。对于原子来说，频率通常约为每秒 10^{15} 次振荡，而对于分子自转能态间的跃迁来说，频率通常约为每秒 10^{11} 次振荡。为了探测原子的发射，必须采用适合于可见光的技术；对于分子发射的探测来说，则一定要用射电天线和无线电接收机技术。我们可以对接收机进行调谐，使它的接收频率精确地与特定分子的特定跃迁频率相对应，这样就可以用来探测宇宙气体云中这类分子的存在。

因此，建造探测分子的仪器设备乃是射电天文方法、特别是用于 21cm 原子氢谱线的那些方法的自然延伸。但是，奇怪的是除了美国国立射电天文台及位于澳大利亚新南威尔士帕克斯地方联邦科学工业研究组织的设备外，其他业已建立的射电天文研究中心都没有较快地步入这个领域，要知道这可完全是仍然处于黄金时代的一个领域。位于霍姆德尔的贝尔电话实验室（在彭齐阿斯领导下）在这个新的研究领域中又一次走在最前列。

表 5-1 列出了本书书写之际业已探测到的 40 多种分子。1940 年，利特尔顿（R. A. Lyttleton）和笔者之一一起首次对星际空间中分子的存在做出预言。嗣后不久，麦凯勒（A. McKellar）探测到了 CH 和

CN，他用的是光学技术而不是射电方法。从那时以后很少有人做工作，直到1963年才由温劳勃（S.Weinrab）、巴雷特（A.H.Barrett）、米克斯（M.L.Meeks）和亨利（J.C.Henry）发现了OH分子。这项发现很快引起了一系列的活动，这时所用的仍然是射电天文中的普通频带（1.662×10^9Hz）。5年后，也就是在1968年，加利福尼亚伯克莱地方的邱（A.C.Cheung）、劳克（D.M.Rauk）、汤斯（C.H.Towners）、汤普森（D.C.Thompson）和韦尔奇（W.J.Welch）等人分别在1.26cm和1.35cm波长处发现了NH_3和H_2O。后面的两项发现是对这些分子做细心探索的结果，而探索工作则是因汤斯在多年前（1935年）所做的预言而进行的。

表5-1　　在稠密的分子云中所观测到的分子

	无机分子		有机分子	
双原子分子	H_2	氢	CH	次甲基
	OH	羟基	CH^+	次甲基离子
	SiO	一氧化硅	CN	氰
	SiS	硫化硅	CO	一氧化碳
	NS	硫化氮	CS	一硫化碳
	SO	一氧化硫		
三原子分子	H_2O	水	CCH	乙炔基
	N_2H^+		HCN	氰化氢
	H_2S	硫化氢	HNC	异氰化氢
	SO_2	二氧化硫	HCO^+	甲酸基离子
			HCO	甲酸
			OCS	硫化羰
			HNO	硝酰（基）
四原子分子	NH_3	氨	H_2CO	甲醛
			HNCO	异氰酸

续表

无机分子		有机分子
	H_2CS	硫甲醛
	C_3N	氰炔基
五原子分子	H_2CHN	甲亚胺基
	H_2NCN	氨基氰
	HCOOH	甲酸
	HC_3N	丙炔腈
	H_2C_2O	乙烯酮
六原子分子	CH_3OH	甲醇
	CH_3CN	氰烷基
	$HCONH_2$	甲酰胺
七原子分子	CH_3NH_2	甲胺
	CH_3C_2H	丙炔
	$HCOCH_3$	乙醛
	H_2CCHCN	丙烯腈
	HC_5N	联丙炔腈
八原子分子	$HCOOCH_3$	甲酸甲酯
九原子分子	$(CH_3)_2O$	二甲醚
	C_2H_5OH	乙醇
	HC_7N	氰基三乙炔
	C_2H_5CN	乙基氰丙腈
十一原子分子	HC_9N	氰基八四炔

也是在1968年，海勒斯（C.Heiles）得到了一项重要的观测结果，那就是对某些确定位置的天区来说，它们尽管会发射出很强的18cm OH谱线，但却没有21cm的原子氢谱线发射。这一点强烈地暗示了[所罗门（P.M.Solomon）和威克拉马辛（N.C.Wickramasinghe）强调了这一点]在这些现在称之为分子云的天区内，原子氢已经转变成了分子氢H_2。嗣后，又进一步获得了两项重要的发现，它们使分子天文

学的整个研究课题展现在我们面前，从而进入目前的迅速发展阶段。

到这个时候（1968年），人们一直认为从本质上说星际分子应当限于只包含有2个或3个原子的一类分子。1969年帕尔默（P.Palmer）、朱克曼（B.ZuCKerman）、布尔（D.Buhl）及辛德(L.E.Synder)发现了甲醛（H_2CO），从而第一次对这种观点产生了质疑。1970年威尔逊、杰佛茨（K.B.Jefferts）及彭齐阿斯发现了波长为2.6mm的一氧化碳（CO）强辐射，从而为细致而周密地研究星际气体提供了极其重要的手段。这是20世纪40年代早期奥尔特具有先见之明的成就。在探测到CO的强辐射之后，更多的发现随之接踵而来。这里我们要提一下的只是特纳（B.Turner）在1971年探测到了HC_3N，以及辛德和布尔在1971年探测到HCN。自1971年以来，分子天文学已经理所当然地作为天文学的一个重要分支而展现在我们的面前，目前这方面的工作主要是在毫米波范围内进行的。

§5-3 巨分子云

毫米波天文学测定出星际气体的详细结构

图3-15是有关巨分子云（GMC）的示意图，其中反映了若干层次阶梯式的凝聚块，而图3-14中的猎户星云是巨分子云的一个实际例子。云块可以通过表5-1中许多分子在自转跃迁中所发生的辐射来加以观测，每一种分子给出有关它自身在云内分布情况的信息。由于不同的分子有着不同的分布，因而每一种分子便各自给出其自身的图像。但是，这些各不相同的图像之间是有关系的，它们构成了图像

族，其中较为普通的是那些分子表现出有着最大范围的结构形式。在所有分子中，一氧化碳（CO）图像的尺度范围最大。事实上，猎户星云 CO 图像所延伸的范围要比图 3-15 照片的范围大好多，从图 5-3 我们可以看到这一点。一氧化碳是由两个普通原子构成的一种特别稳定的分子。就我们星系中气体的总体分布来说，波长 2.6mmCO 跃迁所展示的情况，要比 21cm 原子氢谱线有效得多。

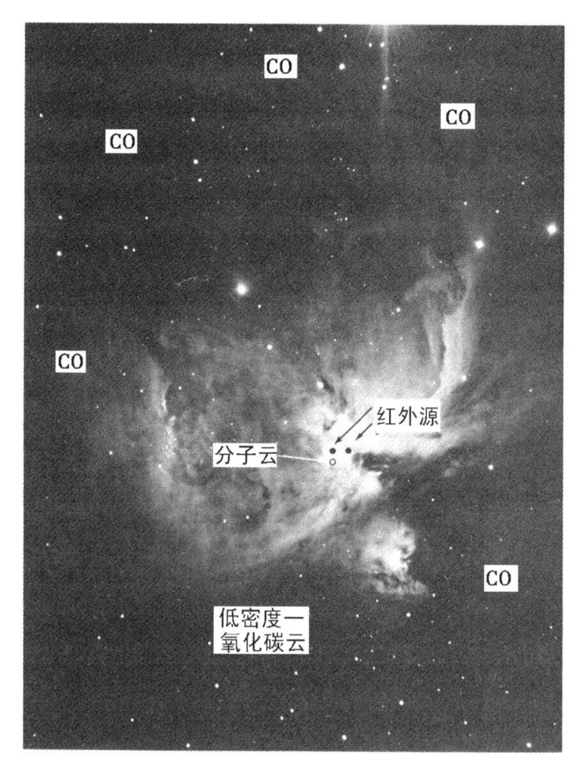

图 5-3 猎户星云。这是一块气体云，恒星现在正从这块云中生成

图 5-3 中注明“分子云”的那块小区域是气体密集程度特别高的一个区域，在那里普通的分子并不多见。图 5-3 中注明“CO”的

弥漫包层物质的密度只是每立方厘米几百个氢原子，但小分子云区域内每立方厘米则大约为 500000 个 H_2 分子。就典型的情况来说，这种小而高密区域的直径约为 1 光年，而整个复合结构的直径大约是它的 100 倍，即 100 光年左右。正如我们已经在图 3-15 中所说明的那样，大分子云的高密度致密区域内正在生成着新的恒星。

遗憾的是，利用直接的光学方法（也就是说用光学望远镜）来辨认新的恒星是行不通的，其原因将在第 6 章中做比较详细的说明（气体内包含着无数个大小同可见光波长相近的微小固体粒子，这些微粒形成了一片密度特别高的雾气，它遍布于这类区域的各个地方，结果就无法对它们的内部活动进行光学分析）。

最近，经过充分的研究表明，在我们的星系内大约有 4000 个巨分子云，典型质量约为太阳质量的 5×10^5 倍，由此可知，分子气体的质量总和大约为 $2 \times 10^9 \odot$，其中大部分是 H_2。这份质量大约是整个星系质量的百分之一，其余的质量绝大部分以恒星的形式出现。

巨分子云内部时而有恒星在形成

目前，巨分子云内的恒星形成进行得比较慢。然而，在星系的早期历史中，恒星的形成必然进行得比现在快得多。这种情况有点令人不可思议，因而近来在天文学家中间出现了许多的讨论和争论，人们已经提出了若干种解释。也许，今天云块的质量要比以前的云块来得小，因此，通过引力作用把自身吸引在一起的能力就比较弱。也许，云块内部的磁场会阻碍恒星的形成，而这种作用在今天要比过去来得强。或者，同过去相比，也许今天所诞生的恒星光度要大得多，质量也比较大。

在这些可能性中，以第三种最为令人感兴趣。我们在第 3 章的最后部分中已经知道，恒星的光度大致按照四次方的关系随着质量的增大而增大，所以即使是比较少量的气体，如果凝聚成若干个质量特别大的恒星，那也会在一段不长的时间内引起人们高度的注意。由于这种恒星发出很强的辐射，它们会在使其偶尔得以生成的气体云内引起激烈的搅动，其结果很可能会（在一段时间内）阻止其他恒星的继续形成。因此，恒星的形成应当表现为一种“停–走”现象。如果不存在新的大质量恒星，就会很快地凝聚出几个气体云来。一旦凝聚成几个，它们强烈的光发射和热发射就会使气体处于一种激烈的内部湍流状态，这种湍流会阻止恒星进一步形成，直到这几颗恒星经历完演化过程并在它们的墓地中各得其所、长眠安息（参见第 8 章）为止。然后，循环再重新开始。

巴德生前曾经受到这种停–走观念的强烈吸引。他坚持认为这应当为两个麦哲伦星云（图 9–11 和图 9–12）彼此间存在着非常明显的差异这一事实提供一种可能成立的简单解释，称为小麦哲伦云的没有一颗明亮的大质量恒星，而大麦哲伦云则在它的整个结构范围内散布着一些非常明亮的大质量恒星。依照停–走观点，这两块云应当处于它们的恒星形成循环中的相反阶段。

我们也许可以通过某种类似的方式，如图 9–14 和图 9–16 中那样，根据星系中巨分子云内所发生的恒星形成循环来找到对整个星系旋涡结构的解释。问题在于弄清楚为什么对不同的巨分子云来说，这种循环的相位会处于同步状态。所有的巨分子云怎样会同时处于走的状态，如大麦哲伦星云的情况似乎就是这样；或者是同时处于停的状态，就像小麦哲伦星云所表现出来的情况那样呢？

如果要使这样的理论能够成立的话，那么我们必须假设有某种星系范围的事件，使得所有个别的巨分子云循环处于同步状态。人们确实已经就可能出现的这类事件提出了若干种见解。看来，在这些意见中，最为合理的是星系中央一个特大质量天体所发生的大规模爆炸，比如前面一章我们在涉及射电星系时所考虑过的那种爆发现象。本质上由引力作用造成的一种较为微弱的效应，即所谓密度波效应，看来并没有太大的吸引力。因为很难理解一种中等强度的引力扰动，能对像巨分子云这样一类内部结构松散的天体产生显著的影响。图 3-15 外部区域中的小扰动，不会对密度比它高得多的内部区域有多大的影响。要使这一理论得以成立，巨分子云循环中所有走的部分必然受到某种星系范围闪光的触发，这一闪光以很高的速度传遍整个星系。既然射电星系中的一些事件肯定以很高的速度在传播，那么这种现象就不是不可能的了。

为了使这种停-走观念得以成立，巨分子云内的气体必定会因某种内部因素引起的搅动作用而处于湍流状态，其运动速度通常为 $3\,km \cdot s^{-1}$ 左右。巨分子云会有自转运动，典型情况的周期约为 3000 万年。它们往往会像串在绳子上的珠子那样，一个接一个地排成一列。磁场遍及我们整个星系，而这种串接现象很有可能是沿着磁力线的方向出现的。

巨分子云广泛分布于星系的内部，它的这一总体图像理论家们在许多年前已经作了猜测，然而，只是在最近这种猜测才得到证实。由于无线电放大器技术的发展，我们已经有可能在位于毫米波段的极短波长范围上来取得这种射电图。这种发展是作为现代整个电子学革命的一部分而出现的。

第 6 章
星际微粒和红外天文学

§6-1 一门新学科的诞生

红外天文学仍然处于它的黄金时代，并且在投资的有效性上向天文学的所有其他分支提出了挑战。人们已经取得了大量重要而又有趣的结果，而所花的费用却不大。参阅表 2-1 和图 3-12 可以看出，尽管红外波段所包括的频率范围很宽，从低端的 3×10^{11}Hz 到高端的 3.75×10^{14}Hz 左右，然而对于其中的大部分频率来说，红外辐射并不能畅通无阻地穿过地球大气。但是，也存在着若干个限定的频带，它们称为窗口，辐射经窗口穿过大气时比较不受阻碍。图 6-1 详细指明了这些窗口的情况，从图中我们会看到天文学家是用字母 J，H，K，L，M，N 以及 QZ 来称呼这些频带。图 6-1 所用的标度是微米（μm），它等于 1m 长度的百万分之一。这是辐射波长 λ 的单位，λ 与频率 v 的关系为 $\lambda=c/v$，其中 c 为光速。

我们泛泛地谈论我们从太阳所接受到的光和热，其中光是在人眼视网膜分子中产生结构变化的辐射，而热则是当辐射照在皮肤上时我们所受到的温暖感。从这种粗浅的主观经验认识不到光和热两者是同一样东西，即都是辐射的表现形式。很久以前，赫歇尔（W.Hershel）

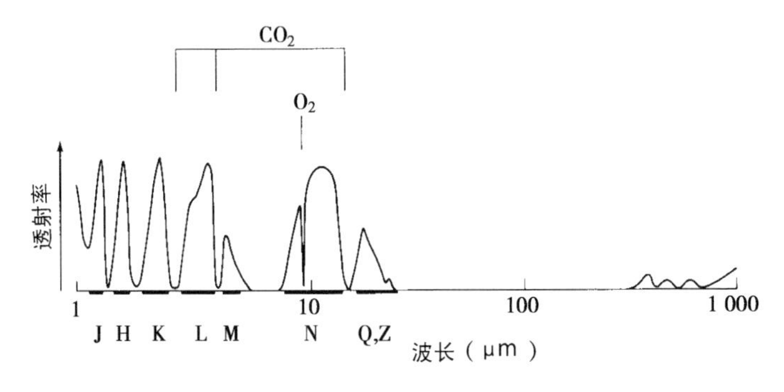

图 6-1 地球表面能取得的大气红外窗口

就证明热确实是辐射的一种形式。图 6-2 表示了玻璃棱镜对入射白光光束的作用，棱镜使光束中各个频带散开为组成这一光束的各种颜色。赫歇尔用的是一束太阳光而不是白光。如果太阳光中包含有比蓝-紫色可见光频率更高的辐射，那么这种辐射会偏折到观察屏的下部，这就是紫色“外”光。又如果太阳光中包含有较低频率的辐射，

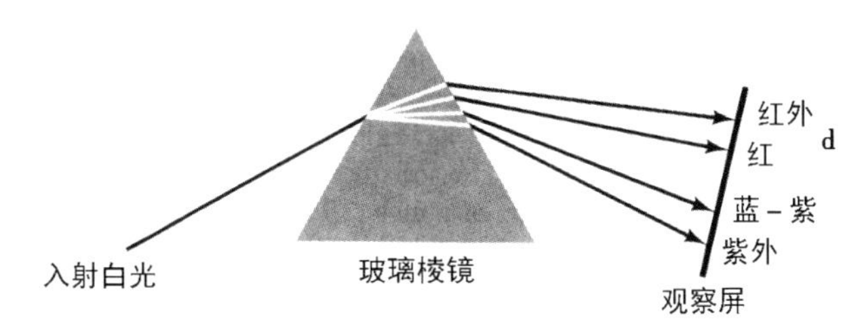

图 6-2 我们可以用一块玻璃棱镜使混合颜色的光分离开来，并且使分离后的各种颜色投影到观察屏上

那么它应当偏折到屏的上部，位于红色可见光之外，这就是红色“外”光。对于这种不可见的辐射，赫歇尔所能有的只是一种非常粗糙的探测器，即一支简单的温度计。然而，他发现只要把水银温度计的球泡放在光谱的红外部分位置上，水银柱的长度就会有变化，这种

效应是很容易探测到的。在观测屏紫端所做的同类试验并没有取得成功。原因从图 3-12 看得很清楚，地球大气对紫外辐射不存在有窗口，因而在赫歇尔实验中太阳的紫外辐射无法通过地球的大气层。

直到 20 年前，红外天文学一直进步缓慢，原因是适合于探测和测量红外辐射的方法在现代电子学问世之前是不可能实现的（现代电子学本身是量子力学概念用于实际工作的产物）。表 2-1 把“晶体效应”列为现代用于红外探测的方法。

晶体在受到加热时，物理性质总会发生某种程度的变化。红外辐射探测工作中的问题是要找到一种会非常灵敏地改变电子性质的特殊晶体，即使对比较微弱的加热作用，这种晶体也会有所反应。还没有找到一种晶体能够适用于所有的红外波长。对 1 ~ 4 μm 波段用的硫化铅（PbS）晶体，所采用的方法同普通照相曝光表中硫化镉的工作原理十分类似。投射在晶体上的光线使硫化镉的电阻发生变化，这一变化本身又会在电池通过晶体所产生的电流上反映出来。

红外天文学家较之其他领域的天文学家有着一些不可忽视的优越性。由于红外辐射的波长比较长，他们的望远镜就不需要像用于可见辐射的望远镜那样做得十分精密；而且地球大气所散射的太阳光对红外观测的干扰没有像对可见光那么严重。因此，对红外天文学家来说，不仅晚上，而且在白天也常常可以进行有益的观测。同这些优点相反，红外观测的缺点是晶体必须保持极低的温度，这样才能获得足够的灵敏度。对于 PbS 晶体所用的是温度为 77K（-196℃）的液氮，而用于 5 ~ 15 μm 波长范围锗晶体所需要的温度比这还要低得多。因此，对于特意涂上一层掺镓物质的锗晶体来说 [这是洛乌 (F.L.Low) 在 1961 年所发明的], 温度不得高于 2K (-271℃), 这种温度要求液氦在很低的压力条件下沸腾, 而这种低压必须通过高效率的真空泵来获得。

表 6-1 给出了适用于图 6-1 所示各种窗口的晶体探测器的技术细节。冠以 " 天空亮度 " 的那一栏给红外天文学家带来了另一个问题, 这就是大气中的气体本身也会发出红外辐射 —— 白天有, 晚上也有。来自我们自己大气层的这种辐射进入望远镜后也会使探测器晶体受到加热, 从而产生一种我们所不希望有的讯号。为了尽可能减少这一麻烦, 红外天文学家希望把他们的望远镜安置在高山上, 以减少红外望远镜之上的大气量 (特别是大气中的蒸汽量)。就这一方面说, 夏威夷岛上高度约为 4270 m 的莫纳凯亚 (Mauna Kea) 是一个特别好的地方, 尽管在这样的高度上工作并不合每个人的胃口。

表 6-1 大气红外窗口

波段 (微米)	晶体	名称	天空透明度	天空亮度
1.1 ~ 1.4	PbS	J	好	晚上低
1.5 ~ 1.8	PbS	H	好	非常低
2.0 ~ 2.4	PbS	K	好	非常低
3.0 ~ 4.0	PbS/InSb	L	3.0 ~ 3.5 微米尚好 3.5 ~ 4 微米好	低
4.6 ~ 5.0	InSb/Ge:Ga	M	较差	高
7.5 ~ 14.5	Ge:Ga	N	8 ~ 9 微米和10 ~ 12 微米尚好, 其余差	极高
17 ~ 40	Ge:Ga	17 ~ 25 微米 (Q) 28 ~ 40 微米 (Z)	非常差	非常高
330 ~ 370	Ge:Ga/Si		极差	低

即使把望远镜放在高山上，红外天文学家也必须用一种称之为波束斩断的技术。在对一个天体进行观测的过程中，要交替地对天体和偏离天体并与这一天体有同样大小面积的小块天空轮流进行观测，再通过电子学方法测出这两块面积上红外辐射的差。这一过程称为滤除天光。但是，天空的红外辐射并不是完全均匀的，天空亮度梯度会引起一些困难，这就要求对技术做进一步的改进。

所有这些恰恰属于物理学家们十分喜欢钻研的问题，因为对这些问题来说创造性的才能比巨额资助更为重要。已经提到过的有洛乌所发明的涂镓锗探测器，明尼苏达大学的奈伊（E.P.Ney）和他的几位同事为低温技术的发展做出了非凡的贡献，加州理工学院莱顿（R.B.Leighton）和纽格鲍厄（G.Neugebauer）的先驱性工作则开拓了现代红外天文学的研究领域。下面我们就要来介绍这一点。

红外天文学揭示了新形成恒星的存在

莱顿和纽格鲍厄曾经对在加利福尼亚所能看到的整个天空的四分之三部分进行巡天观测，面积约为30000平方度，所用的红外波长为2.2μm，观测对象是高出他们仪器灵敏度极限的全部辐射源。他们为这项工作建成了自己的望远镜，口径为1.57m，所用的镜子制造方法在牛顿时代就已有了。如果使盛在一个碟子内的液体绕着一根合适的垂直轴旋转，那么液体表面的形状便呈现为一种抛物面，这恰恰正是许多望远镜玻璃镜面经仔细研磨后所成的形状。莱顿所做的是使放在一个铝盘中的液态环氧树脂做旋转运动，经冷却并凝固后，环氧树脂本身就固定为所需要的抛物面形状。就从事可见辐射的天文学家的观点来看，这种简单而又廉价的工艺过程制造不出有足够精密度的镜子；但是，对于莱顿和纽格鲍厄所要用的 2.2μm 这种较长的红外波长来说，它已是足够好的了。

1969 年莱顿和纽格鲍厄发表了有 5612 个红外辐射源的一份星表，这使得大部分天文学家惊讶不已。天文学家们本来预期这次巡天会发现若干颗非常红的星，但是，所出现的却是同任何可见天体都不相联系的一些辐射源，比如图 5-3 中所标明的两个源即是一例。开始人们认为像图 5-3 的这类源是一些气体尘埃云，它们在凝聚过程中，也就是说通过引力收缩，温度已提高到 500K 左右。可是不久就清楚地看出，许多这一类源所包含的能量是非常大的，因而云受到加热的原因决不可能是引力的作用。只有那些会取得核能的天体，比如在第 8 章中作为恒星来考虑的那些天体，才能发射出由莱顿和纽格鲍厄发现的许多红外辐射源所具有的巨大能量。看来推论就是在云块内部蕴藏着一些巨大的核反应堆，这些核反应堆很可能是一些新形成的恒星，它们位于靠近赫罗图左上方很高的位置上，就是这些恒星使得处在它周围的气体和尘埃受到加热。确实，看来莱顿和纽格鲍厄所发现的很可能就是恒星的诞生地，恒星仍然深藏在原始云状物质的茧子之中，因而我们就无法像可见天体那样直接观测到这些恒星。在本章的最后部分我们还要回过来讨论像图 5-3 这类源的红外光谱的细节，到时我们要讨论光谱所能告诉我们的云块内部固体物质微粒的详细化学组成。现在我们只是指出红外光度占有这些云状辐射源的最大部分能量，它大约是像太阳那样一颗典型恒星所输出能量的 100 万倍。很清楚，人们发现了一种极不寻常的奇异天体。

星系的红外发射与射电星系有相类似之处

同射电天文一样，在红外天文工作的早期就对离开我们最近的巨星系仙女星云（图4-7中的M31）进行了研究。1965年约翰逊（H.L.Johnson）首次在红外频率上对仙女星云进行了观测；1969年桑德奇、贝克林（E.E.Becklin）和纽格鲍厄等人对它做了更为细致的观测。人们很快就发现，仙女大星云的红外输出同我们自己的星系没有很大的差别，然而其他一些比较远的星系则很明显地大大超过银河系的输出，这一点同射电星系的情况一样。克兰曼（D.E.Kleinmann）和洛乌在1970年所做的一份调查报告属于早期这类研究之列。图6-3所示的星系M82是一个例子。还有，第4章中有两个星系我们应当是熟悉的，这就是图4-6中的NGC5128和图4-4中的天鹅A。前者比较近，后者很远，而且是一个著名的射电星系。同样的一些星系，在20年前发现它们发出很强的射电波，而现在则又证明它们在

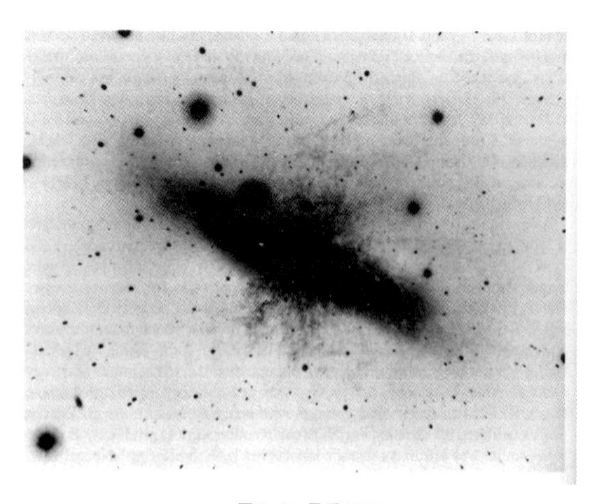

图6-3 星系M82

发出很强的红外辐射。对于强射电波发射区，追其根底是射电星系中一些小的中央核。同样，贝克林、弗罗盖尔（J.A.Frogel）、克兰曼、纽格鲍厄、奈伊和斯特雷克（D.W.Strecker）等人在 1971 年发现，NGC 5128（图 4–6）的强红外发射也来自一个很小的中央核。纽格鲍厄、加米（G.Garmire）、里克（G.H.Ricke）和洛乌对星系 NGC 1068 也发现了类似的结果。

把这些发现综合在一起，我们马上会想到红外辐射也许就是由引起射电星系强烈发射的同一种同步加速过程产生的。正如我们在第 4 章中所强调过的那样，作为同步加速过程的一个特征是它所产生的频率范围很宽。从蟹状星云这类天体中的低频射电波，到可见光，再下去可一直延伸到更高频率的 X 射线和 γ 射线，后一点我们将会在下一章中看到。因此，许多天文学家自然会认为同步加速过程同样可能是造成诸如 NGC 5128 和 NGC 1068 这类星系的强红外辐射的原因。

这个表面上简单明了的看法还是存在一些困难的。NGC 5128 和天鹅 A 这两个天体所发出射电波的强度随频率的增高而减少，就是说它们射电谱的形式为 $\nu^{-\alpha}d\nu$，其中 α 是正值。如果同步加速辐射是造成红外辐射的原因，那么就应当要求这种随频率高能量输出减少的情况，在位于红外波段中较高频率（约 10^{14} Hz）的地方出现突然的反转。还有，当经过可见光频率区并进入紫外和 X 射线波段时，辐射输出同样也必定要自行反转而急剧地减少。另一个问题是，对于 NGC 5128 和 NGC 1068 的中央红外核来说，尽管同星系本身相比是很小的，但还是要比射电核大得多。红外核的直径约为 200 光年，而射电核的直径充其量也不过几光年。

尘埃在红外辐射中发挥着作用

由刚才所谈到的几点就引出了对强红外星系发射源的另一种看法，即认为红外辐射是密集在星系中央核内微小尘埃粒子的热辐射。反对这种意见的一条理由是红外辐射好像在随时间而变化，就像第4章中讨论过的类星体的光发射一样。但是，直径200光年的尘埃云肯定不可能表现出红外星系所显示的这种可变性。后来，由于斯坦（W.A.Stein）、吉勒特（F.C.Gillett）和梅里尔（K.M.Merrill）所做的一项研究，人们开始对这种假定存在的时间可变性发生了很大的怀疑。而现在则普遍地认为，对于大部分星系来说，尘埃确实是红外辐射最可能的发生器。同步加速辐射还是有可能同星系中央核内的尘埃纠缠在一起，不过这种关系只是间接的。尘埃既吸收可见光，也吸收频率更高的辐射，而后者可能会由星系最中心部分的同步加速过程产生出来。尘埃只是使高频辐射退化为红外辐射，再重新发射出来，而红外天文学家所观测到的就是这种辐射。

红外天文学不仅对大天体（星系），而且对小天体（小行星）也有着它的用武之地

新的天文方法往往可以解决那些用老方法似乎难以解决的问题。如果我们从非常大的天体转到非常小的天体，也就是从星系转到小行星上来，那么就会看到能说明这种情况的一个有趣例子。小行星是像行星那样绕着太阳运动的小天体，正由于这一点，它们往往被认为是

一些小的行星。大部分小行星位于火星和木星轨道之间的天区内，它们的大小从几米到几百千米不等。这里要讨论的问题是确定比较大的一些小行星的直径。直接的光学方法是很难做到这一点的，因为即使是最大的小行星在光学望远镜内也只呈现出一个很小的圆面。地球大气中空气的运动会引起光学像的自然闪烁（如星光闪烁），结果这种微小的圆面也就看不出来了。

小行星到太阳的距离我们是知道的，因而也就知道了投射在小行星上的太阳光强度。一部分太阳光要被反射掉，设这一部分为 A。小行星的可见亮度就是由称之为反照率的这部分反射光造成的，它使得光学天文学家可以观测到小行星。测定一颗小行星在可见光频率区的光度，并且就这颗小行星相对太阳和地球的不同取向来进行这种测定（因而消除了这一问题中的角度效应），于是光学天文学家就可以确定出 A 和小行星直径 d 之间的某种关系。这种测定不会分别给出 A 和 d，因为影响观测结果的是两者的联合效应。然而，红外天文学家所能观测到的是入射太阳光的被吸收部分（$1-A$）。他们之所以可以观测到被吸收的这一部分，是因为被吸收的太阳光使小行星加热，直到红外光区域发射的能量正好同从太阳光所吸收到的能量相等为止。现在的情况是，红外天文学家找到了（$1-A$）和直径 d 之间的某种关系。同他们在光学波段工作的同行一样，红外天文学家也无法把（$1-A$）和 d 分离出来。但是，如果红外天文学家和光学天文学家把他们的结果联合起来，就可以分别求得 A 和 d 了。

利用这一概念，艾伦（D. A. Allen）于 1971 年求得灶神星这颗小行星的直径为 540 km，这要比以前所认为的直径大 50% 左右。表 6-2

对四颗最大小行星新得到的红外直径同以前的估计数值做了比较，我们看出新的数值都比原有的来得大。

表 6-2　　　　四颗最大小行星的直径

小行星	红外直径（km）	原有直径（km）
1.谷神星	1040	740
2.智神星	570	480
3.婚神星	250	200
4.灶神星	540	380

新的红外直径对计算得到的小行星密度有着重要的影响。以谷神星为例，原有的直径为 740km，所以体积是 $2.12\times10^{23}cm^3$。谷神星的质量估计约为 $6\times10^{23}g$，因而以前就认为它的密度大约为 $3g\cdot cm^{-3}$，这是普通石块所有的典型密度。但是，红外直径是 1040km，于是体积为 $5.89\times10^{23}cm^3$，这时密度接近 $1g\cdot cm^{-3}$，也就是说接近于冰-水的密度。因此，新的红外直径应当意味着谷神星和其他比较大的小行星实际上是一些雪球，而不是石块。由观测所得到的 A 的数值可见，小行星表面覆盖着暗而脏的尘埃，它们并不是一些干净明亮的雪球。

我们又一次回到了在第 5 章分子云中一再碰到的、无处不在的尘埃。我们在星系中心发现了尘埃，在包围着整个星系的巨大云块中看到有尘埃存在，例如 NGC5128（图 4-6）周围的情况就是如此。现在，在我们自己的太阳系中又发现有尘埃。在下一节中，我们要设法利用可见光频率和红外区这两类观测来探索这种尘埃的化学组成。

§6-2　星际尘埃

从直观上来说，星际尘埃是恒星际物质中最为显眼的成分。在远方恒星星场背景上，星际尘埃表现为一些暗的斑块和条纹。个别恒星的星光在通过星际云时，由于同尘埃粒子的相互作用，星光就会减弱，同时发生红化。红化产生的过程同路灯透过雾气时的红化或者傍晚天空中阳光红化的情况相类似。尘埃对蓝光的吸收以及散射作用要比对红光来得强。对于天然光来说，它是由各种颜色混合而成的，红光透射过去了，相比之下蓝光更容易受到消光作用。结果就会使原始光源——太阳、恒星或路灯——显得偏红。原子和分子对蓝光的散射作用也比对红光来得强，这个现象就是天空呈现蓝色的原因。

星际微粒的尺度同光线的波长相近

早期有关星际尘埃的探索主要限于研究尘埃吸收和散射星光的途径。早在 20 世纪 30 年代，人们就首次试图对星光的减弱做定量的估算，通常把这种减弱作用称为消光。研究表明，对于接近 4500 Å的单色照相波长来说，星光的消光相当于光线沿银河平面每传播 2000 光年后能通量减半。从这一结果不难推论，我们可以合理地认为，星际消光仅仅是由一些固体微粒引起的，它们的尺度大小同光线波长本身差不多，即 5×10^{-5}cm 左右。可以证明，对于别的几种吸收和散射粒子（例如电子、原子或小的分子）来说，要能产生出所需要的消光量，它们的密度一定要很高，以至达到令人难以相信的程度。

随着光电技术在天文学中的应用，人们就有可能来研究星际消光随波长而变化的规律。这种研究是通过对两颗恒星光谱的比较来进行的，这两颗恒星的内禀性质相类似，但其中一颗的消光作用要比另一颗来得明显。由这类比较所取得的消光和波长间的关系称为星际消光曲线，它在很大程度上取决于星际尘埃的化学性质。

对紫外光的吸收为研究星际微粒的化学组成提供了一条线索

20 世纪 30 年代，斯特宾斯（J.Stebbins）、赫弗（C.M.Huffer）和怀特福德（A.E.Whiteford）获得了第一条恒星消光曲线，包括的波长范围从 3500 Å到 5500 Å（即从 3.5×10^{-5}cm 到 5.5×10^{-5}cm）。在这个范围内确立了称之为 $1/\lambda$ 律的一种规律。这一规律指出，星光被消光部分的对数与光线波长的倒数 $1/\lambda$ 成正比。值得注意的是，人们发现这一规律对于相距很远的不同天区内的不同恒星都能很好地得到满足。近年来，星际消光曲线不仅已扩展到红外光，而且也已扩展到较短的波长，即进入紫外光区域。图 6-4 表示了曲线的形状，这也就是目前我们所知道的情况。请注意，图 6-4 中标明了 $1/\lambda$，其中 λ 用 μm 表示。由此可见，早期的 $1/\lambda$ 律只是曲线中靠左边的一小段直线，按 $1/\lambda$ 标度来说它位于大约 2 和 3 之间。紫外光的资料，也就是 $1/\lambda$ 约大于 3 的那一部分，是由斯特彻（T.P.Stecher）、布莱斯(B.C.Bless) 和科德（A.D.Code) 利用火箭和地球卫星上所携带的仪器取得的。整个曲线最明显的特征是有一个宽大的隆起部分，其中心位置在紫外光中波长 2200 Å的地方。

许多天文学家已经把这 2200 Å特征看作以石墨形式出现的碳原

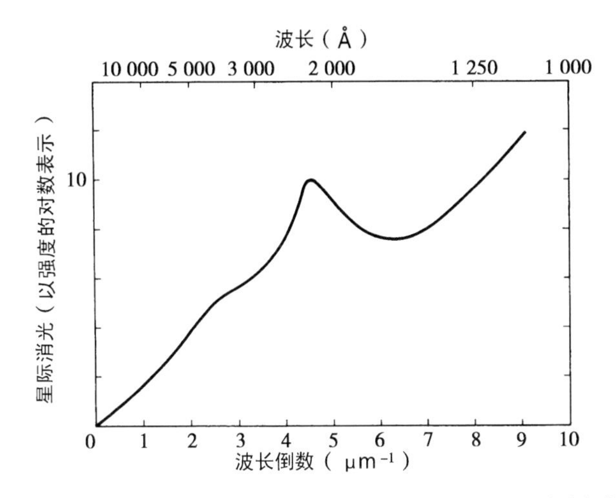

图 6-4　星光在通过宇宙尘埃云时的减弱情况，这种减弱作用又称为消光或吸收

子的标志，这一点是根据威克拉马辛和笔者之一在 1965 年所做的计算得出的。事实上，在 2200 Å处所观测到的消光隆起，同直径小于 500 Å左右的球状碳粒子造成的效应确实有着一种令人不可思议的相似之处。但是，这种解释有一个困难，因为预期石墨碳应当以小片而不是以球粒的形式出现。面对这一困难，霍伊尔和威克拉马辛两人，还有在日本的几个小组，都注意到化学分子式为 $C_8H_8N_2$ 的有机分子对接近 2200 Å的紫外光有吸收作用。这里的关键是 $C_8H_8N_2$ 可以分解，产生出表 5-1 中所出现的一些有机分子

$$C_8H_8N_2 \rightarrow HCN+HC_7N+3H_2$$

及

$$C_8H_8N_2 \rightarrow HC_3N+HC_5N+3H_2,$$

于是，通过这种方式就有可能在紫外测量和毫米波天文学之间建立起某种重要的联系。然而，对于碳粒子是一些小球粒而不是较大的薄片这一要求，也许并不像当初所想象的那么困难。如果开始时是一种长条形的有机聚合物，而不是石墨形式的碳，那么这种聚合物因失去一些结合得比较松散的原子而退化，结果使得最初呈针状的粒子变成为球状，就同羊毛变成球形一样。因此，如果开始时是一种针状的聚合物，比方说长度为 5×10^{-5}cm，那么最后得到的是一些"煤烟"微粒，直径大约只有 1~200 Å，这同产生消光曲线中 2200 Å隆起的要求就符合得很好了。

星际微粒可能是一种复杂的混合物

就红外天文学中有关星际尘埃本质问题来说，1969 年由奈伊、艾伦、斯坦、高斯泰德（J.E.Gaustad）、吉勒特和纳克（R.F.Knacke）等人所做出的发现也许是最为引人注目的了。他们发现，赫罗图巨星区内某些高光度恒星的光谱中出现一种很宽的特征结构，波长范围为 8~12 μm。人们认为这一特征的出现是因为存在有矿物硅酸盐，它们在从恒星流向空间的物质中凝聚而成，而作为这一观测结果的推论，有人认为这种矿物硅酸盐也许足以构成星际尘埃的主要特征。如果硅酸盐粒子的大小合适（而且因为其他某些原因，再假定它们是棒状的），那么就可以用来解释星际尘埃在目视频率范围内的特性，特别是恰当大小的硅酸盐粒子可以解释前面提到的 $1/\lambda$ 规律。但是硅酸盐粒子不能解释紫外光区域中的 2200 Å隆起，看来这一隆起仍然只能是由碳粒子或有机分子造成的。

硅酸盐假设从图 6-5 这一类结果中得到了进一步的支持，图中全部例子所表示的都是强红外源，其中观测不到任何可见的致激发恒星。

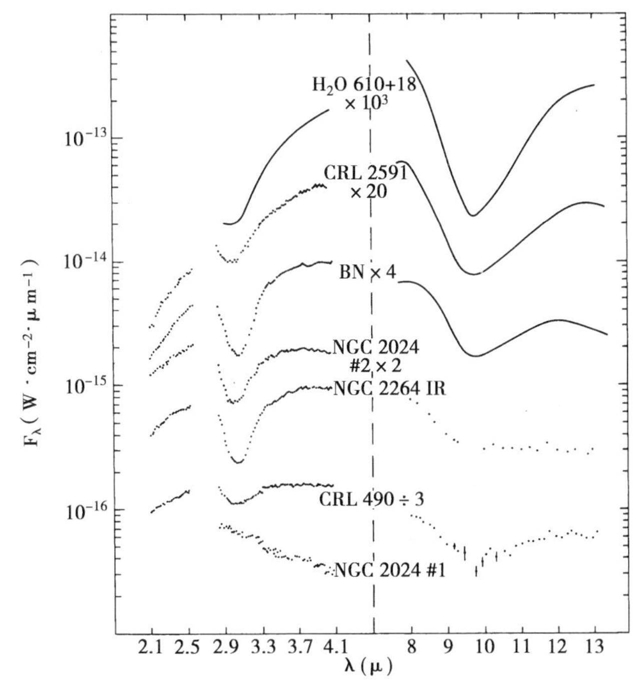

图 6-5　与分子云处在一起的一些红外天体的 2.1 ~ 4.1 μm 和 8 ~ 13 μm 范围光谱。除第 1 号 NGC2024 外，所有天体都表现在 3.08 μm 和 9.7 μm 附近有吸收现象，它们分属于冰和硅酸盐吸收

这些结果是由梅里尔、拉塞尔（R.W.Rusell）和索伊弗（B.T.Soifer）通过对仪器设备进行不断改进后取得的，它们表明在 8 ~ 12 μm 以及 2.9 ~ 3.3 μm 上有吸收现象出现。前一种吸收是由硅酸盐粒子造成的，后一种则起因于微小的水冰晶体。然而，这两种类型粒子都不可能是造成红外发射的主要原因，主要的发射可能是由碳造成的。因此，应当有三种类型的粒子：碳，这是造成总体发射的原因；冰，在波长范

围 2.9 ~ 3.3 μm 内对碳所发出的辐射起吸收作用；以及硅酸盐粒子，在波长范围 8 ~ 12 μm 内对碳所发出的辐射起吸收作用。人们对图 6-5 中各个源之间的差异从两个方面来进行解释，一方面认为是由于碳粒子温度的不同，另一方面是由于硅酸盐和水冰微粒的比例不同。

有机成分可能存在而且占有显要的地位

霍伊尔和威克拉马辛曾试图对星际尘埃的整个图像加以简化，他们打算寻找出能说明全部发射和全部吸收的单一的一种物质。两人发现有一种物质的红外性质同实验室内对纤维素这类众所周知的物质（这是所有生物聚合物中最为普通的一种，在棉花中它以最纯的形式出现）所测得的红外性质有着惊人的相似之处，它所给出的结果同图 6-5 中的源符合得相当好，从图 6-6 中选取的几个例子可以看出这一点。

大多数天文学家相信，同熟知的纤维素的性质相一致是一种偶然的现象。因为他们相信，像纤维素这样一种复杂的有机分子不可能在星际物质中大批地出现。尽管如此，纤维素分子还有着一些值得一提的性质。对纤维素来说，单股纤维的形状犹如长条形的板材，因而就有着棒状微粒的性质，而我们知道星际尘埃必然具有这种性质[1]。我们可以把许许多多的板材牢牢地堆积在一起，就像在木材交易市场中的情况一样。事实上，正是这种堆积性质使得纤维素在为各种植物和树木提供结构强度方面有着它重要的地位。纤维的管状排列方式，

1. 星光的红化展现出所谓的偏振性质，这类性质要求微粒具有棒一样的形状。

比如像木材和地面植物茎秆部分中所出现的那种情况，会使其他物质很容易结合进纤维间的空洞之中，而这一种性质在天文学上可能是很重要的。

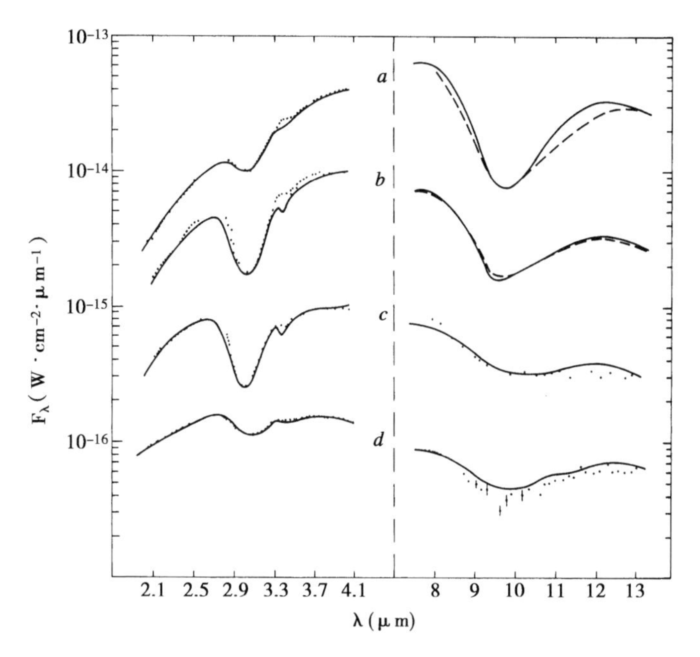

图6-6　*a* 到 *d* 这几种情况所表示的是取自图6-5的观测资料（点子），以及关于致吸收纤维素云的理论计算结果（实曲线）。理论曲线做了归一化处理，以与一种波长的观测相匹配

与星际尘埃组成成分有关系的另一个问题是它们的数量大小。为了解释对目视星光所观测到的消光现象，尘埃部分必须占有星际云总质量的1%～2%，这个比例同云块中所存在的碳、氧和氮的含量十分接近，然而比起硅酸盐物质来则要大两倍。此外，对炽热亮星的紫外光空间观测会受到星际气体吸收作用的影响，这种吸收有着特定的频率，它是由组成气体的原子的量子跃迁造成的。这里有着因普通原

子的吸收线特征带入恒星紫外光中而造成的影响。根据吸收量的大小可以推断出气体中诸如碳、氧和氮一类普通原子的丰度。从这类研究得知，同氢原子相比，C、N 和 O 原子的丰度是偏低的。因为只是对于气体才有这种丰度偏低的情况，由此得出的推论是大部分的星际碳、氧和氮必然结合在固体粒子之中。同样，其他像镁、硅和铁一类原子的情况确实也可能是这样。但是，在所有这些原子中，碳、氧和氮的丰度是比较高的，因此它们在星际尘埃的组成成分中应当占有起支配作用的地位。所以，非常可能的情况是某种形式的含碳聚合物构成了星际尘埃的重要成分。

§6-3 星际有机分子的起源

我们把有关表 5-1 中列出的那些有机分子的起源问题留到现在来讨论，这是因为人们所提出的三种理论中有两种要涉及星际尘埃。这三种理论是：

1. 分子是在星际气体内通过离子-分子化学过程形成的，我们马上就要来对这个专用名词加以说明。
2. 分子是通过表面化学过程形成的，其中的表面由尘埃微粒提供。
3. 分子是尘埃本身经分解后的碎片，它们是这种有机聚合物尘埃的重要成分。

气体内的原子因高速运动粒子的作用而不断地发生电离，这里有高速运动的质子和电子，后者就是通过同步加速过程产生出来自银河方向射电波的那种电子，而这种射电波便是由扬斯基首先发现的。例如，某一个原子 A 发生了电离（就是说它失去了一个电子），这时我们用 A^+ 来表示它。现在，通过两个不带电的普通中性原子 A 和 B 之间的辐射反应过程可以在气体中形成分子，例如

$$A+B=AB+\text{辐射}。$$

事实上这种过程只是非常缓慢地在进行着，然而反应

$$A^++B=AB^++\text{辐射}$$

的出现却要容易得多。后一种快反应是离子-分子类型的，离子-分子化学过程这一名称即由此而来。接下来我们可以有

$$AB^++C\rightarrow AB+C^+。$$

这个反应也发生得非常迅速，同时产生出分子 AB 和另一种电离形式的原子 C^+，后者本身又可以进一步积极参与某种快速反应，比如说：

$$C^++D\rightarrow CD^++\text{辐射}。$$

接下来我们可能会有

$$CD^++E\rightarrow CD+E^+。$$

如此继续下去，表现为从 A^+ 开始的一种快速级联式反应。

这一思想有助于弥漫星际气体内分子的形成，它是在1972年由所罗门和克莱姆佩勒（W.Klemperer）提出来的，他们认为有机分子是通过从电离氢或电离氦原子开始的级联反应（这就是说在上述反应中 $A \equiv$氢或 $A \equiv$氦）而形成的。毫无疑问，这一过程是必然会出现的，说明这一点的一个强有力的证据是事实上它正确地预言了甲烷离子 CH_4^+，应该是继 H_2 之后最为普通的分子。

但是，表5-1中复杂分子的丰度同简单分子没有太大的差别，这一点是离子-分子化学过程所没有预言的。因此，尽管应该预期有

$$AB+C^+ \rightarrow ABC^+ + \text{辐射}$$

以及

$$ABC^+ + D \rightarrow ABC + D^+,$$

从而生成三原子分子，以及类似地生成四原子分子等，然而由于较大的分子是由比较复杂的级联反应产生的，较小的分子则产生于比较简单的级联反应，所以结果应当是前者的丰度会明显地比后者来得低。但是，现已发现的情况却并非如此。序列 HC_3H，HC_5H，HC_7H，HC_9H 有着如下的近似丰度比

$$10:5:1:\frac{1}{3},$$

尽管丰度的确沿着这一序列递减，但是这一递减量没有有关离子–分子化学过程的计算所应要求的那么大，两者的差异还是比较明显的。

在本书书写之时，要想估计微粒表面化学过程的潜力是很困难的，这是因为有关这一理论进行的计算涉及许多不确定的因素；同时有关表面化学的实验室实验对星际空间各种条件进行模拟的真实性也是不够的。有些研究工作者声称，表 5–1 中所有的分子都可以在微粒表面上生成；但是，即使加上一些最有利的假设条件，计算所得到的各种分子的丰度同观测丰度之间在一些非常关键的方面仍然不相一致。

如果表 5–1 中比较复杂的分子是一些比它们大得多的有机聚合物的碎片，那么就比较容易理解为什么它们的丰度彼此间相差不是太大。于是，第三种理论便以一种自然的方式解释了随着分子复杂程度的增高，丰度并没有急剧下降这个用其他理论难以解释的特征。笔者的推测性意见是，第一和第三种理论的某种联合是构成表 5–1 的主要原因，其中离子–分子化学过程对形成小的分子起支配作用，而聚合物微粒的分解则是形成较大分子的原因。然而，这些研究还处于发展的早期阶段，所以对问题提出任何明确的意见尚为时过早。就像知道表 5–1 中分子的存在曾经使天文学家们大为吃惊一样，这些分子起源问题的最终解决也许会包含着迄今尚未提出过的一些概念。

第 7 章
X 射线天文学

§7-1 技术

根据图 3-12 我们知道，地球大气对 X 射线来说是不透明的。红外天文学中的情况是大气吸收掉大量的辐射，这种状况通过一些精心设计的方法还是有可能加以处理的。现在则不然，大气对 X 射线来说是不可贯穿的。因此，为了观测 X 射线，探测仪器必须置于大气层之上，一定要通过火箭或人造卫星把它们送到那么高的地方去。这种要求是必须满足的，而正是这个原因使得 X 射线天文学的经费开支同新近发展起来的天文学其他分支有所不同。就红外天文学来说，必须做的事情只是要使某个大学物理系的领导（比如说，明尼苏达大学的奈伊）相信红外天文学是值得一干的；而对 X 射线天文学来说就必须说服政府官员。这种差别使 X 射线天文学先驱工作者的任务变得更为困难。

我们在第 2 章中已经知道，望远镜是用于把辐射集聚起来的一种装置。例如，射电天文学就是利用巨大的金属镜子把射电波集中到一个焦点上（图 4-8）。虽然在最近几年中已经建成了 X 射线望远镜，可是 X 射线天文学的先驱性工作却并没有用望远镜，其原因可以通过图7-1和图7-2比较来加以说明。图7-1说明了为把可见光引到一个焦点而采用的方法，用于可见光的镜子是形状做了适当加工的玻璃块，表面上涂有一层铝膜。图7-1的基本特点是镜子可以按正面方向，也就是按垂直入射方向来反射光线。但是，对X射线来说，使用镜子时要求辐射如图7-2那样按某个掠射角投射到镜面上。图7-2的图(b)说明了对于X射线把两种几何形状镜面直接组合起来的方式，这与光学望远镜中的情况不同，后者有主镜和副镜之别，它们在空间位置上是分开的。

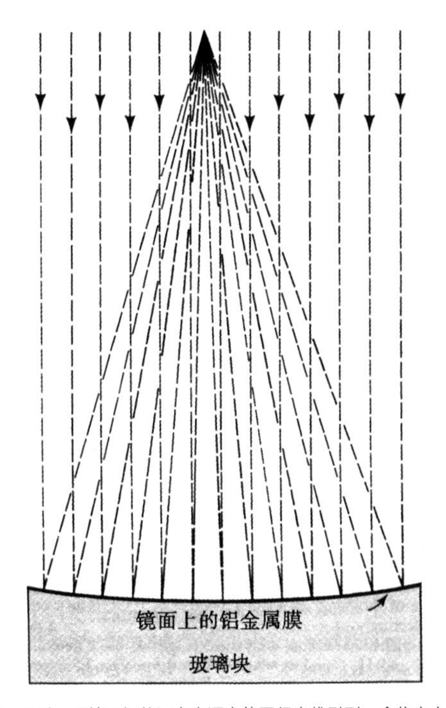

图7-1 通过一面镜子把从远方光源来的平行光线引到一个焦点上，镜子所具有的形状称之为抛物面。实际上焦点离开镜子的距离要比这里所表示的远两倍左右

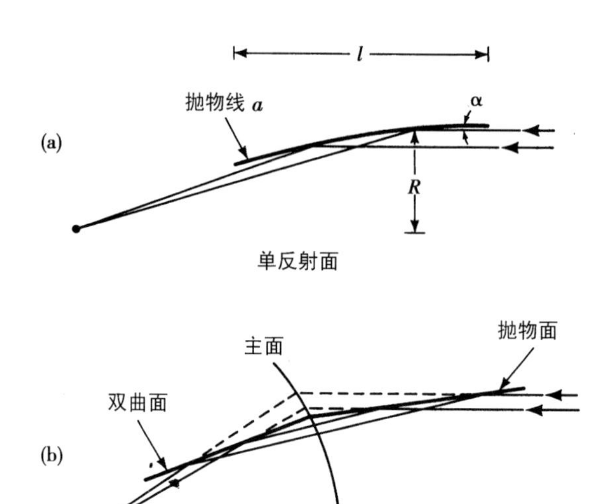

图 7-2 利用抛物线元件进行聚焦的情况。对于小的入射角来说，焦距为 $R/2\alpha$，而镜子截得的射束横截面长度为 αl。

（a）：把抛物线在垂直于图平面方向上移动 h 高度便形成一个盘，它在一维方向上聚焦出一条长度为 h 的直线，聚光面积为 $2lh$。

（b）：在旋转抛物面的后边接上一块双曲面就会形成一个两维焦点，焦距为 $R/4\alpha$，聚光面积是 $2\pi R\alpha l$

早期的 X 射线观测没有用望远镜，这种情况有点像用肉眼在观测天空。当人们用肉眼观测天空时，即使整个天空都展现在我们的视野中，眼睛和脑子也可以把天空中不同的部位区分开来；但是，X 射线探测设备则不可能通过这种方式来区分天空的各个部位。为了集中注视天空中某个特定的部位，X 射线探测设备通过一具镜筒来进行观测，就好像用肉眼研究某个特定天区时，为了不至于受到天空其余部分的干扰，我们自己可以通过一根窥管来进行观测。事实上，早期的天文学家确实就是大致通过这种方式来进行观测的。显然，如果所用的是横截面为圆形的镜筒，我们看到的应当是天空中一个圆形的小区域；如果所用的是截面为矩形的镜筒，那么就应当看到一块矩形天区。X 射线天文学家发现，用矩形镜筒要比圆形镜筒更为方便，这是因为探测设备必须安置在筒子的末端，而同圆盒相比，在一个平直的矩形盒内安置这种设备就比较方便。图 7-3 所表示的是探测盒的一个例子，称为正比计数器。盒的四周全部用 X 射线无法贯穿的金属表面封闭起来，只留下一个窗口，构成窗口的物质可以让 X 射线穿透而进入盒的内部。薄的铍片、铝箔以及塑料膜是常用的窗口材料。

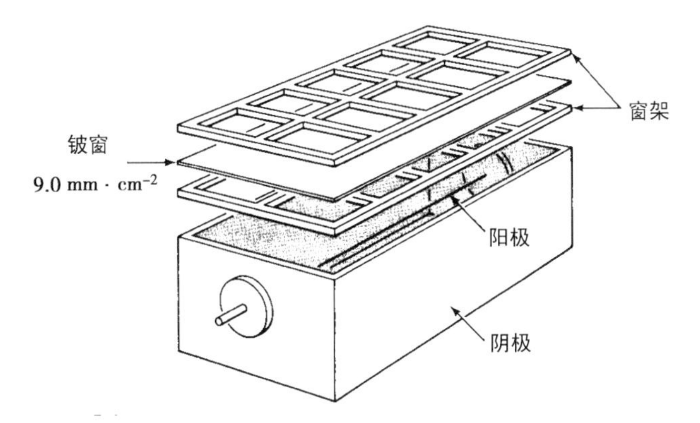

图 7-3 薄窗气体正比计数器的结构布置略图。铍窗粘结在一个“夹心式”架子中间，后者又牢牢地同阴极密封在一起以保持气体的完整性。通常，阳极要借助一根弹簧来保持张紧状态。电荷灵敏前置放大器及高压电源的安置要处于理想的状态，应尽可能地靠近阳极连接线

所有的 X 射线探测方法都以光电效应为基础。根据光电效应，一个 X 射线量子会从原子中打出一个快速运动电子。然后，这个快速运动电子又会从别的原子中打出另外一些电子，之后跟随着这个电子就会产生出一串自由电子。在普通的可见光频率范围内，图 2-31 所示的光电倍增管中采用的是一些同样的概念，这时入射的辐射量子会从金属阴极上打出一个电子。但是，在正比计数器中，电子并不是像图 2-31 那样来自金属表面，而是由密封在探测箱内的某种气体产生的。

这里所用的是惰性气体，通常为氙（He，Ne，Ar，Kr，Xe和Rn均为惰性气体）。通过一组电池可以从图7-3的阳极产生出正电荷，而这些正电荷则把带负电荷的电子引向阳极引线。这一串电子是由X射线量子引起的。当电子靠近阳极引线时，它们实际上由于受到加速而产生出更多的电子，这也是从阳极附近的气体原子中打出来的电子。因此，最终会有一个真实的电子脉冲到达阳极引线，于是用电子技术便可以探测到这个脉冲。通过这种方式，图7-3的探测盒配上电子设备和供给电源的电池组，便替代了望远镜终端人的眼睛。

尽管这种X射线探测方式原理上很简单，但实际使用时却存在着许多复杂的问题。除了我们想要得到的X射线外，投射在火箭或卫星上的还有宇宙射线，它们主要是沿着银道面方向来到地球的一些高能电子和质子。这些宇宙射线也会导致正比计数器中的气体原子发生电离。幸好，有两种方法可以把我们想要的X射线同不需要的宇宙射线区别开来。

宇宙射线以各种不同的角度穿透探测盒，而不仅仅是从开口朝着天空的镜筒方向进入盒内。对于那些从侧边而不是通过镜筒进入盒内的宇宙射线，可以用装在镜筒外壁四周的其他一些探测器单独地来加以探测。一旦这些探测器中有一个发出讯号表示有宇宙射线从侧边进入设备，就可以使正比计数器中的电子器件受到抑制，于是就不会对探测盒中所发生的任何原子电离事件进行计数。

宇宙射线探测设备的工作情况同正比计数器有点相似，不同的只是它可以按盖革计数器那种较为简单的方式来加以建造。在盖革计数器中，第一个电子马上会受到电场强有力的加速作用，于是几乎在瞬息之间就从气体原子中打击出第二个电子。这第二个电子又几乎在一刹那之间打击出第三个电子，如此继续下去，结果很快在整个计数器内产生出大范围的电子流，它会存在一段时间而后消失；另一方面，在正比计数器中，电子猝发只是在靠近阳极引线时才会产生，这种猝发是突如其来的，并旋即消失。因为正比计数器有着这样一种工作方式，它就可以把若干X射线量子一个一个地区分开来，原因在于通常情况下由这些量子造成的脉冲到达阳极引线的部位是不同的，这样就有可能从空间上来加以分辨。另外，脉冲本身的锐度则往往可以从时间上来加以分辨。恰恰正是因为这种从空间和时间两个方面进行分辨的能力，我们才把像图7-3中那样的计数器称为正比计数器。在盖革计数器中，电子流的分布范围既大又宽，因而时间分辨率就很差。所以，对于差不多在同一时间到达的若干X射线或若干宇宙射线来说，盖革计数器是没有能力把它们区分开来的。

因此，在X射线探测设备周围安上一些简单的盖革计数器，这便是X射线天文学家用来阻止不需要的宇宙射线的第一道防线。然而，对于少数直接进入镜筒本身的宇宙射线，也就是对于那些到达方向碰巧与X射线相同的宇宙射线来说，这道防线就没有用了。幸好，对于这些宇宙射线来说，到达阳极引线的电子脉冲要比由X射线形成的脉冲来得漫散，说得具体一点，就是它们较少突然出现。因此，同图7-3计数器连接在一起的电子设备便会再一次把漫脉冲滤掉。

除了宇宙射线外还存在另外一些问题。原子因受打击而释放出电子，同时又会发出光线。这种光发射现象的出现是因为碰撞中的电子会使原子的能态发生改变，原子成为受激态，然后再以第 2 章中所讨论过的方式辐射出光线。当电子脉冲接近阳极引线时，这种光辐射变得极为强烈。如果不采取预防措施，光线就会射到盒的金属壁上，而金属壁便起着阴极的作用，又会从中打出一些电子。进入盒内的这些次级电子本身也会向着阳极引线移动，它们受到加速作用，从而在阳极引线处又会形成一些电子脉冲，于是连续发生的一系列同类事件就这样出现了。这么一来所得到的是一长串不希望有的脉冲，而不是我们在这个问题上所想要的单个尖脉冲。为了排除这一困难，在探测盒中故意放入一种掺杂气体（或猝灭气体）——这种猝灭气体的选取是要有吸收光线的能力，这样就会阻止光线到达盒的周壁。用作猝灭气体的有甲烷、二氧化碳和乙醇。

物理学家不仅要解决必然会出现的全部问题，而且还不得不去对付另一个潜在的困难，即噪声问题。不可几事件是经常会出现的。某一次宇宙射线可能会进入探测盒而没有触发防护计数器，或者某个电子可能会获得一份特殊的能量，从而能使由我们想要的 X 射线所产生的电子失去作用。如果在一段短的时间内完成一项实验，那么就有可能在实验所涉及的这一特定时间间隔内出现一些不可几事件，于是就会导致一项错误的结论，这些不可几事件被错误地解释成了某种系统性效应。阻止这类错误出现的防线显然就是要在一段长的时间内来进行这项实验，理由是不可几事件不会无限制地不断出现。遗憾的是，对于 X 射线天文学家来说，并不是在任何场合下都有可能来进行长时间的实验。火箭所携带的设备只能用数分钟。X 射线天文学家想要研究的天区并不仅仅限于正在观测的那一小块天空，由于这一事实，卫星上设备可利用的时间长度就要受到限制。所以，人们就建造了若干个同样的观测镜筒同时进行工作，每一个都带有自己的正比计数器。要是一段短时间内有许多镜筒在同时工作，那么把它们的结果叠加在一起时，其效果就和单个镜筒连续工作很长一段时间同样好。图7-4示意性地画出了第一个X射线卫星，其中有两组观测镜筒，它们安置在卫星上标有“准直仪”的两个相对的侧面上。

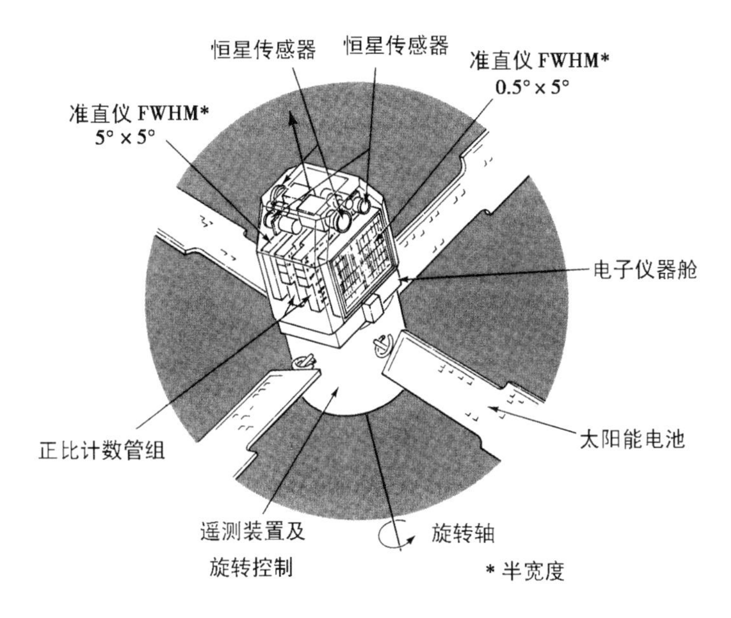

图7-4　自由号卫星(SAS-A)上的仪器设备剖示图。每架准直仪通过一组正比计数器进行X射线探测时所限定的有效面积约840 cm^2。额定能带宽度2～20 keV，极限时间分辨率0.096 s。旋转控制部分中装有为保持稳定性用的一只恒速惯性轮及章动阻尼装置

从图7-4可以看出，还有另外一个原因使得单一镜筒无法保持指向天空中的特定区域，这一点从图7-5可以看得更为清楚。卫星是在旋转的，这就使观测方向不断地变化。自由号卫星有两组镜筒，第一组的每个镜筒在任何瞬间的视场范围为5°×5°，而第二组每个镜

筒的视场为 0.5°×5° 。所有这些镜筒的取向安排是要使得卫星自转时它们会在天空中扫出 5° 宽的一条带，图 7-5 说明了这种情况。

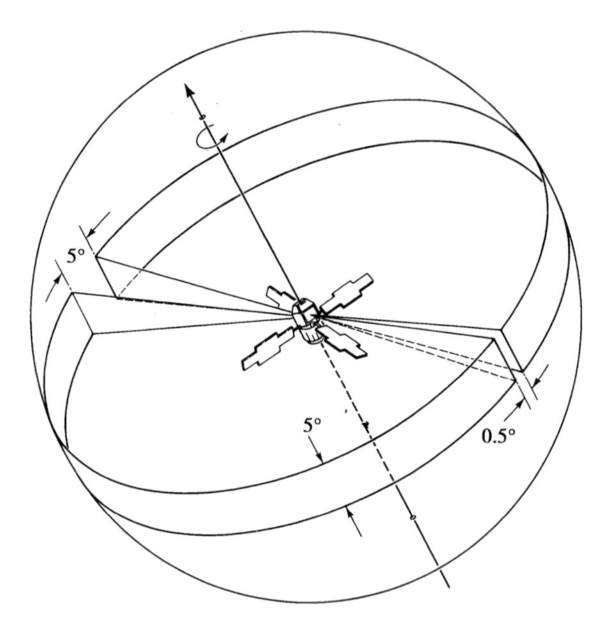

图 7-5 用自由号卫星探测器对天空进行观测。旋转轴是可以控制的，它能指向天空中的任意位置，日稳定度约为 1° 。每架准直仪所扫过的 5° 宽的带区几乎是一个大圆，差异在于由 5° 和 0.5° 准直仪所扫过的圆偏离旋转轴赤道平面 ±1.2°

读者马上会注意到这里还有一个问题。既然镜筒所指方向不断地在变化，那么我们怎样才能知道在某一段短时间内所计得的 X 射线量子实际上属于天空中的哪一部分呢？这一问题的解答从原理上来说是很明白的。卫星上必然要有一台钟，X 射线落到集聚在一起的镜筒组中，在对它们进行计数时必须记下相应的时间，而且这些结果要自动记录到磁带上。每一时刻镜筒所指的方向也必须记录在磁带上。为了使这后一项内容有可能记录下来，卫星必须“知道”它在天空中的具体定向情况。为了使卫星知道它的空间定向，就必须确定旋转轴相对于恒星的方向以及瞬时旋转角。为取得这些极为需要的资料有两条途径：一是利用辅助光学望远镜组来扫视一些特定的亮星（恒星探测装置）；二是利用陀螺仪。

迄今为止我们还没有谈到 X 射线天文学家用什么方法来取得他们所观测到的量子的频率。对那些低于 3×10^{18} Hz 的频率（即波长大于 10^{-8}cm 者），量子的能量是从到达正比计数器阳极引线的电子脉冲强度来加以判定的。对于更高的频率来说，可以用一种不同类型的计数器（闪烁计数器）来代替正比计数器。闪烁计数器的主要部件是一块晶体。通常是碘化钠（NaI）晶体，并有意识地掺入某种通常是铊（Tl）的杂质，铊起着一种所谓激活剂的作用。当有足够能量的电子撞击这类晶体时，它们会发出光脉冲，而脉冲的强度则可以测量出来。

目前在测定 X 射线频率的先进设备中所采用的是另一种方法，这要回溯到很久以前由威廉（William）和布拉格 (L.Bragg) 做出的一项发现。他们当时发现了晶体散射 X 射线时所偏折的角度对不同波长的辐射是不同的，图 7–6 所示的例子中用两种波长 λ_1 和 λ_2 来说明这种情况。该图中的波长分离装置在效果上同可见光中所用的简单玻璃棱镜（图 6–2) 是相类似的。尽管方法从原理上讲是类似的，但对 X 射线来说，实行起来则要困难得多。

迄今我们还没有讨论到怎样能使 X 射线天文学家（在同一瞬间）把金属镜筒视场中的某一小块与另一小块区分开来。他们也无法把实质上只是一个点的 X 射线源（例如一颗恒星）同占有视场中相当一部分的云状天体区分开来。但是，只要在金属镜筒内有意识地设置诸如细丝网格一类的障碍物，那么他们就能够收集到有关天体大小细节情

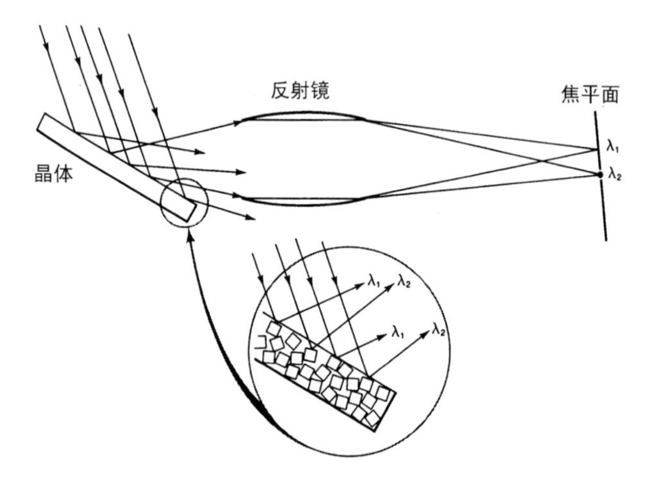

图 7-6　嵌镶晶体分光计的作用原理图。入射辐射束同微晶体相遇，晶体的取向有一定的分布范围，从放大部分可看出这一点。于是，投射在两维成像镜上的反向束也有一定的角度变化范围，每一种角度对应着唯一确定的一种波长。每一角度增量的聚焦像给出了这一波长位置上的谱密度，它满足该角度的布拉格判据

况的信息。他们所必须做的工作是在靠近镜筒口的地方放上一块丝网，在接近镜筒内端的地方再放上一块，而安置的方式则要使得对于一个点状辐射源来说，当该源处于某一个（或几个）方向时，一块丝网会把另一块丝网遮去。这么一来，当视场扫过一个点源时，两块丝网有时会互相遮掩，结果是从源来的讯号出现很明显的振荡。另一方面，对于一个展源来说，这种振荡现象或者要微弱得多，或者根本不会出现。在采用这一类装置时，就称镜筒组构成了一台调制准直仪。

本节所述及的是一些技术问题。作为结束，图 7-7 展示了有关 X 射线探测器的一项先进的方案，这一方案是容易理解的 —— 也许比

某些早期的设备更为容易理解。

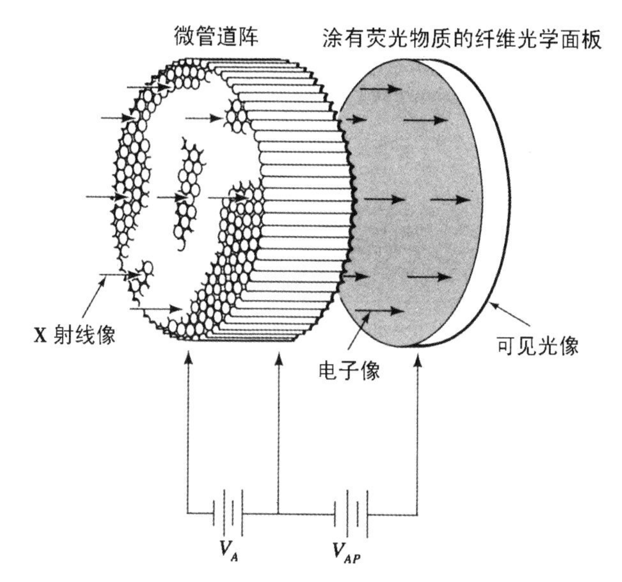

图 7-7　二维管道倍增器阵，它用来作为 X 射线的像增强器。X 射线像在微管道阵的入射壁内侧转换为电子像。沿阵列方向的偏压 V_A 使这些电子成倍成倍地增加，而管道的结构则使像的形状保持不变。由此得到的电子像经 V_{AP} 加速后，在荧光屏上产生出一个可见光像

我们仍然需要有一组平行的镜筒，在这里它们是一些密封的圆形筒子，窗口在左边，用以接纳 X 射线。镜筒内装有气体，比如说氙气；光电子在电场的引导下沿镜筒方向运动，同时又受到电场的加速作用，于是它们就会从气体原子中打出更多的电子。结果，在镜筒的内端形成电脉冲。然后，这些脉冲顺着图 7-7 中电压 V_{AP} 的方向进一步受到加速，直到它们击中荧光屏为止。原始 X 射线从左边进入仪器，结果是形成这些射线的光学图像——这一图像同电视设备上的像相类似。这时，天文学家就可以对它进行照相或做数字化记录以为进一步参考之用。

§7-2 来自太阳的 X 射线

太阳 X 射线在地球高层大气中造成电离层

笔者之一记得，在 20 世纪 40 年代中期，天文学家是怎样把关于太阳是否会有可能发出 X 射线的问题看作高度推测性的问题。他曾经同贝茨（D.R.Bates）共同提出，地球电离层的下部区域可能是由太阳 X 射线造成的。那时，地球大气中这些原子的电离层对于长距离无线电通信是极为重要的，它们通常从位于地平面以上大约 115km 高度的所谓 E 层开始，一直向上延伸到 F 层中 300km 以上高度的地方。白天，射电波经 E 层反向而折向下方。然而在夜间，构成 E 层的自由电子因自行同原子相结合而消失，这时射电波会到达 F 层，再从 F 层折回地球。这一现象使得夜间的通信距离有可能比白天来得长。有时，由于所谓的电离层短波衰落现象，会使全球范围的无线电通信网络遭到破坏。当时发现，短波衰落是由大约 80km 这一较低高度上暂现自由电子层——D 层的出现而引起的。人们发现短波衰落往往与太阳上大耀斑同时出现。

看到耀斑（如图 7-8 所示）出现和 D 层中自由电子的出现在时间上是一致的，这说明不管是什么作用产生了这些电子，它们必然从太阳出发并实质上以光速在运动。这一速度说明产生电子的因素很可能是某种形式的辐射 。这种辐射一定要能使得氮和氧这两种地球大气中的普通气体的分子发生电离（可见光不会使它们电离），而且辐射一定要穿透大气层，到达地平面以上大约 80km 的高度。同时考虑到这两个要求时，显然说明了 X 射线就是射电短波衰落的原因。

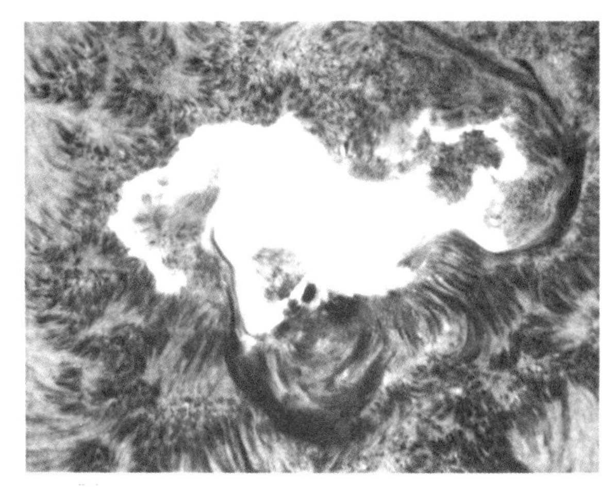

图7-8 太阳上的一个耀斑。耀斑造成粒子流并从太阳中抛出。这种粒子喷流快速地向外运动，有时会同地球相撞

这个问题在商业上相当重要，因而促使进行实验性研究的动力是很强烈的。当时已经可以很方便地使用一些小型的火箭，因而在二战以后，随着火箭技术的发展，有关射电短波衰落和它们同太阳活动间联系问题的火箭研究在美国海军研究实验室（NRL）很快地开展起来。1948年，也就是仅仅在首次探测到太阳射电发射后6年，人们发现了来自太阳的X射线。

与太阳活动周有关的太阳活动（参见第4章）可以使射电发射有很大的增强；同样，它也可以使X射线发射有很大的增强。我们已经知道，太阳在出现大耀斑时发出的X射线，要比它处于宁静阶段时（这时在太阳上即使有黑子也是很少的）强约1亿倍。

1956年查布（T.Chubb）和弗里德曼（F.Friedman）取得了一项

决定性的证据，从而说明射电短波衰落是由太阳耀斑的 X 射线发射引起的，时间尺度约为 1 小时。他们在美国船只“殖民地人民号”上装了十枚小型火箭，驶到离圣地亚哥大约 800 km 的海上，按照习惯做法每天发射一枚火箭。在这种常规性试验的第 4 天，他们从科罗拉多大学克林麦克思（Climax）天文台的汉森（R.T.Hansen）那里得知，太阳上刚好爆发出一个大的耀斑。他们立即发射了一枚火箭，而十分幸运的是，当火箭到达最大高度之际恰好正是耀斑达到极大活动之时，他们探测到了一次强烈的 X 射线爆发。查布和弗里德曼的这次远征还有着另一项重要的结果，这一点要在下一节中加以讨论。

太阳外层大气不仅温度很高，而且有着激烈的动力学活动

太阳有一个炽热的弥漫外层大气，温度范围为 100 万～300 万 K。这种非常炽热的大气会使得稀薄气体向外扩散，随着密度的逐步减小，一直延伸到离开太阳很远的地方，在图 7–9 中我们可以看到这种情况。图 7–9 是在日全食期间用白色可见光所拍得的一幅日冕照片；如图 7–10 所示，日全食也就是月球位于地球和太阳的正中间，于是太阳光就被月球遮住了。日冕的结构中有着许多条带，这说明有磁力存在。确实，图 7–9 清楚地说明了太阳的作用犹如一块巨大的磁铁。

正如我们从实际经验中所知道的那样，一团稠密的炽热气体会通过辐射而很快自行冷却。像日冕中所有的那种炽热弥漫气体也会自行冷却，但是因为密度很低，冷却所花的时间就要比稠密气体长得多。因此，日冕气体可能温度很高，而所发出的辐射则不是很强。所谓温度很高，我们指的是粒子的运动速率要比太阳光球（参见图 4–2）中

图 7-9　1973 年 6 月日全食时的日冕。日冕的形状说明了有磁力存在

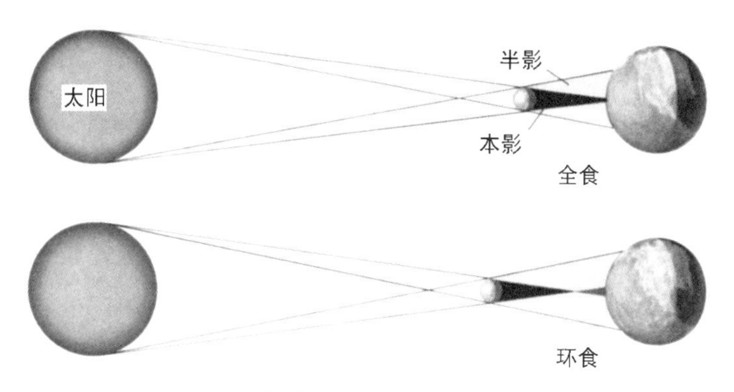

图 7-10　当月球位于地球和太阳之间时会发生日食。要使日食是全食，月球的本影必须到达地球。因为月球到地球的距离随时间而变化——月球绕地球的轨道并不是一个正圆，图中所表示的两种情况都会出现。环食发生的概率比全食大得多

气体粒子的运动速率大得多；后者温度较低，然而密度却比较高。尽管日冕粒子运动得很快，但它们在任何方向上都不会跑得太远，这是因为它们会反复地同其他粒子发生碰撞，图 7-11 中示意性地说明

了这一点。在这样的碰撞过程中就会发出辐射，因为碰撞速度非常大，由日冕中温度很高的气体所发出的这种辐射就同普通的可见光迥然不同（图 7–11）。日冕的辐射由紫外光和 X 射线组成。我们再一次要强调的是，尽管日冕会发出一种不寻常的辐射，但这种辐射的功率输出却要比光球中密度较高气体的发射小得多。

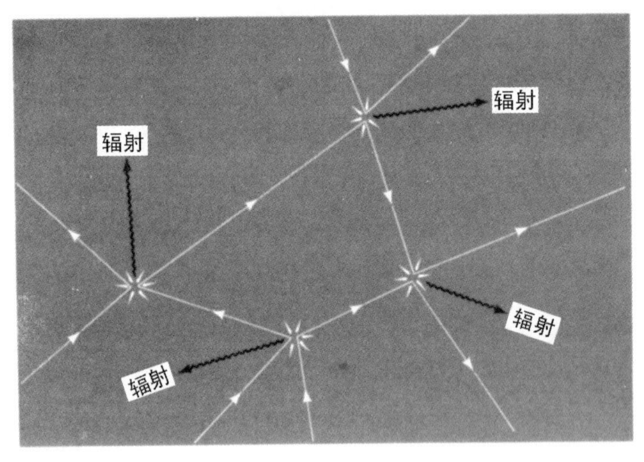

图 7–11　炽热气体中粒子运动的示意图。当一个粒子同另一个粒子发生碰撞时，它们的运动方向往往带有随意性。在一团温度足够高的气体内，碰撞之激烈程度足以能发出 X 射线

日冕中气体的温度是非常高的，因而对于太阳来说就不存在有比较明确的外部边界。粒子风以图 7–12 的方式持续不断地从日冕向外流出。到达地球时风内粒子的密度不是固定不变的，少则每立方厘米约 1 个原子，而极大强度时每立方厘米可有几百甚至数千个原子。风在强度最大时可以对地球磁场产生明显的干扰，引起所谓磁暴现象。这种风给行星、彗星和月球带来另外一些可以观测到的效应。

日冕中的弥漫气体为什么有这么高的温度呢？对这一问题的回

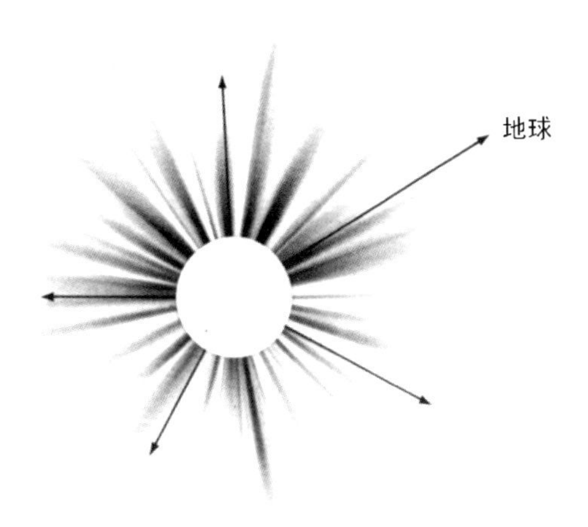

图 7-12　太阳发出稳定的粒子风，也发出比较强烈的粒子流。当粒子流到达地球上时会产生地磁暴

答看来根源在于光球层下面的对流运动，图 7-13 示意性地说明了这一点，我们将要在第 8 章讨论造成这些运动的原因。对流运动的结果就会产生出声波，它们向外运动，进入太阳大气；随着高度增大导致气体密度的减小，声波就变得越来越强烈。换句话说，粒子因这些声波的作用而不断地来回振动，而且随着气体密度的减小这种振动式运动就变得越来越激烈。粒子间的碰撞最终会使这种波状运动耗散而转化为热量。运动最激烈的地方，也就是在日冕内，加热效应最为强烈。这个过程很可能要比现在的简单描述中可以看到的情况要复杂得多。毫无疑问，磁场也是在起作用的，特别对于决定日冕各部分之间的温度变化来说更是如此，这可能是通过把能量从磁场转移到日冕气体中而起作用的。所以，我们差不多可以肯定，磁场就是造成日冕中这种特殊热斑的原因，而特强的 X 射线发射便是从这些热斑中发出的。毫无疑问，像图 7-14 中所表示的那些带着环状结构的热区就同磁场联

系在一起，而事实上通常称为太阳活动的各种现象（包括太阳黑子在内）也都是如此。

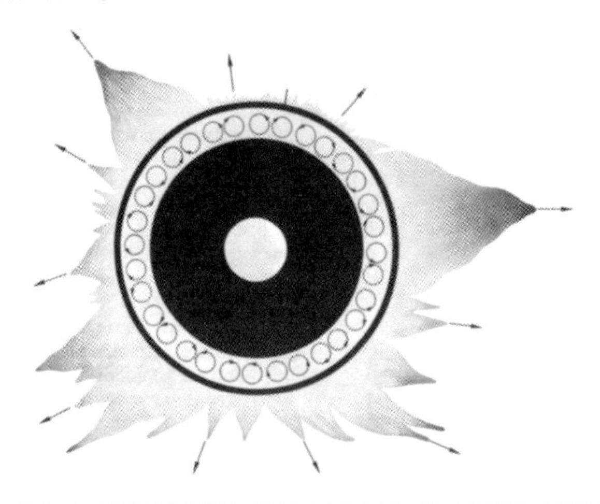

图 7-13 太阳结构的示意图。能量从中央核内产生。然后，通过辐射把能量带到表面以下的一圈环带中，在那儿带来的能量造成了对流运动，而这种运动可以很好地用来解释太阳活动周

图 7-14 太阳上巨大的日珥。日冕中气体在重力和磁力两者的影响下逐渐冷却，并不断地运动

太阳活动的程度决定了太阳 X 射线发射的强度大小。当太阳处于活动期时，就会有黑子出现，像图 7-14 中那样的拱形结构，以及表现出有飘带复合结构的日冕。这时的 X 射线发射要比太阳处于最宁静期间强 10 万~100 万倍。

耀斑活动期间太阳所发出的 X 射线最强

太阳照片中的亮区域是由日冕中的热区造成的，耀斑在太阳大气中出现时的位置要比这些热区低得多。事实上，耀斑出现的区域并不比光球高出很多，太阳的大部分可见光是在光球层高度上发出的。耀斑的 X 射线发射过程与通过图 7-11 示意性说明的情况是一样的，这也就是快速运动电子与其他粒子的碰撞过程。然而，耀斑中的快速运动电子不是简单地通过热作用，而是通过强烈的放电作用产生出来的。它们称为是非热的，从起源和性质上讲，它们同第 4 章有关同步加速辐射发射问题中所讨论到的快速运动电子相类似。因为就单个粒子而论，耀斑中电子的能量比日冕中电子的能量来得大，所以它们所发出的 X 射线就有着较高的频率，约在 10^{19} Hz 以上。正是由于频率比较高，耀斑 X 射线同日冕的 X 射线相比可以比较深地穿入地球大气层。正是这种较深的穿透作用造成了暂现性的 D 层，从而引起射电短波衰落，而这种短波衰落在商业上的重要性便导致人们在地球大气层范围之外进行了第一次 X 射线研究。事实上，X 射线天文学的黄金时代可以说就是从那些在商业上的重要性刺激下所做的研究工作开始的。

§7-3　天蝎 X-1——太阳系之外所发现的第一个 X 射线源

1956 年，查布和弗里德曼证实了太阳耀斑是射电短波衰落的原因，而除了完成确认的目的之外，他们还做出了一项重要的发现，这项发现同扬斯基发现射电波是相类似的。就同发现银河系射电波是沿银道面方向的一种普遍性嘶叫声一样，查布和弗里德曼发现在他们的 X 射线探测设备所指向的许多不同的方向上都接收到有弥漫的 X 射线。1933 年，在有关弥漫射电波怎样会产生的认识上曾经出现过某种疑问（1933 年人们还没有想到由高速电子产生出宇宙同步加速辐射）；1956 年的情况也是一样，当时对弥漫 X 射线怎样才能产生的理解上也存在着一种不可思议的奥秘。当然，人们曾经试图应用我们在有关太阳问题上已经描述过的那种概念。但是，在星际气体中密度太低，图 7-11 的那种图像是不适用的，那里很少会出现一种合适的高能型碰撞。由于银河系普遍磁场的强度实在太低，除了产生射电波（扬斯基的嘶叫声）外很少再有其他方面的作用，所以由同步加速辐射产生出弥漫宇宙 X 射线也是不可能的。

正如我们将要看到的那样，有这样一种过程——它是由笔者之一首次提出的，宇宙空间的弥漫 X 射线可以通过这一过程产生出来。但是，这种过程在 1956 年是不可能想到的，因为它取决于直到 1965 年才做出的一项发现，这就是由彭齐阿斯和威尔逊所发现的微波背景。所以，在 1956 年，唯一能得出的推论是，查布和弗里德曼所发现的弥漫 X 射线是由许许多多比较暗弱的源造成的，它们的角范围很小，因而无法通过探测设备把它们一个一个地区分开来。不过，同射电波情况不同的是，从一开始就清楚地看到，有许多 X 射线源应当位于我们的银河系之外，因为弥漫 X 射线并不只限于银河自身所在的方向。

大约在 1960 年，第二个 X 射线研究小组成立，其中有麻省理工学院（MIT）的罗西（B.Rossi）和克拉克（G.W.Clark）以及美国科学工程协会（ASE）的贾科尼（R.Giacconi）、保利尼（F.Paolini）和格斯基（H.Gursky）。在洛克希德公司，以费希尔（P.Fisher）为首的另一个小组也开始从事 X 射线方面的工作。MIT-ASE 小组的第一个目标是要探测由月球所散射（因荧光作用造成）的太阳 X 射线，而从嗣后不久所发生的情况来看，这个目标好像实在是太微不足道了。1962 年 6 月 12 日子夜，他们把一枚火箭发射到大约 230 千米的高度。火箭上装有三个 X 射线计数器，其中的两个在整个 350 秒钟的观测时间内工作得很正常。当计数器指向西南偏南（指地球方向）时，发现了一个软 X 射线源，强度约为每平方厘米面积上每秒内穿过 5 个量子。这个讯号比预期有的、甚至比希望收到的还要强得多。如果它来自一颗近距星，那么这颗恒星的 X 射线功率输出要超过太阳的 1000 万倍。后来，当人们证明它在天空中的位置处于天蝎星座之内，就把这个 X 射线源命名为天蝎 X-1。

应当注意的是，在这项极为重要的天文学发现中，所使用的火箭是由美国空军而不是由国家宇航局提供的。军事部门同诸如麻省理工学院这类研究机构之间的进一步科学合作很快受到曼斯菲尔德修正案的禁止。因而在天蝎 X-1 发现后的十多年时间内，X 射线天文学表现为同国家宇航局之间只有少量的联系，人们对它不予重视，列入无关紧要的计划之列。

到 1964 年，天蝎 X-1 的问题已经明朗化了。这时应该以足够的精度来确定这个源在天空中的位置，因而值得用诸如帕洛玛山 200 英寸（1 英寸约为 2.54 厘米）镜一类的光学望远镜来开展一场搜索。对于一颗不寻常恒星（或者某种别的不寻常天体）的这场搜索必须在 X 射线观测不确定性所及的整个天空范围内进行，而如果这个范围太大，那么搜索工作就会好比是大海捞针。为了限制不确定性的范围，雄田（M.Oda)、布雷特（H.Bradt）、加米厄（G.Garmire）和斯帕达（G.Spada）等人在麻省理工学院研制了 §7-1 中所介绍的调制准直仪。嗣后，美国科学工程协会的格斯基把这台准直仪安装在火箭的一个仪表舱内，并最终于 1966 年 3 月 8 日送入太空。

对这次飞行所得结果的分析给出了这个源两个可能的位置，即

赤经	赤纬
$16^h17^m07^s \pm 4^s$	$-15^\circ 30' 54'' \pm 30''$
$16^h17^m19^s \pm 4^s$	$-15^\circ 35' 20'' \pm 30''$

用 ± 号表示的误差之小说明了在短短的几年之内技术上所能取得的进展是惊人的。第一次 X 射线测量的误差约为 $\pm 2^\circ$，或者说要大上 250 倍左右。

现在就可以有效地对上述位置所限定的两块天区来进行光学搜索了。1966 年 6 月东京的雄田和他的几位同事，以及帕洛玛山的桑德奇，在赤经 $16^h17^m04^s.3$、赤纬 $-15^\circ 31' 13''$ 的位置上发现了一颗 13 等的特殊恒星。全部结果是综合在一起加以发表的，作者有桑德奇、奥斯默（P.Osmer）、贾科尼、戈伦斯顿（P.Gorenstein）、格斯基、

沃特斯（J.R.Waters）、布雷特、加米厄、斯利坎坦（B.V.Sreekantan）、雄田、小沢等（1966 年，*Astrophysical Journal*，146，316）。图 7-15 中画出了由 X 射线观测所决定的两块不确定性区域，箭头伸入其中一个区域，它所指出的就是帕洛玛的证认结果。

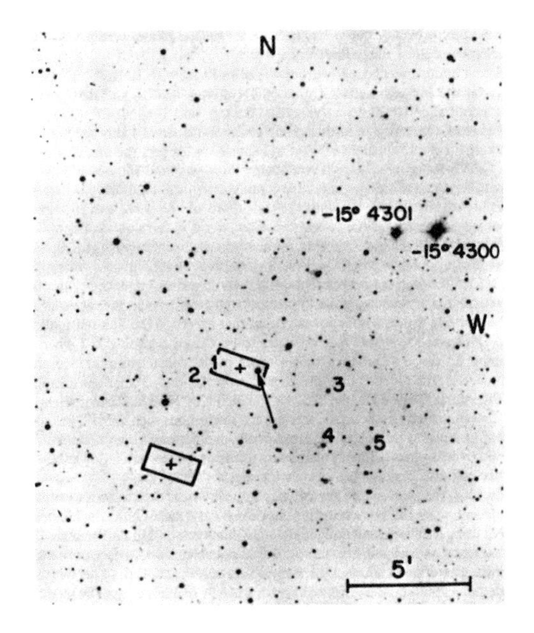

图 7-15 X 射线源天蝎 X-1 的证认结果，它位于箭头所指出的位置上

§7-4 蟹状星云和其他的一些 X 射线源

事实已经证明，X 射线天文学的发展同射电天文学的发展有着惊人的相似之处，这意味着我们的老相识蟹状星云在故事开始之时就必然会出场。1963 年，紧接着天蝎 X-1 之后不久，由弗里德曼领导的海军研究实验室小组对蟹状星云进行了证认。当然，人们对蟹状星云

物理性质的了解要比对天蝎 X-1 多得多。后者在这一时期只是一颗性质未明的“恒星”。人们知道蟹状星云通过同步加速过程发射出可见光，而这种发射要求图 2-7 下部所示的蓝光区域内既存在有高能电子，又要有一个比较强的磁场。会不会有一些电子具有很高的能量，以至它们所发出的是 X 射线而不是普通的可见光呢？毫无疑问，这种可能性是必须加以考虑的。如果这一点被证明是正确的话，那么 X 射线应当来自一个延展区域，其大小足以同图 2-7 中的可见星云相比。

还有着另外一种可能性，这就是在星云内存在着一个高度致密的中央天体。如果这第二种可能性是正确的话，那么 X 射线应当来自点状天体，而不是来自延展状的可见星云。问题是如何对这两种可能性做出判别。

在 1964 年，X 射线探测设备的方向性并不是很精细的，因而不可能以一种直接的方式来解决这个问题。海军研究实验室小组利用了一次特殊的天象，它同哈泽德 1963 年发现类星体那项工作中所用的方法是相类似的。

月球恰好在 1964 年经过蟹状星云所在的位置。如果 X 射线来自延展状星云，那么月球是慢慢地把射线遮掉，这一过程大约需要 12 分钟时间。但是，如果 X 射线来自一个点源，那么全部射线会一下子被遮掉。这里有一个技术性方面的问题，那就是在月球到达蟹状星云中央部分（即现在我们知道是脉冲星 NP0532 所在的地方）这段很短的关键性时间内，火箭应位于大气层之上。

图 7–16　蟹状星云 X 射线源（虚线圆圈）同可见光照片相比较的情况。半径很大的那条曲线代表月球在掩去 X 射线源中心时从火箭上看到的月球边缘位置。X 射线源的中心（已经在资料发表之后就火箭的运动做了一项改正）同脉冲星的位置靠得很近。这项观测又表明了 X 射线源的范围在沿月球视运动方向上约为 2′。虚线圆圈代表了 X 射线源的两维尺度和位置，这是从探空火箭上用调制准直仪所确定的结果。大约有 10% 的 X 射线是由脉冲星 NP 0532（箭头）单独造成的，而两项观测的分辨率都不足以探测到这一点

1964 年 7 月 7 日，一枚火箭适时到达应有的位置，当月球经过 NP 0532 图 4–14 中的恒星状脉动天体所在的位置时，它的 X 射线计数器所指示的只是一种缓慢的变化。图 7–16 所表示的是 NP 0532 被掩瞬间月球边缘的位置。对结果的详细分析首先是由鲍耶（S. Bowyer）、拜拉姆（E. Byram）、查布和弗里德曼在 1964 年取得的，后来在 1967 年，雄田和他的几位同事也做了同样的工作（*Astrophysical Journal*，184，L5）。这些分析表明，在蟹状星云所发出的 X 射线中，至少有 90% 来自一个展源，其延伸范围广及图 7–16 中虚线圆圈所占的区域。尽管这项结论仍然承认也许存在着有 10% 的发射来自中央源（现在已经知道是脉冲星 NP 0532）的可能性，但

是这种可能性看来最初并没有引起人们的重视。

正如结果所表明的那样，NP0532的幽灵并不打算屈服。不久，X射线探测设备的气球飞行观测，特别是麻省理工学院所做的工作，表明蟹状星云正在发出频率越来越高的X射线，它们要比1964年所测得的频率高得多。所有这些极高频率的发射全部有可能来自图7-16中的延伸圆圈内，这一点开始显得令人难以相信了。即使如此，在根据NP0532的光学和射电性质发现这颗脉冲星之前，如何区别点源和延伸圆圈的问题似乎是难以解决的（因为月球要到1973年左右才会再一次扫过蟹状星云所在的位置）。

在第4章中已经讨论过，NP0532以每秒33次的变化率发出射电和光学脉冲（图4-14）。因此，情况很清楚，把NP0532从图7-16的虚线圆圈中辨别出来的途径就是要去寻求有严格相同变化率（每秒33次）的X射线闪烁。人们竞相进行对这种X射线闪烁的探测，在1969年内相隔不长的一段时间中，海军研究实验室和科学工程协会——麻省理工学院小组、哥达德空间研究中心以及法国萨克莱（Saclay）研究中心都取得了成功。引起光学和X射线闪烁的物理过程是相同的，对于这一点看来是没有任何疑问的了。作为比较，图7-17综合表示了这些闪烁的情况。这个共有的过程很可能就是在第4章中所描述过的那一种，那里是在图4-19中加以说明的。

现在可以把蟹状星云的射电、光学和X射线发射放在一起来进行比较了。在第4章中，我们已经解释过由频率ν到某一邻近频率$\nu+d\nu$这一范围所构成的带宽的概念，以及把这一带宽范围内（通过

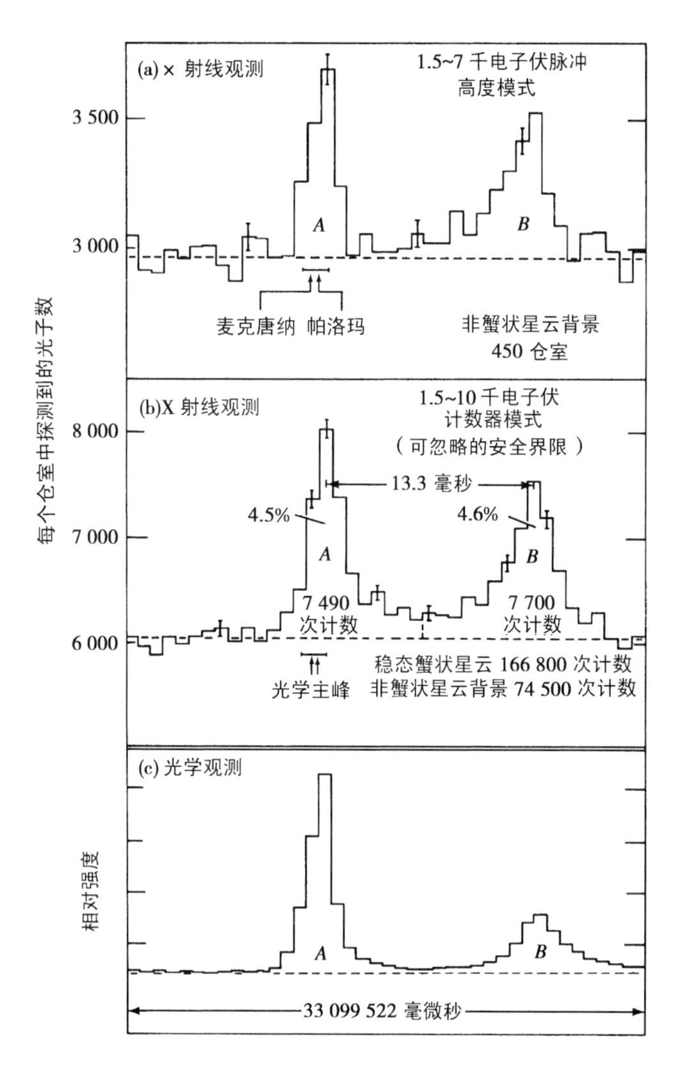

图 7–17　蟹状星云脉冲星时间结构的可见光和 X 射线观测的比较，这些观测是同时进行的。图中资料取自长达数分钟的一段连续观测结果

天文学家望远镜单位面积）所接受到的能通量记为 $F(\nu)\,d\nu$ 的概念。如果单位面积取为 $1\,m^2$，接受能量的时间间隔取为 1s，并且用 W · s（$1\,W\cdot s=\frac{1}{1000}\,kW\cdot s=10^7\,erg$）来量度能量，那么图 7–18 左边标度上所注的量就是 $\lg F(\nu)$，该图中的水平标度就是以 Hz 为单位的辐射频率，也用对数表示。

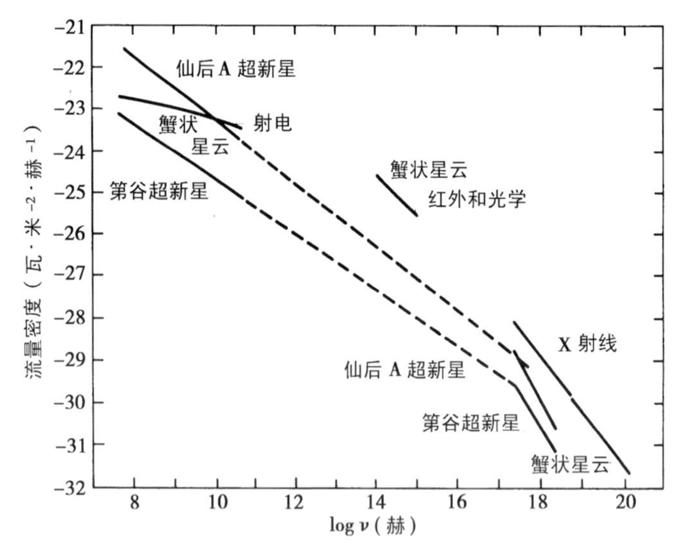

图 7–18　三颗超新星遗迹的电磁波谱。一颗是蟹状星云，一颗是为第谷 · 布拉赫所观测到的超新星，第三颗称为仙后 A。以每秒周数（Hz）表示的频率的对数构成横坐标。纵坐标是所接受到的能通量的对数，用每平方米、每秒周数（Hz）内的瓦数来量度

图 7–18 中所表示的不仅有蟹状星云，而且还有另外两个天体。它们是仙后 A 和“第谷”超新星，前者是取得证认的第一个射电源（1948 年）。这两个天体有着与蟹状星云相同的某种重要的演化特性。这三个天体都是超新星爆发后的遗迹（第 4 章和第 8 章）。

1572 年第谷 · 布拉赫观测到一颗明亮的超新星，在大白天也能够见到。1952 年，汉伯里－布朗（R.Hanbury-Brown）和哈扎德在第谷记录到超新星出现的天区位置上探测到一个射电源。但是，今天在第谷超新星的方向上除了几个暗淡的亮条外，用目视观测方法就几乎什么也看不到了。1967 年鲍德温（J.E.Baldwin）发表了该射电源的一幅美丽的 21cm 射电图（图 7-19）。

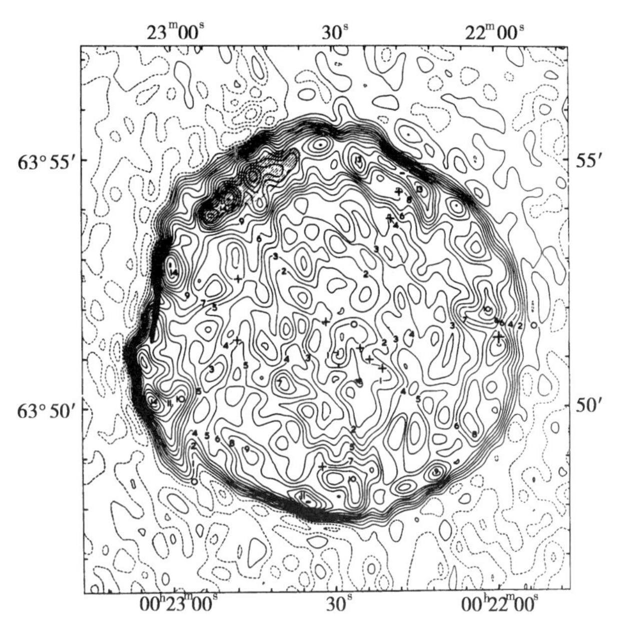

图 7-19　第谷 · 布拉赫超新星射电图，波长 21.3cm，左边的标度是赤纬，底部是赤经

就目前所知，在仙后 A 的位置上从来没有记录到有超新星。仙后 A 位于银河中星光消光现象很严重的一个天区内，人们相信这颗超新星很可能只是在几个世纪之前才出现的，因为位于暗星际尘埃云的后方而没有被观测到，事实上我们星系内大部分超新星的情况也可能是

这样的。

我们回过头来看图 7-18，应该注意不要对射电、光学和 X 射线区之间的关系做出错误的解释。这些关系并不意味着蟹状星云在射电区发出的能量比在光学区来得多，而在光学区所发出的能量又要比在 X 射线区来得多。情况恰恰相反，蟹状星云所发出的 X 射线能量大约要比可见光多 5 倍，而它以 X 射线形式所发出的能量要比射电波强好几千倍。出现这种相反情况的原因是图 7-19 左边的标度一定要乘上带宽之后才是能量。当然，X 射线的带宽（每秒周数）要比较低频率的辐射宽得多。

脉冲星是宇宙射线的发源地

总起来说，如果把所有频率的辐射加在一块，并且补充上波谱中的不可观测部分，那么蟹状星云的能量发射率约为 $2\times10^{37}\mathrm{erg\cdot s^{-1}}$，这差不多是太阳所输出能量的 5000 倍（蟹状星云的功率输出约为 2×10^{27}kW；与此相比，太阳为 3.8×10^{23}kW）。这样的功率是从哪里来的呢？根据 §4-4 后面部分的讨论，答案是：来自构成 NP 0532 那颗中子星的自转运动，这一功率是因自转运动的减慢而得来的。由于对蟹状星云所发出的脉冲的观测可以做得很精确（图 4-14 和图 7-18），我们就可以通过把脉冲频率同高精度的地球钟相比较来对上述的观念加以检验。如果中子星的自转在减慢，那么所测得的脉冲频率应该随时间而逐渐降低。情况正是如此，大约每年减小两千分之一。只要对中子星的质量做一合理的估计，比如说 2 ⊙，并且通过计算又知道具有这一质量的中子星所必定有的大小，那么我们不难把对这颗恒星所测得的减慢运动换算为某种能量损耗率。经过这样的换算我们发现，蟹状星云中子星正以大约 3×10^{38} erg · s^{-1} 的损耗率在失去它的自转能。同为了说明由这个非凡天体发出的全部射电波、光以及X射线所需要的损耗率相比，这个数字大了10倍以上。那么，是否在某个地方有计算错误？或者，蟹状星云是在发出更多的能量呢？能量肯定会比我们实际观测到的来得多。我们在§4-4的最后部分已经知道，当中子星大气中粒子旋转运动加快到速度非常接近于光速时，磁封闭区的力线就会开裂，这时粒子便能够携带着很高的能量逸入外部世界。很可能，这些粒子的能量并不都仅仅限于由电子所携带的能量。质子所携带的能量，以及也许还有复杂原子所携带的能量，是不可能轻而易举被探测到的。作为高能粒子的质子和原子首先被送到蟹状星云的延展部分，它们最终会从那里逸入星际空间。很可能这一过程便是形成宇宙射线的主要来源。因此，由NP0532自转减慢而产生的主要能量输出也许都已加入到宇宙射线中去了。

§7-5 第一个X射线星系

1970年，弗里德曼领导的海军研究实验室小组明确地探测到了第一个强X射线星系，该项发现所走过的历史进程再一次表现为同射电天文学的进展过程相类似。所发现的星系是M87，这是一个有着特殊内喷流的星系，如图4-24所示。喷流是一个强X射线源，但是在外部还存在着一个很重要的星系晕，延伸范围极为庞大。由图7-20示意性说明的结构是后来从自由号巡天（将在§7-6中讨论）所揭示的结果而得来的。

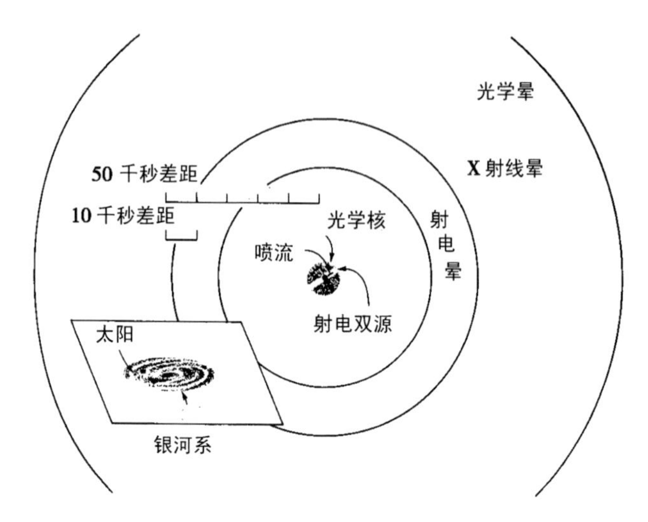

图 7-20　M87 的示意图。这幅图给出了有关这个活动巨椭圆星系总体结构的某种概念，其中画入了我们自己的星系以资比较。我们对造成这一结构状态的原因所知甚微。通常认为，光学核是从原初介质中凝聚出来的一批恒星，而射电双源和喷流则在过去时候从内部区域中抛射出来的。对几个晕的起源并不清楚，它们可能是由于内部区域中的剧烈活动的激发而形成的，或者可能是因为物质跌入由中央质量形成的引力势阱之中而造成的

弥漫 X 射线由逆康普顿效应产生

M87 晕的发射所涉及的范围非常之大（达 10 千秒差距 $=3.26\times10^4$ 光年），因而我们必然要问，什么过程能够在如此巨大的空间范围内产生出如此高频繁的辐射。这一过程不可能是图 7-11 中的简单碰撞，因为当电子和质子间的碰撞十分频繁时才能产生出如此高频率的辐射，而晕内气体的密度离开满足这一要求还差得很远。这一过程也不可能是同步加速辐射，因为这时所要求的电子能量（或者磁场强度）之高是令人难以置信的。但是，当辐射量子被快速运动电子所散射时，这些量子往往会获得能量。如果电子运动得足够快，那么辐射的这种

能量跃迁可以很大。因此，如果可见光（或者甚至射电辐射）为快速运动电子所迸回，X 射线就产生出来了。这个过程称为逆康普顿过程，对于那些非常强的弥漫 X 射线来说，逆康普顿过程是作为其发射机制的一种强有力的竞争者。如来自图 7-16 所示蟹状星云中圆形小区域的 X 射线即属此例。

逆康普顿过程要求有电子存在，且运动速度接近于光速，这一点与同步加速过程一样，后者也要求有电子存在，并且运动速度要接近光速以产生出射电波。但是，同步加速过程还要求有磁场存在，而逆康普顿过程则要求有现成的较低频率辐射。这种现成的辐射可以有三种截然不同的来源。在星际空间中，它可以是普通的星光，以这种方式把逆康普顿过程应用于 X 射线的产生是由费尔顿（J.E.Felton）和莫里森（P.Morrison）首先进行讨论的。或者，这种辐射可以在一个特殊的 X 射线源内部由该源本身加以提供，例如由同步加速过程提供的辐射即属此类。因此，同步加速过程可以为逆康普顿过程起着一种输入机制的作用。图 7-17 中虚线圆圈范围内必然正在发生着两类过程之间的这种连锁影响，那里存在着一些快速运动电子，它们通过同步加速辐射产生出可见光。然后，这种自产生光又与这些快速运动电子相碰而回迸，同时产生出 X 射线。最后，X 射线有时会出现二次回迸，从而产生出更高频率的辐射，即 γ 射线，从蟹状星云那里也已探测到了这种射线（这是在地面上通过对 γ 射线穿过大气时的一些效应的观测而测得的）。

但是，从图 7-20 中巨大的星系晕所发出的 X 射线仍然可算作是一个奥秘。如果它们产生于逆康普顿过程，那么快速电子回迸的辐射又从何而来呢？这不会来自同步加速过程。尽管同步加速过程被认为是造成 M87 射电晕（在图 7-20 中亦有标注）的原因，但这些射电波的强度太小，根本不能用来解释巨大的 X 射线输出功率。又因为 X 射线晕要比 M87 的光学范围大得多，所以星光作为逆康普顿过程的辐射供应源来说强度也是太小了。笔者之一认为，这一难题的解答得仰仗于彭齐阿斯和威尔逊 1965 年所发现的微波辐射。单位体积的这种辐射能量在任何地方都是一样的。在星系内部，辐射能大致与那里的星光相同。在星系外部，比如在图 7-20 中的晕内，单位体积的微波背景能量，要比遥远的 M87 恒星星光或所有其他星系中的恒星星光来得强。由于这一点，微波背景辐射便成为图 7-20 中晕 X 射线最为有效的来源。

尽管 M87 也是一个射电星系，但它绝不是最强的射电星系，注意到这一点是很有意思的。确实，尽管天鹅 A（图 4-4）离开我们要比 M87 远得多，但它所给出的射电讯号却比 M87 强得多。在下一节中要介绍的自由号巡天中，发现天鹅 A 是一个 X 射线源，但要比 M87 弱得多。因此，对这两个星系来说，射电和 X 射线的作用正好彼此相反，M87 是强 X 射线源，而天鹅 A 则是强射电源。为什么竟然会有这两种相反的情况出现呢？对这一问题的回答，看来在于因星系中央区域内的爆发而引起高速电子发射以来所经历的时间长度。看来，M87 中爆发所出现的时间比较近，它的 X 射线发射处于早期阶段，而强射电发射所持续的时间要比 X 射线发射长得多。尽管几乎可以肯定天鹅 A 中的爆发比较厉害，然而 M87 中的爆发时间却比较近。

§7-6　自由号巡天观测

自由号卫星原是美国国家宇航局的一项较小的研究项目，但是它所取得的具有永久性科学价值的结果，却要比宇航局的大多数大项目来得多。卫星于 1970 年 12 月 12 日发射，但科学工程协会早在 1964 年就已开始制定卫星的研究内容。然而，直到 1966 年宇航局才在戈达德空间飞行中心为科学工程协会找到了适当的合作者，当时指定由该中心来安排执行这项计划。

自由号所携带装备的目的是绘制能通量大于 2×10^{-10} erg · cm^{-2} · s^{-1} 的全天 X 射线源图，结果发表于后来称为 3U 星表的一份资料中（*Astrophysical Journal Suppl.Series* 2，27）。图 7-21 表示了这些结果，图中所用的是银道坐标。对每个源所给出的点子大小表示了这些源所测得的强度，最强的源用最大的圆点表示。银道面沿图 7-21 的中央

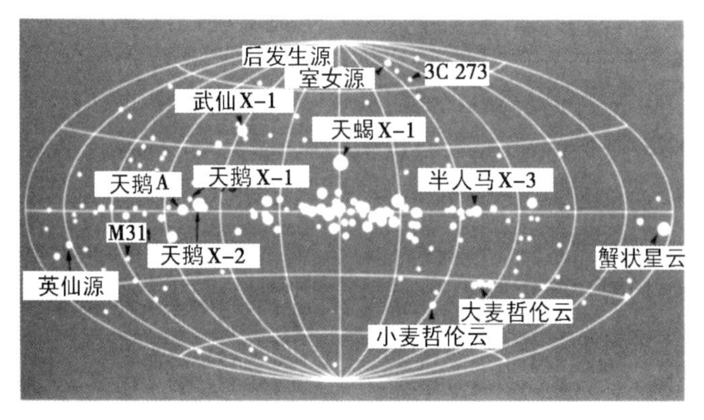

图 7-21　由 3U 星表所得到的银河坐标 X 射线天图，图中表示了每个 X 射线源的大致位置。圆点的大小同源强度的对数成正比。图中注明了几个有重要天体物理意义的 X 射线源

水平线，图的中心即为银河系中心所在的方向。就同普通的全球地图画在一幅平面图上的情况一样，这里是把整个天空（天球）描绘在一张平面图上。图中最外围那条曲线上有相同纬度的点属于天空中的同一点。

表7-1给出了可以同光学可见天体相证认的那些3U X射线源，图7-22所展示的则是其中的一个。这些源中有若干个我们在前面已经谈到过了。如果从上到下在表7-1中挑出以前讨论过的那些天体，其中就有：M31，即仙女星云；第谷超新星；蟹状星云；3C273，第一个发现的类星体，现在是第一个表现为X射线源的类星体；M87，第一个X射线星系；NGC 5128，第一个取得光学证认的射电星系；天蝎X-1，第一个X射线源；天鹅A，第一个观测到的射电星系；以及仙后座A，第一个取得光学证认的射电源。

表7-1 已认证的X射线源

3U0021+42	M31
3U0022+63	第谷超新星遗迹
3U01115-73	桑杜利克160小麦哲伦星云
3U0254+14	Abell 401（星系团）
3U0316+41	Abell 426（英仙星系团）
3U0521-72	大麦哲伦星云
3U0527-05	M42
3U0531+21	蟹状星云
3U0532-66	大麦哲伦星云
3U0539-64	大麦哲伦星云
3U0540-69	大麦哲伦星云
3U0820-42	船尾A

续表

3U0833-45	船帆 X
3U0900-40	HD 77581
3U0901-09	Abell 754（星系团）
3U1044-30	Abell 1060（星系团）
3U1118-60	半人马 X-3
33U1144+19	Abell 1367
3U1207+30	NGC 4151
3U1224+02	3C 273
3U1228+12	室女星系团（M87）
3U1231+07	IC 3576
3U1247-41	NGC 4696（星系团）
3U1257+28	Abell 1656（后发星系团）
3U1617-15	天蝎 X-1
3U1322-42	NGC 5128（半人马 A）
3U1551+15	武仙星系团
3U1617-15	天蝎 X-1
3U1653+35	武仙 HZ
3U1700-37	HD 153919
3U1706+78	Abell 2256（星系团）
3U1956+35	HDE 226886（天鹅 X-1）
3U1957+40	天鹅 A=3C 405
3U2142+38	天鹅 X-2
3U2321+58	仙后 A

我们现在要来谈一下这张表中的其他一些成员。大、小麦哲伦星云（大麦云和小麦云）在第 9 章中讨论（参见图 9-11 和图 9-12），几个恒星系统在 § 7-8 中做更详细的考虑。这些天体是 HD 77581、半人马 X-3、HZ 武仙（武仙 X-1）、HD 153919，以及 HDE 226868（天鹅 X-1），这是一个强有力的黑洞候选天体。

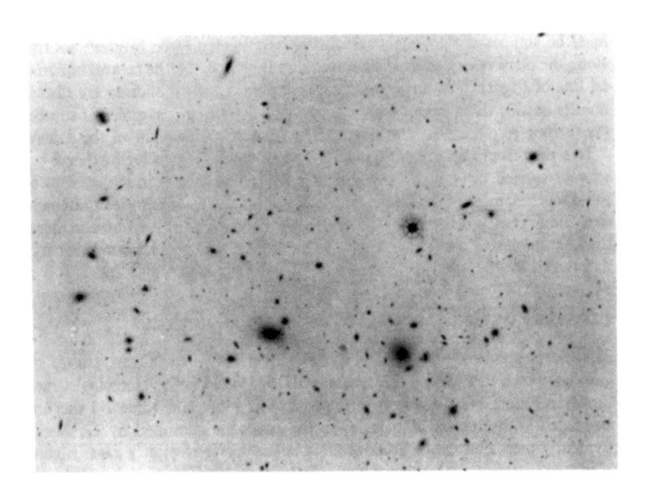

图 7-22 后发富星系团的一部分，其中有许多椭圆星系和旋涡星系，离开我们约 4 亿光年。这类星系团对于确定非常远的距离起着重要的作用

表 7-1 第一栏中，3U 后的数字代表用赤经、赤纬表示的天体在天空中的位置。因此，1950 年 1 月 1 日 00.00 时 3U1956+35（天鹅 X-1）的位置是 $\alpha=19^h56^m$，$\delta=+35^\circ$。只要像图 7-21 中那样按银河坐标（而不是赤经、赤纬）把这些源标明出来，我们就马上能够把属于我们自己星系的源同不属于它的那些源粗略地分离开来。请注意，比较明亮的源大量地向着银河中心聚结。很明显，这些源中的绝大多数（如果不是全部的话）必然是我们星系内的源。沿着银道面的大多数比较明亮的源（如果不是全部的话）也位于银河系之内。但是，离开图 7-21 中央水平线的大部分源（但不是全部）则是我们银河系之外的遥远天体。有武仙 X-1 以及天蝎 X-1，它们就是属于我们星系的 X 射线源，但是位于银河平面之外。

从图 7-21 不难预测，如果进一步的 X 射线巡天观测能够做到更暗的灵敏度极限，那又会发生些什么。就像射电源巡天中一样，大部分较暗的X射线源会在整个天空均匀分布，因为它们是我们银河系之外的源。对1956年所发现的弥漫X射线背景做出贡献的应当是这些越来越多的暗源。

星系团往往是X射线源

图7-21中注有"后发座源"的X射线源属于图7-22所示的后发星系团，而3U1551+15是图7-23所示的武仙星系团。表7-1中还有另外7个源与阿贝尔（G.Abell）所编表中的星系团相处在一起。因此，星系团必然是一些多产的X射线源。图7-24以我们自己星系所隶属的本星系群为中心，本星系群中的成员详细列于表7-2。图7-24示意性地表示了半径约为10^8pc（1pc=3.26光年）的一个球形区域，其中包含有NGC5128（半人马星系团）以及后发和英仙星系团。表7-1中其他的星系团位于这一球形区域之外，其中大部分都离开这一区域很远。

表7-2　　本星系群

名称	大致距离（光年）	赤	经	赤	经	类型
银河系						Sb
NGC224（M31）	2×10^6	00°	40′	41°	00′	Sb
NGC221(M32)	2×10^6	00	40	40	35	Ell（矮星系）
NGC205	2×10^6	00	38	41	25	Ell(矮星系）
NGC598（M33）	2×10^6	01	31	30	25	Sc
NGC147	2×10^6	00	30	48	15	Ell（矮星系）
NGC185	2×10^6	00	36	48	05	Ell(矮星系）

续表

名称	大致距离（光年）	赤	经	赤	经	类型
IC 1613	2×10^6	01	03	01	50	Irr(矮星系)
NGC 6822	1.5×10^6	19	42	-14	55	Irr(矮星系)
狮子Ⅰ星系	9×10^5	10	06	12	35	EII(矮星系)
天炉星系	8×10^5	02	38	-34	45	EII(矮星系)
狮子Ⅱ星系	7×10^5	11	11	22	35	EII(矮星系)
天龙星系	3×10^5	17	19	58	00	EII(矮星系)
玉夫星系	3×10^5	00	58	-34	00	EII(矮星系)
大熊星系	2×10^5	15	08	67	20	EII(矮星系)
大麦哲伦星云	1.7×10^5	05		-69		Irr(矮星系)
小麦哲伦星云	1.7×10^5	01		-73		Irr(矮星系)
可能的成员						
马菲Ⅰ星系	8×10^6	02	33	59	25	EII
马菲Ⅰ星系		02	38	59	25	EII

图7-23 武仙内的一个富星系团，距离我们约为6亿光年，其中有许多旋涡形的星系

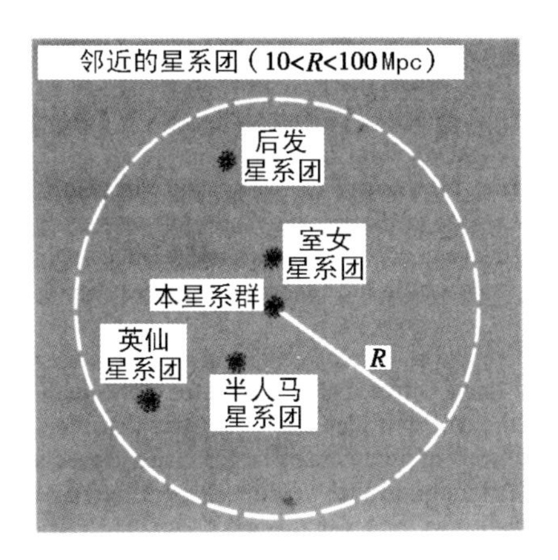

图 7-24 100 Mpc 范围内的星系团。距离一远，星系团的分布就变得越来越均匀

人们已经提出了两种理论来解释星系团所发出的X射线。一个是因微波背景辐射从高速电子上迸出而引起的逆康普顿过程，这些电子是从团内星系中逃逸出来的。另一种理论在1971年由冈恩（J.Gunn）和戈特（J.Gott）提出，这要回到图 7-11 中所说明的粒子碰撞概念。这种退回到碰撞模型的做法初看起来会使人感到不可思议，因为团内星系际的气体密度必然是很低的。重新起用碰撞概念的论点是认为团内星系际气体的数量可能要比天文学家一贯所认为的多得多。尽管每个体积元内碰撞出现的频率必然很低，但整个体积内的碰撞总数也许还是相当可观的，这是因为星系团的总体积极为庞大（约为 10^{75} cm^3）。

§7-7 密近双星和食双星

本节是 §7-8 的预备性内容。有两颗恒星的系统通常称为双星，两星以图 7-25 所示的方式绕着公共中心，即质心运转。轨道可能是椭圆而不是图 7-25 所示的正圆，不过对于那些彼此靠得很近的两颗子星来说，通常轨道近似为正圆形。这里以及在下一节中我们所关心

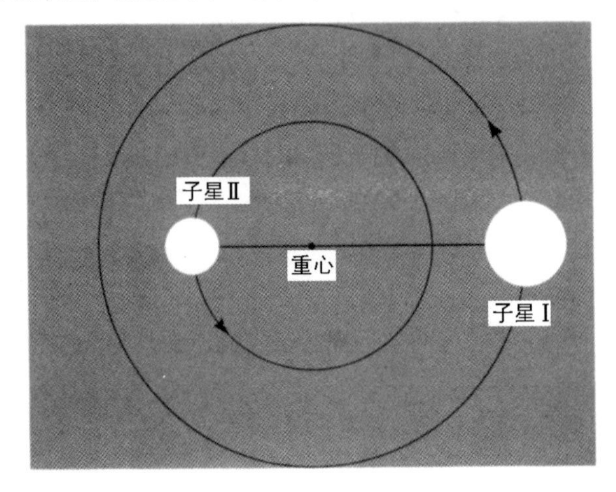

图 7-25　构成双星系统的两颗恒星绕着一个公共质心以相同的周期做轨道运动

的主要就是这种密近双星。值得注意的是，每颗子星的引力场都会使另一颗子星产生形变，但是这一细节在现在的讨论中是不予考虑的。

在两颗子星的质量和它们到质心的距离之间存在着一个简单的关系。如果把质量记为 m_1 和 m_2，距离为 a_1 和 a_2，那么就有关系式 $m_1a_1=m_2a_2$。我们无须来解释这一关系式，因为质心的定义使它必然成立。由于两颗星的连线始终经过质心，因此恒星必然以相同的周期（比如说 P）沿着它们的轨道运动。如果以 v_1，v_2 表示恒星的运动速度，我们又有

$$P=\frac{2\pi a_1}{v_1}=\frac{2\pi a_2}{v_2},$$

而从 $m_1a_1=m_2a_2$，以及连同有关 P 的两个方程，我们可以看出 $m_1/m_2=v_2/v_1$。由此可见，只要通过观测确定 v_2/v_1，就直接给出了两星的质量之比。

下面让我们来看一下通过观测可以确定些什么。由于我们在这里所考虑的双星彼此相距不太远，因而也许不可能看出两颗单星。那么，我们怎样才把 v_1 和 v_2 分离开来呢？在利用分光镜分析这类恒星系统所发出的可见光时，我们希望能同时发现两颗星的谱线。如果两颗星的谱线确实都发现了，那就不难知道每颗星各自发出哪些谱线。我们怎样会做到这一点呢？如图 7-26 所示，在一颗星向着我们运动时，另一颗星就在离开我们。随着这两颗星在轨道上的运动，它们在这一点上的表现就交替出现，从图 7-26 可以看出这一点。两星彼此异相的这种振荡式运动引起每颗星谱线频率出现相应的摆动，这种摆动是因为所谓多普勒位移而造成的，后者在第 10 章中加以讨论。于是，从这种振荡式的异步效应可以把一颗星的谱线同另一颗星的谱线区分开来。

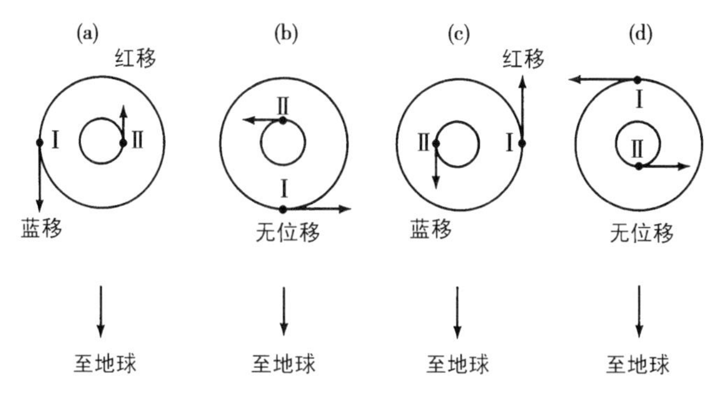

图 7-26　在位置（a），对地球上的观测者来说子星 I 的光线出现蓝移，而子星 II 的光线出现红移。相反的情况发生在位置（c）。在位置（b）和（d），两颗子星的辐射频率实质上没有受到双星运动的影响

利用多普勒位移的概念，只要通过观测一组谱线相对于另一组谱线的频率（假定两组都存在），我们就可以求得比例 v_1/v_2。因而我们可以从 $m_2/m_1=v_1/v_2$ 确定两星质量之比。进一步的研究（要利用开普勒第三定律，我们在考虑把恒星保持在轨道上的引力相互作用时要用到这条定律）表明，只要能分别求得 v_1 和 v_2 就可以分别确定 m_1 和 m_2。很遗憾，这一点通常是不可能做到的，因为只有当恒星正朝着我们或正背离我们运动时才能用多普勒位移确定它们的运动速度。一般而论，指向地球的视线总是同轨道平面斜交，如图 7-27 所示，而不会像图 7-26 中所假定的那样位于轨道平面内。

在图 7-27 的情况中，恒星有着与视线相正交的运动分量，而多普勒位移所能给出的只是比率 v_2/v_1。不过，有一个特例，这时我们可以判定视线实质上必然位于轨道平面之内，这种情况就是图 7-28 所说明的食双星。

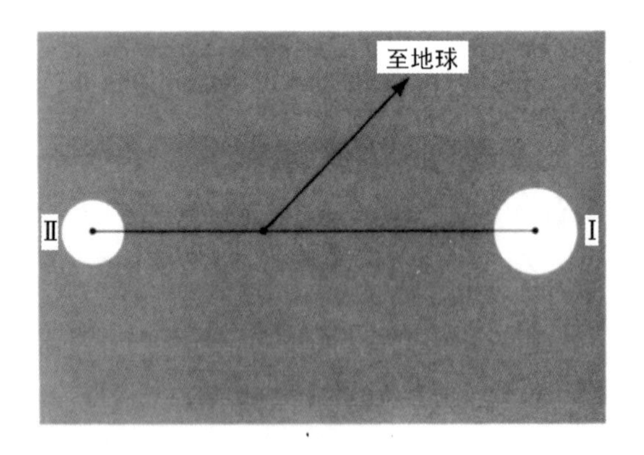

图 7-27 通常，从双星系统指向地球的视线总是同双星的运动平面斜交成一定的角度。在这样的系统中，由多普勒位移方法所得出的是两星在轨道上的运动速度之比，而不是它们的实际运动速度

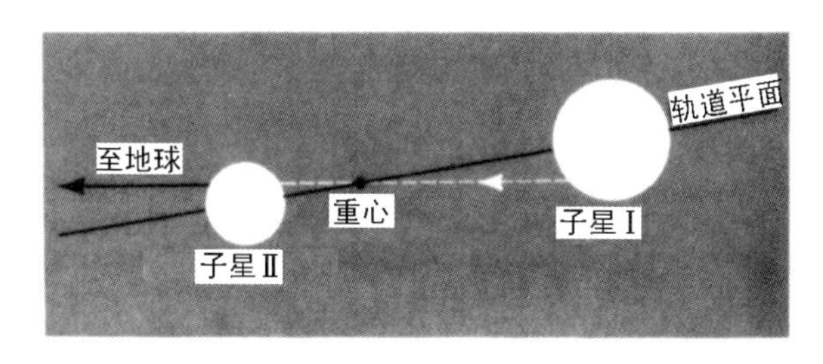

图7-28 从双星系统指向地球的视线偶尔会同这一系统的轨道平面交成很小的角度，这时两星便互相交食

因为恒星有一定的大小，又因为我们在这里所考虑的双星彼此相距不太远，所以这类系统中两星运动必然会使一颗星穿越我们对另一颗星的视线方向。恒星Ⅰ在它轨道的某一部分上会全部或部分地掩食恒星Ⅱ。于是，我们从双星系统所观测到的总光量必然会减少。同样，恒星Ⅱ在运动的某个阶段中也会掩食恒星Ⅰ，这时我们从系统所接受到的光量也会减少。因此，在每一整周内会出现两次光量减少，它们是由两次食造成的，这两次食通常不会一样，因为一般来说两颗恒星的亮度不会相等，它们也不会正好有同样大小的半径。暗星从亮星前方通过时所遮去的光线要比亮星从暗星前方通过时来得多。图7-29所示的是这类两次光量减少的一个例子——恒星御夫WW。

这样，可以认为食双星的存在是同时确定 v_1 和 v_2 所要求的条件。于是，可以分别求得两颗子星的质量 m_1 和 m_2。我们有关恒星质量的许多认识都是由这种研究方法而得来的。这些特殊恒星的数据在天文学发展中起着极其重要的作用，因为我们发现恒星由于质量的不同而表现为有着迥然不同的特性。要是我们不知道个别恒星的质量，那么就很难把不同的特性的各类恒星区分开来，这一点将在第8章中加以研究。

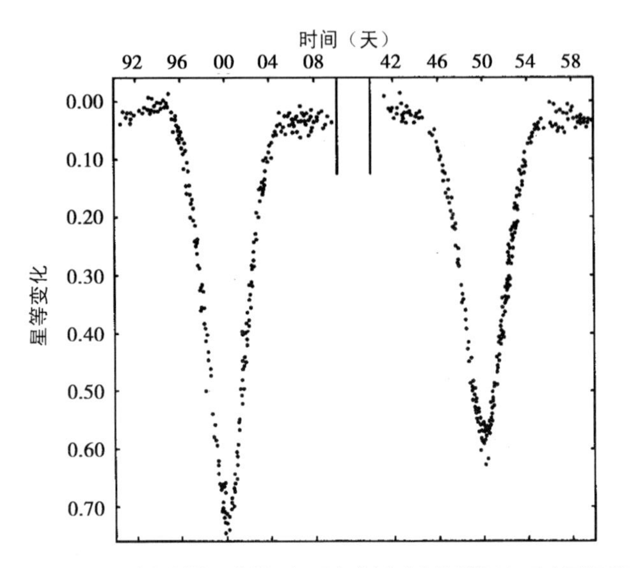

图 7-29　在视线恰好同轨道运动平面交成小角度的特殊情况中，确实可以用多普勒方法测定运动速度。可以从以图中所示方式所出现的周期性交食现象捡出这种特殊的例子。这里我们给出的例子是双星御夫 WW。图中垂直方向是星等变化，水平方向是以天数表示的时间。在这个例子中周期 P 是多少呢？

图 7-30 是食双星系统的一个例子，其中较暗的子星 Ⅱ 碰巧是一个体积很大的红巨星，大陵五这颗恒星的情况即是如此。图中表示了子星 Ⅰ 在相对子星 Ⅱ 轨道运动中的四个位置，其中子星 Ⅰ 比较小也比较亮。在 Ⅰ 相对 Ⅱ 轨道的虚线部分上，较亮的子星出现食的现象。图 7-30 中示意性地表示了双星的光变曲线，曲线有两个凹谷，其中深的一个就是因较亮子星被食而引起的。

上面这一类情况对 X 射线天文学是很重要的，因为从较暗那颗大星流出的物质往往为小星的引力所捕获。如果像大陵五情况那样，图 7-30 中的子星 Ⅰ 是一颗高光度的光学星，那么物质从大个子巨星向致密伴星的这种倾泻过程同我们就没有多大的关系。但是，如

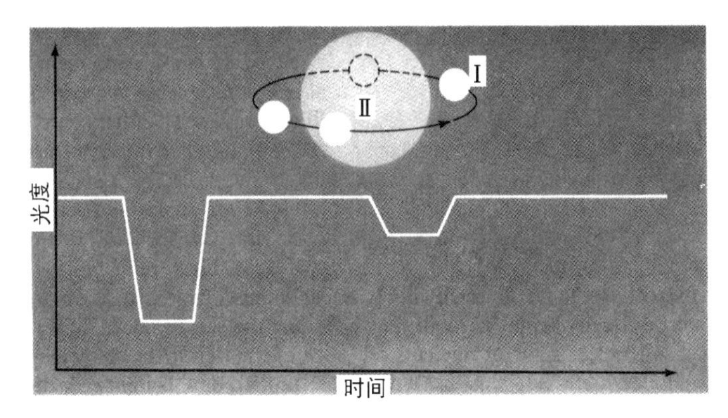

图 7-30　如果两颗子星的光度不等，则因亮子星被暗子星掩食所造成的亮度减少要比相反情况下来得多，图中示意性地说明了这一事实。光度较大的子星往往是炽热的蓝星，体积要比它的巨星伙伴来得小。大陵五就是属于这类情况

果致密伴星是一颗中子星（或黑洞），那么物质就要落入到一个极强的引力场中，这个场就可以导致 X 射线的发射。图 7-31 示意性地说明了这种情况，其中的致密星很少或不发出可见光（因此图中用Ⅱ来标记）。

如果图 7-31 中的子星Ⅱ发出 X 射线，那么通过对这种 X 射线的观测，我们就可以知道恒星是否是一颗食双星。如果是一颗食双星，那么在子星Ⅱ轨道的虚线部分上 X 射线就会被阻断。这种情况标志着从地球出发的视线离开双星的轨道平面不会太远。因此，子星Ⅰ的速度 v_1 可以从它可见光谱线的多普勒位移来加以确定，并且有相当好的精度。从子星Ⅰ谱线的多普勒摆动还可以求得周期 P。知道了 v_1，P，再利用开普勒第三定律，如果又通过其他途径知道了可见子星的质量 m_1，就可以求得不可见子星的质量 m_2。

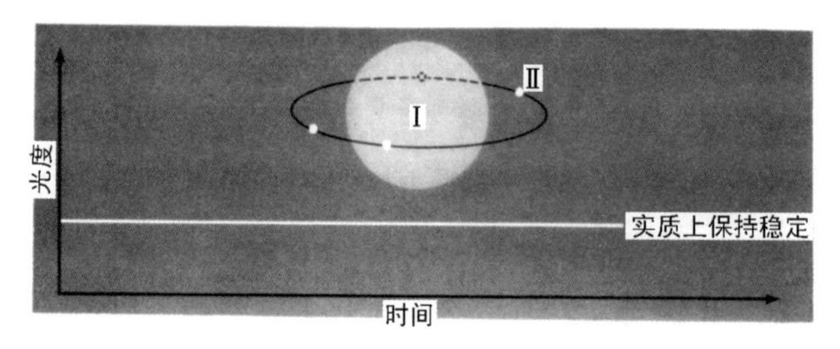

图 7-31 有时一颗子星是中子星，它的体积很小，因而不会使亮伴星的亮度明显下降。在这种星系中，食对光线没有显著的影响，不过双星的运动仍然会产生多普勒效应

如果 m_1 和 m_2 用太阳质量为计量单位，P 以年为单位，而 a_1+a_2 以地球到太阳的平均距离为单位，那么开普勒定律要求有 $m_1+m_2=(a_1+a_2)^3/P^2$。利用 $m_1a_1=m_2a_2$，我们得到 $m_2^3=(m_1+m_2)^2a_1^3/P^2$；而由 $P=2\pi a_1/v_1$，我们得到 $(2\pi m_2)^3=(m_1+m_2)^2v_1^3P$。如果现在视线同双星轨道平面的倾角很小，因而从可见星谱线的多普勒位移可以给出有足够精度的 v_1 值。而如果可见星是属于通过其他途径知道质量的某一特殊类型的恒星（所以 m_1 为已知），那么根据谱线的摆动，P 也是知道的，于是从前面的方程就可以定出 m_2。

§7-8 X 射线双星和黑洞

表 7-3 对自由号巡天中所发现的那些恒星状 X 射线源做了说明，表中第 2、第 3 列给出了不同源的 X 射线发射的变化特性；第 4 列给出计数到的 X 射线量子的最低能量，这个数字是变化的，所给出的是变化范围（注意，能量 1keV 的 X 射线频率为 2.42×10^{17}Hz，每个量子的能量为 1.6×10^{-9}erg）；第 5 列列出在 X 射线源位置上所发现的光学可见天体；第 6 列则是光学可见天体的估计距离（或距离范围）。

记号B0Ib指的是光学可见天体(即 §7-7的中子星Ⅰ)的光谱型(参见 §3-3);第7列给出的是X射线(在量子能量2~10keV范围内)的功率输出,所用的距离或者是由D所指的数值,或者是表中第6列给出的距离。

这些源可以分为3组:

1. 武仙X-1和半人马X-3,它们表现出稳定的X射线脉动,时间尺度为数秒。

2. 不规则变源,如天鹅X-1,它们的强度在数秒钟时间尺度内经历很大的变化。

3. 变化缓慢的不规则变源,如天蝎X-1,它们在数秒钟时间尺度内是比较稳定的,但在数小时时间尺度内可以变化100%以上。

前面一节我们曾经提到过在这些系统中产生X射线的一种概念,即物质从光学可见子星倾泻到高度致密的天体上。这种概念是由伯比奇(Burbidge)首先提出来的,并得到人们的赞同。高度致密的天体可能是一颗磁中子星,图7-32中的两幅图示意性地说明了这种情况。左边的一幅,假定可见子星完全充满了它的所谓洛希瓣,物质通过洛希瓣的交叉紧缩区在两星之间循环。右边图中物质通过可见子星发出的恒星风送到中子星,这种恒星风同 §7-2中所讨论的太阳风相类似。在此需要特别强调,为了便于说明问题,图7-32中把中子星的尺度放大了好多倍。同洛希瓣(8字形曲线)的尺度相比,中子星是非常小的。

表 7-3　选列 X 射线星的特征

源	短期可变性	长期可变性	截止能量（千电子伏）	光学候选天体	距离（千秒差距）	光度（10^{36} 尔格 · 秒 $^{-1}$）	射电发射
武仙 X-1（3U1653+35）	1.24 秒脉动	X 射线食；周期 1.7 天；调制周期 35 ± 2 天	1.5 → 3.2	武仙 HZ；15 — 13 等周期 1.7 天的双星；低光度时间很长	2 — 6	对于 D=6 千秒差距 ≤ 0.6 → 10	无
半人马 X-3（3U1118-60	4.84 秒脉动	X 射线食，周期 2.1 天；低光度时间很长	1.5 → 4.2	半人马 X-3；13 等，O 或 B 座；周期 2.1 天的双星	5 — 10	对于 D=10 千秒差距为 ~ 0 → 30	无
天鹅 X-1（3U1956+35）	不规则变化；时间尺度 1 毫秒	1971 年 3 月出现过一次缓慢的（~数天）变动	⩽1.5	HDE226868；9 等，B0Ib；周期 5.6 天的双星	2.5	1971 年 3 月变动前为 2 → 10，变动后 0.6 → 3	变动前无，变动后有
3U0900-40（GX263+3）	不规则变化，时间尺度 0.4 秒	X 射线食；9 天周期；慢耀变（~小时）	2.5 → 4.4	HD77581；6 等 B0Ib；双星	1.3	⩽0.4 → 40	无
船帆 XR1（3U1700-37）	不规则变化，时间尺度 0.1 秒	X 射线食；3.4 天周期	2.1 → 5.5	HD153919；6 等，双星，O7f	1.7	⩽0.03 → 3	无

续表

源	短期可变性	长期可变性	截止能量（千电子伏）	光学候选天体	距离（千秒差距）	光度（10^{36} 尔格·秒$^{-1}$）	射电发射
天蝎 X−1（3U1617-15）	不规则变化，时间尺度分	慢耀变（～10分一小时）	～0.5（可变）	天蝎 X−1；兰星，12—13等	7	对于D=300秒差距为1→3	有
天鹅 X−2（3U2142+38）	不规则变化，时间尺度分	？	～0.5	天鹅 X−2，14等，sdG	0.6	0.2→0.4	有
天鹅 X−3（3U2030+40）	不规则变化，时间尺度分	同期为4.8小时的X射线变化；慢变化（数天）	2.9→4.0	不存在，红外源有4.8小时的周期性	10	⩽20→60	有
小麦云 X−1（3U0115-73）	不规则变化，时间尺度分	X射线食；周期3.9天；低光度时间很长	1.5→3.0	Sk360；13等，B0Jb	60	⩽30→300	无

这些概念用于武仙 X-1—— 它也许是人们理解得最为充分的一个致密 X 射线源 —— 是相当成功的。我们从表 7-3 可以看出，武仙 X-1 的脉动时间尺度为 1.24 秒，每 1.7 天经历一次 X 射线食，大约每 35 天中有 20 天以上的时间会变得观测不到。从历史上来说，武仙 X-1 的 1.7 天交食现象的确定在建立同双星系统的联系上是很重要的。在武仙 X-1 这个例子中，确立了同光学变星 HZ 武仙的 1.7 天周期的联系。

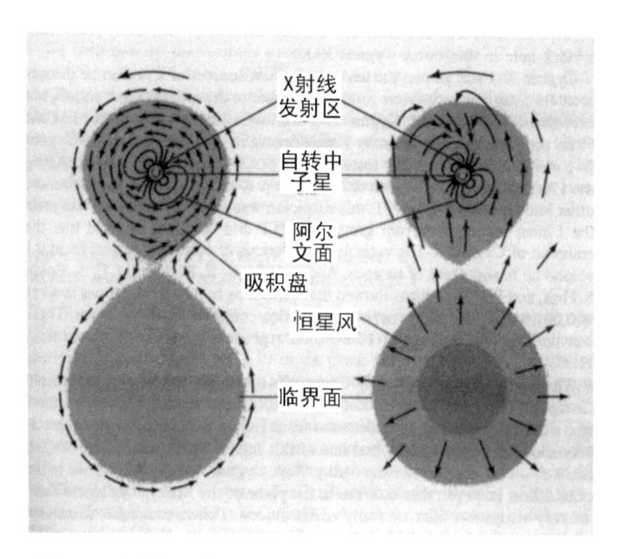

图 7-32　自转中子星模型用于脉动 X 射线星的示意性说明，图中表示了吸积盘和恒星风两种情况

随着自由号巡天的完成，X 射线天文学便从它的前期阶段进入了黄金时代。我们仍然处于这一黄金时代的盛期，出现于天文学文献中研究论文的数目充分证实了这一点。除了一个例外，关于后来进一步的发展我们只得留待有兴趣的读者各自去进行研究了。作为本章的

结束，我们要来谈一下也许算是 X 射线天文学上最为引人注目的发现 —— 天鹅 X–1 源中可能存在着一个黑洞。

天鹅 X–1 属于十个左右最早发现的 X 射线源之列。它的 X 射线性质同蟹状星云有点类似，但也就是如此而已。天鹅 X–1 并不像蟹状星云那样是一个强射电源，在它的附近也没有光学可见星云。由于天鹅 X–1 的 X 射线特性与天蝎 X–1 不同，20 世纪 60 年代，人们越来越怀疑天鹅 X–1 不仅在程度上，而且在类型上也同其他已知的源不相同。到 1971 年，这种怀疑完全得到了证实。从自由号巡天，以及从麻省理工学院和海军研究实验室小组得到的资料，全部表明天鹅 X–1 的发射是可变的，周期范围从 0.1 秒到几十秒。1974 年，罗思柴尔德（R.E.Rothschild）、博尔特（E.A.Boldt）、霍尔特 (S.Holt) 以及塞莱米托斯 (P.J.Serlemitos) 等指出，在短到 0.001 秒的时间尺度上出现有变化。然而，没有发现任何单一周期的变化，这同武仙 X–1X 射线脉冲有规则地每隔 1.24 秒重复出现毫无共同之点。

下一步就是要把天鹅 X–1 与一个光学天体相证认。同 § 7–3 讨论过的天蝎 X–1 的光学证认相比，这里存在着一个困难，从图 7–21 就可以明白这一点。天蝎 X–1 在图的中央水平线之上相当一段距离，这意味着天蝎座 X–1 离开银道面相当远。但是，天鹅 X–1 同中央水平线靠得非常近。这就是说，它位于银道面上，那里还有许许多多暗弱的光学可见天体。这种环境要求精确知道天鹅座 X–1 的位置（如果想要使证认获得成功的话），而且要比对天蝎 X–1 所必须有的精度更高。

这个问题通过一种巧妙的方法得到了解决。射电源在天空中的密集程度远远不如光学可见天体，特别同银道面上的光学天体相比更是如此。因此，当1971年布雷斯（L.Braes）和米利（G.Miley）以及韦德（C.Wade）和耶尔明（R.Hjellming）在天鹅X-1邻近发现了一个暗射电源时，就认为X射线源与射电源是同一个天体。但是，现在射电源位置可以确定得比X射线源位置精确得多。事实上，射电源的位置可以确定到大约只有1″的范围之内，对于进行光学证认来说这是完全足够的了。通过这种方法所发现的光学可见天体原来是一个双星，周期P=5.6天，人们早就知道这颗星的光发射是可变的。很早以前，星表中已把这颗星取名为HDE226868。这项证认是在1972年由沃纳（B.Warner）和默丁（P.Murdin）以及由博尔顿（C.Bolton）完成的。

在这颗双星中只有一个子星可以直接观测到，不可见子星就是证认为X射线源的那一颗。从谱线可知，可见子星显然是一个质量很大的恒星。它的光谱型是B（参见§3-3），这类恒星光度特别高，细分的话天文学家把它表示为B0Ib。这颗可见星的质量很可能超过太阳质量的20倍，这是根据其他一些已经知道质量的B0Ib光谱型恒星所做出的估计。

现在我们回到§7-7最后部分给出的公式，令$m_1=20\odot$，$P=5.6$天$=0.0153$年，又从§7-7中所介绍的多普勒方法得到速度v_1，于是我们就可以计算出X射线星的质量至少是$5\odot$，而这对于一颗中子星来说显然是太大了。X射线的波动极其迅速，时间尺度只有0.001秒，说明这颗不可见恒星一定非常小。如果它不是一颗中子星，那又可能是什么呢？答案就是黑洞，我们要在第11章中对它的性质做比较详细的研究。

反对天鹅X-1是一个黑洞的理由未必是正确的

在我们刚才所概述的论证中是否有懈可击呢？首先，我们注意到§7-7最后部分所给的公式假定了指向地球的视线位于双星轨道平面上，但这不是一个弱点。计算表明，如果情况不是如此，那么就会发现X射线源的质量m_2更要大于5倍太阳质量。一个可能的弱点是我们对于光学可见的B0Ib型子星给出数值$m_1=20\odot$。天文学家们对上述论证中的这一步是有过争议的，但最后还是认为$m_1=20\odot$可能是估计过低而不是估计过高，因而对这个X射线源的质量来说$m_2=5\odot$可能也是估计过低了，天鹅X-1同布雷斯和米利以及韦德和耶尔明的射电源成协是否有可能是想错了呢？射电源同X射线源在位置上十分接近也许只是一种巧合呢？

后来，这个射电源经证认就是HDE 226868，于是巧合的可能性就排除了。在那样的情况下，我们还必须假定存在有第二种巧合的可能性，即HDE 226868只不过是碰巧有一个光学不可见子星。但是，回顾一下自由号观测资料，问题就完全清楚了。已经发现天鹅X-1在1971年的3月和4月曾经历了一种不寻常的X射线波动。荷兰的射电观测表明，恰恰在这同一时候，天鹅X-1的射电发射中出现了一种新的成分。的确，如果两种完全不相同波段上同时出现的这些变化是发生在性质各异、没有物理学联系的两个天体上，那事情就值得注意了。但是，如果不同的波段只是同一天体辐射的组成部分，那么剧烈变化的这种同时性就很容易理解。因此，看起来天鹅X-1正是作为黑洞的第一个证据比较充分的例子，这项发现在科学上的重要性是意味深长的，我们将会在第 11 章中看到这一点。

2

强相互作用和弱相互作用

第 8 章
原子、原子核和恒星的演化

§8-1 恒星的能源需求

在第 3 章，我们了解了恒星是通过气体云（例如猎户星云）中的收缩过程形成的。引力将气体云和原恒星吸收在一起。然而，质点运动的动能所引起的内部压力阻止引力的作用，使得在收缩过程的任何时刻，压力和引力总是近似地处于平衡状态。但是，这种平衡不可能达到完全相等，由于恒星外表面向空间的辐射，阻止恒星进一步收缩的压力作用就会逐渐减弱。事实上我们知道，当表面热量的减少最终是由核反应的产能过程来补偿时，天体便到达了赫罗图的零龄主序阶段，这时，我们认为恒星形成了。这些核反应究竟是什么呢？本章将要讨论这一问题。

历史上这曾经是一个大难题，因为，在 19 世纪流行的观点认为，物质是由永不破裂的原子组成的。存在着各种类型的原子，但当时认为彼此都是孤立的，性质也各异。如果这种看法是正确的，则不可能由一种原子转化为另一种原子，然而，这种转化却正是原子核反应的本质。人们研究了许多种反应，所有那些反应过程中某些基本物质一点也不发生变化的反应，现在都称为化学反应。这些物质可以结合在一起组成所谓分子，但是通过把分子分解的过程，即把分子打碎，总可以重新取得这些物质，后来把它们称为“元素”。每一种元素都是由大量的相同的单元——原子组成的。在任何化学反应过程中从未发现元素发生了改变，这一事实在那个时候被解释为原子本身是不可分的。

能使化学家们测定元素标准量（包含相同原子数目的样品）的技术终于找到了。于是，只要简单地把这些样品称一称，便可以把元素按 1，2，3…… 的顺序排列起来，元素 1（氢）是最轻的，元素 2（氦）是次轻的，等等。按这种序列方法，到目前为止已列出了 103 种元素，如附表 B–5 所示[1]。该表中还给出了元素的相对丰度，也就是公认的形成太阳的气体云中所存在的丰度。这些相对丰度以硅（Si）元素取为 10^6 作标准。也就是说，附表 B–5 中给出的是当有 100 万个 Si 原子时其他原子所存在的数目。第 1 章中一个类似的表与本表不同，那是按元素分类，而附表 B–5 是按元素的同位素分类。补充上这些细节的意义，后面会看得更清楚。

原子可以从一种变为另一种

尽管化学家所研究的各种化学反应似乎都支持原子的不可分性质，但是到 19 世纪末就已出现了麻烦。必须有一种产能方式能满足太阳不停地向空间辐射能量。根据岩石中找到的化石，得知太阳像目前一样发出大量的辐射已有很长时间。地质学家估计这些岩石的年龄约为 1 亿年。问题是要弄清楚太阳自身如何能够维持这么长的时间。

---

1. 基于后面将要阐明的理由，这种按质量的序列对两对元素 Co 和 Ni 以及 Te 和 I 是颠倒的。

见附录 B 中的附表 B-5。

1854 年亥姆霍兹（H.Von Helmholtz，1821—1892）已经想到，太阳或许还在不断地收缩，就是说它也许仍处于原恒星状态。在这种情况下，辐射能可能来自引力引起的收缩。后来开尔文（Lord Kelvin，1824—1907）仔细地考察了这种想法，他发现，如果真是这样的话，太阳的年龄不会超过 2000 万年，短于地质学家根据岩石中的化石得出的年龄。这一矛盾曾使开尔文迷惑不解，以至认为地质学家必然是错了。地质学家的确是错了，但不是开尔文所指出的错误，最古老的含有生物化石的岩石年龄远远超过 1 亿年，目前估计大约是 30 亿年！因此，上述矛盾的确存在，而且比开尔文想象的还要糟糕，这显然意味着亥姆雷兹的想法不可能是正确的。

§8-2　放射性

解决太阳能源问题迈出的第一步出现在 1896 年，当时彼克利尔（H.Bequerel）（1852—1908）无意中发现了放射性。这项发现出自于对 X 射线特性的研究，而 X 射线则是在这之前几个月才由伦琴（Wilhelm Röntgen）（1845—1923）首次发现的。现在我们已经知道，X 射线就像普通光或者紫外光一样是一种辐射。但是，在 1896 年 X 射线的性质并不清楚，正因为如此才用 X 字母来命名。一种普遍存在的错误想法认为，X 射线的产生总归是由于普通光投射在原子上引起的，从这种观点出发，科学家们开始试验各种各样的原子。彼克利尔在试验铀元素时交了好运。他用光照射一种含铀的材料，然后把它放在用黑纸包着的照相底片下面，中间衬一张薄薄的银箔，他的想法是只有 X

射线能够穿过银箔。就这样简单地存放一段时间以后，他发现照相底片上起了灰雾。成功了！这个想法成立了，光照在铀元素上真的产生了 X 射线。但是，现在请注意，实验对纠正错误概念的巨大威力。彼克利尔重复了这一试验，但不用光照在铀材料上，结果照相底片仍然产生灰雾。由此得出这完全是由铀本身产生的，但是原因又何在呢？

重原子通过分裂发生变化

下一步是要知道其他种类的原子会不会也产生彼克利尔所发现的效应。居里夫人（Mme，Gurie，1867—1934）发现，在当时已知的元素中，只有铀和钍具有这种性质，能自发地使照相底片产生灰雾，这种性质后来被称之为放射性。居里夫人同她的丈夫一起，从大量的铀矿中提炼出一种数量很少的物质，称为镭，起这样的名字是由于它能产生很强的放射性。铀原子会不会不断地变为另一种不同的原子——镭的猜想很快被肯定了。事实上，镭在附表 B-5 中的原子序数是 88，而铀的原子序数是 92。

一种类型的原子自发地转变为另一种类型原子的过程到哪里才会终止呢？在铀矿中发现铅的含量之多异乎寻常，看来答案是放射性到铅终止，即铅是最终的产物。这一答案被证明是正确的，转变过程最终由卢瑟福（Ernest Rutherford，1871—1937）和索迪（Frederick Soddy，1877—1956）得出，表 8-1 中列出了它的基本情况。卢瑟福发现，在每次转变中总要辐射出一些“东西”来，这些“东西”有两类，他分别称为 α 射线和 β 射线。正是这些“东西”，特别是 β 射线，造成了彼克利尔所发现的照相底片的灰雾。1909 年卢瑟福和洛兹（Royds)

得到的结果是，α射线是由氦原子核组成，而β射线是由快速运动的电子组成。“射线”其实是一些粒子。在表8-1中你会惊奇地发现，铀（元素92）在辐射出一个α粒子和两个β粒子以后，仍然又一次回到元素92。另一个类似的例子是元素84——钋（以居里夫人的祖国波兰命名）。这些情况清楚地表明，同一种化学原子可能会有一种以上的形式。

表8-1 铀的放射性衰变

母元素	特征衰变	时间	放出射线	子元素
铀Ⅰ*	4.5×10^9	年	α	钍Ⅰ
钍Ⅰ	24.1	日	β	镤
镤	1.2	分	β	铀Ⅱ
铀Ⅱ	2.5×10^5	年	α	钍Ⅱ
钍Ⅱ	8×10^4	年	α	镭
镭	1620	年	α	氡
氡	3.8	日	α	钋Ⅰ
钋Ⅰ	3	分	α	铅Ⅰ
铅Ⅰ	27	分	β	铋Ⅰ
铋Ⅰ	20	分	β	钋Ⅱ
钋Ⅱ	1.64×10^{-4}	秒	α	铅Ⅱ
铅Ⅱ	22	年	β	铋Ⅱ
铋Ⅱ	5	日	β	钋Ⅲ
钋Ⅲ	138	日	α	铅Ⅲ（稳定的）

* 罗马数字表示同一元素的不同形式，例如铀Ⅰ和铀Ⅱ便是铀的两种形式。

轻原子也可以通过辐射电子发生变化

最初人们认为只有比铅重的原子才具有放射性。因此，当坎姆贝尔（N.R.Campbell）发现钾和铷也辐射 β 射线时就更使人感到惊奇了，但由于射线非常微弱，在居里夫人的实验中没有注意到。这两种辐射的结果是，钾原子可以变为钙原子，铷原子可以变为锶原子。于是，19 世纪原子不可分裂的概念便宣告终结，原子的确能够由一种变为另一种。在变化过程中，发射出 α 射线（氦）或 β 射线（电子），而能量在被发射粒子的运动过程中释放了出来。于是，找到了一种新的产能方式，它在太阳和恒星中也许是非常重要的。

§8-3　是天然放射性，还是核聚变

元素的天然放射性会释放能量，这一概念是非常重要的，其原因不在于这种概念被证明是正确的，而在于它使物理学家和天文学家摆脱了 19 世纪化学的束缚。有了它才有可能想到，所有的原子都可能转变，从一种到另一种。但是，天然放射性作为恒星能量的来源，这一概念的困难从附表 B-5 给出的元素相对丰度看得很清楚。在恒星物质中，铀、钍以及任何比铅重的元素的含量都非常少，根本不可能由它们产生出足够的能量来。

正是对上述情况的担心，促使爱丁顿（A.S.Eddington，1882—1944）在 1920 年采纳了彼林（J.Perrin）的意见。彼林的意见是不再考虑最重的那些元素，而是考虑两种最轻的元素，即氢和氦。他提出，如果 4 个氢原子能够转化为 1 个氦原子，就会释放出足够数量的能量，这是因为氢和铀不同，它在太阳中有着巨大的含量，这从附表 B-5 中的元素丰度值可以看出来。1905 年爱因斯坦的狭义相对论问世，从那时起科学家们就熟悉了这样的概念，质量和能量是同类型的物理量。

因此，由于 4 个氢原子的质量比 1 个氦原子大约多 1/125，彼林提出的转化过程势必要产生能量：

$$4\text{H} \rightarrow \text{He} + \text{能量},$$

后来证明彼林的意见是正确的，的确，也只有这样才是正确的。因为考虑到附表 B-5 中元素的含量，没有其他的方式能够解释太阳所需要的能量来源。但是，在 20 世纪 20 年代，对于 4 个氢原子如何能转化为 1 个氦原子的情况还很不清楚。接下来，我们将会对此详细地加以讨论。为此，我们必须对原子的结构，尤其是原子核的一些特性做更深入的了解。

§8-4 原子核和各种粒子

对于中性原子，电子的数目等于质子的数目

所有的电子都具有相同的电荷，因此，它们在电性质上是彼此相斥的。同性电荷相斥，异性电荷相吸。那么，原子中的电子为什么不会一下子飞离开去呢？为什么会仍然留在原子中呢？答案是电子被体积小而质量大的原子核所携带的相反符号的电荷束缚在原子中了。原子核含有质子，质子所带的电荷与电子的电荷大小相等但符号相反。

有时原子含有的电子数比质子数来得少，这样的原子叫作被电离了。电离了的原子非常容易获取电子，直至电子的数目和质子的数目达到平衡，一旦达到平衡原子就成为中性的了。有少数原子，例如氢

和氧，它们获取电子的过程偶然也会走过头，结果电子富裕一个，也就是说电子的数目比质子的数目多 1 个。在这种状态下，我们说氢和氧构成了负离子。现在已知道这种奇怪的特性对恒星大气和我们自己的地球大气都有着重要的作用。撇开这种奇怪的特性不谈，原子在低温条件下很容易变为中性的，而化学中主要讨论的就是中性原子结合成分子的问题。目前已经弄清楚，虽然原子的化学性质直接取决于电子的壳层结构，即电子的数目，因而电子的壳层结构本身却是由原子核控制的。因此，原子的化学性质是由原子核中质子的数目决定的，而这正是附表 B-5 中元素排列序数的更为深刻的含义。通常，这一序数用 Z 来表示。

原子中的电子构成一层延伸的质量很轻的云，包围着一个小而大质量的核，核的质量超过电子云质量的几千倍。如果我们设想一个典型原子（例如铁）的核，其直径有 1cm，则电子云的大小就像一个棒球场。然而，核和电子云的真实大小要比这小得多。在图 8-1 和图 8-2 中我们用对数标度表示了从原子核到宇宙中所观测到的最远距离的各种尺度大小，其中的物体和量有些是我们熟悉的，有些则不太熟悉。

原子中除电力外还存在着核力

我们已经知道，原子中的电子之所以不会飞离开去，是由于原子核中的质子通过电的吸引力把它们束缚住了。但是，既然同性电荷彼此排斥，而质子又带相同的电荷，那么原子核中的质子为什么不会一下子炸裂开来呢？要回答这个问题，我们必须假定存在着一种新

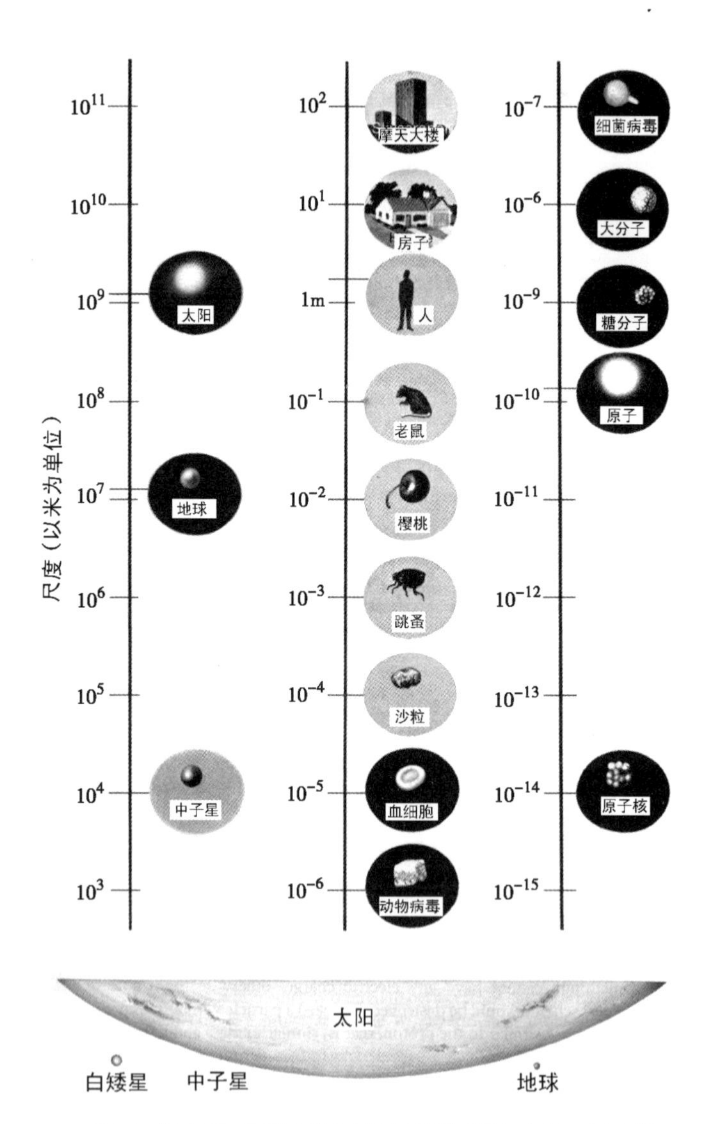

图 8-1 从原子核一直到恒星按大小排列（以米为单位）。从行星到最小的恒星——白矮星和中子星，它们相对于太阳的大小也表示在图上，以资比较

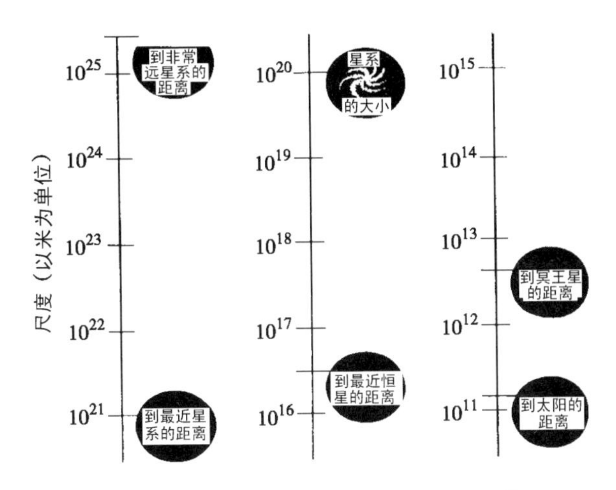

图 8-2 各种天体的大小和距离尺度，从恒星到最遥远的星系

型的力，它与电力和引力完全不同，我们把这种力叫作核力。核力的功能必然是把质子拴在一起。当质子彼此相距很远时，从没有观测到过这种力。因此，我们必须假设，核力与电力或引力不同，电力或引力对相距很远的粒子同样起作用，而核力只对靠得很近的粒子有效。

但是，整个图像目前还不完整，一个重要的原因是需要仔细研究原子核的真实质量。以氦原子核为例，它含有两个质子，而质量却几乎是只含有一个质子的正常氢原子的 4 倍。显然，在氦核里除质子外还有其他什么东西，而所有比氦重的元素也存在着类似的情况。这些“东西”不能带有电荷，否则，我们这幅化学图式的完整性就要遭到破坏。我们需要一种新的粒子，它们除了不带电荷外其他方面都与质子类似，这就是说，它们具有相同的质量并也要受核力的作用。这样的粒子果然在 1932 年由凯德维克（James Chadwick）通过实验发现了，并被命名为中子。核力的作用等价地把质子与质子、中子与中子以及质子与中子束缚在一起。因此，核中所有的粒子都具有彼此相互吸引的性质。但是要注意，如果由于某种原因使一个粒子运动到原子核外一定距离的地方，那么它便不会再被吸引回来，因为当粒子和核分开时它们之间的核力必然不再起作用了。如果这样的粒子含有1个或者几个质子，那它实际上就会受到核中其他质子电力的排斥作用，因而在分离时便会获得速度。观测到的从铀原子核中所发出的 α 射线正是这种情况，而这种 α 射线经卢瑟福和他的同事们证认就是氦原子的核。于是，由彼克利尔首先观测到的放射现象现在开始找到了某种解释：当一个 Z 值大的重原子核发出 α 射线时，它只不过是在不断地消耗自己。

上面所讨论的核力被认为是起因于某种强相互作用，所谓强是指它所涉及的能量比第一编中的电磁相互作用要大得多。

原子中除电磁相互作用和强相互作用外，还存在着弱相互作用

坎姆贝尔在1907年观测到的转变过程，即铷发射 β 射线（电子）而变为锶的过程，究竟又是怎么回事呢？对于铷，$Z=37$；对于锶，$Z=38$。这也就是说，它们分别具有37和38个质子。因此，从铷中发射一个电子的同时，原子核中便出现一个剩余质子，其实质是一个中子n发射出一个电子e而变为一个质子p，$n \rightarrow e+p$。这种转变过程在电荷上是平衡的，中子具有零电荷，质子虽具有某种电荷，但质子的电荷刚好被电子的异性电荷所平衡[1]。我们认为，在这一转变过程

1. 历史上，质子的电荷取为正，电子的电荷取为负；若反过来，电子取正，质子取负，也是一样的。

中电荷是守恒的。但是，以这种方式表述的中子转变为质子的过程能量并不守恒。正因为能量平衡的破坏，泡利（1900–1958）提出必然涉及称为$\bar{\nu}$的第 4 种粒子，即 $n \rightarrow p+e+\bar{\nu}$。这后一种粒子既没有电荷，也没有质量，否则它就会在实验中被检测到。但是，它可以具有能量，因而就可以维持能量守恒。

天文学家巴德（Walter Baade) 曾告诉本书的作者之一霍伊尔，有一天他同泡利共进晚餐，泡利说："今天我为理论物理学家们出了一个大难题，我发现了一种实验上永远无法检验的东西。"巴德立即建议赌一箱香槟酒，他认为这种难以捉摸的$\bar{\nu}$总有一天会被实验发现的。泡利接受了，但他不明智地忽略了规定一个时间限制，这注定他总是不会赢的。20 年后，1953 年，考文（C.L.Cowan）和雷尼斯 (F.Reines) 终于成功地发现了泡利的粒子，巴德于是赢了一箱香槟酒（本书的作者之一霍伊尔也有幸分享到了一瓶）。

与巴德共餐后不久，人们在罗马的一次学术讨论会上对泡利关于$\bar{\nu}$的存在进行了辩论。$\bar{\nu}$和新发现的中子之间出现了混淆。费米带着一种激动的情绪对与会的朋友们解释道，泡利的粒子根本不是大质量的中子，它只不过是一种"微型中子"。从此，泡利的粒子便采用了意大利语中微子，表示微小的意思。

如果说有 $n \rightarrow p+e+\bar{\nu}$，那么既然物理学中的所有其他的细致转换过程都是可逆的，为什么不能有 $p+e+\bar{\nu} \rightarrow n$ 呢？然而，这种逆转换形式是很难观察到的，因为 3 种粒子，其中包括捉摸不定的$\bar{\nu}$，必须碰在一起才能形成中子。那么为什么总是质子伴随着两个粒子，而中子却一个也没有呢？为什么情况是不对称的呢，即为什么不写成 p+e → n+ν，或者 n+ν → p+e 呢？如果以这种方式来写的话，ν 被称为中微子（neutrino）。前面的$\bar{\nu}$，即考文和雷尼斯所发现的粒子，现在则称为反中微子（antineutrino）。

有没有实际数据支持以这种方式写出的由质子向中子的反方向转变呢？坎姆贝尔在 1907 年还曾发现元素钾的 β 射线。详细检测了钾的 β 衰变过程后表明，尽管大部分都衰变为钙，但有大约百分之二十的衰变原子出现异常，生成的是氩而不是钙。这一过程是从 Z= 19 变为 Z= 18，而从钾转变为钙则要求 Z 从 19 变为 20。因此，显然钾可以有两种转变方式，中子可以变为质子，质子也可以变为中子。质子通过与周围电子云中最内壳层的一个电子相结合变为中子，简言之，即 p+e → n+ν。

上述结果十分明确，两种过程 n → p+e+ $\bar{\nu}$和 p+e → n+ν 都是存在的。但是，为什么没有像 p → n+ν+ ？这样一种转换呢？式中的？代表某种新的粒子。既然 n → p+e+ $\bar{\nu}$和 p+e → n+ν 都不改变总电荷数，那么 p → n+ν+ ？也应该不改变电荷数，这意味着？不可能是普通的电子，否则的话就会出现一个带正电荷的质子变为 3 个粒子，而 3 个粒子的总电荷为负。因此，我们应该写为 p → n+ν+e^+，其中 e^+ 粒子和电子一样，但带有正电荷。这样的 e^+ 粒子果然在 1932 年由安德逊（C.D.Anderson）、布莱开特 (P.M.Blackett) 和奥欣林尼（G.P.S.Occhialini）找到了，而泡利得出有中微子存在也差不多正好在这个时候。这种带正电的类似电子的粒子被称之为正电子（Positron）。可能出现这类衰变过程的各种方式列于图 8–3 中。

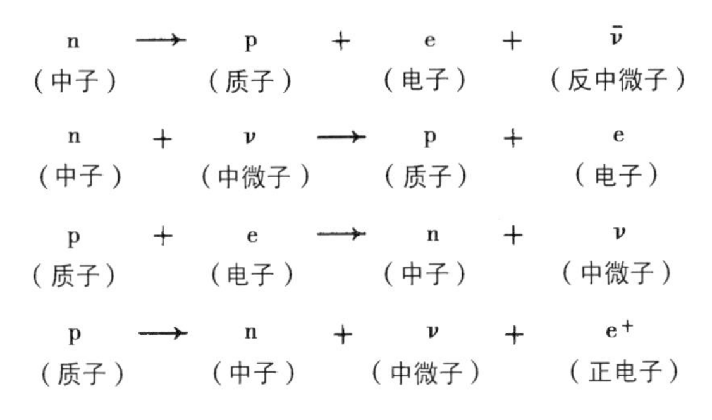

图 8-3 出现 β 衰变过程的各种方式

图中给出的衰变过程对于天文学都是十分重要的，它们都属于由弱相互作用引起的。之所以称弱相互作用，是因为这些转变过程进行得都很缓慢，尽管它们涉及的能量还是相当高的。

至此，我们已经遇到了若干种不同的粒子，为分类起见，通常把它们划分为一些族。在包含电子的族里，相应的有所谓 μ 介子（muon）。和电子一样，μ 介子带有负电荷。事实上，μ 介子除了质量比电子大 200 多倍以外，其他方面和电子完全一样。最新的实验表明，存在着两类中微子，分别记为 ν_e 和 ν_μ，ν_e 和 ν 是一样的，$p+e \rightarrow n+\nu_e$；而类似地 ν_μ 和 μ 介子伴随着，即 $p+\mu \rightarrow n+\nu_\mu$。这 4 种粒子 e、μ、$\nu_e$ 和 ν_μ 构成一个族，叫作轻子族，它们都是质量小的。有些物理学家认为，这一族应该有 6 种粒子，其余的两个成员有一种应该具有大得多的质量，如果是这样的话，轻子的名称便不妥当了。但是，已经肯定，质子和中子属于有 8 种粒子的另外一族，叫作重子族，都是质量大的。从这样的意义上来说，轻子族和重子族有着明显的区别，即（现在！）还没有观测到过一族的成员转变为另一族的成员，尽管可以通过称为介子的第三种粒子族来建立起它们之间的联系。表 8-2

中列出了这3族成员的主要特性。

表8-2 基本粒子族

族	电荷	质量	平均寿命(s)	共有的衰变产物	反粒子
轻子					
μ	−e	106	2.2×10^{-6}	$e\nu_{\mu}\bar{\nu}_{e}$	μ^{+}
e	−e	0.511	稳定		e^{+}
ν_{e}	0	0	稳定		$\bar{\nu}_{e}$
ν_{μ}	0	0	稳定		$\bar{\nu}_{\mu}$
重子					
p	+e	938.26	稳定		$\bar{p}$
n	0	939.55	930	$pe\bar{\nu}_{e}$	$\bar{n}$
λ	0	1115.6	2.5×10^{-10}	$p\pi^{-}$	$\bar{\lambda}$
				$n\pi^{0}$	
Σ^{+}	+e	1189.4	80×10^{-11}	$p\pi^{0}$	$\bar{\Sigma}^{-}$
				$n\pi^{+}$	
Σ^{0}	0	1192.5	小于 10^{-14}	λ+辐射	$\bar{\Sigma}^{+}$
Σ^{-}	−e	1197.3	1.5×10^{-10}	$n\pi^{-}$	$\bar{\Sigma}^{+}$
Ξ^{-}	−e	1321.2	1.7×10^{-10}	$\lambda\pi^{-}$	$\bar{\Xi}^{+}$
Ξ^{0}	0	1314.7	3.0×10^{-10}	$\lambda\pi^{0}$	$\bar{\Xi}^{0}$
介子					
π^{+}	+e	139.6	2.6×10^{-8}	$\mu^{+}\nu_{\mu}$	π^{-}
π^{-}	−e	139.6	2.6×10^{-8}	$\bar{\mu}\nu_{\mu}$	π^{+}
π^{+}	0	135.0	10^{-16}	辐射	π^{0}
K^{+}	+e	493.8	1.2×10^{-8}	$\mu^{+}\nu_{\mu}$, $\pi^{+}\pi^{0}$	K^{-}
K^{-}	−e	493.8	1.2×10^{-8}	$\overline{\mu\nu}_{\mu}$, $\pi^{-}\pi^{0}$	K^{+}
K^{0}	0	497.8	8.6×10^{-11}	$\pi^{+}\pi^{-}$, $2\pi^{0}$	$\bar{K}^{0}$
			(快衰变方式)		
			5.4×10^{-8}	$3\pi^{0}$, $\pi^{+}\pi^{-}\pi^{0}$,	
			(慢衰变方式)	$\pi^{+}\mu\bar{\nu}_{\mu}$, $\pi^{+}e\bar{\nu}$	

续表

族	电荷	质量	平均寿命(s)	共有的衰变产物	反粒子
				$\pi^-\mu^+\nu\bar{\mu}$, $\pi^-e^+\nu$	
$\bar{K}^0$	0	497.8	衰变情况与 K^0 相同		K^0
η	0	548.8		$3\pi^0$, $\pi^0\pi^+\pi^-$ $\pi^+\pi^-$+ 辐射 仅有辐射	η

注:表中粒子的质量是按能量单位 1MeV(兆电子伏)给出的。如果与日常单位比较,1MeV 相当于以 1kW 功率工作 1.6×10^{-16}s。还应注意,在所有的衰变过程中,生成粒子的总电荷数总是与母粒子的相同。你能否在衰变产物中找到粒子一反粒子的一些规律性?粒子 K^0 和$\bar{K}^0$ 的情况特别,它们有两种衰变方式。作为一个习题,请你设法找到有关这两类粒子的另一个特殊之点。

与4种轻子 e, μ, ν_e, ν_μ 相对应,存在着一族反轻子,分别记为 e^+, μ^+, $\bar{\nu}_e$, $\bar{\nu}_\mu$。其中,我们已经遇到过 e^+ 和$\bar{\nu}_e$。与重子族相对应,也存在着一族反重子,共8种。但是,没有单独的反介子族。最近几年,通过实验还发现了一些其他的粒子族,不过它们与本书的关系不大。在大多数天文问题中,只涉及两种重子 p 和 n,以及两种轻子 e 和 ν_e,因此天文学中的情形一般而言比物理学要简单些。

同位素具有相同的质子数

令 N 表示一个原子核里的中子数,Z 表示质子数,则它们的和 $A=N+Z$ 叫作原子数,有时也叫作质量数。Z 固定,N 改变,则中性原子的基本化学性质不变。因为化学性质仅仅取决于 Z,Z 相同,但 N 不同的原子彼此间称为同位素,所有的这些同位素都属于相同的元素。

不稳定的原子核可以通过弱相互作用变为稳定的核

一个原子核里的 Z 和 N 的数目不能是任意的。对于一定的 Z，若 N 过大，原子核很容易把中子抛出去，直到 N 值足够小为止。如果 N 过小，则质子或氢核同样也会被抛出去。虽然如此，对于一定的 Z，一般说来仍允许有多个 N 值。也就是说，具有确定 Z 值的元素可以存在多种同位素。不过，这并不意味着，所有的这些可允许的同位素都是长期稳定的。对于任意一种同位素，都可以进行 $n \rightarrow p+e+\bar{\nu}_e$，从而 Z 值增加 1，元素也就发生改变；也可以 $p \rightarrow n+\nu_e+e^+$，或 $p+e \rightarrow n+\nu_e$，使 Z 减少 1。只有当这些所谓的 β 过程不再发生时，同位素才是稳定的。

附表 B-5 中列出了所有稳定的同位素，其中也有几种是不稳定的，它们在天文学中特别重要。值得指出的是，每一种稳定的原子核都曾在天然物质中发现过。

§8-5　核能和恒星的能量

设想把质子和中子结合在一起，从最初的远离状态到形成一个原子核，在聚合过程中必然会有能量释放，因为一旦它们彼此靠得很近，核力便把这些粒子拉在一起。若 B 为形成原子核所需的能量，我们来讨论 B/A，即每个中子或每个质子的平均结合能。一般说来，每种原子核的结合能都是不同的。图 8-4 表示了所有天然原子核的 B/A 与 A 的关系。[1]

1. 图中所采用的能量单位对于目前的讨论并不特别重要，不过这是物理学中常用的一种单位：1个电子在电势为 1V 的静电场中运动所获得的能量，叫作 1 个电子伏（eV）。具有 1eV 能量的电子，其速率大约为 600km · s^{-1}。图 8-4 中的单位是兆电子伏（MeV）。

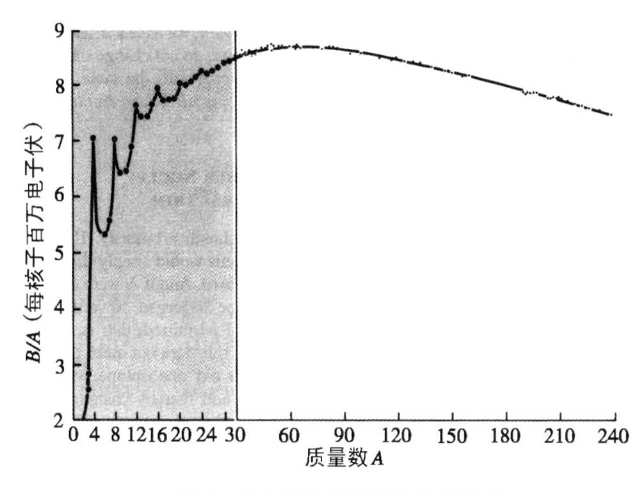

图 8-4　所有天然原子核单位质量数的结合能

自然界中元素的丰度与原子核的结合能有关

为了与图 8-4 对比，图 8-5 给出了各种天然元素的相对丰度，而图 8-6 示意性地表示了图 8-5 所示的情况。图 8-6 中标以 α 的曲线通过 $A=28$，32，36 和 40 时的丰度值。具有这些 A 值的原子核可以认为是由氦核组成的，也就是说，是由 α 粒子组成的，所以用 α 标出。可以看出，图 8-6 中的 α 曲线明显位于以非 α 核连接的丰度曲线之上。与图 8-4 相对照，标以"氦燃烧"的曲线通过 B/A 曲线峰尖极大值的一些核，这种联系很难说是偶然的。此外，图 8-6 中还有一个峰值，通常称之为铁峰，因为元素铁处于它的顶点位置，它又靠近 B/A 曲线的宽极大值。这些联系说明了原子核的物理性质与其天然丰度是有关系的，它反映了某种物理上的起源。正如植物和动物是通过演化、而不是通过特殊的创生形成的，原子核似乎也是通过某种形

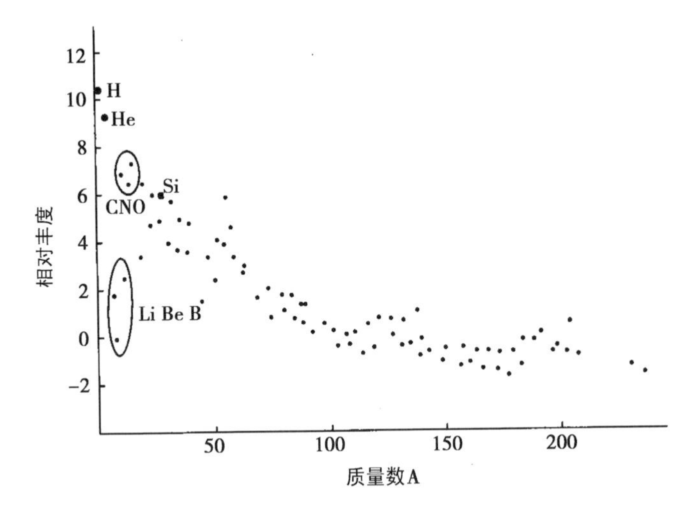

图 8-5 天然原子核的相对丰度，氢和氦的丰度最高。从图 8-4 看出，正是这些轻原子核产生的能量最多

式的物理演化，而不是通过特殊的创生形成的。

后面我们还要再讨论图 8-5，但在这之前应该再次强调，因为是用对数表示的，对 A 值大的原子核其丰度非常小，这也说明了，A 值大的元素，例如铀和钍，其放射性衰变不可能提供恒星产生的能量，它们的含量太少了。

图 8-4 的曲线表明，束缚得最牢的原子核出现于 A 为 60 附近的一个宽而平坦的极大区。因此，获得原子能的方式，或者是使质量数小的原子核聚合，使所生成原子核的质量数增加到 A 为 60 附近，或者让大质量数的原子核抛出一部分物质，例如从铀中辐射 α 粒子。然而，在质量数 60 附近，无论是核的聚合还是分裂，结果只能是损失能量。与这些核相应的原子都是我们所熟悉的金属——铁、镍、铬、

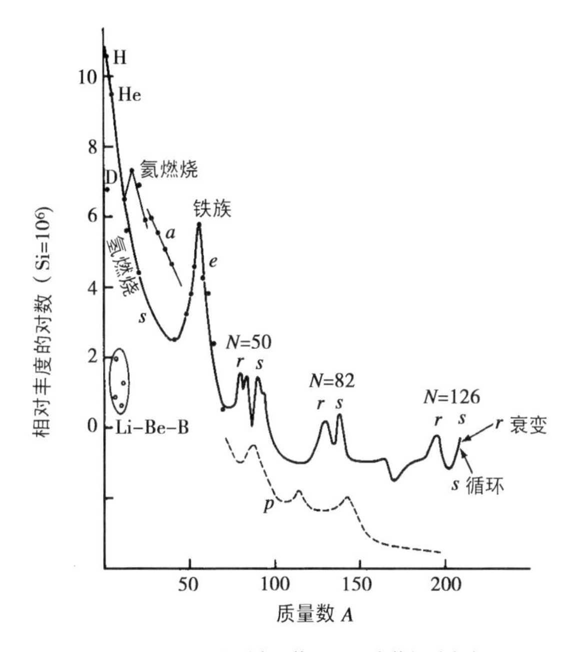

图 8-6 用图形表示的图 8-5 中的相对丰度

锰、钴、铜、锌、钛和钒。虽然这些金属在近代社会的经济领域中起着极为重要的作用，但是从能量的角度来看，它们只是一些“灰烬”，或者是轻核“燃烧”后的“灰烬”，或者是重核分裂后的“灰烬”。图 8-6 中的铁峰正是大量的宇宙灰烬，它们是由轻核燃烧后生成的。在本章的其余部分，我们将详细描述这一过程。

图 8-4 中的曲线，从 $A=1$（氢）到 $A=4$（氦）这一段非常陡峭。可见，宇宙中最主要的能量来自于最简单而又最丰富的原子的合成，这一反应过程正是彼林（Perrin）提出的，即 $4^1\mathrm{H} \rightarrow {}^4\mathrm{He}$（我们现在采用习惯的写法，把 A 值写在化学符号的左上角，由于化学符号决定了

Z，所以中子数 N 可以立即由 $A-Z$ 得出）。

小质量主序星释放的能量主要来自质子－质子链，而大质量主序星则主要来自碳氮循环

1920 年爱丁顿接受了彼林的主张，今天的情形不同了，我们已经知道了多种途径使氢转变为氦，其中有两种途径在恒星内部特别重要。一种是复杂的核反应过程，叫作质子－质子链，图 8-7 详细地做了说明，这是类似太阳的小质量恒星内部氢转变为氦的主要途径。另一种复杂的核反应过程叫作碳氮循环，如图 8-8 所示，它对于较大质量的主序星内部起主要作用。质子－质子链是由贝思（H.A.Bethe）和克里特菲尔德（C.L.Critchfield）于 1938 年首次提出来，碳氮循环是贝思于 1939 年提出来的。后来的一些科学工作者，著名的有加州理工学院的劳里特森（C.C.Lauritsen）和福勒（W.A.Fowler），都对这些初步设想做了重要的发展。

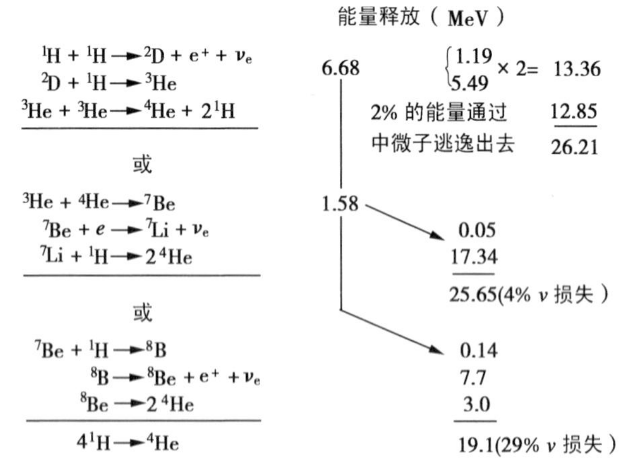

图 8-7 质子－质子链，1 兆电子伏（MeV）等于 1.6×10^{-16} 千瓦秒（kWs）

核反应过程有一条普遍性规律，其大意是说，正电荷数大的原子核反应，也就是质子数多的，要比正电荷数小的原子核反应进行得慢些。这是因为同性电荷彼此排斥，当原子核电荷数大时，斥力也随之增大。因此，同电荷数小的情况相比，当电荷数大时，必须在更高的速度和更高的温度下粒子才能彼此相互接近。根据图 8-7 的核反应系列，可以由氢生成氦，而且所有涉及的核电荷数都不大于 2，对于 ^{3}He 有 $Z=2$。而图 8-8 的核反应系列中氦的生成涉及 ^{15}N，它的 $N=7$。因而，实现图 8-7 系列所需的温度预期比图 8-8 系列要低，而情况也正是如此。所以图 8-7 的核反应在恒星中心温度不超过大约 2×10^{7}K 时对能量的产生起支配作用，而图 8-8 的核反应则对更高的温度情况起支配作用。正是由于核反应特性因温度不同而存在着这种差别，图 8-7 的过程适用于小质量的主序星，而图 8-8 的过程适用于大质量的主序星。

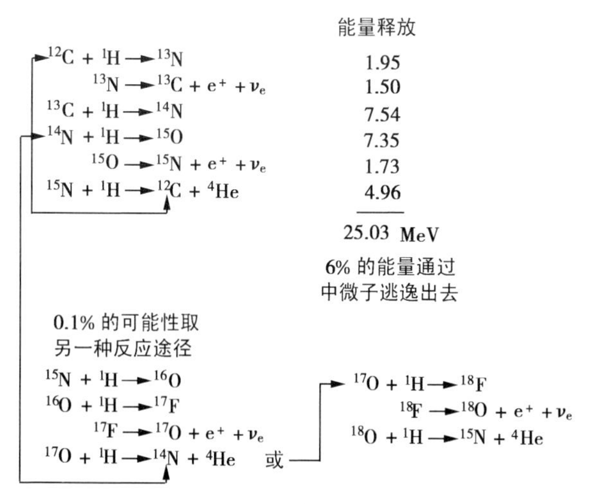

图 8-8　碳氮循环

上述区别导致了类似太阳的恒星和大质量主序星在结构上的有趣的差别，这一点如图 8–9 所示。图上每颗恒星中用阴影表示的部分，能量主要通过对流，也就是说通过恒星物质的沸腾运动向外传

图 8–9 左：类似太阳质量的恒星。右：质量更大的恒星，位于主星序的上部。每一图中标阴影的区域，能量主要通过对流传递，非阴影区域则主要通过辐射

递；在非阴影部分，能量传递依靠辐射。两类恒星的结构在特征上完全相反。对于大质量的主序星，对流在中心区域，辐射在外层；而对于太阳型的恒星，辐射携带能量穿过内部，对流出现在外层。太阳的外层通过对流传递能量，正是这一点可以用来解释太阳大气的气体中所观测到的各种十分复杂的现象。图 8–10、图 8–11 和图 8–12 给出了这些复杂现象的一些图例。

如果第一步反应没有特殊之处的话，图 8–7 的核反应系列在恒星温度较低时就有可能进行得很快。两个质子相互接近是容易的，因为仅仅涉及 $Z=1$。但是，两个质子还会再分离开，$p+p \rightarrow p+p$，除非它们中的一个转化为中子，即 $p \rightarrow n+e^{+}+\nu_{e}$。之后，中子和质子合在一起形成氘核（deuteron），在图 8–7 中用符号 D 来表示。

根据图 8–7，存在着两个可能的分支点。合成元素 ^{4}He 可以直接通过 $^{3}He+^{3}He \rightarrow ^{4}He+2p$ 得到，也可以通过 $^{3}He+^{4}He \rightarrow ^{7}Be+$ 能量，

这两条途径的相对概率由实验测得很准。然后，在通过 ^{7}Be 的途径上

图 8-10 太阳上的一个巨型日珥，高达 200 000km 左右，日冕中的气体在引力和磁力的影响下不停地冷却和运动

图 8-11 1973 年 6 月，日全食时的太阳日冕，日冕的形状表示存在着磁力

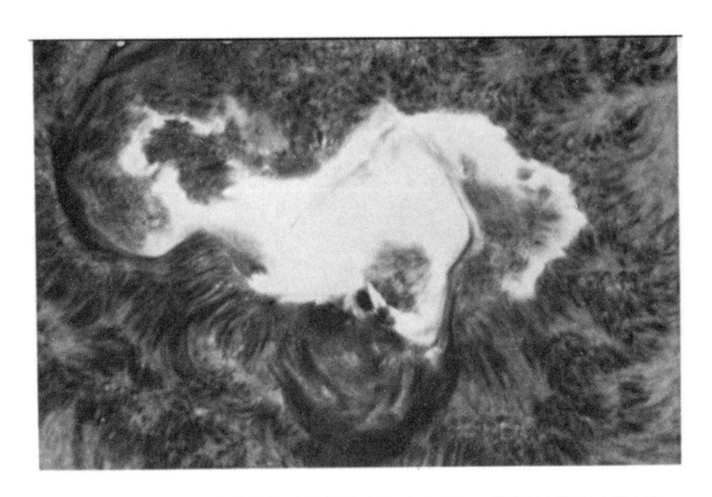

图 8-12　一个巨大的耀斑。耀斑横跨大约 100 000 km，引起粒子流从太阳上喷射出来。这种粒子喷流快速向外运动，有时会冲击到地球

还有另外一个分支，取决于 $^{7}\mathrm{Be}$ 首先衰变为 $^{7}\mathrm{Li}$，还是先吸收一个质子而形成 $^{8}\mathrm{B}$。这第二个分支反应的概率也可以由实验数据得到。不管是遵循哪一个分支，最终总归是形成 $^{4}\mathrm{He}$。虽然得到图 8-7 和图 8-8 经过了相当长时间的努力，但问题本身并不那么简单，用人工聚变反应堆去生成 $^{4}\mathrm{He}$ 仍然只是未来的理想。前面的讨论向我们表明，恒星中发生的过程目前尚无法在地球上实现。

§8-6　恒星的演化

由氢聚变氦提供的能量不能永远维持

恒星内部的能量产生有一个限量。在第 3 章中已经看到，原恒星依靠引力聚合在一起，直至压缩使内部温度升高，引起核反应，而核

反应产生的能量足以在很长的时间内补偿从恒星表面不断损失的辐射。到了这一阶段，便认为所形成的恒星处在零龄主序。本章中，尤其是在图 8–7 和图 8–8 中，我们列出了产生能量的详细核反应过程。

在第 3 章中，我们还看到了因氢转变为氦产生能量所能维持的时间与恒星质量有着很大的关系。对于太阳型恒星，这种核反应过程产生的能量至少可以持续 10^{10} 年，但对于大质量的恒星，时间尺度要短得多，像 20 个太阳质量的恒星就只有 10^6 年，比地球上的地质时间尺度都要短很多，如果与我们银河系的年龄相比则更是短得太多了。因此，我们必须考虑，在此之后会发生什么。

恒星中心的氢耗尽之后会导致恒星半径的增加

让我们再回到光度–颜色图，即图 8–13 的赫罗图，零龄主序从右下方延伸到左上方。人们自然会问，在氢燃烧过程中，赫罗图中的恒星是怎样演化的。根据大量的计算，这个问题的答案大致上如图 8–14 所示。与太阳质量差不多的恒星向右上方且明显偏上的方向演化，而大质量的恒星基本上向右方演化。结果形成这些恒星像烟筒抽烟似地朝赫罗图的某一定区域演化。这一区域的特点是颜色发红和光度很大，这两个特点结合起来要求这些演化着的恒星具有比太阳大得多的半径，通常为太阳半径的 10 ~ 100 倍（有时甚至更大），这从图 3–10 可以看出。正是由于这些恒星的半径特别大，所以该区域的恒星被称为巨星。

有趣的是，将这些预期的结果与图 8–15 的观测相比较，该图是按目视光度的对数与表面温度（即颜色）绘出的，最近的一些恒星用

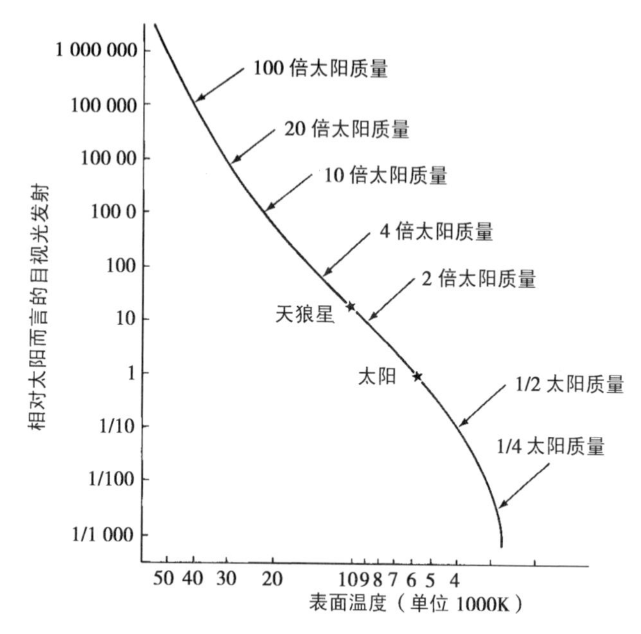

图 8-13 新形成的恒星处在赫罗图的零龄主序上，它们出现的位置取决于质量。注意，这里的光度所对应的是目视光度

叉号来表示，最亮的一些恒星用圆点表示。图 8-15 最突出的一点是，尽管最近的恒星和太阳的光度差不多，或者稍暗一些，而天空中显得最亮的那些恒星都是本身更亮，且正在朝巨星区演化，这和图 8-14 中示意性地所预言的情况完全一样。许多最亮的恒星正在离开主序。因此，这些恒星已经接近于把氢耗尽了。

关于图 8-15 需要注意两点：在第 1 章、第 3 章中给出的光度-颜色图中，总光度包括了所有频率的辐射，而图 8-15 中的光度仅仅是目视频率。它们之间的差别对于绿、黄颜色的恒星并不显著，但对于蓝色或红色的恒星却是明显的，因为紫外频率和红外频率都不包括

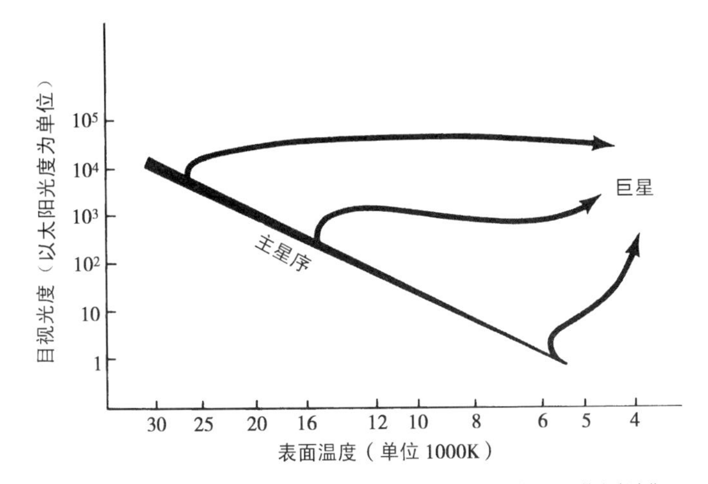

图 8-14 当越来越多的氢转化为氦时，恒星开始从主星序向赫罗图的右方演化。所有的恒星都按这样的方式演化，最后全部到达赫罗图的巨星区，之所以这样称呼，是因为该区域里的恒星半径很大，和地球绕太阳的轨道半径差不多

在目视光度区域内。图 8-16 是用目视光度标出的，图中给出了以太阳半径为单位的等半径线。如果与图 3-10 进行对比就可以清楚地看出把总光度换成目视光度的影响。

第二点是关于图 8-15 中恒星的距离。为了把观测到的辐射流量化为恒星本身的光度，必须知道距离。这些距离是用第 9 章中所讨论的方法来加以确定的。

如果按上述讨论所预期的，应该得到有关恒星离开主序和进入巨星区的更为突出的演化证据。图 8-17 是把几个星群或星团的恒星在赫罗图上所占有的不同区域叠加在一起的结果。通过这种合起来的比较，朝向巨星区演化的效应表现得很清楚。图上的这些星团年龄都不相同，从标在图右边纵坐标上的大概年龄可以看出来。

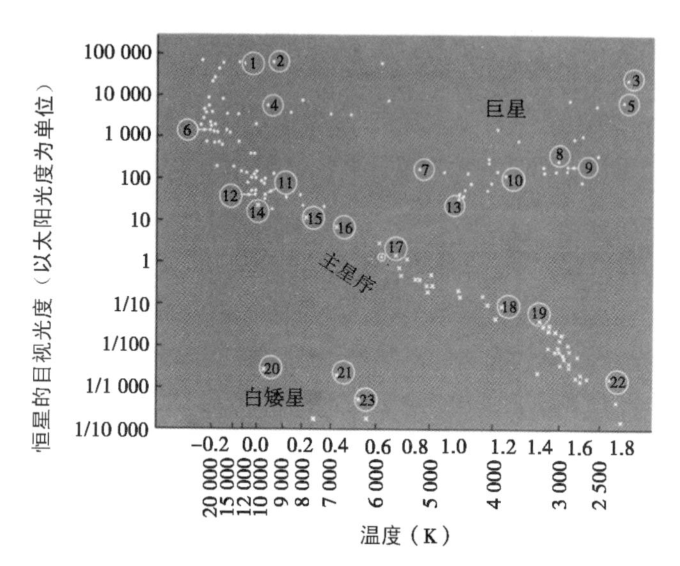

图 8-15 最近的恒星（用 × 表示）和肉眼看去最亮的恒星（用 · 表示）在赫罗图上的位置。标数码的星分别为：1 为参宿七，2 为天律四，3 为参宿四，4 为北极星，5 为心宿二，6 为角宿一，7 为五车二，8 为芻藁增二，9 为毕宿五，10 为大角，11 为北河二，12 为织女星，13 为北河三，14 为天狼星，15 为牵牛星，16 为南河三，17 为比邻星，18 为天鹅 61A，19 为天鹅 61B，20 为波江 40B，21 为天狼星 B，22 为巴纳德星，23 为南河三 B

应该指出，英仙 h 和 x 星团中的巨星比主星序附近的成员星光度要低一些，这是因为我们在这里用的是目视光度，而这些巨星的大部分辐射都在红外区，不包括在目视光度内。

§8-7 恒星的终极问题

核能也不是取之不尽的

当恒星演化到离开主序时，它已经处于垂死阶段。尽管恒星总的演化趋势的确是从颜色-光度图的主序走向巨星区，但是每个恒星的

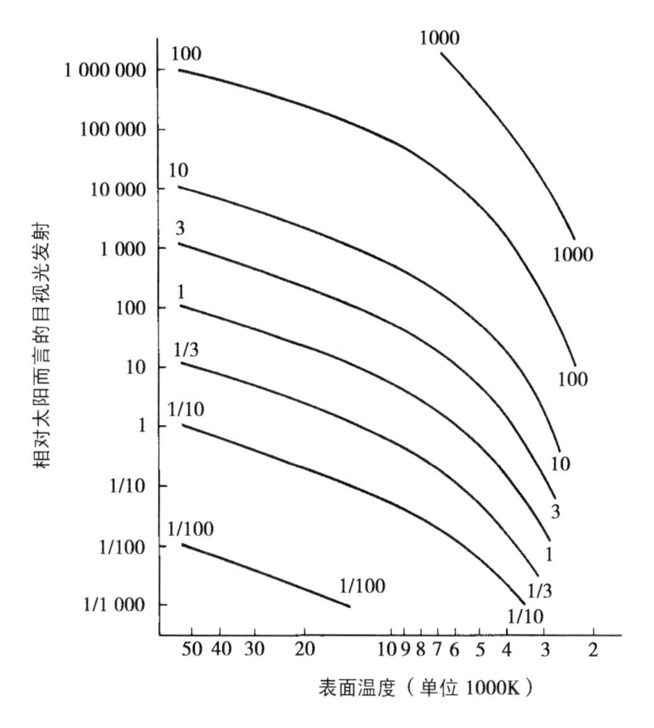

图 8-16　以太阳半径为单位的恒星等半径线，这些等半径线与图 3-10 的不同，因为这里的纵坐标仅仅是对应目视频率的辐射，而图 3-10 是对所有频率的辐射

演化细节可能是非常复杂的，演化路线会突发性地上下左右移动，就好像恒星在寻找某个栖居场所一样。图 8-18 示意地给出了太阳型恒星的部分演化路线。演化路线上的每一次弯曲或转向一般都与某种不同性质的物理过程的开始或终止有关，例如某种新的核燃料点火，或者旧有的核燃料耗尽。

让我们回到图 8-4，该图给出每个核粒子产生的 B/A 与质量数 A 的关系，需要再次强调的是，最有可能产生的核能几乎都是来自氢转

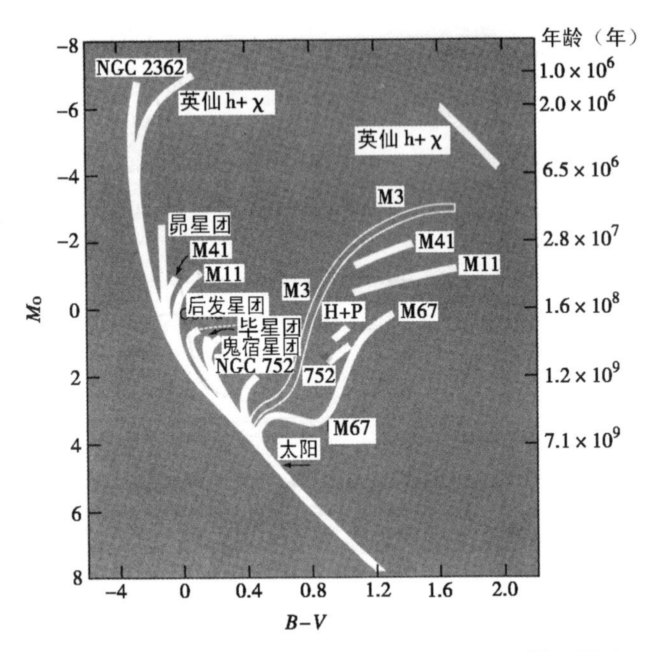

图 8−17　把属于许多疏散星团（以实线表示）和球状星团 M3 的恒星叠加在一起。右边标的是星团在各个对应光度上离开主序时的年龄

变为氦。一旦恒星耗尽了这种可能性，便失去了主要的能量来源。只要恒星中包含有质量数比 60 小很多的核，即小于图 8−4 中的宽极大区时，则它还可以由其他的途径产生能量，只不过比氢转变为氦的简单方式更加复杂，效率也低。当恒星沿图 8−18 的演化路线或者对于 7 个和 9 个太阳质量的恒星沿图 8−19 的演化路线进行时，它们正是在寻找这些其他产能方式的可能性。在表 8−3 中，列出了这些进一步的产能过程以及它们在恒星中出现时的典型温度。表中的最后一个过程达到了 $A=56$，接近图 8−3 中的极大值，因此确实已经到了产生核能之路的终点。在表 8−3 的终了，物质全能化为了核灰烬。

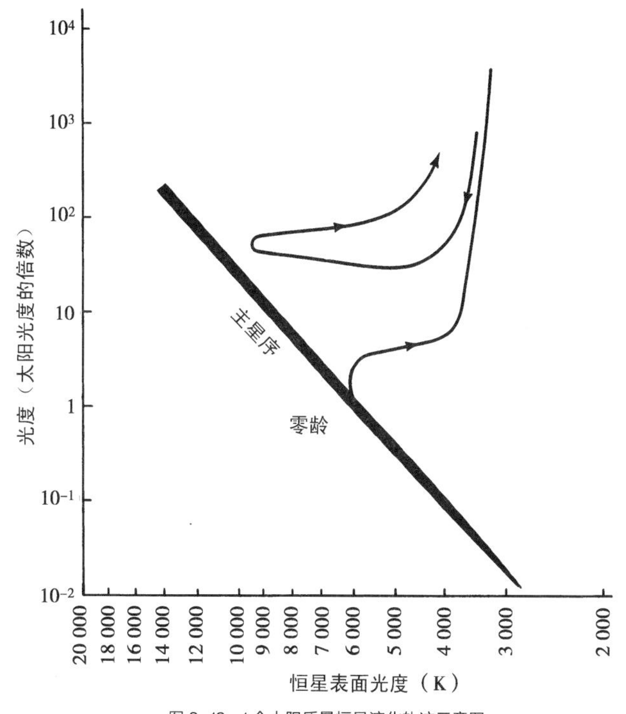

图 8-18　1 个太阳质量恒星演化轨迹示意图

表 8-3　　　　　　　　轻元素的燃烧过程

过程	发生时的典型温度（K）
$3^4H \rightarrow {}^{12}C$	$1\sim2\times10^8$
${}^{12}C+{}^4He \rightarrow {}^{16}O$	2×10^8
$2^{12}C \rightarrow {}^4He, {}^{20}Ne, {}^{24}Mg$	8×10^8
$2^{16}O \rightarrow {}^4He, {}^{28}Si, {}^{32}S$	1.5×10^9
$2^{38}Si \rightarrow {}^{56}Ni$	3.5×10^9

还可以看出，表 8-3 右边一列的温度值随核质量数的不断增大而越来越高。由于电作用力随质量数增大，为了使原子核彼此接近

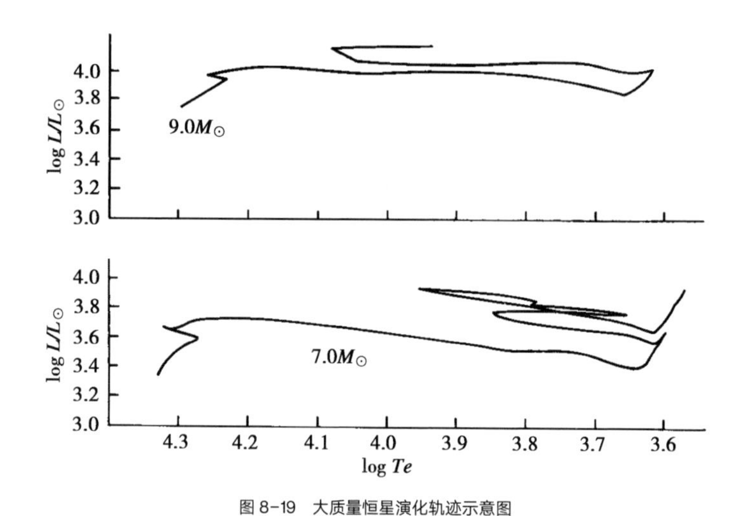

图 8-19 大质量恒星演化轨迹示意图

要求更高的运动速度，这样短程核力才能使组成原子核的质子和中子做全面的重新排列。例如，在 $^{12}C+^{12}C$ 的反应中，有两个相同的核彼此接近，每一个原子核含有 6 个质子，而对于 $^{16}O+^{16}O$，则每个原子核含有 8 个质子。因此，氧燃烧的电作用力比碳燃烧要大，所以要求的温度也就更高，才能给出更高的速度。氦燃烧出现的温度大约是 10^8K，使 $3^4He \rightarrow ^{12}C$，而硅燃烧的温度要提高到 3.5×10^9K 左右，才能使 $2^{28}Si \rightarrow ^{56}Ni$。

表 8-3 仅仅列出了这些聚变过程的一些主要反应，其他许多不重要的反应过程也会发生。尤其是在硅燃烧过程中，产生出质量数范围从硫到镍的各种元素。在本章的后面部分我们还会讨论到这类过程，它们称之为元素合成。这里我们只需注意，通过两种衰变，$^{56}Ni \rightarrow ^{56}Co+e^++\nu_e$ 和 $^{56}Co \rightarrow ^{56}Fe+e^++\nu_e$，由硅燃烧生成的镍便能转变为 ^{56}Fe，这是铁的最普通的一种同位素。我们相信，日常生活中经常遇

到的铁就是以这种方式在温度为 3.5×10^9K 的恒星大熔炉中形成的。

恒星的核演化导致恒星复杂的分层结构

表 8-3 中列出的几种过程可以在一个恒星中同时发生，最高温度的过程出现在恒星的中心附近。图 8-20 所示的情况涉及表 8-3 中所有的反应阶段，它适用于大质量恒星（例如 20 个太阳质量）的演化晚期。这是一幅示意图，每个壳层的半径并不是准确地按比例画的。外层是低密度的氢和氦包层，远比硅的致密内核庞大，因而使得这类恒星处于光度-颜色图的巨星区。

硅燃烧发生在核的中心部分，其他燃烧过程发生在各个壳层的交界面上。从表向里，氢燃烧发生在第一壳层和第二壳层的交界面

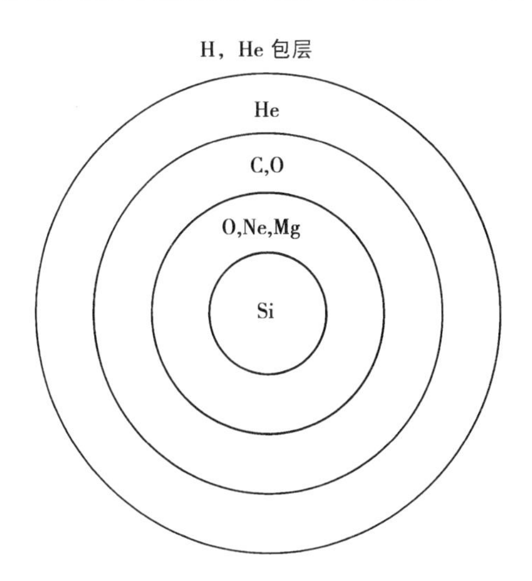

图 8-20　一颗 20 倍太阳质量的恒星在晚期演化阶段的分层结构和各层的化学组成

处，即标注 H+He 壳层和 He 壳层之间；氦燃烧发生在 C+O 壳层和 O+Ne+Mg 壳层之间；氧燃烧发生在最后一层和中心核之间。不同的交界面对产生核能的贡献可能变化甚大，正是由于这种变化才造成恒星在光度-颜色图上的演化路线会突然改变。

当物质在两层之间燃烧时，便开始了一个演化过程，核反应的产物补充到内层中。每一壳层从外表面得到物质，而在内表面处失去。根据内表面和外表面处的相对燃烧速率，壳层可以获得物质，也可以损失物质。研究这类十分复杂的核演化过程要求大量细心的计算，只有借助于大型数字计算机才能完成。仅凭直觉很不容易判断演化过程如何进行，也无法准确地知道恒星在光度-颜色图上下一步会移到什么地方。

但是，所有这些“喧嚣吵嚷”到头来都会消声匿迹。一颗恒星无论有多么复杂的结构，它的能源毫无疑问总是有限的，能源的消耗速率总是在增加，而且最终必然是产生的核能不足以补偿从恒星向外部空间的消耗。最后阶段的这种供能不足使演化路线十分复杂，如图 8-18 和图 8-19 所示。于是我们会问，恒星有没有最终的安息状态，也就是说在光度-颜色图上有没有它的归宿坟场。

恒星残核的半径很小而具有极高的物质密度

只要恒星还在向空间流失能量，就不会出现最终的静止状态，因为为了达到这样的静止状态辐射必须停止。恒星的光度必然减弱到零，这意味着表面温度降到零度。这种状态只要恒星内部还是热的就不可能，因为这就必然存在着从内部向表面的一种稳定的能流，从表面向空间流失，这与我们的前提是矛盾的。因此，必须要求内部壳层的温度也降低到零度。但是，在这种情况下，内部物质又如何提供足够的压力来支持恒星的重力呢？只有当我们能够解决这一困难时，恒星才可以有一个最终的安息场所。

从经典物理学的角度来看，这种困难是不可克服的，但是随着近代量子力学的发展（参见第 2 章），人们认识到在极高密度的冷物质中会出现一种新形式的压力，这种物质的密度达 10^5–10^6 g · cm^{-3}，大约相当于一块方糖的体积内含有一吨的物质。因此，如果一颗恒星能收缩到如此高的密度，产生的压力就有可能支撑恒星的重力了。如此高度收缩的恒星的确是存在的，它们称之为白矮星。有几颗白矮星属于离我们最近的恒星，已经画在图 8–15 中。这就是我们要寻找的恒星的坟场（至少也是坟场的一种）。

这的确是饶有风趣的，一颗恒星在演化的最后阶段耗掉它最后的核能源，然后收缩为一颗白矮星，逐渐地冷却，向空间的辐射越来越少，最后终止了它的生命，变为一颗冰冷的、僵死的超高密物体。但是，白矮星中存在的新形式的压力支持不住质量 1.3 至 1.4 倍太阳质量的恒星（确切的极限值取决于恒星中具体的原子核组成），在这种情况下，上述演化途径会遭到破坏。对于像太阳质量的恒星，这种图像可能是适用的。但是，对于其演化路线如图 8–19 所示的大质量恒星是不适用的。

在很长时间里，天文学家一直认为克服大质量恒星困难的唯一途径是将恒星的大部分物质抛射到空间中去，这些物质最终将与银河平面内的气体汇聚在一起，有两方面的理由，即理论上和实际上都支持这种观点。一个奇怪的事实是，产生大部分能量的核反应，即氢转变为氦的核反应从来没有使恒星出现爆发性的崩溃。但是，核演化的后期阶段，如表 8-3 中的 $^{16}O+^{16}O$ 反应，却有可能是爆发性的。虽然氧燃烧释放的总能量比氢转变为氦要少，但是一旦出现不稳定，就可能把具有图 8-20 那种结构的恒星外壳突然抛开。这将使恒星的质量突然减少，也许变得少于 1.3～1.4 个太阳质量，在这种情况下，剩余的部分最后仍可以安定下来变为一颗白矮星。

上述观点得到观测上的支持，明显的证据表明，恒星的确由于激烈的抛射过程而损失质量。这甚至对于太阳型的恒星也可能发生，尽管它们不需要物质抛射便可以达到白矮星阶段。太阳型恒星进入白矮星阶段不需要完成表 8-3 中的全部核演化过程。恒星在光度-颜色图的巨星区盘旋一段时间之后，其中心区域主要由碳和氧构成，如图 8-21 所示，而氢和氦的包层则被抛了出去。炽热的裸核迅速地冷却，沿着图 8-22 所示的光度-颜色图上的路线演化。氢和氦的抛出似乎

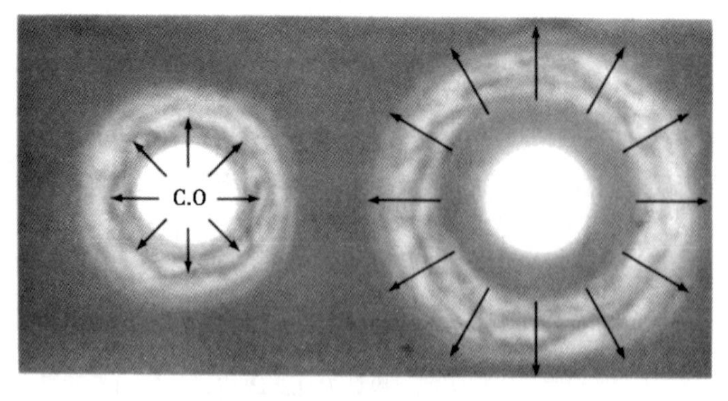

图 8-21 快速演化的太阳质量恒星的外层被抛出去的示意图

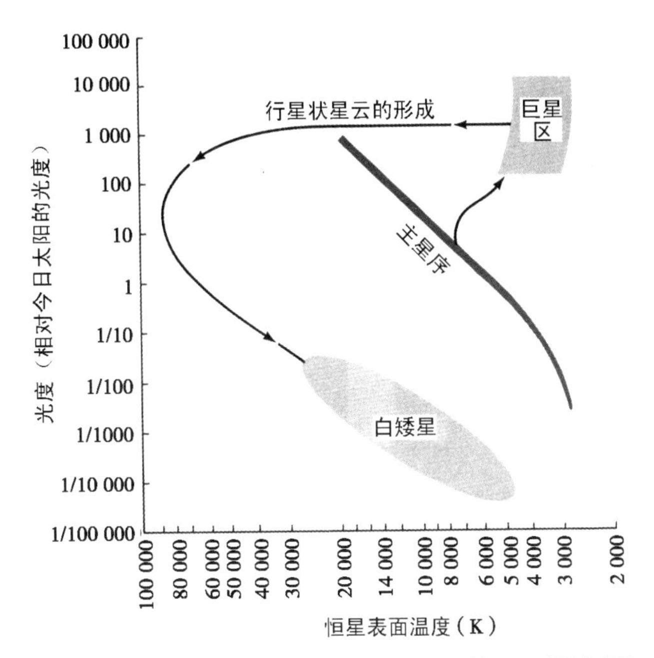

图 8-22　一颗太阳质量的恒星如何在赫罗图上演化到白矮星区。据认为行星状星云是由演化途中最后一次向外喷发形成的

是通过多次喷发，而不是一次性爆发。膨胀气体的这种喷发现象是可以观测到的，因为它通过吸收母恒星的光而发光。据认为行星状星云便是这样形成的，图 8-23 是行星状星云的例子。因此，行星状星云是一种与较小质量恒星的垂死阶段有关的现象。虽然看上去颇壮观，但它们含有的气体却很少，只相当于太阳质量的很小一部分，完全不能设想与猎户座中的那种星云相提并论，后者含有的气体质量要多得多。

太阳型恒星如图 8-22 所示，在还没有发生氧燃烧时就已演化到白矮星阶段，因此避免了由于 $^{16}O+^{16}O$ 反应而引起的灾变性爆发。但

图 8-23 行星状星云 NGC7293，直径大约 2 光年

是，大质量恒星要经过氧燃烧阶段，因而会出现炸弹似的爆炸现象。恒星的爆发实际上已经被观测到，对比图 8-24 的图 a 和图 b 便可看出，这种现象叫作超新星爆发。图 8-24 的图 b 中看到的超新星，可以和整个母星系的亮度相比，而在图 8-24 的图 a 中却完全看不到。这显然是一次威力巨大的爆发，要求核心的不稳定性波及到图 8-20 中的一整个或几个壳层。这样的爆发必然要涉及大约 10 个太阳的质量，其规模超过 10^{27} 个人造氢弹所释放的能量。垂死中的恒星所能具有的如此规模的爆发能力在地球上是完全不可想象的。

这种激烈的程度曾经是下面这种看法的基础：由于核的不稳定性引起爆发，使初始的大质量恒星减小到只有太阳大小的残核，然后再

图 8-24　注意明亮的超新星的外形，据认为与旁边的星系有联系

通过冷却演化成白矮星。不过，仍然存在着许多费解的问题，不稳定的恒星怎样如此准确地判断爆发的强度，以保证残核的质量总是低于白矮星的极限 1.3 ~ 1.4 倍太阳质量？有没有可能出现这种情况，恒星完全崩溃，不留下任何残核？

由于存在着这些疑问，迫切需要利用大型数字计算机去详细地进行计算，从而对这一问题做全面的研究。虽然这个研究课题还没有完成，但是与这个问题有关的几点结论已经明确。经过一番争论，现在看来都承认，我们刚才所讨论的演化图像对于初始质量不超过 5 倍太阳质量左右的恒星是有效的。爆发之后剩下的白矮星残核似乎能适当地自我调整，使得不超过白矮星的 1.3 ~ 1.4 倍太阳质量的极限。但是，对于初始质量非常大的恒星，例如 20 倍太阳质量的恒星，现已证明其演化图像就很不同了。

对于初始质量大的恒星，其差别在 1960 年以前就已经觉察到了，这类恒星属于图 8-20 的硅核，其质量和密度都过大，无法形成白矮星。在这种情况下，即使通过爆发将恒星的外壳全部抛掉，剩下的核仍不能将其生命结束在白矮星的坟场中。目前已经发现，这样的核会演化到完全不同的另一个坟场里去，一种非常新奇而又引人注目的坟场。

回顾支撑白矮星重力的压力，经典物理学是不可理解的。因为在经典物理学里，当温度为零时，便没有了提供压力的运动。然而，在量子力学里，即使温度为零，运动也总是存在，因为粒子不再沿着单一的路径运动，总有一定数量的概率，其路径并不属于零运动。并且随着密度的增加，一个粒子的路径会以某种方式与其他粒子的路径发生联系，从而使代表快速运动路径的概率越来越高。简而言之，高密度会迫使粒子运动加快，而正是这种快速运动产生出支撑恒星重力所需要的压力。

在白矮星里，密度大约是 $10^6 g \cdot cm^{-3}$，最快速的运动粒子是电子，因此正是电子对这类恒星的压力起主要作用。如果我们把密度增加，远远超过 $10^6 g \cdot cm^{-3}$，情况会怎样呢？如上所述，预期电子的运动会继续加快，因而压力会进一步显著提高。若电子的总数永远保持不变，这无疑是正确的，但是，由于 $p+e \to n+\nu_e$，这样的条件不能满足。事实上，情况也确实不是这样。当密度提高到 $10^9 \sim 10^{10} g \cdot cm^{-3}$ 时，质子和电子开始结合成中子。结果是由电子提供的压力随密度的增加而逐渐消失。是不是压力真的完全消失了呢？不是，原因是完全同样的理由对中子的运动也是适用的。中子同样可以提供压力，只是要求密度值比 $10^6 g \cdot cm^{-3}$ 高很多时才能有效地起作用。中子的有效压力要能经受住恒星的重力，要求密度高达难以想象的 $10^{14} g \cdot cm^{-3}$，这相当于一块方糖大小的体积内竟有 10^8 吨的物质。

从上述对物理学的了解得到了一条线索，从而认识到大质量恒星的最终阶段会出现什么情况。由于核心的质量太大，密度也太高，无法演化到白矮星状态。取代的另一条路径是，在爆发之后恒星的外壳按图 8-25 的方式被抛出，核心则极大地收缩，直到密度的增加使中子的压力变成起重要作用的因素，也就是说，足以支撑残核的重力。到达这一阶段时，其半径变得甚小，只有地球半径的百分之几，确实

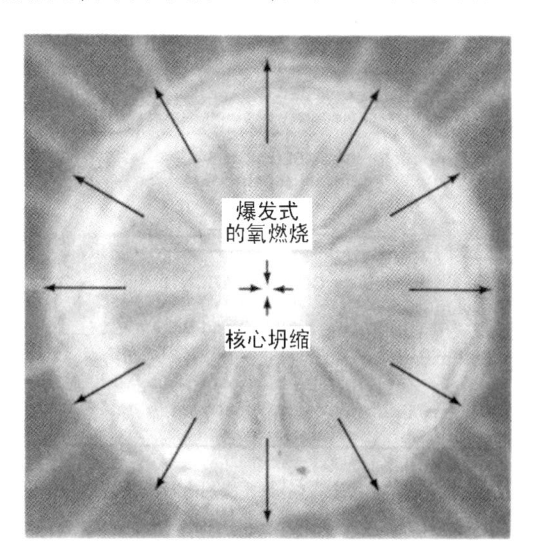

图 8-25 大质量恒星的超新星爆发示意图

如图 8-2 所示的那样，这样的核后来被称为中子星。

中子星的概念早在 1932 年前就已经从理论基础上形成[1]。然而这种星可能存在的想法一直是一种猜想，一直到 1967 年才发现了脉冲星。已经证明，我们在第 4 章中讨论过的脉冲星就是中子星，据认为它们是爆发恒星的残核。脉冲星也是恒星的坟场，不过与白矮星相比，显得不够平静罢了。

§8-8 物质的历史

天文学家认为，我们银河系里的物质最初是由氢和氦以及可能还有少许重元素组成的。这种看法的证据是，年老的恒星含有的 Z 大于 2 的元素丰度比年轻的恒星要低。比氦重的元素是如何形成的呢？这是通过恒星内部的核反应过程，按表 8-3 所列出的途径由轻原子核聚变为重原子核。

元素在恒星内部产生之后，通过恒星爆发传播到空间中去。图 8-26 是一个循环图，通过这种循环过程，物质在星际气体和恒星之间来回转换。气体凝聚为恒星，之后，物质又通过我们正在研究的这些过程从恒星再回到星际气体中去。

估计有多少物质处在图 8-26 的循环过程中是很有意思的，为此我们需要知道超新星出现的频数。我们发现，每个星系大约每 30 年

1. 在 1928 年中子尚未发现时，福莱凯尔（J.Frenkel）就已经考虑过恒星的中心密度达到 $10^{14} \sim 10^{15} g \cdot cm^{-3}$ 的可能性。

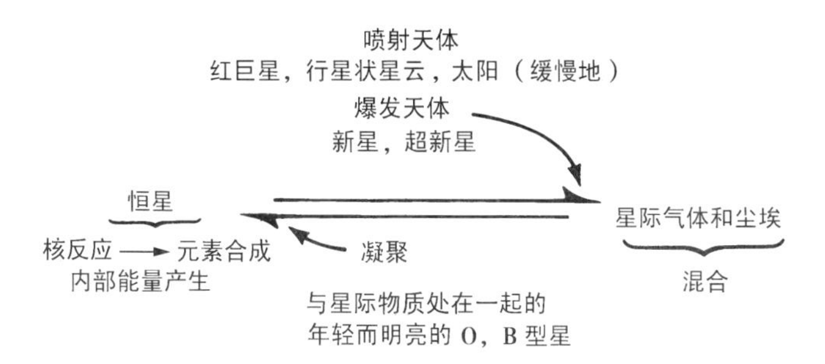

图 8-26 使物质在恒星和星际气体之间来回转换的循环过程

出现一次，这一结果是根据在很多星系中观测超新星爆发得出的。超新星的确十分明亮，这一点可以从图 8-24 看出，即使在非常遥远的星系中也能发现。因此，出现的平均频率可以根据对几百个星系的每日巡天观测来确定。考虑到没有理由认为我们的星系在超新星出现率上和其他的星系有任何区别，因此在计算我们星系有生以来出现的超新星总数时，取每 30 年一次应该是合理的。

上述的讨论表明，日常世界中最普通的一些物质，作为生命基础的碳，供呼吸的氧，供使用的各种金属，所有这些都经历过图 8-26 的循环。它们都是在恒星的熔炉中，在 10 亿度以上的高温下生成的，并且在我们的太阳和行星系统形成之前就已经通过激烈的方式被抛入到宇宙空间中去了。日常世界的组成物质并不是在太阳系本身的范围内形成的，而是在无限遥远的过去于星系中形成的，它们的形成通过了物质间强相互作用和弱相互作用。至今母星究竟是暗的白矮星还是超密的中子星，我们是无法辨认的。

第 9 章
天体距离的测定

天文学家希望能直接从最近凝聚成的恒星群来确定零龄主序（见第 3 章中的讨论）。由于在近处不存在这样的恒星群，只得用具有共同运动的一个恒星群去确定主序的下半部分，如著名的毕星团（位于金牛座），其平均年龄大约是 10^9 年。这样的年龄不能算很老，因而赫罗图（图 9–1）中毕星团的右下部分受演化效应的影响不是很大。从图 9–1 可以看出，毕星团恒星主序的下部轮廓的确是十分确定的。

§9–1　毕星团主序

为建立一系列的相互联系，将距离从最近的恒星扩展到几十亿光年之外，第一步是要搞清楚，如何由毕星团成员星得到图 9–1，尤其是要考虑确定恒星光度所采用的方法。表面温度既可以根据恒星的颜色，也可以根据恒星的光谱来估计，所依据的概念在第 3 章已经讨论过了。

无论对于毕星团成员星，或者其他的发光天体，光度测定都是根据下面的方程求得：

$$L=(4\pi \boldsymbol{d}^2)\cdot \boldsymbol{f},$$

其中，距离 $\boldsymbol{d}$ 和流量 $\boldsymbol{f}$ 是已知的（已知量用粗体字母表示）。流量 $\boldsymbol{f}$ 可以用第 3 章中讨论过的近代电子方法直接测量。本章中不仅对毕星团成员星，而且对所有参加讨论的天体，$\boldsymbol{f}$ 都是这样测量的。如果某一天体显著地被星际尘埃遮掩（第 6 章），则假定我们有适当的方法去修正观测到的流量，并且认为 $\boldsymbol{f}$ 已经做了这种修正。

由上述方程推出的 L 值自然是以每秒尔格或千瓦来表示（$1\,\text{kW}=10^{10}\,\text{erg}\cdot\text{s}^{-1}$）。由于太阳的 L 值为 3.8×10^{23} kW，以太阳作单位的光度很容易得到，并且还可以借助于表 9-1 将光度换算为图 9-1 中的星等值。

表 9-1　光度和星等的关系

星等	以太阳为单位的光度
-0.38	100.00
2.12	10.00
4.62	1.00
7.12	0.10
9.62	0.01

显然，对于任何一个天体来说，L 值的确定都与它的距离 d 有关。为了进一步了解这些概念，我们首先从这样的恒星着手：从太阳系出发的视线方向与恒星的运动方向成直角，如图 9-2 所示。暂时还假定速度 $\boldsymbol{V}$ 是已知的。这样，所讨论的恒星在确定的时间 $\boldsymbol{t}$ 内移动的距离为 $\boldsymbol{tV}$。并且视线方向如图 9-3 所示改变了小的角度 $\theta=180\boldsymbol{tV}/(\pi d)$

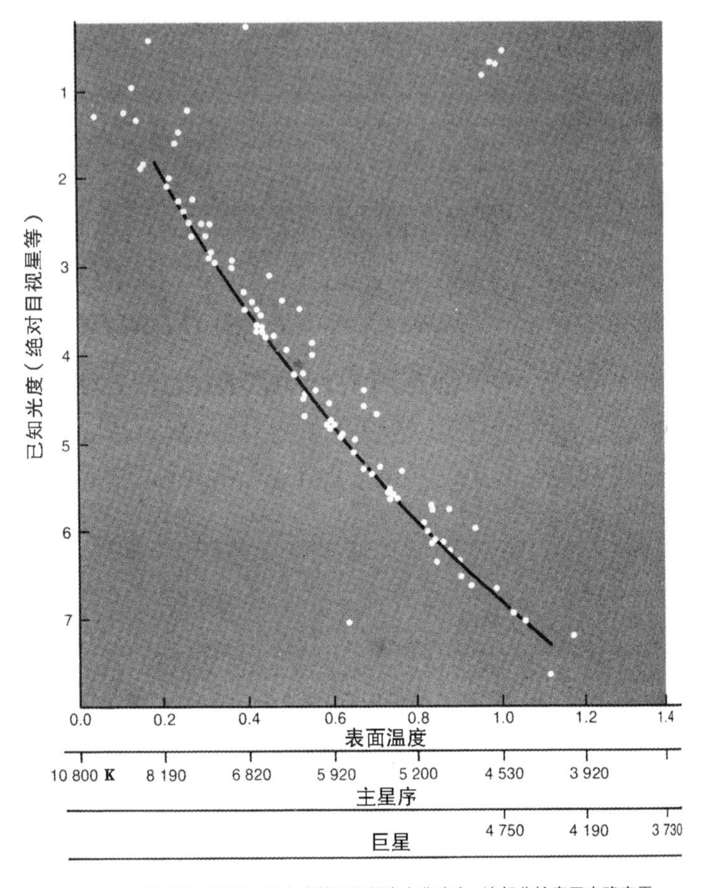

图 9-1 毕星团成员星，其主序的下部轮廓十分确定，这部分轮廓用来确定零龄主序。为了定出恒星在纵坐标光度标度上的位置，请参考表 9-1

（以度为单位），其中的 d 是恒星的距离。为了说明该公式是正确的，设想距离 $\boldsymbol{tV}$ 构成半径为 d 的圆周上的一个小线元，如图 9-4 所示。圆周总长为 $2\pi d$。因此，距离 $\boldsymbol{tV}$ 占整个圆周的 $\boldsymbol{tV}/(2\pi d)$，也就是说，我们所求的 θ 角必然是整个圆周角 360° 的 $\boldsymbol{tV}/2\pi d$，即 $\theta=360\boldsymbol{tV}/2\pi d$，以度为单位。若 θ 已经测出，则可以写为 $\boldsymbol{\theta}=180\,\boldsymbol{tV}/\pi d$，这样便立即可

图9-2 一种特殊情况，恒星的运动方向刚好与地球的视线方向成直角

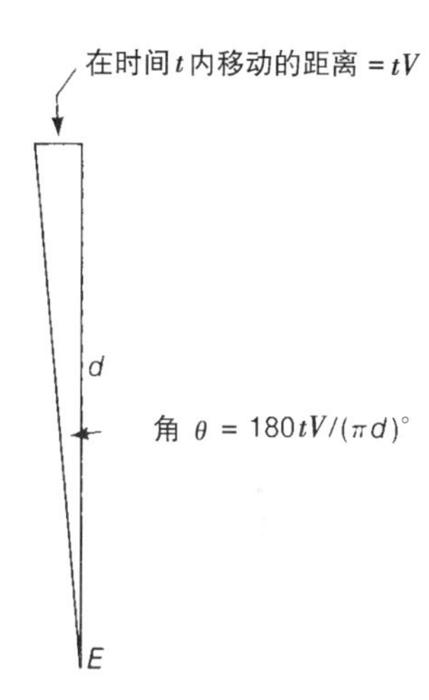

图9-3 在t时间内，以速度V运动的恒星，方向改变了一个小的角度$180\boldsymbol{tV}/\pi d$度，其中d是恒星的距离

以定出d来，即$d=180\boldsymbol{tV}/(\pi\boldsymbol{\theta})$。

我们所做的假设，即已知速度$\boldsymbol{V}$的恒星与视线方向成直角运动，当然不是实际情形，因为我们无法确认。为了放宽一些对讨论的限制，将图9-2的直角情况改为图9-5的情况，并假定速度$\boldsymbol{V}$和角度NES都是已知的。这样一来，所有需要变动的仅仅是将上一段中的$\boldsymbol{V}$改为$\boldsymbol{V}(EN/ES)$，其余结论都是一样的，即$D=180\boldsymbol{tV}(EN/ES)/\pi\theta$。因此，现在的关键在于如何得到速度$\boldsymbol{V}$和如何得到角度$NES$。

多普勒位移方法是必需的

第一个问题（测定速度）要受第二个问题（测定角度）的答案的制约。因此，如果角度NES为已知，则比值NS/ES就知道了，而乘积

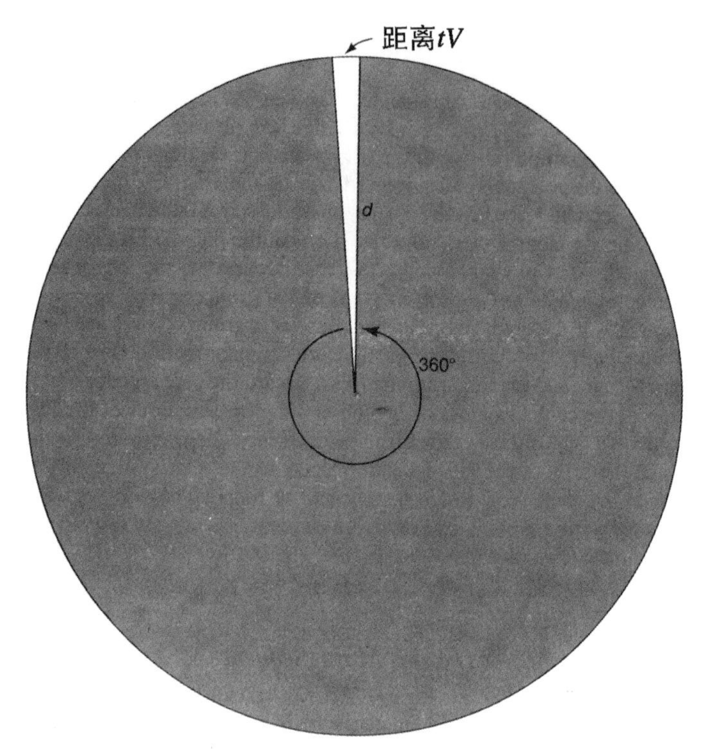

图 9-4　距离 tV 是半径为 d 的圆周长的 $tV/2\pi d$ 倍，该小线元对圆心的张角必然是 $360tV/2\pi d$ 度

$V(NS/ES)$ 是恒星的速度在地球视线方向上的分量。注意到这一点，第一个问题就可以解决了。视向分量可以通过 § 7-7 中提到的多普勒位移方法来测定，在第 10 章和第 12 章中还要详细讨论。

因此，问题变为如何得到角度 NES，就在这一点上涉及一群具有共同运动的恒星。对于单颗恒星是难以做到的，但对于一群离散的恒星，相对于太阳系具有共同的速度和共同的运动方向，问题便可以解决。

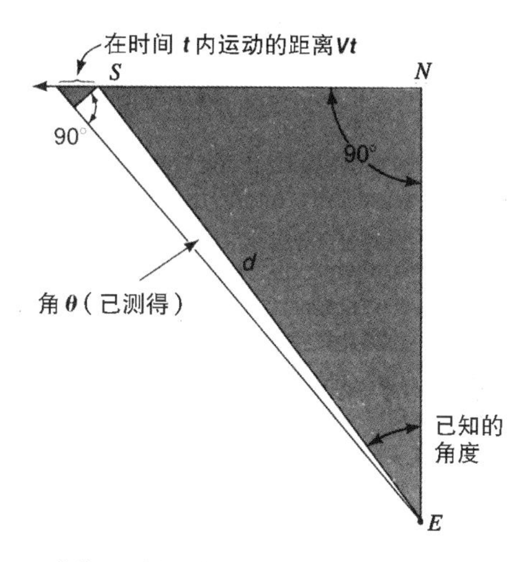

图 9-5　一般情况下地球上的视线方向与恒星的运动方向不成直角。小的涂黑三角形与大的涂黑三角形具有相同的形状

自行确定汇聚点

由于三角形 *NES* 是一个直角三角形，因此知道角度 *NES* 就等于要知道角度 *NSE*，也等价于要知道相对于太阳系的运动方向。如果我们把这一方向设想作为天球上经度和纬度坐标系中的极轴方向（参见 §3-5），则恒星 S 在天球上的投影便沿子午圈朝其中一个极点缓慢地移动。这一特性对做共同运动恒星群中的全部恒星都是成立的，它们的自行朝着一个相同的极点，称该极点为这群恒星的汇聚点。

反之，如果根据观测到的一群恒星的自行确定出汇聚点，则这群恒星相对于太阳系具有某种共同的运动，而地球朝汇聚点的连线便是共同运行的方向。人们已经根据观测到的毕星团的自行确定出了一个汇聚点。因此，毕星团成员星相对于太阳系的共同运动方向可以确定下来，从而每个成员星的NSE角也可以求出来。毕星团成员星的距离 d 也是用这种方法得到的。测量 f 和 $L=(4\pi d^2)\cdot f$，便给出图9-1中的光度值。

§9-2　毕星团主序的利用

通过这样的方法用毕星团来勾画出主星序后，假定由观测得到一颗距离未知的恒星的颜色和流量 f。根据颜色以及由分光光谱分析得出的一些分立的吸收线，我们也许就可以确定该星是否属于主星序。如果做到这一点，则不难利用观测到的颜色来确定恒星在主星序上必然有的位置，如图9-6所示。于是，光度 L 便可以在左边标度上读出来，从而恒星的距离立即可以得出，即 $d=\sqrt{L/(4\pi f)}$。这样得到的距离被称为分光光度距离。只要考虑得仔细一点，还可以将这种方法

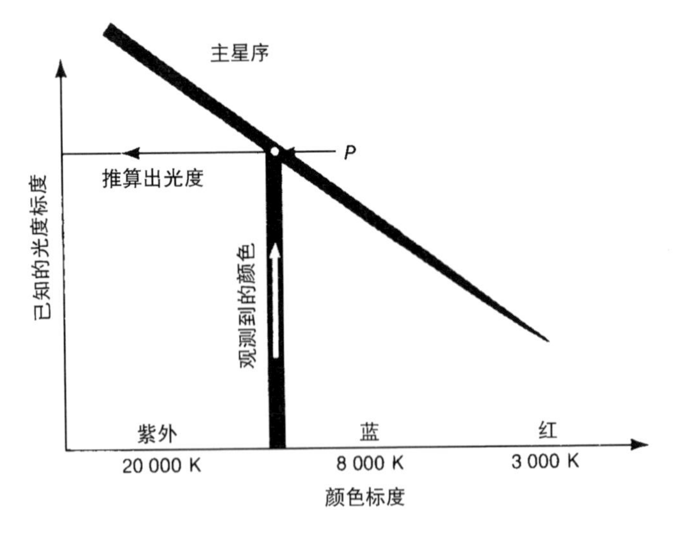

图9-6　利用观测到的主星序的颜色来确定它的光度。主星序上 P 点的恒星具有所观测到的颜色

推广到主序型以外的恒星，如图 8-15 中的那些亮星就是这样做的。

图 8-17 表示的是一些疏散星团成员星的光度-颜色分布，其颜色同样是根据分析各单个成员星光线的频率分布得到的。L 值借助于主序得到，但与刚才讨论的方法略有不同。一个星团的全部成员星实际上具有相同的距离 d，因此由观测到的流量立即可以得到它们的相对光度。距离相等的条件固定了恒星在光度-颜色图上分布的形状，但是绝对光度仍然不确定。不过，可以用图 9-7 中的方式来消除这种不确定性，办法是调整绝对光度值，使星团分布的主星序部分刚好落在图 9-1 中已知的毕星团的主序上，调整时必须让颜色标度彼此相拟合。用这种方法知道了每个成员星的光度 L 后，便可得出距离 $d=\sqrt{L/(4\pi f)}$，当然，这与 $L=(4\pi d^2)\cdot f$ 是等价的。在图 8-17 中对每个所谓疏散星团都采用了类似的做法。

这样测定距离的误差来自两个原因。毕星团成员星和被测星团

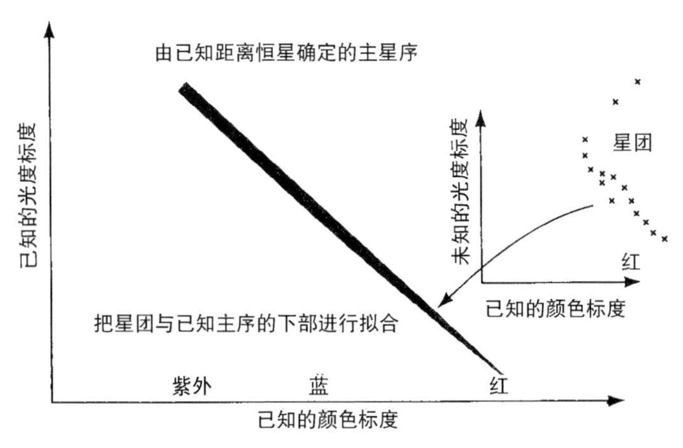

图 9-7　通过与零龄主序的下半部分拟合来确定星团成员星光度分布的标度，拟合时要让颜色标度彼此相符合

成员星的年龄一般说来并不正好相同，化学组成也不会完全一样。不过，只要用主序的右下部分进行拟合，这些误差源的影响并不是十分严重的。

下面我们讨论如何利用图 8-17，也就是如何利用星团把各种性质不同而又非常突出的标距天体联系起来。深入理解这些概念是要花一点时间的，最好的方式也许是从第 8 章中有关恒星演化的讨论入手。

§9-3 造父变星

具有相当质量的演化后期的恒星，比如从 3 个太阳质量到 20 个太阳质量的恒星，其演化路径是在光度-光谱图的巨星区域曲折地来回摆动，如图 8-19 所示。在它们的徘徊期间，有些恒星会偶尔呈现出脉动不稳定性，动力学状态表现为恒星的半径经历长时间的周期性脉动，图 9-8 绘出了这种脉动的图像。

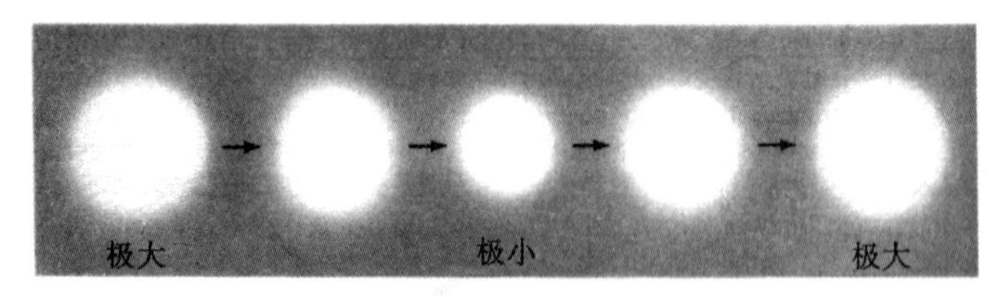

图 9-8 造父变星的大小在不停地脉动着

恒星的外层先是在一段时间内膨胀，然后收缩到最小的半径，之后再向外运动。虽然有的恒星膨胀和收缩的周期是不规则的，但大部分的周期都是规则的，膨胀和收缩的时间以及大小都准确地重复着。

大约在 30 年以前，就已经知道了这类脉动的物理原因。但是，直到最近几年，借助于计算机，天文学家才得以全面地研究整个过程。所涉及的细微差别反映了整个现象的特殊性，不常见的一些新奇现象在性质上通常都是很复杂的，因而难以详细地分析。

有一类表现为规则脉动的星非常重要，即所谓造父变星，这类变星在天文距离的测定中起着关键性的作用。因为在测量几千光年的近距离和首次测量真正遥远的距离——星系 M31（图 4-7）之间存在着空隙，而造父变星为之搭上了一座桥梁。如果造父变星不存在，某种另外的搭桥方式肯定也能发现，但是不会像造父变星方法这样精确。

在一次脉动过程中，造父变星的半径大约变化百分之十，如图 9-8 所示。与其他某些类型的变星相比，这样的脉动幅度是比较小的。例如，不规则脉动变星刍藁增二，半径的变化达 20% 左右。如果也像图 9-8 那样绘出刍藁增二，它可以容纳下太阳系的前 4 个行星的轨道，如图 9-9 所示。由刍藁增二发出的可见光在每个周期内变化非常之大。最亮时，呈现为一颗 2 等的红星；而最暗时，肉眼完全看不到。对于古代的天文学家来说，刍藁增二令人惊异，一颗星居然周期性地每 11 个月在天空出现一次，然后再消失掉！“Mira”[1] 这一名称本身的意思便是“不可思议的”。古代天文学家对刍藁增二如此熟悉，这一事实说明他们对天空的观察是很细心的。

图 9-10 表示出造父变星按图 9-8 脉动时亮度的变化，正是根

1. 即刍藁增二。——译者注

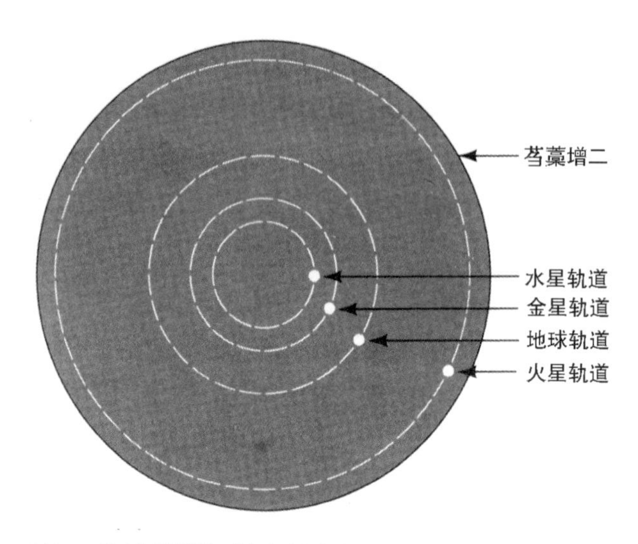

图 9-9 脉动变星芎藁增二在极大时能容纳下太阳系的 4 个内行星轨道的示意图

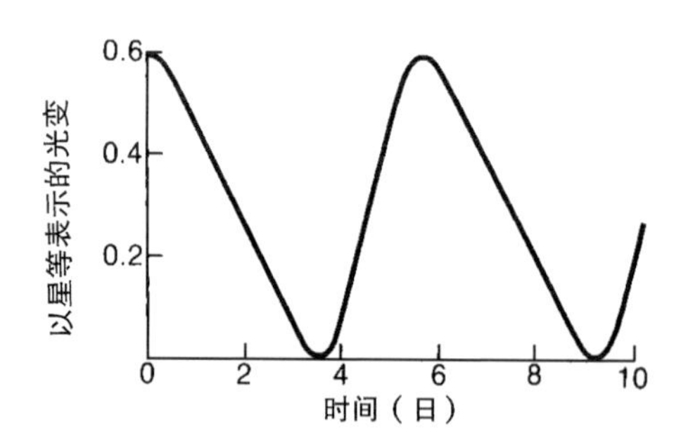

图 9-10 仙王 δ 的光变曲线，周期 5.37 日，是用黄光测量的

据亮度的变化去寻找造父变星。然而，天文学家并不是逐一地对每颗星都进行考察，直到发现某星有光变。在不同时间对同一天区拍两张底片，具有光变的星一般来说在这两个时间是有变化的，当快速地交替观察两张底片时这种变化便会立即显示出来。用这种方法发现的所有变星并非都是造父变星。其他类型的变星也可以用这种简单的方法

去发现。造父变星如图 9-10 那样表现出规则的亮度变化。一次完整的光脉动所需要的时间可以十分准确地测量出来，叫作造父变星的光变周期。图 9-10 中恒星的光变周期为 5.37 日，这是第一颗被发现的造父变星——仙王 δ[1]，是由哥德里克（J.Goodrick）于 1784 年发现的。造父变星的光变周期范围从短周期的 1~2 天到长周期的 100 天以上。

20 世纪初，发现了造父变星的周期与其内禀光度存在着联系，周期 P 越长，内禀光度 L 越大。这一发现具有划时代的意义，它是由勒维特（H.Leavitt）于 1912 年发现的。她是哈佛大学的一位天文学家，当时在南非工作。在南半球天空可以看到两个巨大的恒星星云，称为麦哲伦云，即小麦哲伦云（SMC）和大麦哲伦云（LMC），分别如图 9-11 和图 9-12 所示。这两个天体并非普通的星团，而是两个货真价实的小星系。目前已经清楚，这两个星云都位于我们的星系之外，虽然与我们的星系存在着一定的联系。

但是，勒维特女士当时并不知道麦哲伦云的距离，她的观测所揭示的仅仅是两个星云都包含有许多造父变星。在每一个星云里，可以认为所有的变星远离我们的距离基本相同。并且，由于在小麦哲伦云里极少有尘埃物体造成遮掩（在大麦哲伦云里则尘埃物质很多），因此变星流量给出的即是它们光度的相对值。于是勒维特女士发现的周期 $\boldsymbol{P}$ 和流量 $\boldsymbol{f}$ 之间的关系就意味着 $\boldsymbol{P}$ 和内禀光度 L 之间必然也存在着关系。

后来沙普利（H.Shapley）意识到，如果能够以独立的方式测出任

1. 中文名造父一，造父变星即由此得名。——译者注

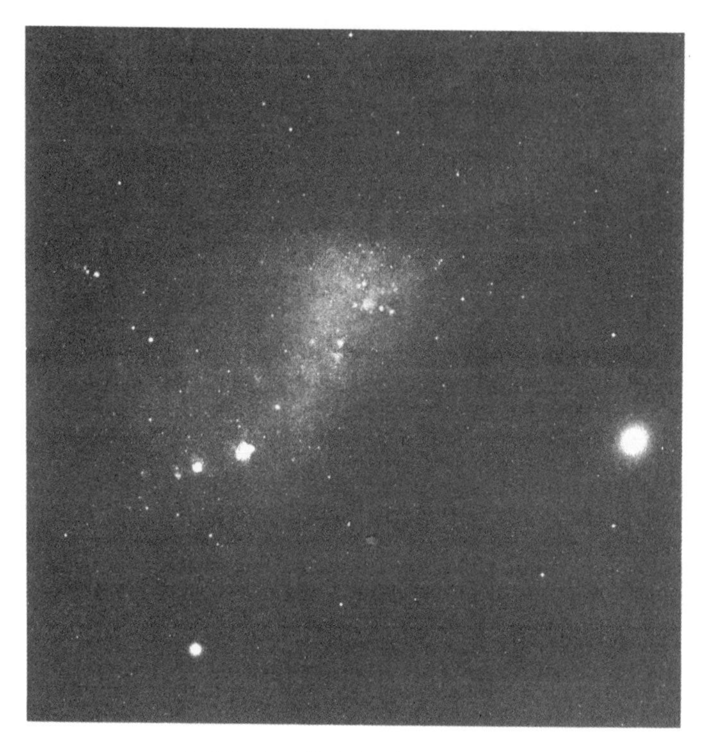

图 9-11 小麦哲伦云，直径大约 10 000 光年

何一颗造父变星的 L，则勒维特女士所发现的整个关系便可以代表 P 和 L 之间的关系。这应当意味着，只要测定出任何一颗造父变星的 P，不管它是否处在麦哲伦云里，都能给出它的 L 值来。于是，这颗造父变星的距离 d 便可以立即得出来，即$d=\sqrt{L/(4\pi f)}$。因此，关键问题在于至少独立地测出哪怕是一颗造父变星的 L，多几颗当然更好。

造父变星的周期－光度关系目前是根据主星序来定标的

近来，已知有几个星团中含有造父变星，而这些疏散星团的距离

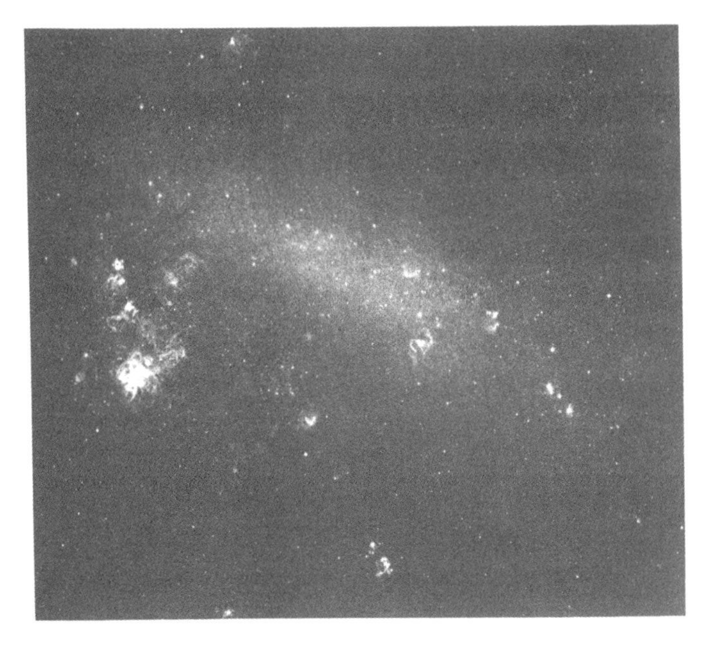

图 9-12 大麦哲伦云，直径大约 30 000 光年

可以利用主序来确定，在图 9-7 中示意性地说明了这种方法。若星团的距离 $\boldsymbol{d}$ 能用这样的办法求得，则造父变星的 L 值便可以给出，即 $L=(4\pi \boldsymbol{d}^2)\cdot \boldsymbol{f}$，从而定标问题得到解决。周期和内禀光度之间的最终关系如图 9-13 所示。这样一来，我们可以计算任何一个星群的距离，只要它正好有造父变星，并且距离不是太远，否则的话，流量 $\boldsymbol{f}$ 过小，无法准确测量。测量过程在原理上十分简单。测量出待测造父变星的 $\boldsymbol{f}$ 和 $\boldsymbol{P}$，从图 9-13 中读出 L 值，从而得出 $d=\sqrt{L/(4\pi f)}$。建立这套方法所用的逻辑步骤是：

毕星团下部主序

→疏散星团

→造父变星。

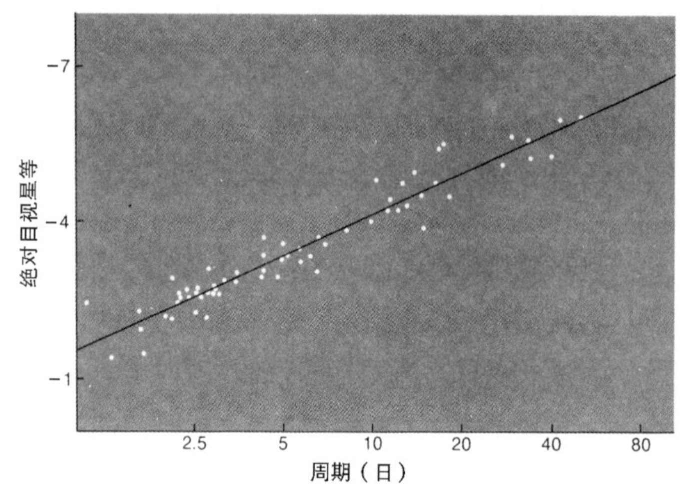

图 9-13　由观测得出的造父变星的周期和绝对目视星等之间的关系

目前用来对 P–L 关系定标的造父变星直到 20 世纪 50 年代才被伊尔文首次发现，它们处在所谓的疏散星团中。沙普利不得不用不同于本章中所描述的方法来计算我们星系中最近的几颗造父变星的距离。遗憾的是，即使是最近的造父变星也处在 20000 ~ 30000 光年范围之外，而只是在这样的距离范围之内，该方法才具有令人满意的精度。尽管十分困难，但造父变星被证明是非常有效的，这使得沙普利能够确立一项具有深远影响的重要成果。他能够证明，我们的星系远比过去所想象的要大。在 1917 年时，多数天文学家都认为我们的银河系大小只有几千光年，太阳系十分靠近银河系的中心，而不是像现在我们所了解的，它距离银河系中心大约有 30 000 光年。旧的错误图像是由于天文学上传统的观点不承认沿星系的平面存在着尘埃遮光现象，从而错误地把我们这个局部的“水塘”看成为整个星系。

就在沙普利从事研究的那几年，天文学上发生了另一件更为重要的革命性事件。哈勃在星系 M31，M33 和 NGC6822 中发现了造父变星，因此他能够计算出到这些河外星系的距离。计算结果与 19 世纪发展起来的、在 20 世纪最初 20 年中非常流行的观念相矛盾。当梅西叶（Messier）在 150 年之前编制他的星云表时，他把所有明显的“弥漫天体”都列在一起，在编纂星云星团新总表（NGC）时也是如此。例如，M43（NGC1976）便是猎户星云，如图 3-14 所示，它实际上是我们自己星系内的天体；而 M31（NGC224）即仙女大星云，是我们星系之外的一个巨星系。也就是说，把我们自己星系之内的、被恒星照亮的气体云与河外星系列在一起，全都被划分作“星云”了。虽然在 19 世纪后期，观测上已经清楚地看出，具有明显旋涡状的一类星云是可以在梅西叶星云表中区别出来的。但是，多数天文学家仍然继续认为，所有这些云状的弥漫天体都处在我们自己的星系之内。只有几位有力的倡导者持相反的观点，他们认为旋涡状星云的确是非常遥远的星系，和我们的银河系是一样的。这些人中包括 19 世纪的英国人普罗克特（R.A.Proctor）、当时在美国里克天文台的桑德福（R.F.Sanford）和 20 世纪的瑞典人劳德马克（K.Lundmark）。但是，大多数著名的人物，包括沙普利本人，仍然站在反对者的行列里。在沙普利对我们星系的尺度做了开拓性的工作之后，人们惊奇地发现，沙普利在这场不同的争论中采取了一种平庸的观点，也许是由于他证明了我们的星系非常之大，使得沙普利不自觉地认为，所有的一切都将属于它[1]！

---

1. 福克奈尔（J.Faulkner）博士曾指出过，沙普利对造父变星的定标包含有两项错误，一是把我们星系的尺度夸大了；二是低估了到麦哲伦云的距离。这两项错误合在一起，导致把麦哲伦云划归到我们的星系范围之内，这一错误的结论影响了沙普利，使他相信所有一切东西都位于我们的星系之内。

在牛津大学1925年的哈雷讲座上，哈勃首次宣布，他证实了在我们的星系之外存在着星系。此后不久有关他演讲的一篇报道披露在天文台杂志上。有一点颇值得指出，当时科学的步履是如此的缓慢，直到1929年哈勃才得以发表他对M31的详细研究成果。

§9-4 距离范围的延伸

哈勃发现星系M31（图4-7）和M33（图9-14）都包含有亮星，其亮度比最亮的造父变星还亮得多。利用由造父变星给出的这两个星系的距离 $\boldsymbol{d}$，他计算出最亮恒星的光度 L，即 $L=(4\pi \boldsymbol{d}^2)\cdot \boldsymbol{f}$。观测更远的星系内的恒星，并假定在这些星系内最亮恒星的内禀 L 值与M31和M33中的是一样的，这样便可以计算出它们的距离来，即 $d=\sqrt{L/(4\pi f)}$。因此，从造父变星开始，推理的过程是：

图9-14　星系M33（NGC598），直径大约是30 000光年

造父变星
→最近的星系
→最亮的恒星
→更远的星系。

按这套方法达到的“更远的星系”有 1000 个左右，其中包括一个位于室女座的星系团。等到“更远的星系”样品足够多时，则可以从中挑出典型的“最亮的星系”。结果发现，这些最亮的星系都是外形光滑的球形或椭球形星系，如图 9-15 中的 M87。因此，如果把更遥远的富星系团中最亮星系的内禀亮度看作与 M87 的一样，则可以再次利用流量方程的转换关系。首先，利用室女星系团的距离

图 9-15 最亮的星系总是具有球状或椭球形状，室女星系团中这个著名的 M87（NGC4486）就是如此。注意，在 M87 的周围有许多星团

d，算出作为星系团成员M87的内禀光度 $L=(4\pi d^2)\cdot f$。第二步，把更遥远星系的内禀光度看作是与M87一样，从而算出它的距离 $d=\sqrt{L/(4\pi f)}$。这样，从造父变星开始，推理的过程变为

造父变星
→最近的星系
→最亮的恒星
→更远的星系
→巨球状星系或巨椭球状星系
→更遥远的星系团。

在这一过程中曾经出现过困难，否则的话也的确是极为理想和有效了。哈勃把室女星系团中选取的天体看作是恒星，与M31和M33中最亮的恒星一样，结果它们都是亮星云，就像整个猎户星云（图3-14）那样。这类气体云都是靠吸收辐射发光，辐射不是来自一颗亮星，而是来自星云里的一群亮星。因此，哈勃选取的天体，其内禀光度代表的是一群恒星，而不是一颗恒星的特征。由此造成的后果是，哈勃低估了到室女星系团的距离，从而使距离测定过程中最后一些环节上的所有距离都低估了。

为了克服这一困难，桑德奇（A.R.Sandage）决定采用最亮的气体云，而不是最亮的恒星。他发现M31，尤其是M33中这类气体云很多，他计算了它们的内禀光度，同样用 $L=(4\pi d^2)\cdot f$，其中的 d 由造父变星得出。假定在更遥远的室女星系团中的亮星云也是类似的，于是桑德奇在他的早期工作中修改了哈勃的方案，改为：

造父变星
→最近的星系
→最亮的恒星
→室女星系团
→室女星系团中的巨星系
→含有类似巨星系的更遥远的星系团。

桑德奇采用了一种他认为会更好一些的方案。他发现有一类最亮的旋涡星系成员彼此十分相似，图 9–16 是其中的一个。借助于这些巨旋涡星系，为确定最明亮巨星系的 L 值，可以找到比室女星系团更多的星系样品。把这一修正也包括进去后，我们可以写出目前测定天文距离的整个推理过程是：

毕星团下部主序
→疏散星团
→造父变星
→近距星系
→最亮的星云
→亮旋涡星系
→中等距离星系
→巨星系
→含有巨星系的遥远星系团。

当天文学家们宣称某某星系是处在几十亿光年的距离上时，他们的结论赖以凭借的便是这种推理过程的可靠性。

图 9-16　星系 M101（NGC5457），直径大约 150 000 光年，是一个巨 Sc 型星系

人们不禁会问，这样的推理可靠程度如何呢？对于这个问题目前还没有普遍一致的回答。不过，我们认为，每一个环节还是相当精确的。所谓精确，是我们估计每一环节会有误差，但误差大概不至于超过 10%。但是，考虑到整个推理过程中有这么多的环节，在最后结果中累积误差达到 30% 是可能的。如果这样的估计不算是过分乐观的话，则必须承认，我们所建立的宇宙中的超远距离能够达到这样的精度，已经是很了不起了。

物理天文学前沿

3

引力相互作用

第 10 章
运动定律和万有引力定律

§10-1 引言

本书的宗旨始终在于利用基本物理学所提供的手段，来帮助读者理解观测到的形形色色的天文现象。为了这个目的，在前面一些章节中，我们已经看到了，电磁相互作用、强相互作用以及弱相互作用是怎样有助于解释各种不同形式的电磁辐射现象——X射线、微波、射电波和可见光的发射，以及解释恒星的结构和恒星核锅炉内各种元素的诞生，等等。我们也看到了，知识的流通绝不是单向的，也就是说，不只是从物理学输入到天文学，就大多数情况来说，天文学同样促进我们对物理学基本定律的理解。我们之所以这么说的根据是，所谓物理学的基本定律仅仅是通过实验室的实验取得的，而这些实验必然要受我们地球上的环境限制。但是，这些定律应该适用的条件和环境远远超出我们地球上的这些限制。至少来说，这是引导理论物理学家前进的一条基本原则。天文学为人们提供了一个宇宙实验室，其物理条件之广是地球上的任何环境所不可及的。

让我们回顾一下天文学为检验物理学定律所提供的宇宙实验室。最大的人造粒子加速器——费米实验室，它所产生的粒子能量高达

10^{12} eV。如果同宇宙线中粒子的能量相比较，后者可达 10^{20} eV，这就是说，要比地面实验室中所达到的能量高 1 亿倍。尽管今天的技术仍然无法做到由氢聚合成氦的受控热聚变反应，然而在恒星内部却正经历着这一过程。恒星确实已经实现了理论上可能的全部热核聚变概念。强射电源在爆发过程所涉及的能量，要比百万吨级氢弹爆炸时释放出来的能量大 10^{36} 倍。

显然，在诸如此类的例子中，物理学家们有幸在远远超出地球实验室范围的条件下来检验他们的理论。在天文现象上的这些应用，的确代表了物理学家们对他们的基本定律的普遍适用性和有限性进行真正检验的唯一途径。

引力相互作用在实验室内显得微不足道，然而对于相距遥远的大质量天体却是十分重要的

上面的讨论促使我们来谈一谈引力相互作用，它是本书所要讨论的物质间四种基本相互作用中的最后一种。不过，从历史发展的过程来看，在我们所要讨论的这四种相互作用中，引力并不是排在最后，而恰恰是第一。那是在 1665 年，也就是大瘟疫的那一年[1]，牛顿（图 10-1）坐在英格兰乌尔斯苏普（Woolsthorpe）他自己家的庭院内，看到一只苹果从树上掉了下来，并由此开始思索苹果下落的缘由。据说，这一番思索使他得出了万有引力的概念。最后，牛顿发表了著名的万有引力的平方反比定律，并且在 1687 年出版了他的著作——《自然

1. 指 1665 年的伦敦大瘟疫，死者总计达 7 万人之多。—— 译者注

图 10-1 牛顿，1642—1727 年，马卡德尔根据西曼的画像于 1740 年制作的金属雕像

哲学的数学原理》（以下简称为《原理》），该书中对这条定律做了介绍[1]。我们在本章内将会看到，这一定律曾经是极其成功的，它对很多不同的现象做出了解释。但是，正如我们今天所知道的，它对现代物理学的发展却几乎没有发挥任何的作用。原因在于，事实上从万有引力的根本性质来说，它对于天文领域里的应用较之实验室范围内的应

1. 有点令人不可思议的是，牛顿居然花了 22 年（从 1665 年到 1687 年）的时间才发表了这样一个重要的定律。他真是在 1665 年就认识到了这一点吗？从 1679 年前后虎克（1635—1703）和牛顿之间的通信可以看出，在最初的时候虎克对于这一定律重要性的认识比牛顿更为清楚。

用显得更为重要。

为了弄清楚这一事实，让我们来看一下万有引力的平方反比定律：

$$F = G\frac{m_1 m_2}{r^2}\text{。}$$

这一定律表明，质量为 m_1 和 m_2 的两个质点间的引力 F，与 m_1 和 m_2 的大小成正比，而与质点间距离 r 的平方成反比。引力常数 G 是一个非常小的量，因而在地球上力 F 总是很小的（只有一种情况是例外）。比如说，对于观察氢原子的原子物理学家来说，电子和质子间的静电力大约是它们之间引力的 10^{40} 倍！因此，原子物理学家完全有理由在他们的计算中略去引力的作用。

唯一的例外是指地球对地球上所有物体的引力吸引。这时，我们可以令 $m_1=$ 地球质量，它对 m_2 所施加的力大到足以测量出来。这个力恰恰就是重力，它给 m_2 以"有重量"的感觉。这一例外情况体现了万有引力的基本性质，正是这一性质使得万有引力对天文学来说显得特别重要。天文学所涉及的是一些大质量的天体，这时 m_1 或 m_2，或两者同时是很大的。尽管在天文学中 r 也很大，但是巨大的质量起着支配性的作用。

现在，我们就天文学所处的条件，把其他几种相互作用同引力来进行比较。强相互作用和弱相互作用属于短程力，它们在星际或星系际距离上是无关紧要的，这两种力主要在密度很高的恒星内部发挥作用。由于天体是电中性的，因而电磁相互作用不大可能在大尺度范围上起重要的作用。但是，在前面几章中我们曾讨论过天体在各种不同的环境下发出辐射，而电磁相互作用对于产生这些辐射来说是很重要的。如果我们所关心的是大质量天体的大尺度运动，或者是这些天体的平衡问题，那么万有引力的贡献就是至关紧要的了。恒星和行星的运动、星系和星系团的运动，以及宇宙作为一个整体的大尺度特性，在这些方面万有引力都起着重要的作用。不同恒星的各种平衡结构以及黑洞的形成，则是万有引力在同自然界中的其他作用力进行较量。在许多场合下，万有引力总是处于主导的地位。

在对万有引力进行较为细致的考察之前，我们先要认识一下有关动力学的一些基本概念，动力学也就是关于运动的科学。奠定动力学基础的人还是牛顿，他以数学为工具，通过动力学的方法来研究万有引力定律所造成的种种结论。在爱因斯坦对它做全面的修正之前，牛顿的这套动力学框架一直沿用了两个多世纪。

§10-2 运动

对于任何一个观测自然界的人来说，运动也许是最引人注意而又无所不在的现象。引起观测者注意的并不是静止的系统，而是变化着的系统。并且对每一个系统进行周密的考查后，总会发现有某些东西在运动着。甚至在所谓的稳定系统中，每个组成部分通常也是在运动着，只不过它们的运动方式使系统在总体上看不出有什么变化。举例来说，在一个无风的日子里，空气并不真正处于静止状态，构成空气的分子在不停地做随机运动，这和宁静的湖泊中水分子在不停地运动是完全一样的。

事物为什么会运动呢？它们又是怎样地运动呢？毫不奇怪，人们早已从几个不同的方面提出过诸如此类的问题，从地面上的现象，如箭的移动、鸟的飞翔、车辆的推进、河水的流淌，直到天上的现象，如恒星、行星以及太阳和月亮的运动，所有这一切都提出了一些需要加以解释的问题。有关文献记载的历史表明，随着哲学推理、实际观测、宗教信条以及科学实验诸方面的交错传播，人类的观念经历了饶有风趣的演变。最初的概念是 2000 多年前的希腊人提出来的，而演变的结果则以牛顿著名的运动定律的形式首次满意地解释了这些问题。

物体仅仅在运动状态发生变化时才受到力的作用

在《原理》一书中，牛顿对于支配物体运动的几条定律做了系统的论述。不过，在更早的时候，伽利略（1564—1642）的工作已经为这些定律奠定了基础，这就是人们今天所熟知的运动学第一定律：物体在不受外力作用时始终保持匀速直线运动，这一概念标志着对早先由希腊人提出的那些旧观念的一次革命。这是人们第一次指出，力对于运动并不是必要的，只是对于运动的变化才是必不可缺的。

为使运动发生一定程度的变化需要有多大的力呢？牛顿的运动学第二定律回答了这个定量性质的问题，这个定律通常表述为

力 = 质量 × 加速度。

质量是物体内所含物质数量的一种量度。然而，在第二定律的含义中，它又是物体惯性的量度。惯性是这样的一种属性，它说明了物体对于任何力图改变其运动状态的外部因素（也就是说力）所表现的抗拒能力。对于给定的力，惯性越大（也就是 m 的数值越大），运动的变化就越小。这种变化由加速度来量度。

那么，什么是加速度呢？加速度就是速度的变化率。实际上，速度包含着两个方面的内容，它既告诉了我们运动的快慢程度，又指出了物体运动的方向。如果这两者之一，或者两者同时发生了某种变化，便会产生加速度。例如，假定有一辆汽车正以每小时 50 英里[1] 的速度行驶，现在驾驶员踩动油门，并且在 1 分钟时间内使运动速度改变为每小时 60 英里。假设速度发生上述变化时汽车在高速公路上的运动方向没有改变，问加速度是多少？

速度大小的变化是 $60-50=10$ 英里 · 小时 $^{-2}$，这一变化是在 1 分钟 $=1/60$ 小时内发生的，因此，每小时的变化 $=10\div\frac{1}{60}=600$ 英里 · 小时 $^{-2}$，这就是加速度，其方向与运动方向一致。

再举一个例子，假定有一个石块系在一根绳子上，以不变的速度 v 在半径为 r 的圆圈上做旋转运动。尽管速度的大小保持不变，但是运动的方向不断地在改变，因此，石块在做加速运动。加速度的大小等于 v^2/r，方向指向圆心。所以，绳子施加在石块上的力同样也指向圆心（图 10-2）。

1. 1 英里 =1.609 千米。—— 译者注

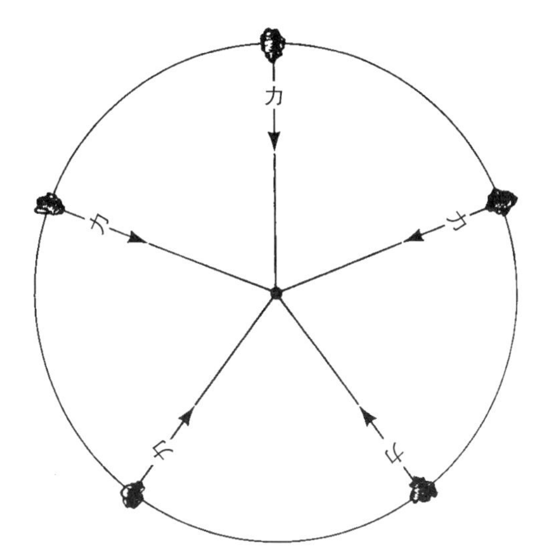

图 10-2　为了维持一块石头绕圆周旋转，必须有一个力施加在石头上，方向总是朝着圆周的中心

在微小的时间间隔 δt 内，石块运动的方向转过一个小角度 $v\delta t/r$。这意味着朝向圆心的速度分量发生了大小为 $v^2\delta t/r$ 的变化，而沿着图 10-2 中圆周切线方向的速度分量的变化为 δt^2 量级。由于 δt 足够小，后一项变化可以忽略不计，而径向的速度变化以 δt 来除即得到 v^2/r。既然人们把速度的变化率定义为加速度，那么这一例子中的加速度的方向便指向圆心。

牛顿的运动学第三定律是，作用力和反作用力大小相等、方向相反。当外界对物体施以某个作用力时，物体便会对外界产生一个大小相等、方向相反的作用力。当一颗巨大的陨星落在地球上时，冲击力的作用会使它撞得粉碎，同时在地球表面留下了一个陨星坑，这就是作用力和反作用力的一个例子。

§10-3 动力学

动力学问题是从牛顿运动学定律发展起来的。当外力作用在一个(或几个)物体上时,物体在外力的影响下会怎样运动呢?动力学不仅适用于地面上的现象,而且适用于天文学。这里我们仅讨论一些今后要用到的某些重要的动力学概念。

在我们的日常生活经验中,认为局部范围内的地球表面是平的,也就是说,忽略了地球表面的弯曲,于是我们同样可以忽略到地球中心距离的变化。这样,由地球产生的、作用在一个质量为 m 的小物体上的重力加速度便简单地看作一个常数,通常写作 g。由此得出,如果把地球看作是一个球体,则地球作用在一个物体上的万有引力是

$$F=\frac{GmM}{R^2},$$

其中,M 是地球的质量,R 是到地球中心的距离。由于加速度等于作用力除以被力作用的物体的质量,现在的物体质量是 m,所以加速度应该是 $F/m=GM/R^2=g$。

在水平方向上不存在万有引力。把一块石头或一个小球抛入天空中,其水平方向的速度分量不受引力的影响,而垂直速度分量却受到向下的重力加速度 g 的作用。根据牛顿第二运动定律,一个向上运动的球,其垂直速度分量在单位时间内减小 g,而向下运动的球,其下落速度分量则在单位时间内增加 g。如果一个球在 $t=0$ 时刻以初始垂直速度 v_0 抛出,则垂直速度 v 随时间的变化如图 10-3 所示,这是一

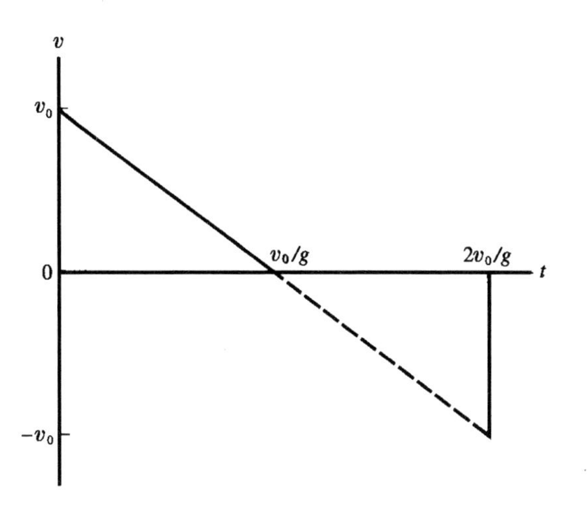

图 10-3　$v-t$ 图表示出球的垂直向上速度分量怎样在 $t=v_0/g$ 时从初始值 v_0 减小到零。t 轴之下的虚线表示球继续向下运动。向下的运动一直到 $t=2v_0/g$，球打在地面上为止

个简单的直线图，$v=v_0-gt$。在任意一小段的时间间隔 δt 内，向上的速度都要减小 $g\cdot\delta t$。时间段 t 可以划分为许多小的时间间隔，把这些小的时间间隔加在一起，我们便得到在 t 时刻垂直速度分量减小了 $-gt$。球在 $t=v_0/g$ 时停止向上运动。在这之后，球开始落回地面，当 $t=2v_0/g$ 时打在地面上。如果球以水平速度分量 u_0 抛出，并且忽略空气的阻力，则球打在地面上距抛出点的距离为 $2u_0v_0/g$(相当于 $2v_0/g$ 乘以 u_0)。

在上面的例子中，我们把球的实际速度分解为两个分量：u_0 是水平分量，v_0 是垂直分量。那么，这些分量与合速度的关系是怎样的呢？

考虑到两个速度分量彼此相互垂直，将速度图沿着两条直线来画。

在水平方向上用直线 AB，其长度按适当的比例代表 u_0；再画直线 AC 垂直于 AB（对应于垂直方向），其长度以相同的比例尺代表 v_0。然后，画 CD 平行于 AB，BD 平行于 AC，便得到一个矩形 $ABCD$。

合速度在大小和方向两方面同时由直线 AD 即速度矩形的对角线来表示，A 是起始点。

利用勾股定理，简单的几何图形告诉我们，

$$AD^2=AB^2+BD^2=AB^2+AC^2,$$

这是因为对于矩形来说有 $AC=BD$。如果合速度的大小为 ω_0，则上述关系告诉我们，

$$\omega_0^2=u_0^2+v_0^2,$$

抛一个球的极限距离取决于 $\omega_0^2=u_0^2+v_0^2$，就一个人来说，不可能超过某一个量 k，k 比如说由人胳臂的肌肉所确定。那么，对于一定的 k 值，我们如何分配 u_0 和 v_0 才能把球抛到最远的距离呢？必须使乘积 u_0v_0 越大越好，同时限制 $u_0^2+v_0^2$ 不能超过 k。答案是以这样的方式来抛，使 $u_0=v_0=\sqrt{k/2}$。根据基本的代数关系，我们有

$$2u_0v_0=u_0^2+v_0^2-(u_0-v_0)^2=k-(u_0-v_0)^2,$$

可见，当 $(u_0-v_0)^2$ 最小时，u_0v_0 达到最大。这样的条件出现在 $u_0=v_0$

时，由此给出 $u_0 = v_0 = \sqrt{k/2}$ 。要想使初始的速度垂直分量和水平分量相等，球必须与地面成 45° 角抛出去。这里水平方向达到的距离永远是 $2u_0v_0/g$。因此，由 $u_0 = v_0 = \sqrt{k/2}$ 所给出的最大距离为 k/g。由此可见，最大距离总归是由胳臂的力量 k 决定的。

棒球运动员关心的不是最大距离，而是要使抛掷的时间 $2v_0/g$ 尽可能地短。如果 d 是所要求的水平距离，抛掷时间仍然是 d/u_0，它必须等于 $2v_0/g$。由此得出，$2u_0v_0=gd$。因此，棒球运动员要想使 $2v_0/g$ 变小，必须给球以很小的垂直分量，但相应地必须使 u_0 很大，这样才能满足 $2u_0v_0$ 等于所要求的 gd。事实上，运动员给予球的水平速度 u_0 越大，垂直速度 v_0 越小，则球的飞行时间就越短。这就说明了棒球投掷手为什么采用水平投射方式。但是，令 u_0 大和 v_0 小对 k 来说可并不是经济的！我们有 $2u_0v_0=u_0^2+v_0^2-(u_0-v_0)^2=gd$。若令 $v_0 = \varepsilon\sqrt{k}$ ，ε 是一个小量，则由 $u_0^2+v_0^2=k$ 得出， $u_0 = \left(1+\frac{1}{2}\varepsilon^2\right)\sqrt{k}$ ，该式是足够精确的。考虑到 $u_0^2+v_0^2-(u_0-v_0)^2=gd$，做简单的代数运算，便近似地得到 $k=gd/2\varepsilon$。这里 d 是所要求的距离。因此，若要抛掷的越快（也就是 ε 越小），则要求肌肉的力量 k 越大。若要在水平方向上抛出很远的距离 d，用运动术语来说，就要具备一对超级臂膀。

在 $t=v_0/g$ 时间内球能上升多高呢？ $t=0$ 时，球具有的上抛速度分量是 v_0，在 $t=v_0/g$ 时，上抛分量变为零（图 10–3）。由于上抛分量随时间的变化是线性的（也就是说，图 10–3 中的图形是一条直线），在 $t=0$ 至 $t=v_0/g$ 期间的平均向上速度分量可简单地取作 $\frac{1}{2}v_0$，因此，球达到的高度是 $v_0^2/2g$（ $\frac{1}{2}v_0$ 乘以时间 v_0/g ）。

从上述问题可以归纳出一条相当重要的结论。在向上飞行期间的某一时刻 t，垂直速度分量为 v_0-gt；从开始到 t，平均的向上速度为 $\frac{1}{2}(v_0+v_0-gt)$。因此，球在 t 时刻所达到的高度 h 为 $h=\frac{1}{2}t(2v_0-gt)=v_0t-\frac{1}{2}gt^2$。

如果用 v 表示 t 时刻的垂直速度分量，则由 $v=v_0-gt$，我们也可以用 v 代替 t 来表示 h。因此，由 $t=(v_0-v)/g$，便得到 $h=v_0t-\frac{1}{2}gt^2=\frac{1}{2g}(v_0^2-v^2)$。[1] 把这一结果乘以被抛物体的质量 m，则该方程可以改写为

$$\frac{1}{2}mv^2+mgh=\frac{1}{2}mv_0^2。$$

当被抛物体朝地面落下时，向上的速度分量改变符号，由高度为 h 时的 v 改为 $-v$。但是，这样的改变对于上述方程来说没有区别，因为速度仅仅是以平方的形式 v^2 出现的。由此可见，同样的方程式在物体下落期间仍然是成立的。不仅如此，我们还可以在方程的两边同时加上 $\frac{1}{2}mu_0^2$，得到

$$\frac{1}{2}m(u_0^2+v^2)+mgh=\frac{1}{2}m(u_0^2+v_0^2)。$$

这一结果便是能量守恒方程。右端是初始的动能，左端的

1. 原文错写为 $h=\frac{1}{2}g(v_0^2-v^2)$。—— 译者注

$\frac{1}{2}m(u_0^2+v^2)$ 是在高度 h 时的动能（运动的能量），而 mgh 这一项是升高到 h 时引力势能的改变。这个简单的结果是下述更普遍结论的一个例子。

动能 + 势能 = 常量

如果把地球的曲率也考虑进去，把高度这一基本概念改为到地球中心的距离，这一结论仍然是成立的。

让我们像图 10-2 那样来考虑地球的曲率，不过，不再认为是一块石头系在绳子上，而看作是由于引力使一颗卫星维持在地球表面之上不远的圆形轨道中。v 是卫星的轨道速度，R 是地球的半径，卫星朝地心的加速度是 v^2/R。根据牛顿第二运动定律，这个加速度必然等于 g，因此 $v^2=Rg$。卫星绕轨道一周所需要的时间 T 为 $T=2\pi R/v$，它也等于 $2\pi\sqrt{R/g}$ 。代入 $g=9.8\ \mathrm{m\cdot s^{-2}}$，$R=6400\ \mathrm{km}$，得出 T 大约 5000 秒，或 80 分钟左右。

在以前的讨论中，认为耗散力，诸如摩擦力和空气阻力很小，可以忽略掉。为了克服耗散力，必须做功。这种功通常表现为热的形式，我们说它是损失掉了，因为它不可能转化为动能，也不可能转化为势能，势能只能从地球引力得到。作为一个例子，当宇宙飞船或陨星落入地球大气层时，由于空气阻力引起的耗散力而被加热。但是，如果我们仔细地把产生的热也包括在能量平衡中，则仍然可以得出能量守恒定律。这便是热力学第一定律，在第 11 章中我们还会谈到。像地球引力、电场力或磁场力都不属于耗散力，克服这些力所做的功可以完全转化为势能形式，如果需要的话还可以再完全转化为动能。这类力被称为保守力。

§10-4 万有引力定律

牛顿在其《原理》一书中首次以完整的形式发表了万有引力定律，尽管虎克在牛顿之前也得到过该定律的正确形式：

$$F = G\frac{m_1 m_2}{r^2}\text{。}$$

事实上，万有引力的平方反比定律首先是从观察行星的运动导出来的。在图 10-4 中，假定太阳位于 S，行星位于 P，两者沿 SP 相互吸引。根据牛顿第三定律，S 作用在 P 上的力等于 P 作用在 S 上的力，

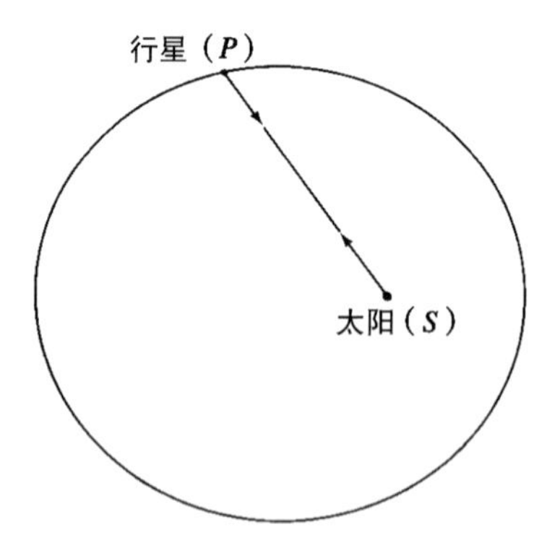

图 10-4 太阳作用在行星上的力完全被行星作用在太阳上的力所平衡

但方向相反。因此，根据第一运动定律，无论太阳还是行星都不会处于静止状态。但是，由于太阳远比行星的质量大，因此太阳运动状态

的变化必然比相应的行星运动状态的变化小很多（例如，太阳的质量大约是地球质量的 300 000 倍）。于是，根据第二运动定律，对行星运动的影响要远大于对太阳运动的影响。实际上，太阳运动所受到的影响非常之小，以至于在许多场合下可以忽略不计。

开普勒（1571—1630）以极高的精度绘制出行星的轨道，并且提出三条精确的行星运动定律，来描述行星的这些轨道。问题是，什么形式的引力才能造成这样的轨道呢？似乎虎克已经根据这种形式的经验推理得出了平方反比定律。但是，正是牛顿从数学上把运动定律公式化，推出了行星轨道的形状和一些其他的细节，与开普勒从分析他的观测结果所得出的轨道完全一致。

万有引力定律可测定地球的质量

再次用 M 和 R 表示地球的质量和半径。作用在地球表面上质量为 m 的物体上的力为 GmM/R^2，加速度 g 为 GM/R^2，所以

$$M=\frac{gR^2}{G}\ 。$$

方程式右端的三个量都可以通过观测来确定：g 通过石头下落，R 通过测量地球表面的曲率，G 通过实验室中实际测量距离已知、质量为 m_1 和 m_2 的两个物体之间的作用力。第一个从事这种实验室测定的是卡文迪许（H.Cavendish）（1731—1810），图 10-5 是卡文迪许用过的仪器。今天，g，R 和 G 都已经非常精确地测定了，地球的质量由上述方程确定为（5.977 ± 0.004）$\times10^{27}$ g。

用过的仪器。今天，g，R 和 G 都已经非常精确地测定了，地球的质量由上述方程确定为（5.977 ± 0.004）$\times10^{27}$ g。

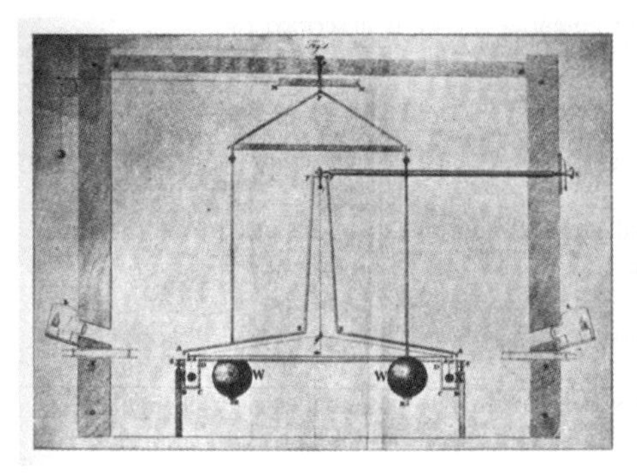

图 10-5 在牛顿时代，地球到太阳的距离并不清楚，因此牛顿万有引力公式中的常数 G 也无法得知。测定 G 的一种途径是通过实验，测量悬挂的小球（x）朝已知质量的大球 W 偏转。这个实验是由卡文迪许在 18 世纪末大约牛顿去世 70 年后完成的

用万有引力定律确定火箭脱离地球所必须具有的最低速度

如果 m 是火箭的质量，M 是地球的质量，两者相距 r，则作用在火箭上的力等于 GMm/r^2，它随 r 的增加而减小，也就是说，随火箭远离地球而减小。因此，引力阻止火箭的能力随着火箭向外运动而减弱。如果火箭点火后具有足够快的初始速度，则火箭可以飞离得很远，使地球的引力不再对它起重要作用。在这种情况下，火箭便可以脱离地球。

为了估计出初始速度 V 究竟要多大火箭才能脱离地球，我们可以借助于能量守恒方程，

不过，对于势能，需要采用比前面更复杂的公式。前面，我们用 mgh 表示 m 质量的物体上抛到 h 高度时势能的改变。只要记住在地球表面上 $g=GM/R^2$，则不难理解，当 h 比 R 小很多时，mgh 实际上等于

$$\frac{GmM}{R}-\frac{GmM}{R+h},$$

该表达式与 mgh 之间有一点微小的差别，以前我们忽略了由于到地球中心距离的变化而引起的 g 的改变。

同样，如果我们把一个质量为 m 的物体从距地球表面 h 提高到 $2h$，则势能的改变可以表为，

$$\frac{GmM}{R+h}-\frac{GmM}{R+2h},$$

假如我们以 h 的小步幅不断地增加到离地球中心有很大的距离 r 处，则可以写为

$$r=R+nh,$$

其中，步幅增加的次数 n 可以很大。在任何中间一步，例如第 k 步，势能的改变具有类似上面的表达式

$$\frac{GmM}{R+(k-1)h}-\frac{GmM}{R+kh}。$$

那么，从 R 到 r，势能总的改变是多少呢？总的改变等于把上面

每一步的改变都加在一起，容易证明，最终的结果可以简化为

$$\frac{GmM}{R}-\frac{GmM}{r}。$$

我们这里的计算步骤对于学过微积分的学生是很熟悉的。在图10-6中，给出了引力随 r 的变化情况。从 R 到 r 之间势能的改变刚好等于曲线下面过 R 和 r 两纵坐标线之间的面积。

若 v 是火箭到达距离 r 时的速度，则能量守恒方程的左端变为

$$\underset{（动能）}{\frac{1}{2}mv^2}+\underset{（势能的改变）}{\frac{GmM}{R}-\frac{GmM}{r}},$$

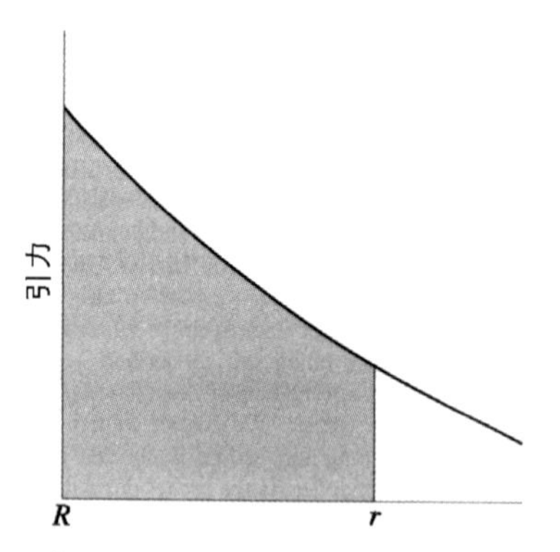

图 10-6　阴影的面积代表从距地球中心 R 处移动到 r 位置时势能的改变量，该面积等于 $GMm=\left(\frac{1}{R}-\frac{1}{r}\right)$

而在开始时，左端仅仅是 $\frac{1}{2}mv^2$。由于左端总是相同的，所以我们可以令两个表达式相等，从而得到 v^2，

$$\frac{1}{2}mv^2+GmM\left(\frac{1}{R}-\frac{1}{r}\right)=\frac{1}{2}mV^2 \text{。} \tag{A}$$

表达式（A）的含义是什么呢？首先，当 r 增加时，对应的 v 值会越来越小。火箭损失速度是由于它不断地克服引力，在（A）式中通过势能项表示出来，和前面我们看到的一样，势能的增加来自于引力。

物理学家惯用势垒一词来描述这种情况。一个运动员跳过1米高的篱笆很容易，对一个专业运动员来说就更不在话下了。不过，每个运动员都有他（或她）自己的极限高度。在自然界，各种控制力都要对运动现象加以限制，而势垒正是表示这种限制的程度。

在火箭的例子里，地球的引力竖起一道势垒。和跳高运动员的势垒不一样，引力势垒在所有方向都延伸到无穷远，虽然它的“高度”在逐渐减小，一直到无穷远处减小到零。火箭在点火后必须具有多高的速度才能克服引力势垒到达无穷远呢？借助于表达式（A）不难解决这个问题。该表达式告诉我们，当 r 增加时，v 减小。我们并不希望在有限的 r 处 v 变为零，因为 v 变为零意味着火箭丧失了克服引力势垒的能力。如果火箭无法克服引力势垒，它势必重新落回到地球上（要是做得到的话）。我们能否让火箭刚好在 r 为无穷远时处于静止呢？为了找到这个问题的答案，令（A）式中的 r 为无穷大和 v=0，由此得到一个简单的结果，

$$\frac{GM}{R}=\frac{1}{2}V^2$$

或

$$V=\sqrt{\frac{2GM}{R}}\text{。}$$

这是为了让火箭刚好脱离地球，火箭点火后必须具备的速度。将 G，M 和 R 都代入已知数据，我们得到的答案是：

$$V_{\text{逃逸}}\cong 11.2\text{km}\cdot\text{s}^{-1}\text{。}$$

逃逸速度的概念在第 11 章中讨论黑洞时还会谈到。总的说来，为摆脱引力吸引需要穿越的势垒越高，逃逸速度就越大。因此，一个天体所产生的引力控制强度可以用它表面上的逃逸速度的大小来表示。

一些天体上的逃逸速度如下：

月球 $\sim 2.4\ \text{km}\cdot\text{s}^{-1}$

太阳 $\sim 640\ \text{km}\cdot\text{s}^{-1}$

天狼星的伴星（一颗白矮星）

$\sim 4800\ \text{km}\cdot\text{s}^{-1}$

中子星 $\sim 160\ 000\ \text{km}\cdot\text{s}^{-1}$

§10-5 从牛顿到爱因斯坦

牛顿运动定律和万有引力定律圆满地为物理学家们服务了两个世纪，不仅在天文学，而且在其他学科中被广泛地应用。同时，牛顿运动定律也直接或间接地促进了物理学其他分支的发展，例如电学和磁学。尽管如此，这些定律在近代仍然经历了重要的演变，这究竟为什么呢？

科学定律、理论和假说的成功或失败，最终的判据取决于它们对自然现象的解释是否成功。正是由于对某些观测现象无法解释，并且与其他的理论物理学的发展出现矛盾，牛顿的物理概念最终被更深奥的概念所代替。

光不服从牛顿的相对运动概念

1887年，刚好《原理》一书发表2个世纪之后，迈克尔逊（E.Michelson）和莫雷（E.W.Morley）在南加利福尼亚州威尔逊山上完成了一项实验，他们得出了一个惊人的结果。这个实验的简单背景情况如下。

19世纪的物理学家相信光和声一样，需要一种介质来传播，这种假设的介质被称作以太（aether)。然而，验证以太存在的各种尝试都失败了。迈克尔逊-莫雷试验便是这种尝试之一，其目的是测量地球相对于以太的速度。

大家都知道，一只船顺流而行要比逆流快。如果 v 是水流的速度，c 是船在静止水中的速度，则船顺行的速度是

$$v+c,$$

而逆行的速度减小为

$$c-v。$$

计算表明（图 10–7），当船与水流方向垂直运动时，其速度为

$$\sqrt{c^2-v^2}\text{。}$$

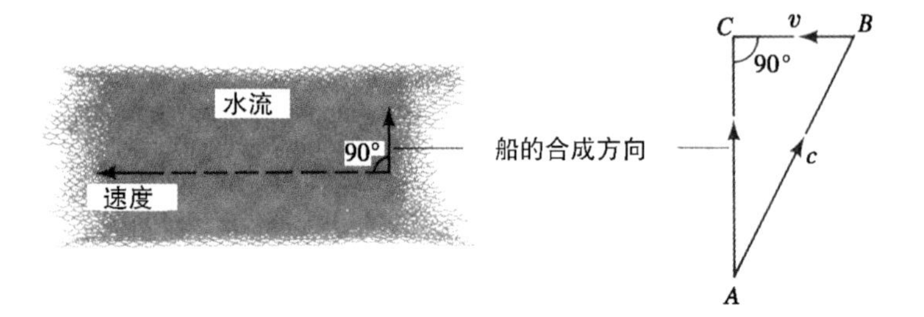

图 10–7　为了垂直横穿河流，船必须沿斜线 AB 行驶，同时必须给船一个逆流速度分量 v 去抵消河水的下流。因此，在三角形 ABC 中，BC 等于顺流速度 v，AB 等于 c，AC 垂直于 BC。根据勾股定理，$AC^2=AB^2-BC2=c^2-v^2$ 由此得出，船在所要求方向上行驶的合速度是 $\sqrt{c^2-v^2}$（参考 § 10–3 中有关速度矩形的讨论）

在上述讨论中，如果把“船”看作是“光”，“水流”看作是“以太”，迈克尔逊–莫雷的实验原理便清楚了。由于地球在旋转，假定其表面速度为 v，则应该存在着以太自东向西的飘移（与地球自转的方向相反），这样一来，光沿东西方向往返距离 L 所需的时间是

$$\frac{L}{c+v}+\frac{L}{c-v}=\frac{2Lc}{c^2-v^2}\text{。}$$

但是，如果光沿南北方向做类似地往返运动，即垂直于以太的飘移方向，则需要的时间为

$$\frac{2L}{\sqrt{c^2-v^2}}\text{，}$$

也就是说，与沿东西方向相比，时间缩短了，两者之比为

$$\sqrt{1-\frac{v^2}{c^2}}\text{。} \tag{B}$$

尽管迈克尔逊和莫雷的仪器灵敏度足以测量只及（B）的百分之一的效应，但他们仍没有观测到南北方向时间有丝毫的缩短。

在19世纪的最后10年，这一结果为零的实验在科学家们中间引起了巨大的震惊，他们不仅开始怀疑以太的存在，而且怀疑从牛顿以来已经认为建立得很好的各种基本运动概念。庞加莱（H.Poincare）、费兹捷拉德（G.F.Fitzgerald）和洛伦兹（H.A.Lorentz）都试图解释迈克尔逊-莫雷实验的结果，但他们的解释总是具有临时应付的性质。只有到了1905年，爱因斯坦（图10-8）才从根本上提出了全新的解释。

§10-6　狭义相对论

对所有惯性观测者来说光速是相同的

惯性观测者，是指他在直线方向上以匀速运动，也就是说，没有外力作用在他身上。

迈克尔逊和莫雷的零结果表明，光速在南北方向和东西方向上是一样的。爱因斯坦仿效庞加莱，把光速取为常数看作是一条基本原理。这样一来，爱因斯坦便面对着由这一原理所导出的各种奇怪的和看上

图 10-8　爱因斯坦（1879—1955）。他正坐在瑞士伯尔尼市帕坦特办公室他的桌子旁，他作为一名职员在那里工作，也就在那时他提出了狭义相对论

去似是而非的现象。

假定两个观测者在某一方向上具有相对速度 v，根据牛顿的运动观念，如果一个观测者在另一个观测者的方向上测得光速是 c，则另一个观测者测得的光速应该是 $c\pm v$。但是，根据光速为常数的假设，两个观测者都应该看到光以速度 c 传播。显然，牛顿的速度合成原理必须修改。由于速度的含义是一段空间距离与一段时间之比，因此这条基本原理的重要意义在于，我们日常生活中关于空间距离和时间间隔的测量概念都必然是错误的。

测定物理事件发生的时空位置并不是单一的

狭义相对论——爱因斯坦的新思想所赋予的称呼，完全摒弃了通常意义下的基本宇宙时，或所谓的绝对时间的概念。牛顿物理学认为，这种时间对所有的观测者都是存在的，每一个惯性观测者都有他自己的时间，称作他的原时，原时可以用他自己的钟去测量。但是，如果他将自己的钟与从他旁边闪过的另一个惯性观测者的钟相比较，并暂且采用下面所要描述的十分明确的方法，那么他会发现，与他自己的钟读出的时间相比，对方的钟走慢了。对于一个以速度 v 从他旁边闪过的观测者来说钟慢了，两者之比为

$$\sqrt{1-\frac{v^2}{c^2}}\text{。}$$

这个因子与前面迈克尔逊-莫雷实验所涉及的因子完全相同。

正如相对论一词的含义所指，这些效应并不是绝对的，而是相对的。在上述的例子中，从第二个观测者的角度去看，会发现完全相同的现象！初看起来，这似乎是荒谬而不可能的，但是，稍加分析我们会发现，实际上并不存在着矛盾。为了便于理解，讨论两个惯性观测者 A 和 B，在图 10-9 中，我们给出了观测者 A 的时空图。

时间坐标轴所代表的是所谓 A 的世界线，也就是说，这条线告诉我们在任一特定时间 A 在时空图中的位置（因为我们是在 A 的静止惯性标架中测量时间 t，所以在任意给定时间，A 的位置总是相同的）。类似地，与时间轴倾斜的另一条直线是 B 的世界线。当 $t=0$ 时，A 和

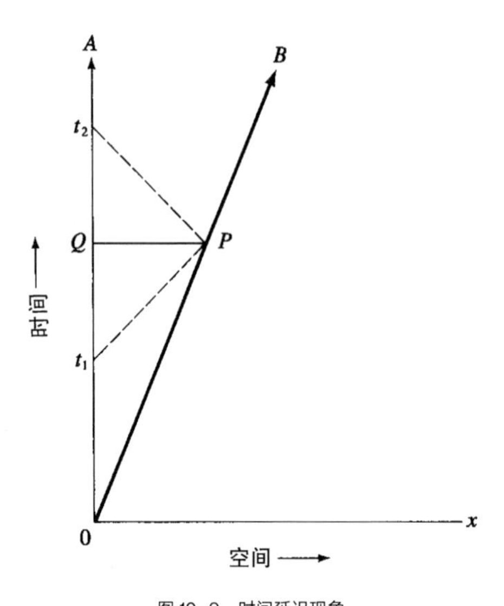

图 10-9 时间延迟现象

B 处在相同的位置上。而且，A 和 B 在这一瞬间相互交会时，把他们的钟都拨到零点上。

为了在以后的时间找到 B，从 A 发出一个光讯号，t_1 时离开 A，再从 B 反射回来，t_2 时回到 A。于是，A 认为光走过的总距离是 $(t_2-t_1)c$，一半是朝向 B，一半是从 B 返回。因此，在光讯号反射回来的瞬间，A 认为 B 的距离是 $(t_2-t_1)\cdot c/2$（反射点如图 10-9 所示处于 B 世界线上的 P 点，虚线代表的是光迹）。从 A 的角度考虑，反射发生在一半的时间上，即 $(t_1+t_2)/2$。因此，观测者 A 的结论是，B 以下面的速度远离他而去：

$$v=\frac{t_2-t_1}{t_2+t_1}c \quad \text{。} \tag{C}$$

那么，B 的钟在 P 点所记下的时间应该是多少呢？是否如 A 所认为的是（t_1+t_2）/2 呢？为了寻求这一问题的答案，我们求助于 A 和 B 之间的基本对称性。注意到光是在 t_1 时离开 A，在 P 点到达 B，假定 B 记录到的时间是 βt_1，β 是一个常数因子。容易理解，如果 A 在 $2t_1$ 时再发一个光讯号，则 B 应该在 $2\beta t_1$ 时接收到，依此类推。显然，B 和 A 之间都应该采用相同的因子 β。也就是说，如果 B 按自己的表在 τ 时向 A 发一个光讯号，则按 A 的钟测量，必然是在 $\beta\tau$ 时到达 A。我们可以巧妙地利用 A 和 B 之间的这种对称性来确定 β。我们已经注意到，根据 B 的钟，在 P 点的时间是 βt_1。因此，当讯号从 B（由 P 点发出）返回来时，根据 A 的钟，时间必然是 $\beta\times\beta t_1=\beta^2 t_1$。于是，我们有

$$\beta^2 t_1=t_2。$$

利用公式（C），通过消去比值 t_2/t_1，不难得出表示 β 与 v 之间的关系方程必然是

$$\frac{v}{c}=\frac{\beta^2-1}{\beta^2+1},$$

或者

$$\beta=\sqrt{\frac{c+v}{c-v}}。$$

于是，根据 B 的钟，P 点的时间必然是

$$\tau=t_1\sqrt{\frac{c+v}{c-v}}。$$

如何将 B 的时间 τ 与 A 认为的时间相比较呢？A 认为是

$$t=\frac{t_1+t_2}{2}=t_1\frac{c}{c-v}，$$

因此，我们得到

$$\tau=t\sqrt{1-\frac{v^2}{c^2}}。$$

该式意味着，如果 B 在 P 点把他的时间 τ 用光讯号发送给 A，则 A 会发现 B 的钟与他自己的钟相比慢了一个因子

$$\sqrt{1-\frac{v^2}{c^2}}。$$

请注意，B 也可以进行同样的反射实验，和 A 做的完全一样，于是 B 也会得出类似的结论，A 的钟与他自己的钟相比也慢了完全相同的因子！确实奇怪，这里并没有自相矛盾。只有当 A 和 B 在所有的时间都处在相同位置，因而他们都能注意到对方的钟慢了时才会引起自相矛盾。

值得强调的是，这些结论都是在下述假设下得出的：光速是常数（$=c$）；惯性观测者（A 和 B）之间是对称的。虽然上面描述的是一个理想实验，但是可以把它转换为可供实际观测的现象。例如，把因子 β 看作是 A 的钟在他发出光讯号时的时间与 B 的钟在他收到光讯号时的时间之比。如果 A 不停地向 B 发出一定频率 ν 的光波，而 B 接收到时，不再是相同的频率 ν，而是减小了的频率 ν/β，因为存在着时间

放长因子 β。这便是著名的多普勒效应，在附录 C 中做了详细的讨论。时间延迟因子

$$\sqrt{1-\frac{v^2}{c^2}}$$

的存在还可以从实验上加以验证，在附录 A 中描述了这样的实验。

尽管如此，由于这类效应十分反常，使得 20 世纪初的许多著名物理学家一直怀疑光速不变假设是否可靠。时间测量居然得不到绝对的结果，这一事实震惊了按牛顿的传统观念培养出来的人。然而，狭义相对论在数学上的完美性变得越来越明显。爱因斯坦理论的影响之一，是迫使物理学家不能再把单纯的空间测量与单纯的时间测量分离开来，两者必须结合起来。闵可夫斯基（H. Minkowski）采用一种新的几何学首先实现了把时间和空间结合起来，我们把这种几何学称作狭义相对论几何学。

物体的质量与它的运动有关

相对论的新概念也导致了对牛顿动力学的修正。在牛顿系统中，一个物体的质量永远是相同的，不管物体是否处于静止状态。而在狭义相对论中，如果一个物体相对于测量仪器是静止的，测出的质量是 m_0；那么，当物体以速度 v 相对于测量仪器运动时，其质量就会变为 $m_0\gamma$；γ 是前面刚算出的减慢因子的倒数，即

$$\gamma=\frac{1}{\sqrt{1-v^2/c^2}}。$$

在实际实验中，我们并不测量物体的质量，而是测量动量。对于一个静止质量是 m_0、以速度 v 运动的质点，其动量并不是按牛顿力学那样为 $m_0 v$，而是

$$mv=\gamma m_0 v$$

利用碰撞实验可以测量动量。在一个典型的碰撞过程中，所有参与的质点的总动量是守恒的，也就是说，碰撞前的总动量等于碰撞后的总动量。牛顿动力学的这一结论过渡到狭义相对论时，需要对动量的定义做同样的修正。在加速器里进行的快速粒子（$v \approx c$）的碰撞实验证实了 γ 因子的存在。

当 v 增加到接近 c 时，γ 迅速增大，$v=c$ 时变为无穷大。从物理角度来看，$v=c$ 时变为无穷大表明，使一个物体的速度增加时，越接近 c 越困难。根据第二运动定律，当 $v \to c$ 时，需要的力迅速增加，直到无穷大。因此，技术上不可能做到把一个物体的速度增加到光速。光速被证明是任何物体运动的上限，永远不可能达到。

光本身是什么呢？量子力学已经证明，光可以解释为量子流，这些携带能量的量子通常被称为光子。被设想为粒子的光子怎样会以光速传播呢？答案是，因为光子的静止质量为零，实际上一般的规律是，所有静止质量为零的粒子都以光速运动。

科学家们曾经推测，是否存在着第三类粒子，称作快子，其传播速度永远比光速快（图 10-10）。如果我们画出光粒子（光子）的时

空图，光子从原点出发，在时间 t 离原点的距离是 $r=ct$。光子的轨迹在四维时空（三维空间加一维时间）中形成一个超锥。物质粒子（有时也称之为慢子）的轨迹总是处于锥的里面，而快子的轨迹则处于锥的外表，这个锥称之为光锥。到目前为止，寻找快子存在的实验都失败了。

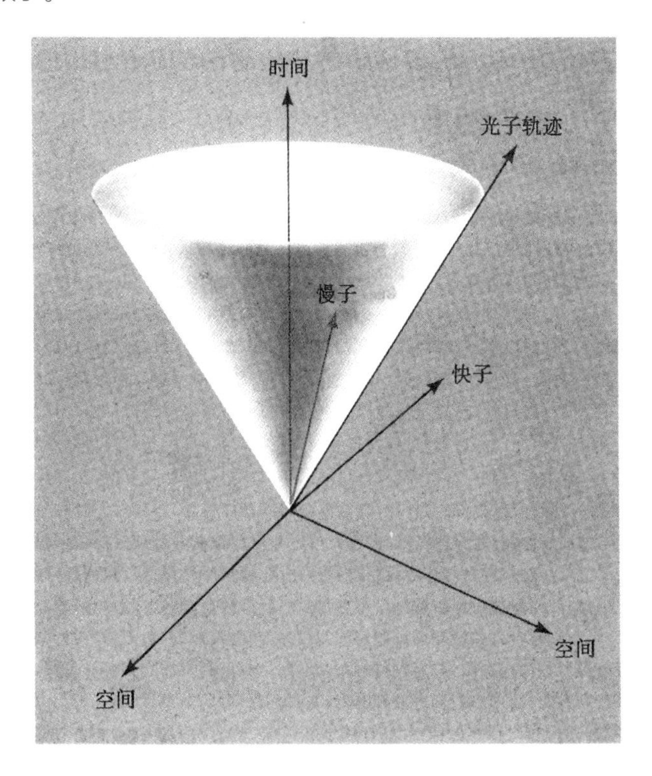

图 10-10　光锥

质量和能量之间存在着一个等式，即 $E=Mc^2$

在相对论时代之前，科学家们已经建立起了两个性质各异的守恒定律——一个是质量守恒定律，另一个是能量守恒定律。狭义相对论认为，质量转化为能量是可能的，简单的等式关系通常都表示为 $E=Mc^2$. 例如，取 $m=1\,\mathrm{g}$，$c=3\times10^{10}$ 厘米 · 秒 $^{-1}$，则毁灭 $1\,\mathrm{g}$ 物质所产生的能量为 $9\times10^{20}\,\mathrm{erg}$，这些能量足以使 30 000 吨冰在正常大气压下沸腾起来。

这样的关系并非是理论学家的梦想，它已经在 1945 年通过原子弹爆炸的方式付诸实际。今天，核反应堆产生的能量就是来自参与反应的粒子的质量。同样的原理支配着恒星内部的能量产生，并使恒星长期地发光。

考虑静止质量 m_0 和运动质量 $m=m_0\gamma$ 的等效能量，它们的能量差为

$$(m_0\gamma-m_0)c^2=m_0\left(\frac{1}{\sqrt{1-v^2/c^2}}-1\right)c^2\text{。}$$

这部分能量属于动能，也就是说，是由于运动获得的能量。当 v 小时，可以证明只要把根号中的表达式作二项式展开（小的项可以忽略），该动能公式便简化为 $\frac{1}{2}mv^2$，正好是以前得到的牛顿表达式。这样推出牛顿表达式也是对质量和能量等价性的一个验证。

若 v 比 c 小很多，牛顿定律仍然是近似有效的。即使像宇宙飞船离开地球的速度，牛顿定律仍然是完全适用的理论。

试举一例，对于地球的逃逸速度 v，比值 $(v/c)^2$ 小于一百亿分

之 14，若略去这一百亿分之 14，便是用牛顿定律测出的近似值。但是，在天文学中却经常碰到非常快速的粒子，例如最快的宇宙线粒子，速度接近于光速，两者相差不到 $5/10^{25}$，这些粒子的 γ 值高达 10^{12}。对于这类粒子，我们不能再用牛顿的概念，像第 4 章中由同步加速过程引起的射电波辐射，以及第 7 章中由逆康普顿过程引起的 X 射线辐射，与这些辐射相应的粒子，牛顿的概念都不适用。

爱因斯坦把他的狭义相对论观点推广为下述的普遍原理：所有的物理规律对于所有惯性观测者来说都是相同的。这一原理虽然还没有彻底地得到验证，但是到目前为止，从所有的实验看来都是和它相符的。重要的一点在于，没有一种物理讯号（包括有质量粒子和零静止质量粒子——例如光子的讯号）其传播能够超过光速。这一事实促使爱因斯坦进一步去验证另一个公认的牛顿概念——万有引力定律，我们将会看到，由此怎样使他得出了广义相对论。

§10-7 广义相对论

尽管牛顿的平方反比定律一直应用得很好，但把它摆在狭义相对论面前就表现出某些概念性的问题。反过来，万有引力现象又对狭义相对论提出了概念性问题。爱因斯坦为了同时解决这两方面的困难，于 1915 年提出了广义相对论。广义相对论是一种完全新颖的概念上的发展，甚至于当它初获成功时，很少有人能够理解它的全部意义。我们在这里仅仅是简要地介绍这一理论的基本特征，而不陷入复杂的数学细节中去。让我们首先来讨论上述的困难问题和爱因斯坦提出的解决方案。

引力是时空几何的一种表现

根据牛顿的平方反比定律，引力在两个物体之间是瞬时起作用，而不管它们之间相距多远。这种观点是与狭义相对论相违背的，狭义相对论认为，物体间相互作用的传播不可能比光速快。为了说明它们之间的区别，我们来讨论下述的理想实验（图 10–11），如果太阳突然脱离太阳系，我们在地球上将过多久发现这一事件呢？根据牛顿的平方反比引力定律，地球上会立即受到它的影响。地球将沿切线方向脱离它的椭圆轨道，沿直线继续运动下去。但是，根据爱因斯坦的狭义相对论，这一信息至少在太阳脱离后 8 分钟左右才能到达地球，因为光从太阳传到地球大约需要 8 分钟。

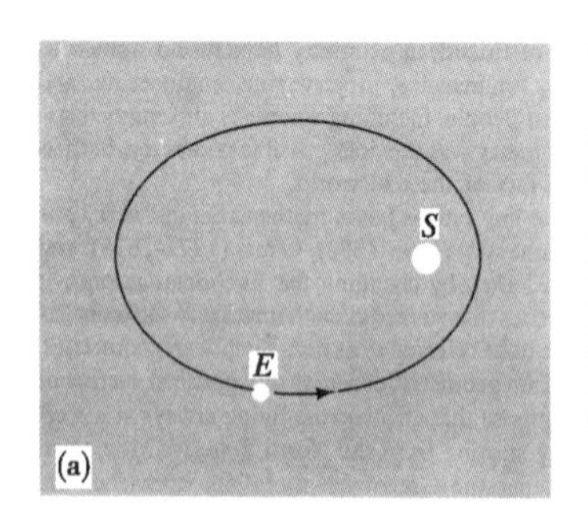

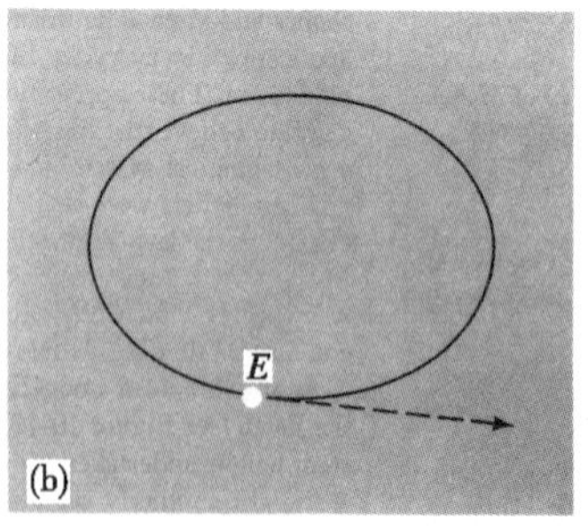

图 10–11　在图（a）中，地球沿椭圆轨道绕太阳运动。如果太阳由于某种原因突然消失，地球将沿切线方向脱离轨道，如图（b）中虚线所示。按牛顿的引力论，这是瞬即发生的。但是，光从太阳传播到地球需要大约 8 分钟，因此，地球上的人在这一事件发生后大约 8 分钟才能“看见”太阳消失

根据惯性观测者的定义还会出现新的问题。这样的一个观测者应该不受任何外力，但是，在宇宙中的任何地方能有物体不受外力作用吗？略加思索就会理解，所有的物理体系，不管是有生命的或无生命的，都要受到万有引力的作用，这是一种不可能关掉的力。电力或磁

力都可以关掉，或者用适当的屏蔽方法排除，唯有引力任何方法都无法摆脱。唯一的方法是远远地离开所有的物体，以达到近乎于没有引力的状态。但是，这样的处理方法对于地球上的科学家或者研究宇宙的天文学家都是难以使用的。因此，在有引力存在的情况下，即使狭义相对论也需要加以修正。

爱因斯坦为了排除惯性观测者的上述困难，他把引力看作是时空本身具有的无法摆脱的一种特性，是某种比占有时空的实体远为本质的东西。他的根本解决方法是把引力的存在与时空的几何性质统一起来。爱因斯坦的引力理论，即所谓广义相对论，其出发点是基于下述的概念：由于物质的存在，时空的几何学是非欧几里得的，而时空的非欧性质则在万有引力现象中表现出来。

欧几里得（大约公元前 300 年）最早奠定了目前学校里所学的几何学的系统性基础。欧几里得几何建立在一套数学公理的基础上，根据这套公理，便可以导出各种形状和大小的图形。欧几里得几何的原理在日常生活中被广泛地应用，诸如在测量、工程和导航等领域。正因为如此，使得人们，包括科学家和数学家在内，都确信欧几里得几何学是唯一可能的几何学，无论是作为数学体系，还是表示真实的世界都是如此。

这种信念在 19 世纪遭到了彻底的破坏，甚至连数学家也牵连在内。罗巴切夫斯基（Lobachevsdy，1793—1856）、高斯（Gauss，1777—1855）和鲍耶 (Bolyai，1802—1860）证明，改变欧几里得公理体系，可以得到另外的几何学，在数学上同样是自洽的[1]。这些几何学都称之为非欧几何学。

作为非欧几何的一个例子，我们来讨论地球的球形表面（图 10-12）。假定有一只信天翁总是飞在一定的高度上，从北极 N 开始它的旅行，沿着格林尼治子午线一直南下，到赤道后向左转。然后沿赤道直飞，飞过地球赤道的 1/4 之后，再向左转，沿 90° 子午线再向北飞。当它飞到北极 N 时，会发现飞来的方向与离去时的方向刚好成直角。

现在，我们来看一看图 10-12 中由信天翁飞过的三角形 NAB。这个三角形具有 3 个直角，这种情况完全不符合欧几里得法则，按欧几里得法则，每个三角形的内角加在一起一定是 2 个直角。这是否意味着欧几里得错了呢？欧几里得在他自己的几何学研究范围内是正确的，而在图 10-12 中，我们没有采用欧几里得几何。

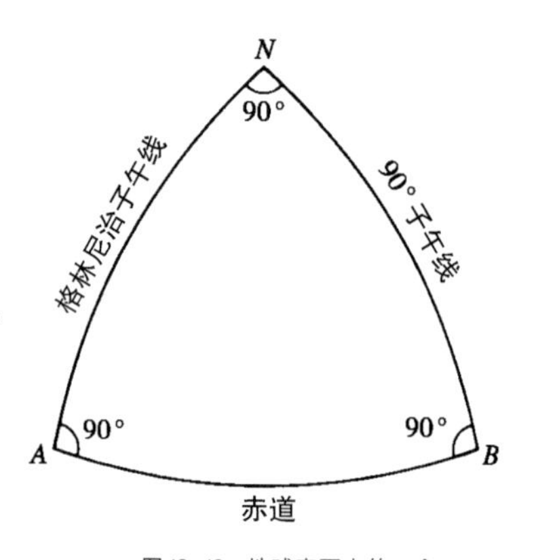

图 10-12　地球表面上的一个三角形，顶点为 N，A 和 B，它具有 3 个内角，每个内角都是直角

球面上的几何学与欧几里得几何学在其基本研究范围内有什么不同呢？差别在于所谓平行公设，欧几里得认为，给定一条直线 l 和

1. 自洽（Self-consistent）—— 指彼此间一致，没有矛盾，常用在物理和数学中。—— 译者注

线外一点 P（图 10-13），通过 P 点能够作一条而且仅能作一条直线平行于 l。这对于日常生活里的概念来说是显然的，但实际上却似乎是（应该说的确是）错误的。然而，在一个球的表面上，欧几里得的公设是不正确的。通过 P 点的所有直线是一些大圆弧，它们都与 l 相交。除此之外，还有与球面上的几何学很不一样的其他一些非欧几何学，对于这种几何学，过 P 点可以画出一条以上的直线平行于 l。

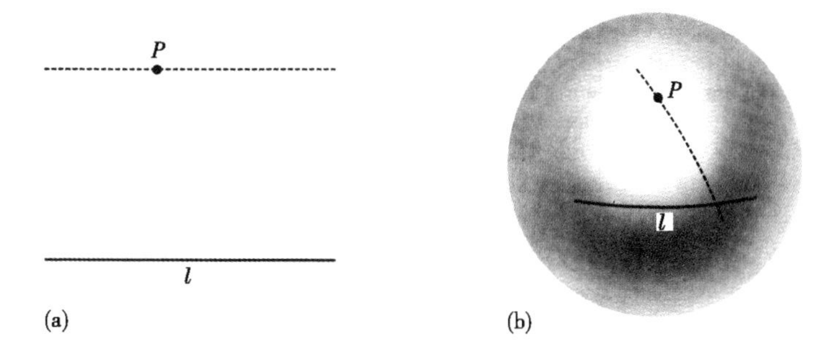

图 10-13　欧几里得提出的平行性公设，认为通过不在直线 l 上的一点，能够画一条而且仅能画一条直线平行于 l。这对于平面上的直线 l 和 P 点是正确的［图（a）］，但对于球面却是不正确的［图（b）］。对于后者，所有过 P 点的直线都与 l 相交

正是爱因斯坦，第一个天才地揭示出非欧几何学在描写引力问题上的潜力。

§10-8　爱因斯坦的引力论

为了了解广义相对论是如何处理和解释引力问题的，让我们来讨论一个简单的例子，一个球以初始速度 v_0 垂直上抛。我们已知道，根据牛顿的第二运动定律，球上升到高度 $v_0^2/2g$，然后开始下落（g 是重

力加速度)。在图 10-14 中,把球到达的高度 $h=v_0t-\frac{1}{2}gt^2$ 作为时间 t 的函数画出来,得到的曲线是一条抛物线。假如没有引力,球会不停地以速度 v_0 垂直向上运动,这时其轨迹将沿着图 10-14 中的虚直线。在牛顿的框架中,我们认为虚线是没有外力的情形,而实线是由于地球的引力形成的,其运动状态的改变服从力等于质量乘加速度这条定律。因此我们认为,轨迹的变弯是由于引力的作用。

在纯引力情况下,质点沿非欧几何的直线运动

爱因斯坦的观点与众不同。他认为,讨论图 10-14 中的虚直线是没有意义的,因为没有引力的情形在自然界中是不可能得到的。自然界中唯一真实的轨迹是图 10-14 中的实线。因此,如果曲线是唯一真实的,为什么不能把它看作描写了直线上的匀速运动呢?

初看起来,这种想法近乎是荒谬的,不过,让我们进一步来考查一下,所谓直线指的是什么?直观的定义是“距离最短的线”或者“不改变方向的曲线”,这些定义都依赖于我们如何测量距离和方向。如果我们服从欧几里得的法则,虚线显然是直的,而实线不是。但是,如果我们改变了几何法则又怎样呢?在非欧几何里,有可能把图 10-14 中的实线作为直线,把虚线作为曲线,与欧几里得几何刚好相反。这正是爱因斯坦观点的关键。地球引力使地球邻近区域内的几何成为非欧几何,并且恰好使得图 10-14 中的实际运动轨迹代表了沿直线的匀速运动。注意,现在我们回到了第一运动定律,这是因为引力作为一种力已经不存在了。它已经作为时空几何的一种性质而赋予了全新的解释,这里的几何学便是非欧几何。

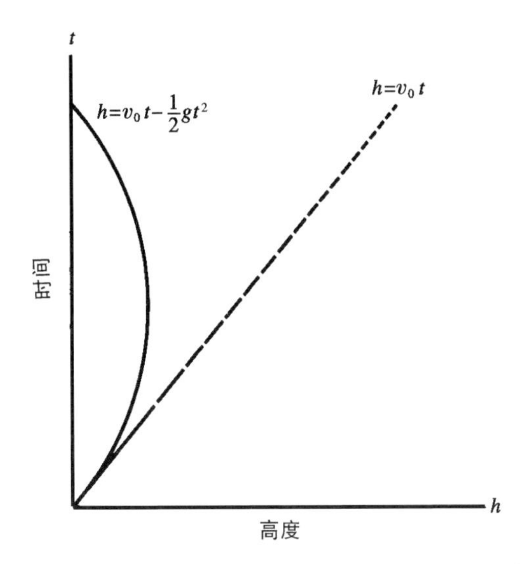

图 10-14 实线表示一个质点以初始速度 v_0 垂直上抛的世界线。若不存在地球的引力，质点会沿虚直线运动（第一运动定律）。根据牛顿的体系，是地球的引力所提供的力使轨迹弯曲。而根据爱因斯坦的观点，时空的几何形状被地球的引力改变了，因此实线所代表的是非欧时空中一条直线上的匀速运动

所有受引力作用的现象都可以做同样的重新解释。因此，太阳周围的时空几何应该是非欧几何，并且恰好使得行星绕太阳的轨道可以看作为一些作匀速运动的直线轨迹。

水星近日点的进动证实了广义相对论

为了得出行星是如何绕太阳运动的，牛顿写出了一些运动方程，这些运动方程根据力的反平方定律给出加速度。通过解这些方程，牛顿定出了行星的轨道。在爱因斯坦的理论里，解题的步骤完全不同。第一步，首先写出爱因斯坦的数学方程，要考虑的物质是太阳。爱因斯坦于 1915 年首先得出这个问题的近似解，然后在 1916 年，史瓦西

（K.Schwarschild）彻底解决了这个问题。第二步，计算短程线[1]，之所以起名短程线，是由于它指的是非欧几何的直线。然后从短程线中选出一条，用来描述在爱因斯坦广义相对论中的行星运动。

其实，所得出的行星轨道与牛顿理论的结果是一样的，只有水星有微小的差别，而且只表现在一个不太重要的方面。图 10–15 示意性画出了水星的轨道，P 点是轨道上离太阳 S 最近的点，叫作近日点。在牛顿理论中，如果忽略其他行星的引力效应，水星应该在同一个椭圆轨道上周而复始地运动。但在爱因斯坦理论里，轨道会慢慢地转动。也就是说，每运转一周之后，近日点从 P 移到 P'，如图 10–15 所示。这种位移称为水星近日点进动。为了明显起见，图 10–15 中的进动现象夸大了很多。广义相对论所预言的进动量是 SP 方向每百年位移的角度是 43″（大约是 1 度的百分之 1.2）。

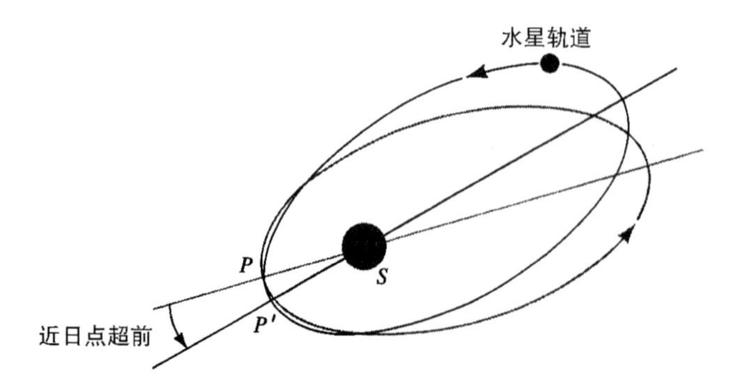

图 10–15　水星的轨道，轨道扁心率做了夸大。在 19 世纪，法国天文学家维里（U. J. J.Verrier）发现，轨道的转动量不能全部解释为其他行星对水星的引力作用

1. 又称测地线。—— 译者注

特别值得指出的是，经过多年的观测发现，实际上水星的近日点每百年进动约 575″。在这一进动速率中，除去 43″以外，都可以解释为其他行星对水星的影响。但大约每百年 43″的纯差异仍然需要做出解释。广义相对论正好预言了牛顿理论无法解释的这部分位移量，这一事实对于爱因斯坦在提出他的理论时所依据的一些看上去很奇怪的想法来说是一次巨大的胜利。

光同样沿着非欧几何的短程线传播

下面是证实爱因斯坦的非欧几何思想的另一个例子。假定我们画一个三角形围绕太阳，三条边都很靠近太阳的表面。如图 10–16 所示，三角形的三条边现在是按非欧几何来画的。那么，三个角加起来会是 180° 吗？爱因斯坦方程预言，这三个角之和会稍稍超过 180°。

事实上，不可能有真实的实验把图 10–16 中的角加在一起；但是，

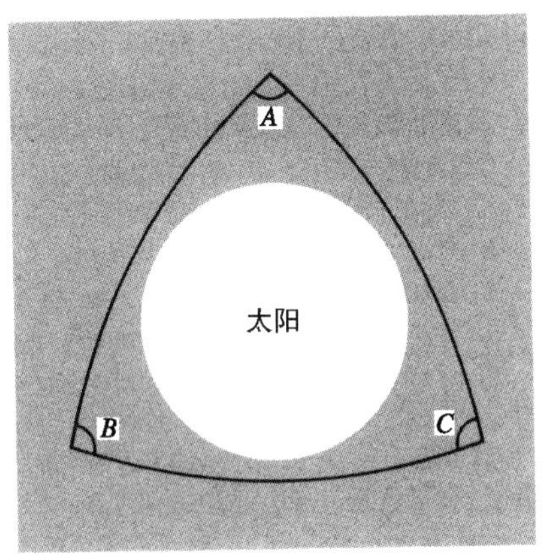

$A + B + C > 180^\circ$

图 10–16　由光线轨迹绘成的一个三角形，当光线围绕一个像太阳一样有巨大质量的天体时，三角形的三个内角加在一起会超过 180°

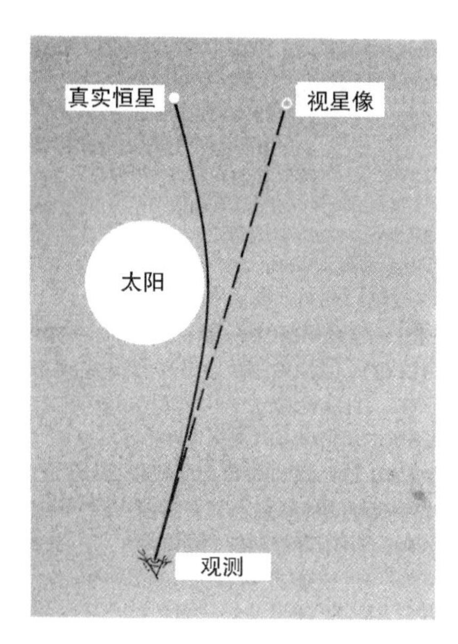

图 10-17　日食期间，当一颗恒星靠近太阳而被遮掩时，其方向会发生改变，这是由于引力效应对光线轨迹的影响

做了变化的这一类实验却实现过若干次。在空间如何画直线呢？我们利用爱因斯坦理论的一个重要结论，即光线是沿直线传播的。在图 10-16 中，如果按牛顿概念来理解，所有的线看上去都是弯曲的。光走过的这些线之所以呈现弯曲，是由太阳的引力造成的，引力像吸引其他粒子一样吸引光子。图 10-17 描述的是实际情况，光从一颗遥远的恒星掠过太阳边缘，由于被太阳弯曲，恒星的视线方向看上去发生了变化（图 10-17 中的虚线所示）。相对论所预言的弯曲角度为 1.75″（大约是 1 度的 5/10000），其中有一半可以从牛顿理论得出[1]。

由于实验上存在许多困难，用可见光测量图 10-17 中的偏转现象没有得出肯定的结论。最近，利用射电波和微波技术进行类似的测定，肯定了爱因斯坦预言的 1.75″。不过，仍存在着小的误差。由此可见，这不仅是广义相对论的另一项胜利，而且也是新测量技术的一项成就。

1. 这种提法是基于改进的牛顿理论，认为光子——光的载体粒子——也受牛顿引力定律的支配。原始的牛顿理论没有这样的要求，因此不会有光线弯曲现象。

§10-9　万有引力与天文学的关系

我们已经了解了描述引力的两种方式。牛顿方式容易理解，也易于应用。但是，由于它与狭义相对论不一致，存在着一定的概念性的困难。广义相对论不存在这类困难，但是它是以一种更为微妙和间接的方式来处理引力问题。天文学家应该采用哪一种理论呢？

一种经验的判断根据如下：若讨论一个质量 M、距离 r 的天体的引力效应，我们可以构造一个无量纲参数：

$$\alpha = \frac{2GM}{c^2 r} ,$$

其中 c 是光速，G 是引力常数。如果 α 非常小（$<\sim 10^{-3}$），则可以放心地应用牛顿理论；反之，如果 α 接近 1，则必须应用爱因斯坦理论。若 α 的值介于中间范围，则可应用一种过渡的方法，称作后牛顿近似。

后牛顿近似本质上是相对论性的，但做了简化，看上去类似牛顿理论。表 10-1 列出一些天体系统 α 的数值。

表 10-1　　描述各类天体系统应采用的引力理论

系统	α	应该用的理论
地球附近的太阳引力	10^{-8}	牛顿
普通恒星的表面和内部	10^{-6}	牛顿
白矮星的表面和内部	10^{-3}	后牛顿近似
中子星的表面和内部	10^{-1}	后牛顿近似
黑洞	1	爱因斯坦
宇宙	10^{-2}–1	爱因斯坦

在下一章中，我们将讨论黑洞和白洞。广义相对论在这一重要研究领域里最近取得了出色的成就，使之成为物理学的理论前沿。

第 11 章
黑洞

§11-1　引言

在第 10 章中我们已经看到，对于地球上的和太阳系里的现象，从实用观点出发，用牛顿的运动概念加上狭义相对论的时空几何便可以充分地加以描述了。的确，在太阳系里摒弃牛顿的引力论只是概念上的考虑，并没有实际上的意义。只有当时空的引力歪曲很大时，广义相对论才显示出与牛顿理论有实质上的差别。本章中，我们将讨论出现这种情形的两种天体——黑洞和白洞。这两种天体目前还仅仅是理论家脑子里的概念，到撰写这本书时为止，还没有直接的肯定事例表明它们在宇宙中存在[1]。这些天体是将爱因斯坦理论推到极端情况下的产物，因此还只是一种推测。在最近几年里，理论天文学家的想象力被这些天体（尤其是黑洞）点燃了。实际上，很难发现，在近代天文学的哪一个领域里，会由于某种原因而不提到黑洞。

有关黑洞的文献可以划分为两类。一类体现了理论上取得的许多成就，专业水平很高；另一类则是在专业水平很低的情况下写出的，

1. 今天，天文学家普遍认为，已经探测到许多黑洞的事例，从恒星量级的黑洞到星系量级的黑洞。对于白洞，则缺乏有力的观测证据。——译者注

描写肤浅，引起了许多要求回答的问题。本书并非属于前一种类型，但是通过引入一些初等的数学，也尽量避免出现后一种情形（上一章中引入的一些概念仍然是有用的）。

§11–2 逃逸速度

黑洞所以是黑的是由于光无法从黑洞中逃出来

黑洞的概念要追溯到1799年，当时拉普拉斯[1]（图11–1）提出了一条原理：一个重物体的吸引力有可能非常之大，甚至连光都无法从它那里发出来。

图11–1 拉普拉斯

在§10–4里，我们曾讨论过逃逸速度的概念。就地球上而言，从表面抛出一个物体，要摆脱地球引力的束缚，需要的最低速度是每秒11.2千米左右。一般说来，一个质量为 M、半径为 R 的物体，其逃逸速度由下式给出：

---

1. 1799年拉普拉斯发表了一项证明：质量和密度都很大的物体会成为不可见的。这些证明的译文发表在德国天文学杂志上，可以在霍金（S.W.Hawking）和埃利斯（G.F.R.Eills）合著的《时空的大尺度结构》（剑桥大学出版社，1973年）一书的附录中找到。其实在拉普拉斯之前，一位英国物理学家米切尔（J.Mitchell）就已经预言过黑洞的概念。1783年11月27日米切尔在皇家学会上宣读了一篇论文，题目是“论发现恒星的距离、星等……的方法，光速减慢的后果，这种光速减慢应该出现在任何一颗恒星上，为了进一步的需要应该通过观测得到其他一些这类资料”。在这篇论文中，除了有关恒星的一些计算外，米切尔还给出了在牛顿框架中黑洞的基本原理。

$$v=\sqrt{\frac{2GM}{R}}\text{。}$$

假如达到 $v=c$ 会怎样呢？在这种情况下，即使质点以光速 c 抛出，也无法摆脱质量 M 的引力场。由于光（即光子）和其他物质粒子一样都要受万有引力的作用，质量 M 的物体不再被远处的观测者所看到。无论是它自身发出的光（如果它发光的话），或者通过它的表面散射或反射其他光源的光，都无法逃离出来，这样的物体便称为黑洞。黑洞并不意味着黑洞内的观测者看不到光，而是说它不能被远处的观测者所看到。

上面的公式和拉普拉斯所采用的公式本质上是一样的，由此可知一个质量为 M 的黑洞，其半径不会超过

$$R_s=\frac{2GM}{c^2}$$

如果取 M 等于地球的质量，5.977×10^{27} g，则 R_s 只有 1 cm 左右；而如果取 M 等于太阳的质量，则 R_s 也只有大约 3 km。地球的实际半径大约是 6 400 km，而太阳的实际半径大约是 700 000 km。这些数字给出了某种概念，一些熟知的天体在成为黑洞之前需要多么剧烈地收缩。那么，这样的收缩会发生吗？在牛顿和爱因斯坦两种框架中来讨论这个问题都是很有意义的。

§11-3 牛顿引力框架中的引力坍缩

如果一个系统被引力征服，引力会越来越强

万有引力在许多方面很特殊，在第10章中我们曾讨论过它的某些特性。现在让我们来精心描述一下引力坍缩的现象。为了将万有引力与自然界中发现的其他的力相对比，首先讨论下述的例子。

设想两块物体用一根弹簧连接。在图11-2中，连接两块物体的弹簧被拉长，超过了它的自然长度。弹簧的弹性力要求收缩，结果两块物体会相互吸引。如果把物体松开，它们会在弹簧弹力的作用下相向运动。图11-3示出了稍后的状态，两块物体继续相向运动，于是弹簧不断变短，恢复到它的自然长度。这时，不再存在收缩的倾向，吸引力消失。但是，两块物体还会继续运动，使弹簧继续变短，直到出现了弹性斥力。弹性斥力最终使两块物体瞬间处于静止状态，之后便朝两边分开。

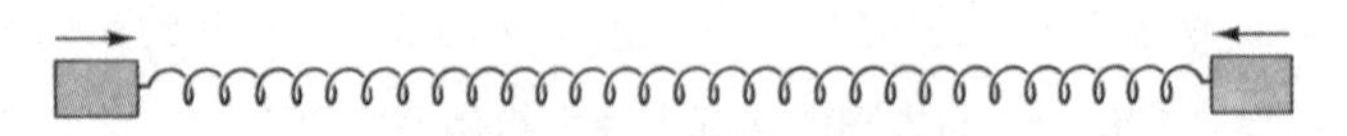

图11-2 两块物体由于拉开的弹簧超过了它的自然长度而相互吸引，按箭头所示的方向收缩

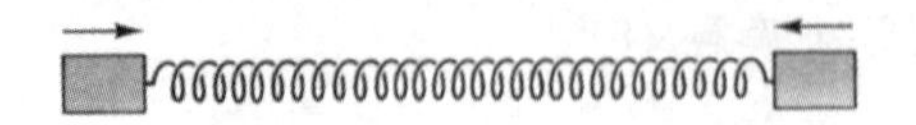

图11-3 弹簧在恢复到它自然长度的瞬间，两块物体之间的力消失。但是，由于它们已经获得速度，因此会继续按箭头方向运动

图11-4所表示的是当两块物体之间存在着万有引力时的情形。

若两块物体的质量分别为 M_1 和 M_2，初始距离为 R，则引力为

$$\frac{GM_1M_2}{R^2},$$

当物体屈服于引力的作用相向运动时，引力并不会减小。当后来某一阶段它们之间的距离减小到 r 时，引力反而增大到

$$\frac{GM_1M_2}{r^2},$$

若 r 减小为 1/10，引力会增大到 100 倍！

图 11-4 M_1 和 M_2 之间反比平方引力会由于它们在引力作用下彼此接近而增加。例如，当 M_1 和 M_2 之间的距离减小一半时，引力将增大 3 倍

对于自然界中的大多数力，当力所作用的系统屈服于力的作用时，力会减小，弹簧便表现出这种特性。但是，万有引力却不一样，当系统屈服于引力时引力便增强，结果系统被迫越来越屈服，直到最后出现灾难性的结果，即所谓引力坍缩。

我们来讨论一个球形物体，如图 11-5 所示。设想这个物体是一个尘埃质点球，内部没有压力，所有的尘埃质点都相互吸引，结果整个球开始收缩。这种收缩会导致尘埃质点彼此接近，从而增加了它们之间的吸引力，整个球会越来越快地收缩。这样下去会持续多久呢？一直到所有的尘埃质点都聚在一起，整个球缩为一点为止！这样的过程——即所谓坍缩现象（爆发的反过程）——当向内的速度不断增

加时便会发生。

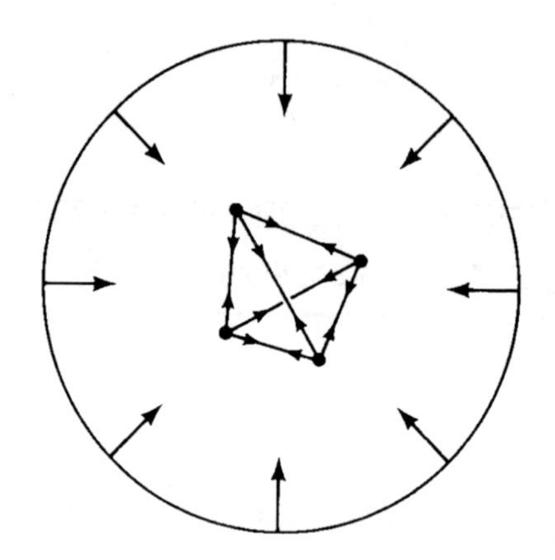

图 11-5　尘埃质点球的所有质点都彼此相互吸引，图中绘出了几个代表性的质点，其结果是质点球整体地收缩

若没有内部压力，太阳会在 29 分钟内坍缩成一个黑洞

设想，若太阳内部的压力突然消失，会出现什么情形呢？太阳会像尘埃质点球一样开始收缩，先是缓慢地，然后迅速加快，最后将收缩成一点，整个过程只需要不到半个小时。图 11-6 绘出了太阳在这样的假设条件下的坍缩过程，图中以太阳的半径和时间为坐标，$t=0$ 是收缩开始。请注意最后阶段，R 迅速地减小为零，这种现象便是引力坍缩。

而事实上，太阳是一个非常稳定的天体，虽然它在自身引力下具有很强的收缩趋势，但是强大的内部压力阻止了这种收缩，内部压力和引力之间保持了平衡。压力主要来自太阳内部热核反应所产生的热

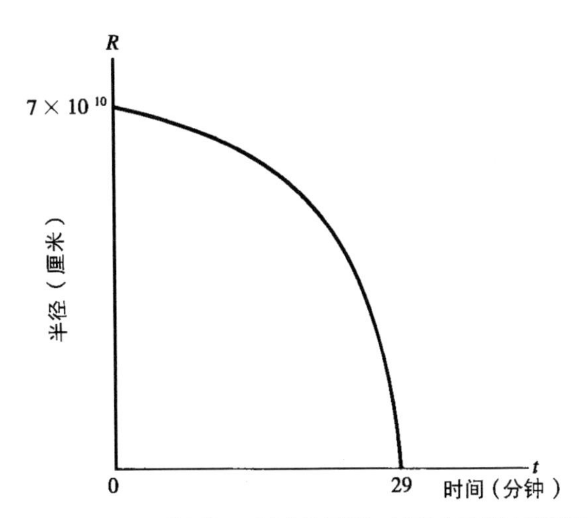

图 11-6　在没有压力的条件下，引力将引起坍缩，太阳会在不到半小时内从目前的状态坍缩为一点

（参见第 8 章）。只要一颗恒星具有供燃烧的核燃料，它通常就可以产生足够的压力去抗衡引力。但是，一旦核燃料耗尽时，又会怎样呢？待根据爱因斯坦的引力论讨论过引力坍缩之后，我们再回答这个极为重要的问题。

§11-4　广义相对论框架中的引力坍缩

在第 10 章中我们已经看到，引力效应在广义相对论里是通过由物质的存在所决定的非欧几何的形式来表现的（在 §8-4 中曾用非欧几何讨论了一些例子）。现在我们来讨论非欧几何是如何体现在守时装置——钟上的，首先讨论非坍缩天体的简单情形。

从引力场发出的光具有红移

设想两个观测者 A 和 B，观测者 B 位于质量为 M 和半径为 R 的非坍缩球体的表面（图 11-7），而观测者 A 相距很远。我们会直觉地认为，物体的引力效应在 B 附近很强，在 A 附近很弱，甚至 A 附近的引力效应可以忽略。若 A 和 B 都备有一座有同样结构的钟，那么，两处的钟是以相同的速率运转吗？

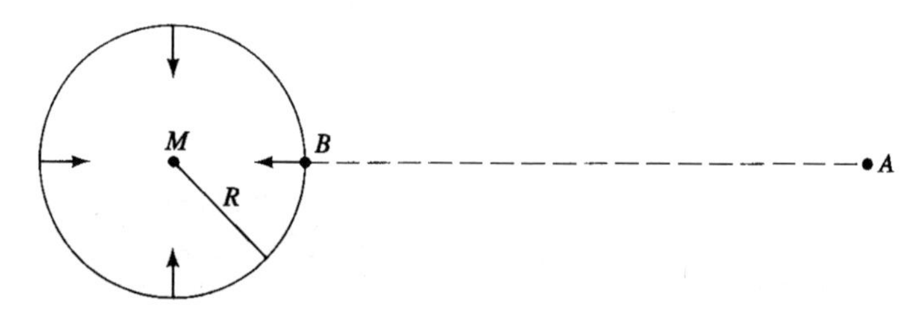

图 11-7　观测者 B 处在一个尚未坍缩的天体表面上，观测者 A 相距很远，其方向沿着天体中心过 B 的连线

为了检验这个问题，这样来安排 A 和 B。观测者 A 按一定的时间间隔向 B 发出光讯号，例如每隔 1 小时发射光讯号，B 也以完全同样的方向向 A 发讯号。那么，双方的讯号都是按每小时的间隔到达吗？这个问题的答案如图 11-8 所示，A 不能按每小时的间隔接收到 B 的讯号，而是要拉长一点，延长后的间隔为

$$\frac{1}{\sqrt{1-(2GM/c^2R)}}\text{ 小时。}$$

类似地，B 收到 A 的讯号间隔要缩短，缩短后的间隔为

$$\sqrt{1-(2GM/c^2R)}\text{ 小时。}$$

图 11–8 若观测者 B 发射频率 ν_B 的波，则观测者 A 接收到的频率是 ν_A，反之也是一样。在初始阶段，这两个频率之间的关系是 $\nu_A=\sqrt{1-\frac{2GM}{c^2R}}\ \nu_B$

事实上，爱因斯坦理论的这个预言已按下述方式得到了证明。代替地面上人工制造的钟，天文学家利用谱线的频率（参见第 3 章），这些频率是由原子或分子过程决定的。如果按照爱因斯坦的观念，这些过程无论在大质量的恒星表面上还是在地球表面上都是一样的，不同之点仅仅是偏离欧几里得几何的程度。在恒星表面上比在地球上偏离得更明显一些。上面我们已经看到，这种偏离表现为钟走的速率不同。对于谱线的频率来说，上述现象可按下面的方式加以描述。

假定 B 以频率 ν_B 的谱线发出讯号，波长为 λ_B，两者间满足通常的关系

$$\nu_B\lambda_B=c。$$

设想 B 的钟是由这条谱线的振荡频率来决定的，由于 B 的钟相对于 A 的钟走得慢些，与 B 接收 A 的讯号相比，A 必须等更长的周期才能接收到 B 发出的一个完整的波。结果，A 测出的频率 ν_A 要小一些，减小的因子和前面一样，

$$\nu_A=\nu_B\sqrt{1-\frac{2GM}{c^2R}}\ 。$$

由于 A 测出的波长 λ_A 与 ν_B 仍然满足通常的公式，

$$\nu_A\lambda_A=c。$$

因此观测者 A 会发现，λ_A 比 B 发出时的波长要长一些，λ_A 由下式得出，

$$\lambda_A=\frac{\lambda_B}{\sqrt{1-(2GM/c^2R)}}。$$

如果 A 观测的是来自 B 处一个光源的整个可见频谱，他会发现，所有的波长都系统地增加了相同的倍数。结果，光谱朝红端，也就是长波端位移了。波长增大的倍数是 $1/\sqrt{1-(2GM/c^2R)}$，通常写为 $1+Z$ 的形式，Z 叫作从 B 发出的光的红移。按照同样的方式，B 会发现，接收到的来自 A 的光波长都减小了，这种效应叫作蓝移。因为在这种情况下，光谱都朝蓝端位移了。

引力红移已经从观测上得到证实

显然，为了使红移值比较大，参数 $\alpha=2GM/c^2R$ 必然不能太小。可是，对太阳来说，$2GM/c^2R$ 只有约百万分之四，这是很难测出的（太阳的光谱非常复杂，很难做到把众多的太阳光谱分离到百万分之几）。但是，对于白矮星来说，参数 α 可以达到 10^{-3} 量级（表 10-1），因此这类特殊恒星的红移效应比太阳大得多。白矮星天狼 B 是第一个被提出来对引力红移进行天文观测的，它是最亮的恒星天狼 A 的伴星。

地面上验证引力红移已经实现。为了便于理解所采用的方法，我

们需要回顾一下量子物理学里的一条重要结论，光是由光子组成的，一个光子的能量 E 和频率 v 之间的关系可以表示为

$$E=hv。$$

其中 h 是普朗克常数，其数值取决于所采用的时间和能量的单位（参见第 2 章）。假定一个光子从高度 H 落下，待它打到地面时，其能量将比开始时增加，增加的数量等于引力势能的改变（§ 10-3）。如何来计算这个量的大小呢？我们从一种直觉然而正确的方式出发，但是把牛顿的引力论和爱因斯坦的相对论这两方面的概念结合在一起。牛顿的引力论告诉我们，质量为 m 的物体，落到地面时，释放的势能为 mgH，而狭义相对论告诉我们，能量 E 按下面的公式等价于质量

$$m=\frac{E}{c^2}，$$

代入 $E=hv$，便得出当下落的高度为 H 时，一个频率为 v 的光子所释放的引力势能为

$$\frac{hv}{c^2}\times gH。$$

当这个光子打到地面上，它具有的新能量是

$$E'=E+\frac{hv}{c^2}gh=hv(1+\frac{gH}{c^2})。$$

因此，新的频率是

$$\nu' = \nu(1+\frac{gH}{c^2})\ 。$$

由此可见，在地面条件下，光下落高度 H，其蓝移量因子为（$1+gH/c^2$）。同样地，光克服地球的引力向上升会出现红移。自由下落光子的蓝移现象首先由泡得（R.V.Pound）和赖布卡（G.A.Rebka）于 1960 年测出，其实验方法如图 11-9 所示，实验结果与上述公式一致。

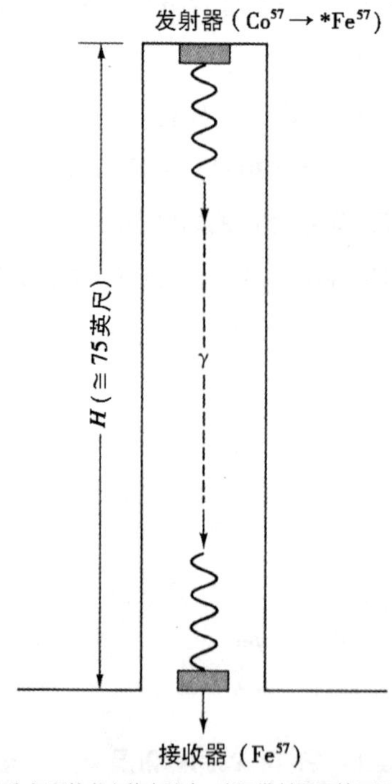

图 11-9 在泡得和赖布卡的实验中，光子发射器是钴原子核 ^{57}Co，^{57}Co 衰变到铁的一个激发态 ^{57}Fe，处于激发态的原子核辐射 γ 射线光子并向下传播。如果光子在自由下落过程中没有获得能量，它会被放在塔底部的接收器（^{57}Fe）所吸收。但是，吸收作用敏感地依赖于光子的频率。由于在自由下落中，光子的频率实际上增加了，因此不会再被吸收，除非接收器以适当的速度向下运动。接收器向下运动产生多普勒红移，用以抵消引力蓝移。通过测量接收器所必需的向下运动速度，泡得和赖布卡计算出引力蓝移的大小

因此，一般说来，我们可以认为，当光从强引力场传播到弱引力场时，会引起红移现象；反方向传播，则引起蓝移现象。频率的改变是由于在增加或减少引力势的过程中做了功。红移时是克服引力做功；蓝移时，则是引力做功。

对于一个坍缩天体，多普勒位移可以产生附加的红移

让我们在广义相对论的框架中，再来讨论尘埃质点球的引力坍缩现象。爱因斯坦方程比牛顿方程更为复杂，但是出乎预料地在目前的特殊情况下，爱因斯坦方程给出的解初看起来和牛顿的引力论非常相似。不过，它们之间仍然存在着重要的差别，让我们定性地加以讨论。

若观测者 B 处在坍缩尘埃质点球的表面，观测者 A 远离球的中心，并且相对于球心是静止的。假设第三个观测者 C 在瞬息开始时刻与 B 在一起，但是 C 和 A 一样，相对于球心也是静止的。设想由 B 发出的光首先从 B 传到 C，然后再从 C 传到 A。由于 B 和 C 在位置上是一致的，光通过它们之间没有任何引力变化。然而，观测者 C 会发现，从 B 发出的频率为 v_B 的谱线由于多普勒效应改变为频率 v_c，因为 B 相对于 C 有运动，即球体在坍缩。对应的波长 λ_c，利用多普勒因子可以写为 λ_B 的表达式，

$$\lambda_c=\lambda_B(1+Z_{多})。$$

式中，$Z_{多}$取决于 B 相对于 C 的坍缩速度。光从 C 传播到 A 的方向同以前一模一样，观测者 A 测出的波长 λ_A 用 λ_c 表示，表达式也同以前

一样，

$$\lambda_A = \frac{\lambda_c}{\sqrt{1-(2GM/c^2R)}}。$$

式中 R 是尘埃球在 B 发射谱线时的半径。把上述两个方程联立，便得出 λ_A 和 λ_B 之间的关系，

$$\lambda_A = \frac{1}{\sqrt{1-(2GM/c^2R)}}(1+Z_{多})\lambda_B。$$

由于 $Z_{多}$ 是依赖于坍缩速度的一个正数，因此，从坍缩体表面发出的光，红移效应比单纯引力作用要大，后者如上所述，取决于参数 $2GM/c^2R$。

根据广义相对论，引力坍缩在 $2GM/c^2R=1$ 处呈现事件视界

根据爱因斯坦的广义相对论，一个尘埃球的坍缩过程有 4 个阶段，如图 11-10 所示。第 Ⅰ 阶段，球是在收缩[1] 的，但 $\alpha=2GM/c^2R$ 很小，红移主要来自多普勒因子 $1+Z_{多}$。即使如此，红移也是很小的，从 B 每小时发出的闪光，按 A 的钟接收的时间间隔只比 1 小时略长一点。第 Ⅱ 阶段，球已经收缩了很多，红移因子变为

$$f = \frac{1}{\sqrt{1-(2GM/c^2R)}}(1+Z_{多}),$$

1. 原文为膨胀，有误。——译者注

其数值比 1 要大得多。若 f 值达到 24，A 接收 B 发出的每隔 1 小时的闪光需要隔 1 整天收到 1 次。实际上，由于球收缩，R 减小，而 M 保持不变，相应的 A 和 B 的时间间隔比会不断地增加。如图 11–10 所示，图中绘出了几种典型的时间传播间隔，B 时间轴上的时间间隔在 A 时间轴上接收时被延长。到了第Ⅲ阶段的末尾，半径收缩到临界值 f 值

$$R = R_s = \frac{2GM}{c^2}\ ,$$

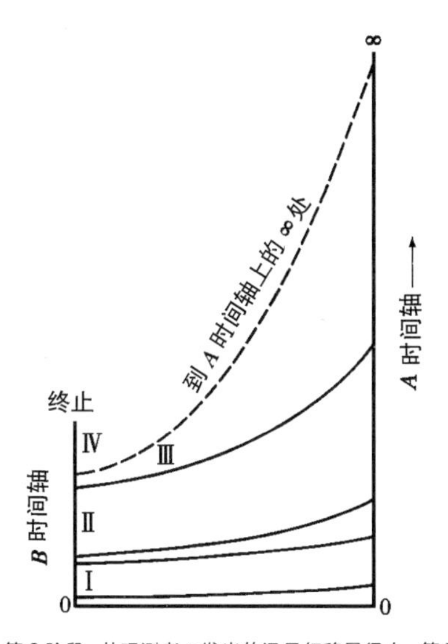

图 11–10　第Ⅰ阶段，从观测者 B 发出的讯号红移量很小。第Ⅱ阶段，红移变得明显了。第Ⅲ阶段，红移迅速增加，以至最终的讯号（阶段Ⅲ和Ⅳ的边界）永远到达不了观测者 A，不管他等多长时间。超过第Ⅲ阶段（进入第Ⅳ阶段），不再可能有讯号从这个已经变成黑洞的尘埃球中出来了。第Ⅳ阶段在对 B 的灾变性奇点处终止。连接两个时间轴的线并不代表光迹，只是简单地表示 B、A 两钟在发射时间和接收时间之间的对应关系

变为无穷大。这意味着当 $R=R_s$ 时，该瞬刻从 B 发出的讯号将不再会到达 A，即使 A 永远在那里存在。而且，这时从 B 发出的所有光线

都变为有无穷大的红移，也就是说，光子的频率变为零，能量也变为零。这意味着 B 的信息消逝了，从第Ⅲ阶段以后，A 便永远接收不到信息了。

在 $R=R_s$ 处的信息势垒叫作史瓦西势垒，以史瓦西（K.Schwarzs-child）的名字来命名，这是他于 1916 年第一个得出球形物体 M 所产生的非欧几何中爱因斯坦方程数学解的一项结果。

如果坍缩体在不断地发射光，则从 A 看去会越来越暗。当坍缩体的外表面接近史瓦西势垒时，暗弱的程度会显著增加。这一现象的特征时间尺度大约是

$$\tau_s = \frac{R_s}{c},$$

对于一个质量等于太阳的天体，τ_s 约只有几个微秒（μs）。至于坍缩体的外部形状，当其外表面接近 R_s 时，实际上便从 A 的视野中消失了。事实上，它即将变成一个黑洞。

但是，按着严格的数学含义，情况完全是矛盾的！根据广义相对论的数学语言，坍缩体变为黑洞是指它的外表面真正达到了史瓦西势垒，但是我们刚才已经提到，A 无论等待多久，他是永远不会知道这个阶段的到来的。

通俗文章都喜欢这样叙述：“某某恒星变成了一个黑洞”“当一个超级质量的天体变为黑洞时……”，诸如此类。对于这类说法必须谨

慎。必须明白，事实上按我们的规定，外部观测者例如 A 永远不会断定一个坍缩天体变成了黑洞，因为在穿越史瓦西势垒时，从天体发出的信息便永远不会到达观测者了。通俗文章中的那些叙述，其含义应该是，这些天体已经变得很暗，无法再用我们的望远镜探测到了。从这个意义上来说，它们已经是“黑”的了。

史瓦西势垒也叫作事件视界。正像我们不能看到海洋水线之外发生的事件一样，我们也看不到事件视界上和事件视界之外发生的事件。当一个球形天体坍缩时，$R<R_s$ 区间内的坍缩部分 A 是看不见的。也可以这样理解，对于坍缩天体在 $R=R_s$ 和这之外的未来景色，我们的视线被视界切断了。

§11-5 黑洞是怎样形成的

某些演化晚期的恒星可能是黑洞的候选体

在第 8 章中我们已经看到，恒星的演化通过一系列的核燃烧过程，首先是氢聚变成氦，然后氦聚变为碳、氧、氖，氖再聚变为镁、硅、硫，最后镁、硅和硫聚变为铁族元素。大质量的恒星损失掉多余的物质，或者平缓地剩下一个白矮星残核，或者出现灾变性的爆发，剩下一个中子星残核。然而，在有些情况下，当残核超过了中子星可能具有的最大质量时，残核将坍缩为一个黑洞。在第 7 章中曾讨论过天鹅 X-1 的不可见伴星，被认为是演化成黑洞的一例。还存在着许多类似的例子。

对处在坍缩天体上的观测者的未来进行预测是困难的

前面讨论过的观测者 B，其处境将如何呢？要了解 B，需要知道图 11-10 中第Ⅲ阶段之后的情况。观测者 B 随着坍缩天体不断地朝里落，直至天体到第Ⅳ阶段变为一个质点。在牛顿物理学中，观测者 B 在这一阶段将简单地无限收缩下去，但根据广义相对论，却表现为困难之极！在广义相对论中，观测者要到达奇点，所谓奇点是指表征时空几何的爱因斯坦数学法则完全失效。在爱因斯坦理论中，B 在第Ⅳ阶段之后是不存在的，B 的生命就此结束了，不仅在实际上由于极端地收缩，而且从理论上也是如此。甚至连组成 B 的物质也不复在奇点存在了。

这样的理论是不是有缺陷呢？人们会怀疑，作为外部的观测者，我们从没有看到过这样的奇点，而且 B 的命运我们也一无所知。然而这样的结论是不能令人满意的，因为物理学家的主张是，对所有的观测者都应该能够加以讨论。

对于可能有争议的这种情况的第二个反应是，在前面的所有讨论中都忽略了压力，如果按通常的物理规律有适当的压力存在，也许能够避免奇点落到 B 的头上。但是彭罗斯（R.Penrose）、霍金（S.W.Hawking）和杰罗奇（R.P.Geroch）根据爱因斯坦理论曾推出一些重要的结果，这些结果表明，对于物理学家已知的各种压力，其大小都不足以避免第Ⅳ阶段的出现。因此，时空奇点似乎是不可避免的，除非有某种非常奇特的，目前还不知道的物理学规律在第Ⅲ阶段之后起作用。

有些黑洞可能是原始的

需要考虑这样的可能性，被事件视界包围的天体可能在宇宙初创时就已经存在了（如果宇宙存在着起源的话——参见第 13 章）。这些天体可以具有任意的质量，与通过恒星演化途径形成的黑洞是不一样的（恒星型黑洞必须具有超过中子星极限的质量——参见第 8 章）。

虽然黑洞不可能通过来自事件视界以内的辐射来检验，但是黑洞仍然对其周围有引力影响，根据这种影响可以推断黑洞的存在。图 11–11 的图（a）表示一个天体处在引力坍缩的第 Ⅱ 阶段时时空几何的弯曲情形；图 11–11 的图（b）是第 Ⅲ 阶段，时空变得更加弯曲，天体本身不再被外部的观测者所看见。这种弯曲原则上是可以检验的，例如，通过外部光线穿过变形的空间区域。

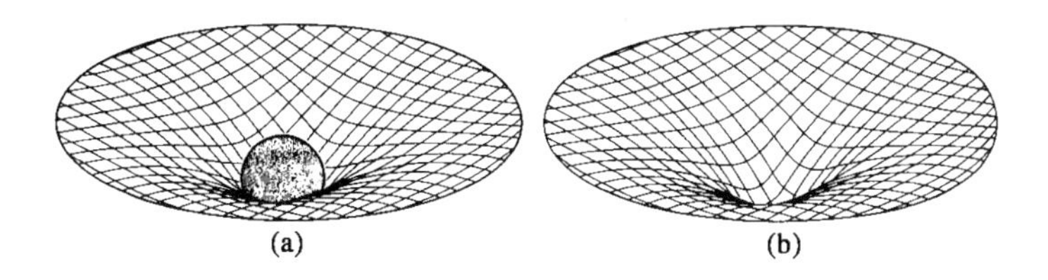

图 11–11 图（a）：引力物质产生的时空弯曲的示意图；图（b）：黑洞形成的弯曲。即使黑洞看不到，由它产生的时空弯曲原则上是可以测量的。通过这种测量，可以验证黑洞的存在

超级质量的黑洞可能在许多天体中存在，包括类星体和星系的核心

很多天文学家相信，在类星体和许多星系的核心存在着质量非常大的黑洞。通常认为，某些天体物理的演化过程会导致这类黑洞形成。

但是，我们却倾向于这些黑洞是整个宇宙初始阶段的残骸，15 年前我们就已经对这个问题做过详细的讨论。

即使在类星体和星系中心的黑洞，其质量超过 100 万个太阳，但是按照图 11-11 曲线所示的引力效应仍然不能为黑洞存在提供最佳证据，最佳证据在前面几章中已经给出了，这就是快速粒子的爆发性辐射所引起的射电爆发（第 4 章）和强 X 射线辐射（第 7 章）。X 射线辐射也可以来自称为球状星团的密集恒星集团中心的黑洞，成百的球状星团作为星系的晕围绕着星系，包括我们自己的星系也是这样。

读者也许会产生疑问，快速粒子和 X 射线怎么能提供黑洞存在的证据呢？可见光不是不能从黑洞事件视界的内部发出吗？回答是，快速粒子和 X 射线来自黑洞的周围，在事件视界的外部。它们的发射过程与黑洞的存在有关，这些过程将在本章中加以研究。物理学家和天文学家早在 1961 年就懂得了黑洞的基本概念，但是，关于黑洞周围的概念却是在 1963 年之后提出的。1963 年克尔（R.Kerr）找到了爱因斯坦方程对旋转黑洞的解，正是这一发现导致了近代对这一课题研究的发展。

§11-6 黑洞没有“发”

“黑洞没有发”！（A black hole has no hair！）这是惠勒（J.A.Wh-eeler）建议的著名提法，其含义是，一个天体在形成黑洞的引力坍缩过程中，只能给外部的观测者保留下很少的表征黑洞物理特性的信息。这种提法的基础是根据普莱斯（R.H.Price）的一条定律，该定律的要点解释如下。

外部世界检验一个黑洞可以通过它的质量、自旋和电荷

在 § 11-4 中，我们定性地分析了一个尘埃球的引力收缩过程，但是我们当时的讨论是基于一个均匀的、没有内部压力的尘埃球的精确解（在广义相对论情况中）。如果天体既非球形又不均匀将会怎样呢？如果天体在收缩过程中又有自旋呢？如果天体中存在着磁场和电流呢？图 11-12、图 11-13 和图 11-14 分别显示了这每一种情形。我们已经提到，这些黑洞是由恒星形成的，坍缩的恒星在开始时可能已经具有了所有这些特性。那么这些特性有多少经过坍缩过程仍然能保存下来呢？遗憾的是，广义相对论并没有（或者说到目前为止还不能）回答这些问题。不过，普莱斯定律却可以对这些问题做某种简化的说明。

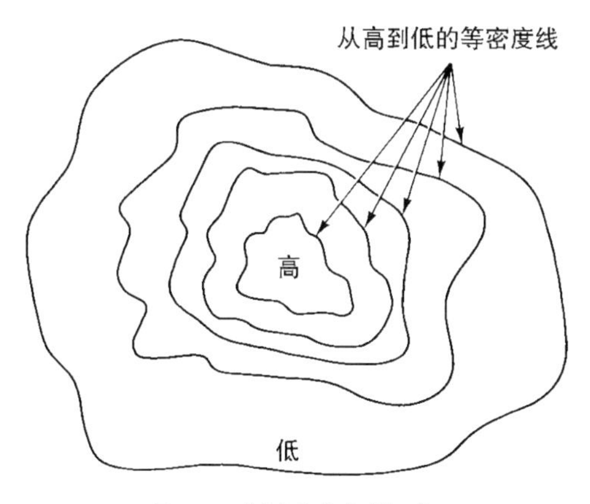

图 11-12　非均匀和非球形的天体

设想一个天体具有图 11-12 至图 11-14 的全部特性，但是都不太显著。在两极，由于自旋会变得扁平，但扁率很小。由于天体具有内

部电荷和电流，因此从天体可以发出电磁场。但是所有这些效应都很微弱，对天体外部的非欧几何性质影响都很小。普莱斯定律便是描述

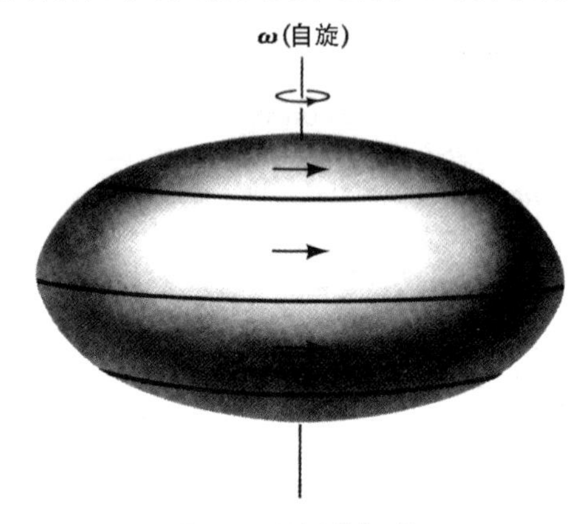

图 11-13　具有自旋的天体

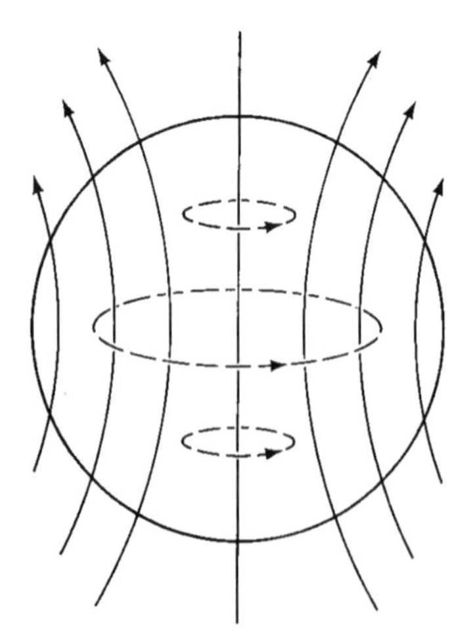

图 11-14　带有电流（虚线）和磁场（实线）的天体

在天体坍缩时这些轻微、但具有一般性的扰动所造成的影响。首先，天体固有的各种不规则性是可以被外部观测者觉察到的，只要观测者进行了合适的观测实验。但是，当快要形成黑洞时，也就是说，事件

视界快要形成时，这些不规则性的大部分信息对于外部的观测者都消失了。最初可观测到的各种不规则性被辐射带了出去，剩下的信息仅仅是天体的质量、电荷和自旋（自旋即是所谓天体的角动量）。

如果用专业术语，普莱斯定律表述为：一个受轻微扰动的天体，如果其物理特性用自旋为 s 的场来描写，则被保留下来的只是一个阶数减少 1 的矩，即 $s-1$ 阶的矩。

例如，电磁信息是由自旋为 1 的光子携带的，因此普莱斯定律只允许自旋为零的电信息保留下来，这种信息便是天体的电荷。引力信息是由自旋为 2 的所谓引力子（graviton）携带的，因此被保留的引力信息只是具有 0 阶和 1 阶的自旋，这些信息便分别由质量（$s=0$）和角动量（$s=1$）来传送。

由于经典物理学仅仅依赖于引力理论和电磁理论，因此就经典物理学的各种已知的相互作用而言，应该认为，绝大多数的普通黑洞都可以用它们的质量、电荷和角动量来表征，这是由普莱斯定律引申出来的一种推测。任何一个天体，不管它的初始不规则性有多大，是否都可以做到这一点，目前还没有一般性的证明。

§11-7　克尔-纽曼黑洞

黑洞的结构可以被自旋和电荷所改变

由理想球体坍缩而成的简单黑洞的特征完全由它的质量 M 所决

定，在 § 11-4 中我们已经求出，这样的黑洞所具有的视界半径是

$$R_s = \frac{2GM}{c^2}\ 。$$

这类史瓦西黑洞对外部观测者保留的唯一信息是质量 M。上一节中我们还看到，根据普莱斯定律，绝大多数的普通黑洞只需要 3 个参量来表征，即质量 M、电荷 Q 和角动量 H。这类更一般的黑洞，即所谓克尔-纽曼（Kerr - Newman）黑洞，在广义相对论里可以给出精确的数学表述。虽然坍缩的细节在最后阶段尚不清楚，但是克尔-纽曼解对于我们理解黑洞性质的变化方式起着重要的作用。让我们简要地描述这类更一般的黑洞的一些特性。

首先，它是两种早期解的结合。1916 年赖斯耐尔（H.Reissner）和奥尔斯特隆（G.Nordstöm）独立地得出了爱因斯坦新提出的广义相对论数学方程的解，这些方程描述了具有静电荷的引力场。因此，赖斯耐尔-奥尔斯特隆黑洞具有 $M\neq 0$，$Q\neq 0$ 和 $H=0$。我们已经提到，1963 年，克尔得到了自旋的、不带电的黑洞的解，即 $M\neq 0$、$Q=0$ 和 $H\neq 0$。克尔-纽曼黑洞便是将克尔的解和赖斯耐尔-奥尔斯特隆的解结合起来，M，Q 和 H 都不等于零。

克尔-纽曼黑洞的视界的径向坐标是，

$$R_+ = \frac{GM}{c^2} + \frac{1}{c^2}\sqrt{G^2M^2 - GQ^2 - h^2}\ ,$$

其中 $h=cH/M$。注意，为了使 R_+ 为实数，平方根中的量必须为正，也

就是说，

$$G^2M^2-GQ^2-h^2 \geqslant 0。$$

如果上述量是正的，则从数学上应该出现另外一个视界，

$$R_- = \frac{GM}{c^2} + \frac{1}{c^2}\sqrt{G^2M^2 - GQ^2 - h^2}\ 。$$

但是，由于 $R_-<R_+$，外部的观测者只可能与 R_+ 有关。在特殊情况下，当根号中的量等于零时，$R_+=R_-$。

如果根号中的量等于负，则没有视界。这与前面讨论的史瓦西黑洞不同，在目前的情况下会出现一种神秘的景象，外部的观测者可以目击引力坍缩的最后阶段——奇点。这样的奇点于是被称作“裸的”。那么这种类型的黑洞真的存在吗？或者说，是否存在着一个宇宙审查站，它只允许这样的黑洞存在，其视界把坍缩天体的奇怪命运对外部观测者封锁起来。这个问题仍然没有得到解决。

外部物体可以从旋转黑洞中获得能量

有没有办法能使外部观测者感觉到旋转黑洞的存在呢？假如观测者朝黑洞不断走去（图 11–15），同时，眼睛盯住宇宙中的一颗远距恒星，远处的恒星提供了一个背景，通过它，黑洞的自转原则上是可以测量的。观测者是否能够做到让远处的恒星不呈现旋转呢？当观测者接近黑洞时，会发现随黑洞旋转的倾向不断增加，因为黑洞在旋转

着，为了保持稳定，他需要借助于外力来克服这种倾向，随着不断靠近黑洞，外力要不断增加。当观测者靠近到一定程度时，会到达所谓静止极限，他会被黑洞拖走，不管他怎样努力去克服这种旋转拖力也没有用。当观测者进入到所谓能层区后，上述现象便会出现。

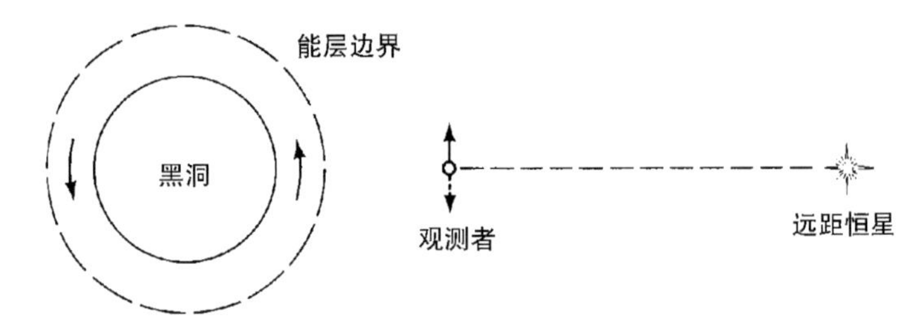

图 11-15 沿自转轴方向看去的一个旋转黑洞。处在某一特殊纬度的外部观测者会感到他好像要被旋转的黑洞带动（沿箭头方向）。只要他处在虚线圆的外面，他可以借助于外力保持自己相对于远处恒星背景是静止的（通过背景恒星可以测量黑洞的旋转）。虚线圆是黑洞能层的边界截面，一旦观测者处于能层上或能层之内，他便不可避免地被黑洞拉住。实线内圆代表事件视界，$R=R_+$

图 11-16 中的截面图表示能层延伸范围随纬度的变化。两极（和通常的定义一样）处在黑洞的旋转轴上。在两极点处，能层与视界重合，朝赤道方向移动，能层延伸到视界之外。在纬度 l 处，能层的径向坐标是

$$R_l=\frac{GM}{c^2}+\frac{1}{c^2}\sqrt{G^2M^2-GQ^2-h^2\,\mathrm{sim}^2 l}\text{ 。}$$

在图 11-15 中，我们看到的是纬度 $l<90^\circ$ 的截面。这样一个能层截面的边界是一个圆，且与视界的边界同心。

为什么叫作能层呢？这样命名是基于黑洞在这一层里可以提供能量输出。裴洛斯（R.Penrose）提出，从外部抛入能层的物体要随着

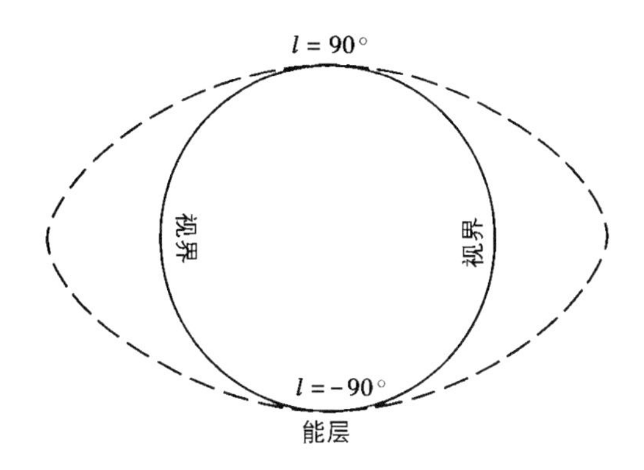

图 11-16　旋转黑洞的子午截面，两极（l=±90°）位于自转轴上。事件视界用实线圆表示，能层的边界处在外面，用虚线表示

黑洞旋转，因此与通常的过程相比，它获得更多的旋转能。抛射进来的物体有可能破碎为两块，一块也许落进黑洞的奇点，另一块则可能跑出能层。这时跑出来的一块可能比初始抛进去的物体带有更多的能量。整个过程如图 11-17 所示。

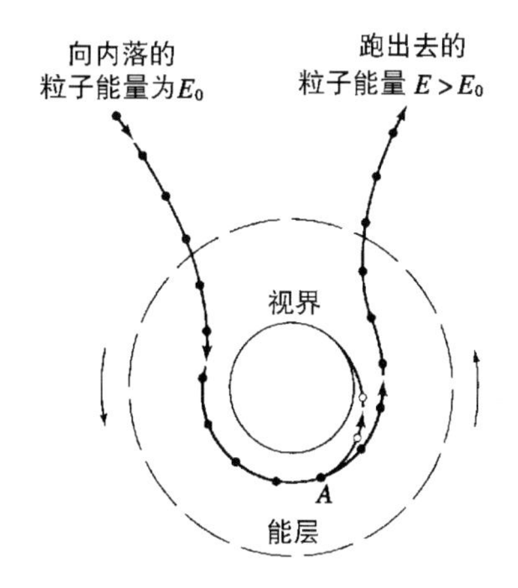

图 11-17　彭罗斯过程，一个落入能层的质点受到黑洞旋转的拖曳。在 A 点，质点破碎为两块，一块落进黑洞里，一块携带更多的能量逃出来

根据裴洛斯机制，黑洞将一部分转动能提供给抛进来的物体，于是黑洞本身的旋转变慢，这一过程一直到黑洞把全部的转动能都贡献出去。之后，能层便不存在，黑洞的外边界与视界重新一致。于是，从一个克尔黑洞出发又回到了史瓦西黑洞。达到这一状态之后，便不会再有能量从黑洞中抽出来了。史瓦西黑洞代表着最终的、不能再简化的状态，处于这一状态时，外部过程只能增加黑洞的能量，而不能使之减少（图 11–18）。

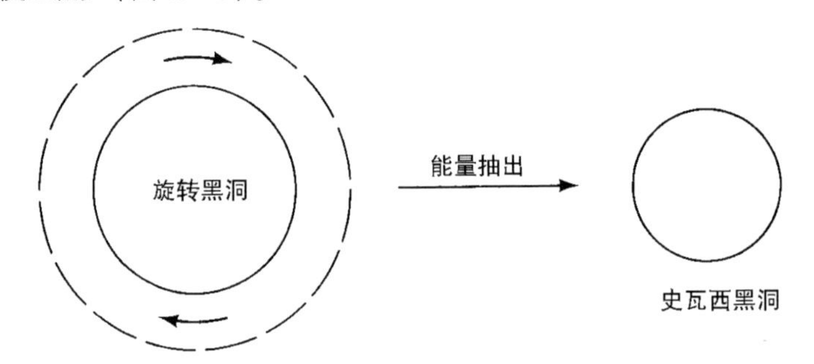

图 11–18　用图像表示，当全部可提供的能量被抽出以后，一个旋转黑洞变为一个非旋转黑洞

上面所描述的是关于支配黑洞变化特性的一般性规律的一个特例，这些规律都是来自对广义相对论的各种理论研究，它们被称为黑洞物理学中的定律。

§11–8　黑洞物理学定律

刚刚讨论的能量抽出是一个与热力学问题非常类似的例子，热力学是在 19 世纪由著名科学家克劳修斯（R.Clausius）、开耳文（L.Kelvin）和玻尔兹曼（L.Boltzmann）发展起来的。热力学第一定律认为，热是能量的一种形式，它简单地重述了我们在 § 10–3 中遇到的能量守恒定律。

热机是一个物理系统，进行着一系列的循环过程，而且系统在每次循环的终了状态与开始时的状态是相同的。一部分循环过程是热机从周围吸热，另一部分循环过程则是向周围放热。在每次循环过程中，把吸收的总热量记作 Q_1，放出的总热量记作 Q_2，则差 Q_1-Q_2 是热机在每次循环中所做的功。“热机”的名字意味着 Q_1 大于 Q_2，因此热机所完成的功总是正的。一个大家熟悉的 Q_2 大于 Q_1 的物理系统是电冰箱，为了使电冰箱工作，必须对系统做功（通常是用电机去完成）。这些实例都属于热力学第一定律。

假定一台热机设计成在每次循环过程中吸收固定的热量 Q_1，则 Q_2 越小，表明热机的效率越高。但是，Q_2 能小到什么程度呢？到18世纪，工程师们已经发现，使 Q_2 变为零的天真想法无论如何是不可能达到的。的确，在18世纪，Q_2 比 Q_1 小不了许多，因此早期热机输出的功 Q_1-Q_2 比 Q_1 小了很多。Q_2 的极值由热力学第二定律决定。热力学第二定律可以简单地通过一台热机来表述，设热机在定温 T_1 下吸收的热量为 Q_1，而在较低的定温 T_2 下放出的热量为 Q_2，对于这样的热机，Q_2 的最小可能值是 $T_2/T_1\times Q_1$，这意味着，在 T_1 温度下吸收的热量转化为机械功的最大比例是

$$1-\frac{T_2}{T_1}\text{。}$$

早期热机的缺陷是无法使 T_2 比 T_1 小很多，近代热机设计者的目标是要使 T_2 大大地小于 T_1。与蒸汽机相比，汽油发动机或柴油发动

机更容易接近这样的目标。

在19世纪，由于引入了称为熵的概念，使 Q_2 达到了最小值。一个系统的熵是指它的无序程度的量度。在低熵状态下，系统的组成成分（指原子、分子或更大一些的单元）次序良好；而在高熵状态下，组成成分杂乱无章。一个咖啡杯掉在地上被打碎，便是从开始时的低熵状态变为高熵状态。热力学第二定律可以表述为：在任何物理过程中，系统所有组成部分的熵加在一起永远不会减少。

黑洞物理学和热力学有许多相似之处

黑洞物理学第一定律可以表述为：能量和动量在每一个物理过程中都是守恒的。第一定律并不新奇，因为黑洞是由广义相对论派生出来的，而广义相对论严格地服从能量和动量的守恒定律。新奇而有趣的是，黑洞表现出与热力学第二定律有相似之处。

在讨论黑洞物理学第二定律之前，让我们再回到史瓦西黑洞的特殊情形。我们已经知道，史瓦西黑洞只能吸收周围的物质和辐射，而不放出任何物质和辐射，因此它总是在增加它的能量和质量 M。事件视界所起的作用是一个单向膜，这首先使黑洞的质量 M 总是增加。这种现象是否与热力学第二定律中熵的增加相类似呢？

更仔细地分析表明，上述问题的答案是否定的。事实上，我们已经看到，彭罗斯过程便是从一个旋转黑洞中抽出能量来，因而使 M 减少。由此可见，一个黑洞的质量（或者能量）并非必须表现为只能增加的特性。

然而，黑洞还有另外一个物理参量，的确具有不可减少的特性，这便是黑洞的面积，更确切一点说，是黑洞事件视界的表面积。对于史瓦西黑洞来说，面积公式非常简单，

$$A = 4\pi R_s^2 \frac{16\pi G^2 M^2}{c^2} 。$$

（由此可见，A 和 M 对于史瓦西黑洞都是增加的）。对于克尔－纽曼黑洞，面积由下式给出：

$$A = 4\pi(R_+^2 + \frac{h^2}{c^4}) =$$

$$4\pi\left[\left(\frac{GM}{c^2} + \frac{1}{c^2}\sqrt{G^2M^2 - GQ^2 - h^2}\right)^2 + \frac{h^2}{c^4}\right]。$$

这个面积表达式包含更多的项，表明克尔－纽曼黑洞的非欧几何特性要比史瓦西黑洞复杂得多。如果考察在彭罗斯过程中旋转黑洞的面积，我们会发现，尽管 M 在该过程中可以减少，但面积却不会减少。这可以按下述方式定性地加以说明。在裴洛斯过程中，进来粒子获得能量是因为取得了黑洞的部分角动量。因此，黑洞的 M 和 h 都要减少。定量计算表明，M 的减少会导致面积的减少，其减少量超过了由于 h 减少导致面积增加所提供的补偿。在最好的情况下，彭罗斯过程以理想的效率进行，黑洞的面积也只能保持常数，但角动量仍要不断地损失。如图 11－19 所示，当全部角动量都损失掉时，该过程就必然终止了。此后，与非旋转黑洞（史瓦西黑洞）的任何外部相互作用都

要导致面积的增加。上述的特定例子中假定 $Q=0$。如果 $Q\neq 0$，则可以通过抽出电荷抽出更多的能量，直到 $Q=0$ 为止。

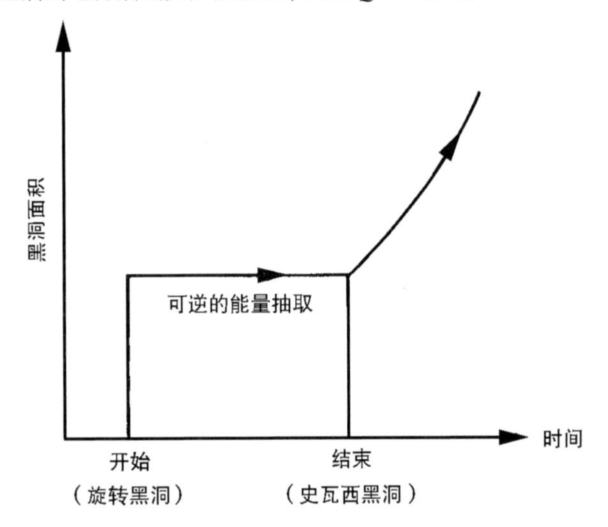

图 11-19 如果按理想效率工作，可以从旋转黑洞中抽出能量，而保持在所有时间里面积为常数。该过程必然终止于史瓦西黑洞。之后，与黑洞的任何相互作用都只能导致面积的增加

由上述讨论可以得出，在决定黑洞的变化特性上，面积起主要作用。1971 年霍金对稳定黑洞面积不减少的特性给出了一个正式的推导。他的结果被作为黑洞物理学的第二定律：在黑洞涉及的全部物理过程中，有关黑洞的总面积绝不会减少。

黑洞的表面引力与温度相类似

利用黑洞的表面积与熵之间所建立的类比，我们来考虑另一个热力学量——温度。在热力学平衡状态下，我们对系统规定一定的温度。那么对稳定状态下的黑洞，能不能也规定一个类似的参数，它也

不随时间改变呢？

答案是肯定的，所要求的物理量是表面引力 κ。若粗略地与地球表面的重力加速度 g 做类比，我们可以把 κ 看作是量度黑洞的吸引强度。黑洞物理学的第零定律可以表述为：一个稳定的、轴对称的黑洞，其整个事件视界上的 κ 是一个常数。由此可见，稳定性和轴对称性所起的作用类似于定义热力学温度时的平衡态。

最后，热力学第三定律指出，绝对零度不可能通过有限的热力学过程来达到；与此类似也存在着黑洞物理学的第三定律，它可以表述为：不可能通过有限的物理过程使黑洞的表面引力 κ 变为零。例如，对于一个质量为 M 的史瓦西黑洞，表面引力 $k=\frac{c^4}{4GM}$，要求 M 趋于无穷大，κ 才可能趋于零。而质量在有限的物理过程中不可能达到无穷大。

黑洞可以发出辐射

当进一步与热力学对比时，我们会碰到一种很奇怪的情况。具有一定温度的物体放在低温的环境下，物体会以热的形式辐射能量。如果把具有一定表面引力的黑洞放在真空中，它也应该有辐射吗？我们在前面刚刚看到，黑洞不允许任何物质通过它的视界逃逸出来。既然如此，黑洞又如何辐射能量呢？辐射黑洞的提法本身似乎是自相矛盾的。然而，霍金在1974年提出了一种解决这一表观矛盾的崭新途径。他认为，虽然黑洞在经典物理学里不可能辐射，但在量子物理学里却是可能的。有许多这样的例子，在经典物理学里一个质点无法越过的势垒，在量子力学里却可以偶尔地越过去（图 11–20）。霍金的想法已经定量地由他本人和其他人进行了研究，下面我们将定性地做一番描述。

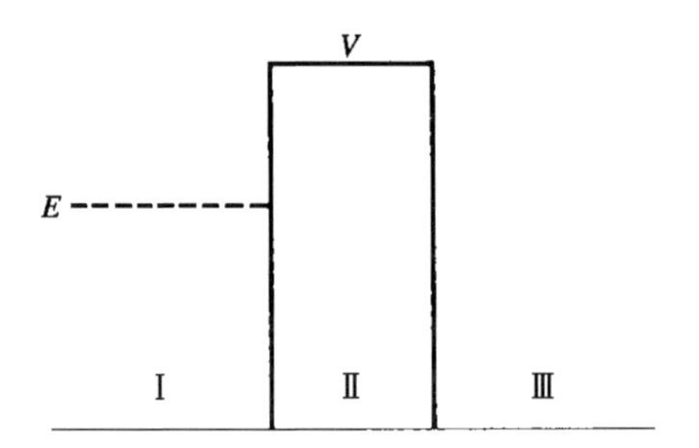

图 11–20 按照经典概念，在区域 I 运动的总能量为 E 的粒子不可能越过区域 II 的高势垒 V，粒子会在 I 和 II 的边界上被反射回来。然而，按照量子力学，会有一定概率的粒子穿过区域 II，进入到区域 III。许多有关原子的实验肯定了量子力学的这一预言

在量子力学里，真空并非是空无一物的区域，它是被所谓的虚粒子对充满着，这些虚粒子对自发地产生和消灭。每一对都由一个粒子和它的反粒子组成，真空中的这些粒子对之所以被称为虚的，是因为它们既不能延续地存在，也不能产生任何直接的观测效应（图 11–21）。但是，在许多量子现象里，它们作为不可观测的媒介，却确实扮演着重要的角色。

假定在真空中有一个黑洞，它可以捕获虚粒子对的两种成员，也可以仅仅捕获其中的一种（图 11–22）。在前一种情形下，整对粒子被吞噬掉；而在后一种情形下，只有一个粒子被黑洞吞噬，它的同伴便被留下了。在黑洞外面产生的印象是，黑洞由于某种原因发射了粒子。只要粒子对在真空中自发地产生，这两种情形都可能出现，并且可以计算出各自出现的概率。计算结果得出，表面引力为 κ 的黑洞，

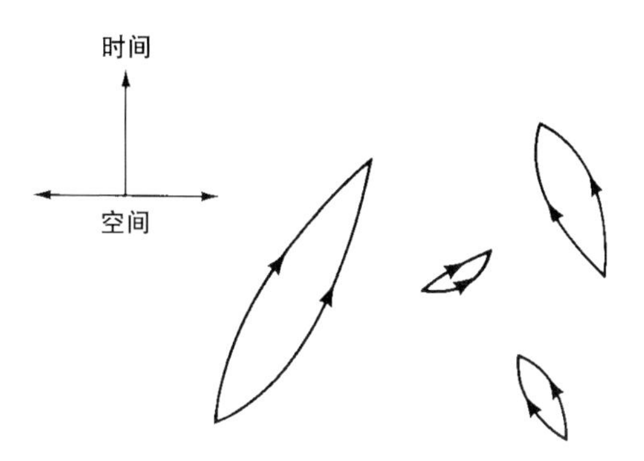

图 11-21 真空中由粒子和反粒子组成的虚粒子对不断地产生和湮灭

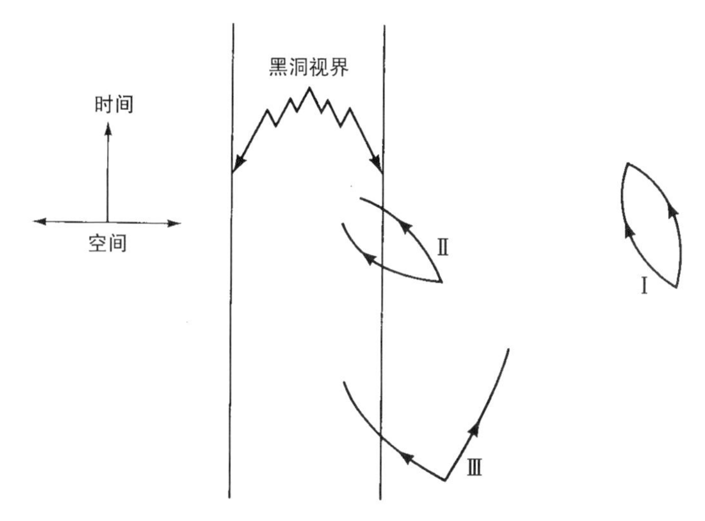

图 11-22 黑洞对真空中产生的粒子对有三种作用方式。Ⅰ. 没有明显的作用，粒子对又自然地湮灭。Ⅱ. 粒子对的双方都被黑洞吞噬。Ⅲ. 粒子对的一个被吞噬，另一个留下来，留下的粒子便表现为从黑洞中辐射出来

其辐射相当于一个温度为 T 的黑体（参见第 3 章），有

$$T = \frac{h_{\kappa}}{4\pi^{2} ck},$$

其中 k 是玻尔兹曼常数，h 是普朗克常数。

对于质量为 M 的史瓦西黑洞，得出的温度是

$$T=\frac{hc^3}{16\pi^2 GkM}\cong 6\times10^{-8}\frac{M_\odot}{M}\mathrm{K},$$

对于天体物理中的黑洞，一般说来 $M>4M_\odot$，这个数值是非常小的。但是，在宇宙创始时产生的黑洞，如果是质量很小的原始黑洞，其温度有可能很高。在高温下，黑洞一边辐射，一边损失质量，因此辐射会变得越来越快，一直到黑洞全部蒸发掉！对于一个初始质量为 M 的黑洞，蒸发的时间尺度大约是

$$10^{76}\left(\frac{M}{M_\odot}\right)^3 秒。$$

由此可见，若黑洞的寿命大于宇宙的年龄 $\sim10^{17}$ s（参见第 12 章），则黑洞的质量必须大于 $\sim10^{15}$ 克，质量小于 $\sim10^{15}$ 克的原始黑洞不会生存到现在。有人认为，目前观测到的 γ 射线暴有可能是原始黑洞处在它们蒸发的最后阶段。

霍金过程推动了许多有趣的研究课题的进行。由它引申出的许多问题在概念上是很难理解和接受的，有一些仍然属于高度的抽象推理。

§11-9 黑洞的检测

鉴于在黑洞物理学的理论研究方面有如此多的成就，自然就会

提出一个问题：黑洞有没有被看到过？让我们重新详细地讨论这个问题。如果我们把看见理解为利用光（或广义的电磁辐射）去发现一个天体的经典方式，则问题的答案必然是否定的。因为我们已经指出过，根据经典物理学，黑洞不可能发射或散射电磁辐射。但是，如果我们借助于属于量子物理学的霍金过程，一个有显著能量辐射的黑洞，其质量必然比太阳小很多。然而，在有些情况下，我们有充分的理由认为黑洞是存在的。这时，根据恒星演化，黑洞的质量必然是大于太阳。那么应该如何去检测大质量的黑洞呢？

一种方法是通过万有引力。若设想太阳变为一个黑洞（这仅仅是一种设想！近代的概念认为太阳不具备足够的质量变成一个黑洞），这时会出现什么情形呢？地球将依然沿通常的椭圆轨道绕太阳黑洞旋转，根据开普勒定律和牛顿定律，地球上的人们能够推断出，在轨道的一个焦点上存在着一个吸引天体。再进一步，通过黑洞对周围天体的引力影响，我们可以发现黑洞。

X 射线和高速粒子可以从黑洞的能层中发出

由于行星是自身不发光的，用上述的地球–太阳方式检测黑洞的存在并不实用，但是用在双星系统中却是很有意义的。图 11–23 所表示的便是这样一组双星系统。如果在这个系统中一个成员是黑洞，并且与它的伴星相距很近，因而对伴星产生相当强的潮汐力，这种潮汐力会把伴星表面的物质吸向黑洞，形成一个薄的圆盘，如图 11–24 所示。我们可以假设新的物质不断地被吸入，先吸积来的物质在一个圆盘里旋转，最后掉进到黑洞内。这样的吸积盘总可以形成，只要密近

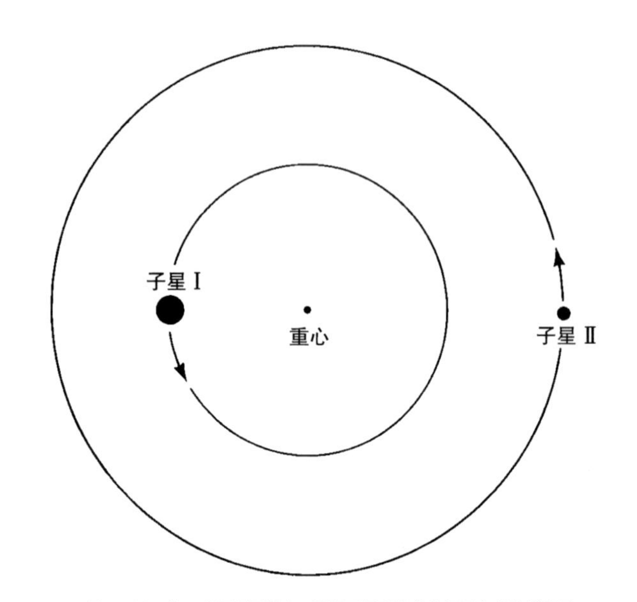

图 11-23 在一个双星系统中，两颗子星环绕着共同质心做轨道运动

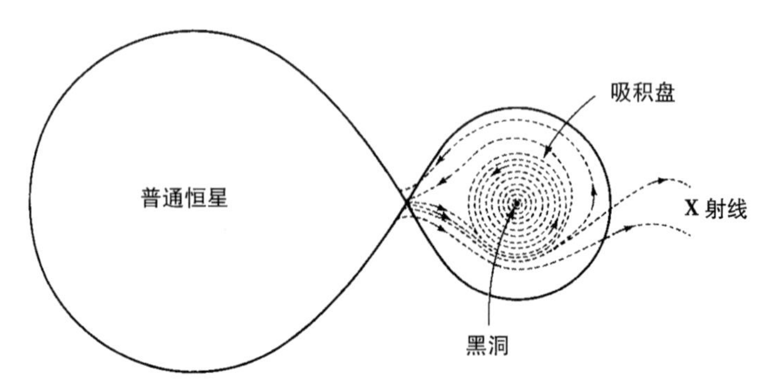

图 11-24 一个成员是黑洞的双星结构，它可以从环绕黑洞形成的吸积盘中发出 X 射线，这是由于从伴星落进来的物质引起的

双星系统的一个成员是致密天体，诸如白矮星、中子星或者黑洞。由于吸积盘内物质的摩擦，绕转的粒子被加热，并产生辐射。大部分辐射是在 X 射线区，同时伴随着高速粒子的辐射。这个过程与第 7 章末

所讨论的情形非常相似，在旋转黑洞的情况下，能层中积累的能量对于产生猛烈的爆发特别有效。

从特大质量旋转黑洞的能层中产生的爆发可以解释射电源和类星体

在第 10 章中我们已经看到，质量为 M 的天体所具有的能量由爱因斯坦的著名关系式给出，即 $E=Mc^2$。一个旋转黑洞储存的转动能可以达到这个量级 Mc^2，M 是黑洞的质量。如果 M 的量级为太阳质量的 100 万倍，则黑洞能层中可提供的能量将是巨大的，高达 ~ 10^{60} erg。这样的数量可以解释从射电星系或类星体中发出的能量。到目前为止，还没有从数学细节上研究出任何其他的过程在这一点上能够与旋转黑洞相比。没有任何其他的过程能够满足射电星系或类星体的能量需求。正是由于这个原因，人们都相信这类天体中包含着一个特大质量的黑洞。

§11–10　白洞

在 §11–4 中，我们曾讨论广义相对论的预言，当观测者 B 随一个坍缩天体自由下落时，他的生命将会结束。当 B 落到时空奇点时便宣告终结。但是，广义相对论是一种时间对称的理论，这意味着，如果理论预言一串事件接连发生，那么它也应该预言另一串事件接连发生，而第二串事件是由第一串事件按时间反演序列构成的。换句话说，如果我们把第一串事件拍成电影，再把它倒过来放，则我们按相反次序所看到的也是根据广义相对论有可能发生的情况。因此，相对于坍缩到奇点，将时间反演，我们有可能得到一种新的过程，天体从奇点中冒出来（图 11-25），这种现象称为白洞。

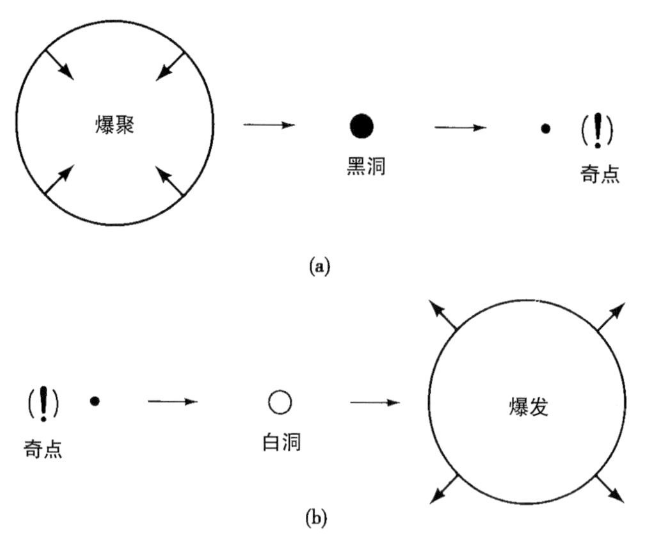

图 11-25 根据广义相对论，（b）是（a）的时间反演，反之也一样

有人认为，当观测者 B 在坍缩的终了到达奇点以后，他还会随着天体进入另外一个宇宙世界而作为白洞出现。也就是说，黑洞的爆聚紧接着白洞的爆发，另一个宇宙世界与前一个宇宙世界相衔接。

这里需要强调指出，广义相对论并没有对这种衔接提供任何依据。根据广义相对论，这两幅图像是分开的，白洞和黑洞可以孤立地存在。在我们的例子里，观测者的 B 生命终止在奇点；类似地，对于白洞来说，B 的生命将从奇点开始。在下一章里，我们将要说明黑洞和白洞之间是如何自然衔接的，不过它是建立在另外一套并非广义相对论的理论框架上。

来自白洞的辐射会发生蓝移

为什么称为白洞呢？因为和黑洞不一样，白洞很容易看见。图11-26是一个处在早期爆发阶段的白洞。对于一个遥远的观测者 A，膨胀着的白洞表面（面向观测者一边）在朝他接近。只要一个光源趋近观测者，光的频率对于观测者来说就会增加，这种现象便是发生在白洞上的多普勒蓝移。蓝移在一定程度上会受到前面讨论的引力红移的对抗，因为白洞附近的引力场非常强。一般说来，对于一个白洞，多普勒蓝移会超过引力红移，在膨胀的早期阶段，蓝移非常大。可见光波段的光子对于观测者 A 来说都变成了 X 射线或 γ 射线光子。基于这样的看法，白洞有可能是暂现 γ 射线暴和 X 射线源的起因。最近几年里，利用卫星上的探测器在我们的星系里发现了许多这类源，典型的 γ 射线暴仅仅持续几秒钟。

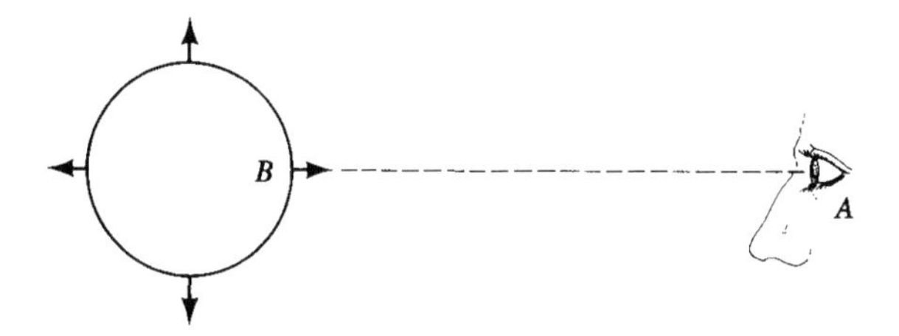

图 11-26 对于遥远的观测者 A，靠近观测者一边的白洞表面正在朝他接近，因此会出现多普勒蓝移。在早期阶段，蓝移比引力红移要强得多

在光学天文学里，视向速度的观测曾经发现数起星系核里的爆发现象（图 4-6 和图 4-24）。这也许使人们联想到了白洞在那里存在，

不过它所需要的理论体系比广义相对论还宽，这一点在第 14 章将会讨论到。

值得强调的是，与黑洞的事件视界不同，史瓦西势垒（在白洞的情况下）并不妨碍光线从白洞射向外部的观测者。强的蓝移能够使光线穿越势垒，因此，原则上可以看到白洞从最初的点源，即从奇点不断地增长。由此可见，如果白洞真的存在，它应该是一种十分引人注目的天体，至少在早期阶段是这样。

除了这些奇怪的特性外，白洞在相对论领域里与黑洞并没有多少联系。许多理论学家认为，由于白洞是从奇点出发的，因此价值不大（但他们却不介意黑洞是在奇点终止）；而另一些人则认为，白洞持续的时间很短，无法从观测上去发现。不过，在我们还没有很好地理解时空奇点附近的物理学之前，就去反对白洞的概念似乎还为时过早。况且，天文学家并不反对最大的、最抽象的白洞模型——宇宙大爆炸模型，下一章中我们将要讨论这一点。

第 12 章
宇宙学简介

§12-1 什么是宇宙学

如果用一句话来回答“什么是宇宙学”？可以说：宇宙学是从整体上来研究宇宙的结构情况。不过，这个定义对于我们现在的讨论显得范围太宽了，因为它包括生物和非生物两方面。如果贯穿起来考虑，它应该包括大的方面和小的方面，过去、现在和未来。因此，我们必须限制在适当的范围。天文观测告诉我们的宇宙大尺度结构究竟是怎样的？我们今天所知道的物理学定律能否解释这些研究所给出的宇宙图像？我们所说的宇宙学便是研究这类问题的。

为了正确理解“大尺度”一词，我们来考察当代最大威力的望远镜所能达到的时空范围，并且使用大家都熟知的各种长度、质量和时间单位。

光年或秒差距是宇宙学最适用的长度单位

凭主观判断，会认为地球是一个巨大的天体，尤其是当我们必须研究地球的某一部分的时候。我们的这颗行星近似为一个球体，半径

6400 km=6.4×10^8 cm。地球到太阳的距离大约是 1.5×10^{13} cm，差不多比它的半径大 23500 倍。冥王星——太阳系最外面的行星，离太阳的距离大约是这个距离的 40 倍，是地球半径的 100 万倍。图 12-1 绘出了太阳和行星的相对大小，图 12-2 则表示出行星到太阳的相对距离。

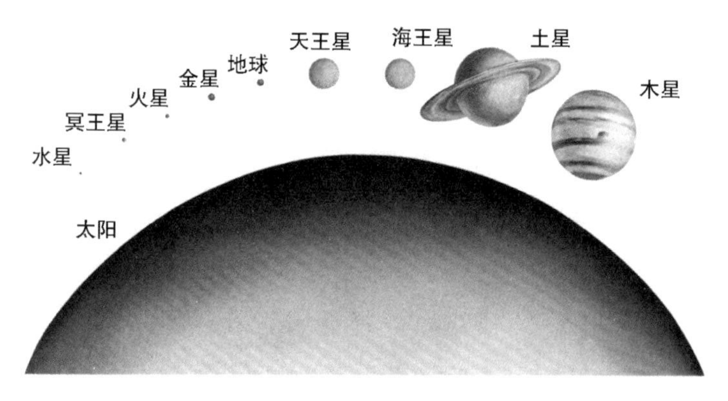

图 12-1　太阳系中九大行星相对于太阳的大小

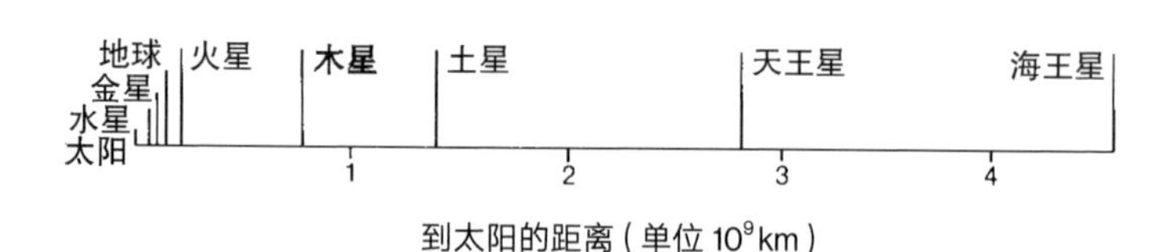

图 12-2　行星到太阳的距离

我们的星系大约包含 10^{11} 个恒星，分布在一个透镜状的空间范围内，如图 12-3 所示。如图中所标出的，太阳系位于距银河系中心大约三分之二的地方，用地球上使用的长度单位来描述这么遥远的距离是很不方便的。我们采用两种大得多的单位。一种是具有物理含义的单位光年，即光在一年中运行的距离。若用 cm 表示，则

$$1\ 光年 = 9.46 \times 10^{17}\ \mathrm{cm}。$$

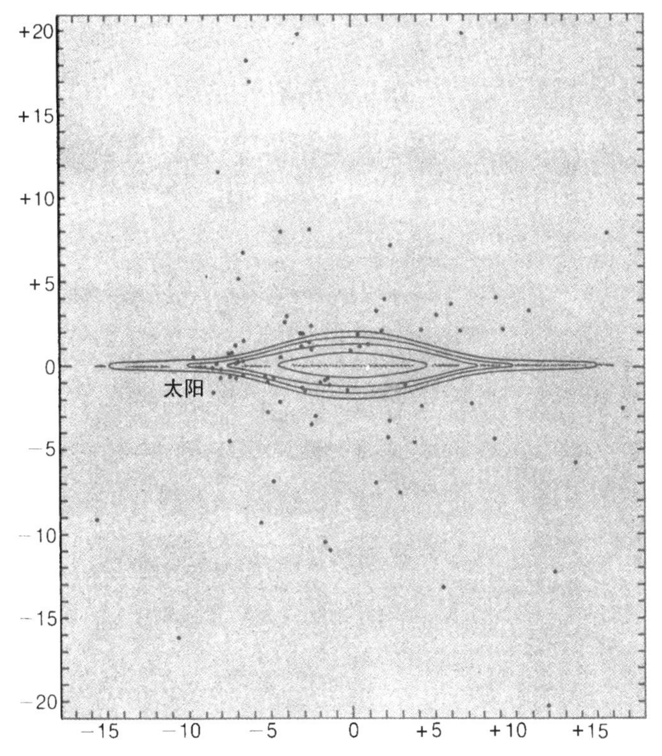

图 12-3 我们银河系的示意图，标出了太阳所在的位置。距离单位为千秒差距，约合 3260 光年

从我们的星系中心到太阳系的距离大约是 30 000 光年。

另一个适合于表示遥远距离的单位是秒差距（pc），其近似关系式为

$$1\ \mathrm{pc} = 3.26\ 光年。$$

1pc 是指这样一点的距离，地球绕太阳的轨道半径对这一点所张的角度为 1 角秒。历史上，秒差距作为长度单位出现于 19 世纪，它与三角视差方法有关，用于测定离太阳系最近的一些恒星的距离。

一直到 20 世纪，大多数天文学家都相信，我们的星系便是整个的宇宙。但是，用大口径的威力强大的望远镜所获得的资料逐渐改变了这种观点，我们的星系原来只不过是众多星系中的一员。各种形状和结构的星系都在宇宙中发现了，有的类似我们的星系，有的则完全不同。有许多是孤立的场星系，也有许多是成群或成团地出现的，数目从十来个星系的小团到 1000 多个星系的大团。图 12-4 到图 12-10 是各

图 12-4　星系 M 31，直径约 100 000 光年，位于仙女座。这个星系有时也称作仙女大星云，是离我们最近的一个巨星系，其中心区域可以用肉眼看到

图 12-5 星系 IC1613，直径约 10 000 光年，是本星系群中的一个弥散状的矮星系

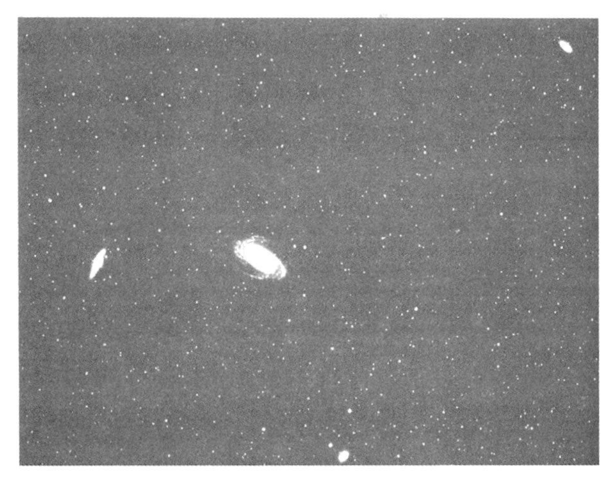

图 12-6 对称旋涡星系 M81，看上去处在大熊座的一个小星系群的中心附近，这个星系群的大小约 500 000 光年

图 12-7　直径约 500 000 光年的一个星系团，位于南半球天空，赤经 10^h30^m，赤纬 -27°

图 12-8　位于北冕座的一个富星系团，距离我们约 12 亿光年

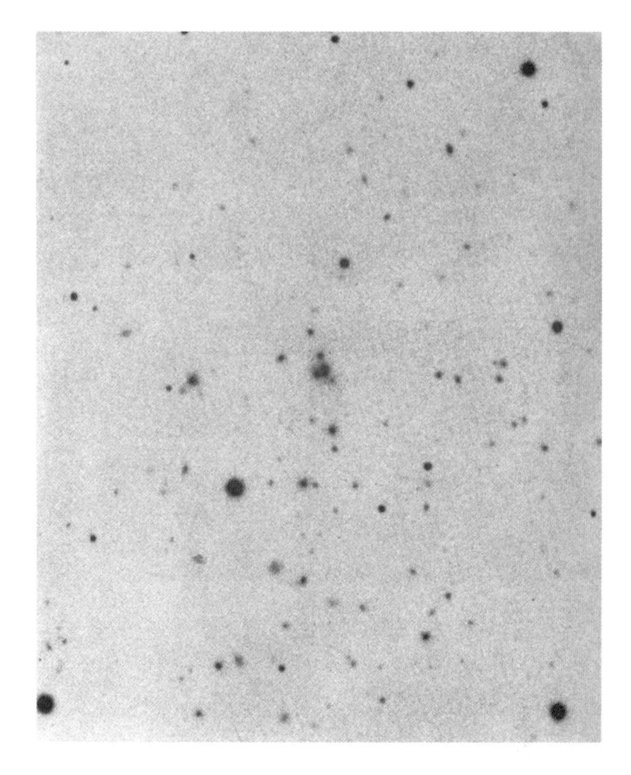

图 12-9　在约 36 亿光年的深空处，许多星系勉强能看到，这个星系团位于长蛇座

种形状的星系和星系团。这些星系之间的距离常用百万秒差距（Mpc）为单位来表示。在一个大的星系团里，星系分布的空间直径达到 5 Mpc。一些大的星系团还常常联系在一起，组成所谓的超星系团，直径达到 50 Mpc。

一架强力望远镜所能达到的范围大约是 3000 Mpc，也就是说，大约 100 亿光年。在本章的后面我们会看到，100 亿光年的距离代表着宇宙的特征尺度。

图 12-10 另一张深空照片。标出的星系距离我们大约 60 亿光年

大尺度内的质量用太阳的质量作单位是方便的

让我们再次沿质量攀登宇宙的阶梯，从低阶的地球一直到整个观测到的宇宙。

地球的质量大约是 6×10^{27} g，太阳的质量大约是 2×10^{33} g。在大尺度的情况下，质量的基本单位——g 显得太小了，不适宜用在宇宙学中。我们采用太阳的质量作为单位，用符号 $M_{\odot}$表示。地球质量用这一单位来表示时约为 $3\times10^{-6}M_{\odot}$。图 12-3 所示的我们银河系的质量大约是 $2\times10^{11}M_{\odot}$。有些星系比我们的星系质量大，例如，巨椭圆星系 M87，已经发现它具有很强的 X 射线辐射（见第 7 章），其质量

为 $10^{12}M_{\odot}$的若干倍，而一个星系团的总质量可以大到 $10^{14}M_{\odot}$。

观测到的整个宇宙的质量估计是多少呢？观测到的星系数目大约在 10^9 到 10^{10} 个，因此粗略估计观测到的宇宙质量大约是 $10^{21}M_{\odot}$（约 $10^{54}g$）。这个估计还不包括没有观测到的物质，它们也许以不可见的形式存在着。不可见物质究竟有多少，天文学家们的意见分歧很大。有些人认为总量相当小，而另一些人则认为，可能比可见星系多 100 倍，也就是说，在 100 亿光年的范围内，物质总量大约是 $10^{23}M_{\odot}$。

秒和年是宇宙学中最常用的时间单位

与天体生命史有关的各种时间尺度变化范围甚大，没有一个单一的单位对所有的天体都适宜。脉冲星的周期、X 射线暴和 γ 射线暴的持续时间只有秒的量级，甚至更短。超新星爆发也只出现几十秒。但另一方面，一颗太阳型恒星的演化史，从主序开始，度过的时间达几十亿年。

对于星系，有很多旋转周期达几千万年，甚至几亿年，图 12-11 表示了我们自己星系的旋转情形。在讨论星系的演化时，甚至需要更长的时间尺度。虽然，星系形成和演化的详细过程还不太清楚，但是我们相信，对于一个由大量的小质量恒星构成的星系，例如像椭圆星系 M87，其寿命超过 100 亿年。

对整个宇宙能否有一个特征时间尺度呢？对这一问题的回答是肯定的。这个特征时间可能为 100 ~ 150 亿年。为了理解这个答案的根据，下面我们需要讨论哈勃做出的至为重要的发现，他的发现为近代宇宙学的发展奠定了基础。

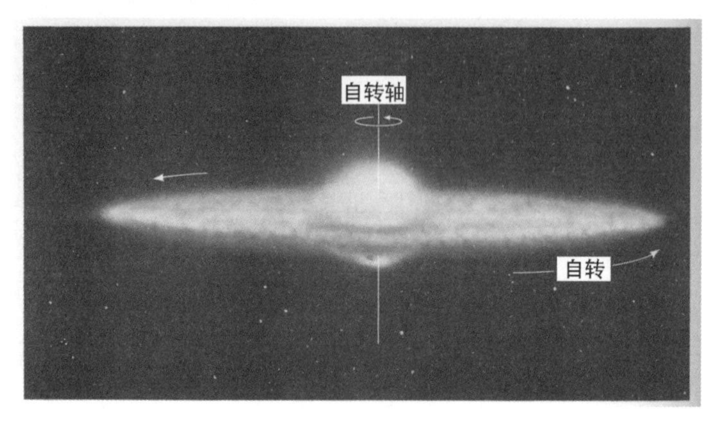

图 12-11 星系在绕轴旋转，太阳系绕一圈要 2 亿年左右

§12-2 哈勃定律

哈勃利用加利福尼亚州威尔逊山上的 1.5 m 和 2.5 m 望远镜，对几亿秒差距范围内的星系进行了系统的研究。这项研究的目的包括：

1. 研究星系的结构；
2. 估计星系的视亮度；
3. 测量星系光谱的红移。

最早的一批星系红移是由斯里菲尔（V.M.Slipher）测定的，但是这些测定局限于有限的比较近和比较亮的星系。哈勃的巡天把斯里菲尔的工作延伸到更远和更暗的星系。哈勃的大部分工作都是在 2.5 m 望远镜上完成的，如图 12-12 所示。

图 12-12　威尔逊山上的 2.5 m 望远镜。哈勃关于星云红移的重要工作，大部分都是在这架仪器上完成的

斯里菲尔已经发现，在星系光谱中谱线波长都系统地比实验室中观测到的要长一些。例如，某一谱线的实验室波长为 λ_0，则星系光谱中同一谱线的测量波长可以写为

$$\lambda = (1+z)\lambda_0 \text{ 。}$$

其中 z（绝大多数情况下都是正的）对于一个星系的所有光谱线都是相同的，z 叫作这个星系的红移。在斯里菲尔的样品中，不同的星系具有不同的 z 值，在哈勃的更多的样品中也是这样。

对于这样的结果，我们可能会想到，如何去确定星系光谱中与每一谱线对应的原子的特性，只要光谱中具有不止一条谱线，就可以得到一条谱线的测量波长与另一条谱线的测量波长之比，这个比值不受红移的影响。若$(\lambda_A)_0$和$(\lambda_B)_0$是两条谱线的实验室波长，一条由A种原子产生，另一条由B种原子产生，则有

$$\lambda_A=(1+z)(\lambda_A)_0,\ \lambda_B=(1+z)(\lambda_B)_0。$$

λ_A和λ_B是红移为z的星系光谱中的测量波长。取两个方程之比，因子$(1+z)$消掉，得

$$\frac{\lambda_A}{\lambda_B}=\frac{(\lambda_A)_0}{(\lambda_B)_0}。$$

从实验室得出的比值$(\lambda_A)_0/(\lambda_B)_0$准确地符合于所讨论的谱线。只有在极个别的情况下，同一比值也适用于与第三种原子有关的谱线。$(\lambda_A)_0/(\lambda_B)_0$的唯一性表明，在同一星系的光谱中，若对两种谱线的测量正好得出这个唯一的比值，而且与实验室的比值相同，则可以肯定，这些谱线是来自原子A和原子B。联立(λ_A)和$(\lambda_A)_0$，λ_B和$(\lambda_B)_0$，根据$1+z=(\lambda_A)/(\lambda_A)_0$和$1+z=\lambda_B/(\lambda_B)_0$，便可以得到$z$。

哈勃做出的关键性发现是星系的光度和它们的红移之间存在着很强的统计相关，光度越小的星系，红移越大。由于光度越小，距离越大，因此这一发现的含义是，星系的红移随距离而增加。除了哈勃的第一批星系样品，对于更远的星系，红移会不会继续增加呢？第一批星系样品都是单个的场星系。为了延伸距离范围，哈勃利用星系团中的星系，因为星系团中的亮星系比场星系更均匀，这样会大大减小

统计上的弥散度。由于这种均匀性，遥远星系团中星系样本在数目上可以比场星系样本来得少，对于现在的工作这是一个至关重要的条件，因为现在研究的星系比以前的远，也比以前的暗。这样一来，大大增加了观测上的困难，每一个星系都要求增加望远镜的工作时间。这项工作确实是十分需要的，于是哈勃开始同哈马逊（M.Humason）合作，哈勃负责测量光度，哈马逊负责测量红移。

哈勃和哈马逊得到的结果如图12-13和图12-14所示。今天通常用更直接的方式表示这种结果，即取光度L的对数与红移z作图。但是，在20世纪30年代，光度都按图12-15的方式化为星等，红移则用多普勒速度表示。在图12-13和图12-14中出现的便是星等和速度。

多普勒速度v和红移z的关系式为

$$1+z=\sqrt{\frac{c+v}{c-v}},$$

其中c为光速。因此很容易把上式化为

$$v=c\cdot\frac{z^2+2z}{z^2+2z+2}。$$

光的速度接近于300 000 $km\cdot s^{-1}$。将c值代入，并取z等于观测到的星系红移，便给出以$km\cdot s^{-1}$为单位的v值。图12-14的纵坐标是用这种方法得出的v对数值（以10为底）。若红移很小，上述关系可以简化为近似形式，

$$v=cz。$$

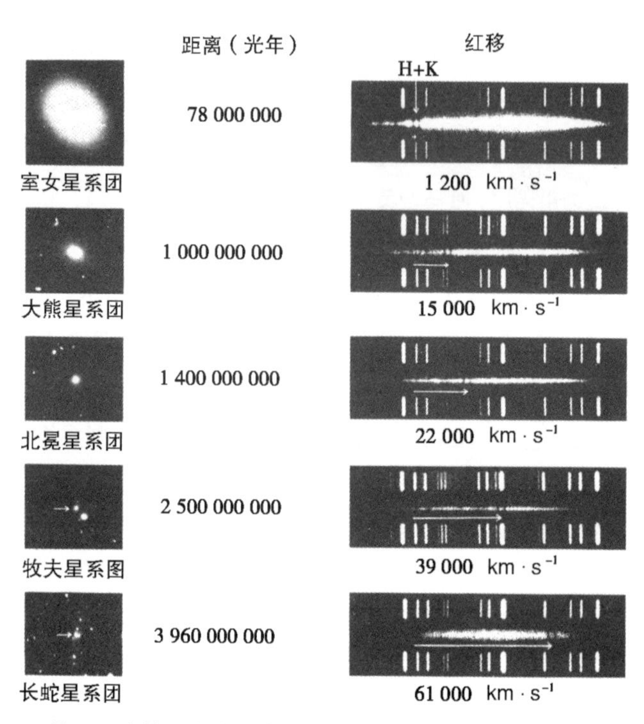

图 12-13 河外星系红移和距离之间的关系。某种原子的谱线红移，例如钙的 H 和 K 线（图中箭头所指），当用多普勒效应来解释时，便给出图中列出的速度。红移以速度表示，即 $c\Delta\lambda/\lambda$。1 光年约等于 9.5×10^{12} km。距离是根据膨胀速率 50 km/s/Mpc 得出的，1pc 等于 3.26 光年

哈勃和哈马逊的观测结果表明，星系的红移与它们的距离成正比

图 12-14 包括两方面的内容。第一，$\log v$ 和星等 m 之间存在着线性关系。第二，图中直线的斜率要求关系式的形式为

$$\log v=0.2\,m+常数。$$

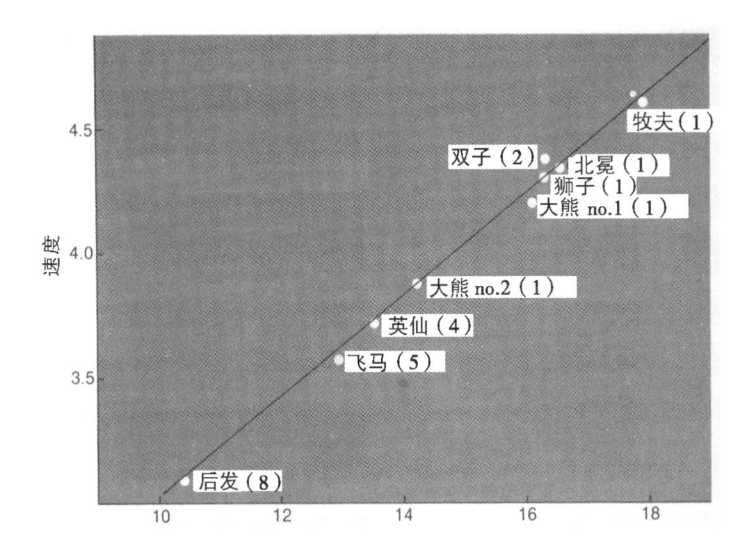

图 12-14　哈勃和哈马逊的观测结果证实了 m 和 $\log v$ 之间存在着线性关系

也就是说，系数 0.2 是由直线的斜率决定的，按图通过实测容易证明这一点。对于所讨论的星系，采用 $v=cz$ 是足够精确的，于是

$$\log(cz)=0.2m+\text{常数}。$$

而 $m=-2.5\log f+$ 常数，f 是从星系观测到的能通量。因此

$$\log(cz)=-0.5\log f+\text{常数},$$

写出

$$f=L/4\pi d^2,$$

其中 L 是星系的内禀光度，于是得

$$\log(cz)=\log d-0.5\log(L/4\pi)+常数。$$

如果所有被观测的星系都具有相同的光度，则上述方程中 $-0.5\log(L/4\pi)$ 对所有的星系都是一样的。在这种情况下，每一个星系的 z 值正比于它的距离 d。的确，如果取上述方程的反对数，便得到方程

$$cz=Hd,$$

其中 H 是与 L 和前面一些方程中其他常数有关的一个常数。最后得到的这个结果便是哈勃定律，H 被称作哈勃常数。

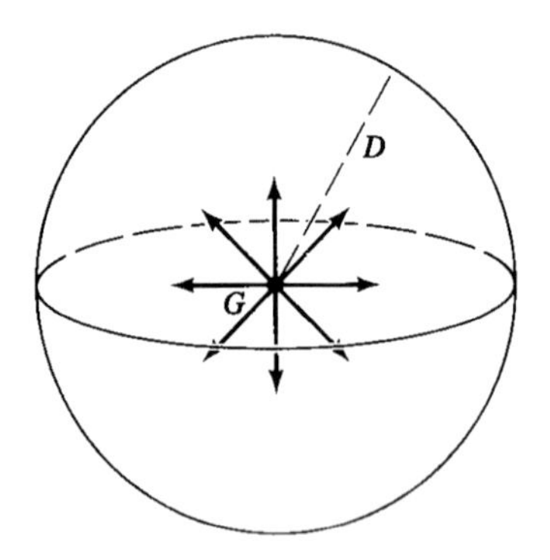

图 12-15 若星系 G 在单位时间里发出 L 单位的能量，这些能量各向同性地通过以 G 为中心、D 为半径的球面，球面上单位面积在单位时间内接收到的能量 $f=L/4\pi D^2$。在这种情况下，星等按下面的对数关系定义，$m=-2.5\log f+$ 常数，常数的选取（在这里并不重要）取决于 1 等星的亮度

根据观测结果，哈勃得出 $H=530\text{km/s/Mpc}$，其含义是，距离每增加 1 Mpc，星系所具有的速度 v 便增加 $530\text{km}\cdot\text{s}^{-1}$。这表明，每 Mpc 的 z 值大约增加 0.00177。因此，在 dMpc 处的星系，当 d 不太大时，其 $z=0.00177d$。

最近的一些观测结果，包括重新测定星系的光度，对 H 值做了重大的修正，减小到大约 75 km/s/Mpc。修正的原因在第 9 章中已做过讨论，不过直到今天，H 的"真"值究竟是多大仍然没有取得一致。一些天文学家取 H 的值低到 50 km/s/Mpc，而另一些天文学家则取 H 的值高到 100 km/s/Mpc。

哈勃定律的线性特征对于红移小于 0.3 的星系相当理想，这些星系的距离最远可达 1500 Mpc 左右。对于更遥远的星系，会与公式 $cz=Hd$ 出现偏离。后面我们将看到，如果这种偏离的特性能够根据观测确定下来，则会对宇宙的大尺度结构给出十分重要的信息。

§12-3　膨胀着的宇宙

哈勃定律要求我们的银河系处于这样的地位，除了几个最邻近的星系（具有非常小的负 z 值）外，所有其他的星系都在远离我们。初看起来，这似乎要求我们处在宇宙的一个特殊位置上，就好像位于某一特别优越的中心点上。但是，稍加思考就会发现，这样的推论是错误的。如果我们处在另外任何一个星系上，我们会看到同样的大尺度图像，其他的星系也会服从 $cz=Hd$，z 和 d 则从新的特定位置量起。这是宇宙的一条重要的普适特性，即所谓均匀性，在 §12-4 中我们还会做更详细的讨论。

哈勃定律不需要观测者处于特殊的位置上

下面的两个例子清楚地表明，哈勃定律并不需要观测者处于特殊的位置上。

第一个例子是一个橡皮球在膨胀，如图 12-16 所示。假如在球上有若干个点作为标记，没有哪一个点是处于特殊的位置上。但是，当球膨胀时，所有的点都彼此互相远离。

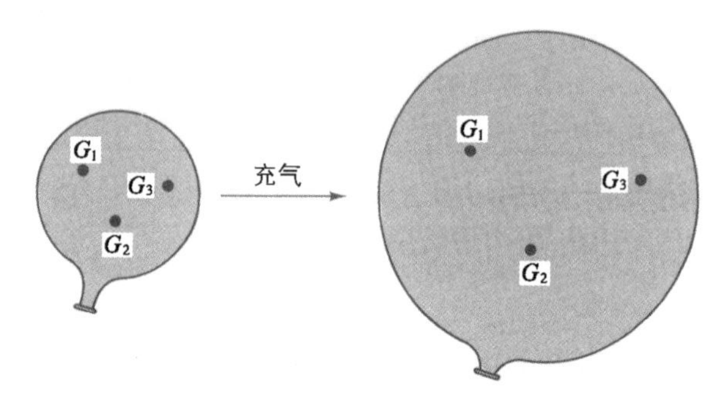

图 12-16　给一个气球充气，气球表面上的点 G_1，G_2，G_3 彼此远离。但是，没有哪一个点能够声称，自己是处于球面的特殊位置上

第二个例子是设想一个放在烤箱中加热的立方形金属丝架，如图 12-17 所示。金属丝的长度随加热而膨胀，所有的接点都彼此互相远离。在这里，同样不存在任何特殊的接点。尽管我们可以认为金属架内部的接点与边界上的不同，但是，只要把金属架做得越来越大，边界上接点所占的比例就不断减小，当金属架变为无穷大时，内部接点和边缘接点的区分便消失了。

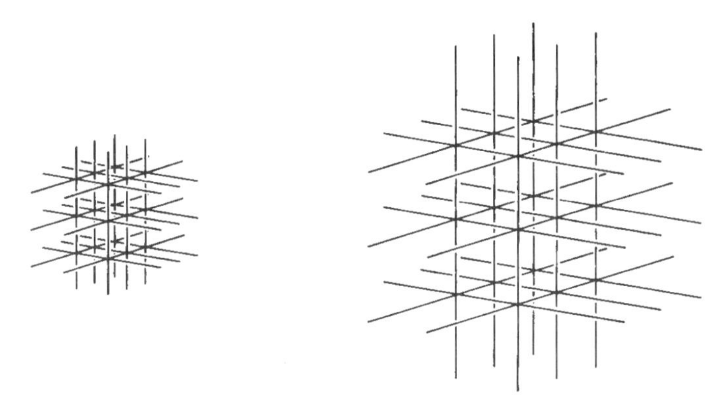

图 12-17 一个立方形金属丝架在加热中膨胀。所有的接点彼此远离。在这里，同样没有哪一点能够声称，自己是处于特殊位置上

第一个例子与封闭的、有限的宇宙模型相类似，这种模型将在下一章讨论。第二个例子则同开放的、无限的宇宙模型相类似。可以设想，像加热的金属架一样，星系所处的空间在不断膨胀，结果造成星系间的距离均匀地增加。图 12-18 表示 3 个星系 G_1，G_2 和 G_3 随时间的变化。开始，星系组成一个小的三角形，后来变大，但是三角形的形状保持不变，因为三条边长是以相同的比例在变化。

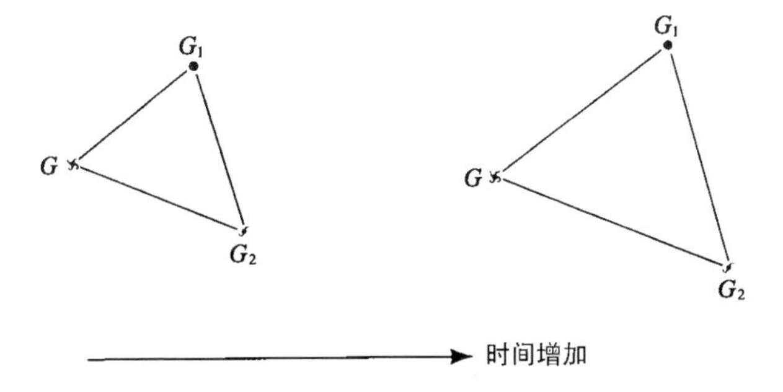

图 12-18 由我们的星系 G 和另外两个星系 G_1 和 G_2 组成的三角形，在两个不同时刻具有不同的尺度

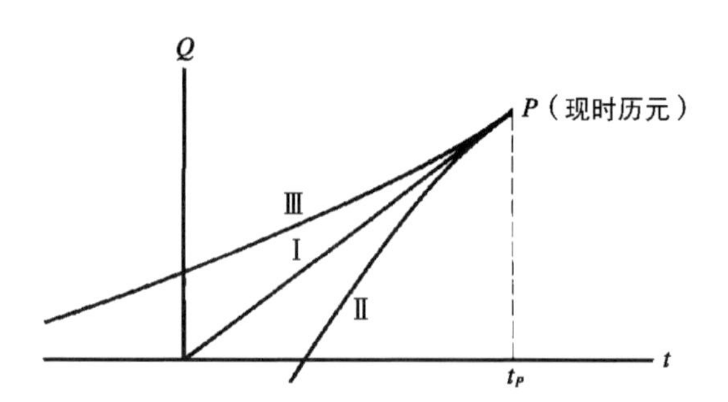

图 12-19 对于三种不同的膨胀宇宙，尺度因子 Q 对时间 t 的函数关系。P 代表现时历元，曲线可以向 P 的未来延伸，以预言宇宙未来的性质。对于直线Ⅰ，距离正比于时间 t，膨胀速率为常数，因此，时刻 t 的哈勃常数就是 $1/t$

把这一规律推而广之，就有任何星系间的距离都随时间以相同的比例变化，通常称为宇宙膨胀。图 12-19 绘出距离随时间变化可能有的三种方式（Ⅰ，Ⅱ，Ⅲ），尺度因子 Q 适用于所有星系间的距离。设 P 点所处的时间对应着现时历元。假如我们从现在沿图 12-19 的直线Ⅰ往回追溯，在 $Q=0$ 时到达 0 点，这意味着所有观测到的星系当时都处在一点上。在这一时刻，整个可观测宇宙收缩为一点。

直线Ⅰ对应着宇宙随时间线性膨胀。如果不是这种线性膨胀，而是过去比现在膨胀得快，情况会怎样呢？这时的情况是图 12-19 中的曲线Ⅱ，位于直线Ⅰ的下面。这时从 P 返回到 $Q=0$ 的时间间隔要短一些。从现时历元返回到 $Q=0$ 的时间间隔叫作宇宙年龄。在Ⅱ的情形下，宇宙年龄显然比Ⅰ的线性膨胀要短。假如是另一种情形，过去的膨胀速率小，如图 12-19 中的情形Ⅲ，则宇宙年龄会更长一些。事实上，如果越往过去膨胀速率越慢，则有可能宇宙年龄为无限大。当返回到过去时，Q 会变小，但 $Q=0$ 的条件却永远达不到。这种情况称作稳恒态宇宙模型，而情形Ⅱ则具有一定的年龄，它出现在所谓大爆炸宇宙模型中，这一课题我们将在第 13 章中讨论。

Q=0 的阶段代表宇宙的起源

天文学家把 $Q=0$ 解释为出现在宇宙起源时的状态。宇宙就是从 $Q=0$ 时的历元“开始”的。我们目前观测到的星系退行速率是早期宇宙状态的遗迹，它们比当初的速率慢了很多。天文界乐于采纳图 12-19 中的曲线 Ⅱ 。下一章中我们将要讨论这种看法是否能被天文观测所证实。

§12-4　宇宙的对称性

在 § 12-2 中我们曾经强调，哈勃定律对于处在任何一个星系中的观测者都是成立的。人们相信宇宙的这种均匀性可以在下述更广泛的意义上加以应用：要在空间中识别某一个位置，只能根据周围的细节，而不能根据宇宙的大尺度结构。这种信念当然无法通过实验来证实，因为实际上我们无法把自己在空间中的位置做很大的改变。然而，我们可以说，我们的观测还没有与这种论点不一致的地方。怎样才算是观测与均匀性不一致呢？

图 12-20 和图 12-21 示意性地表示了均匀和非均匀的星系分布情况。图 12-20 具有局部的变化，但在大尺度上分布是均匀的。而图 12-21 却是显著地不均匀，以我们的星系为中心按壳层分布。两种分布都对应着同一历元。假如暂时忽略光的传播时间，则我们可以看出观测结果若与图 12-20 一致，便不会与图 12-21 一致，反之也是一

图 12-20 点（代表空间的星系）的均匀分布。只要我们跳过局部区域的分布情况，就看不出哪个区域特别密集，或者特别稀疏

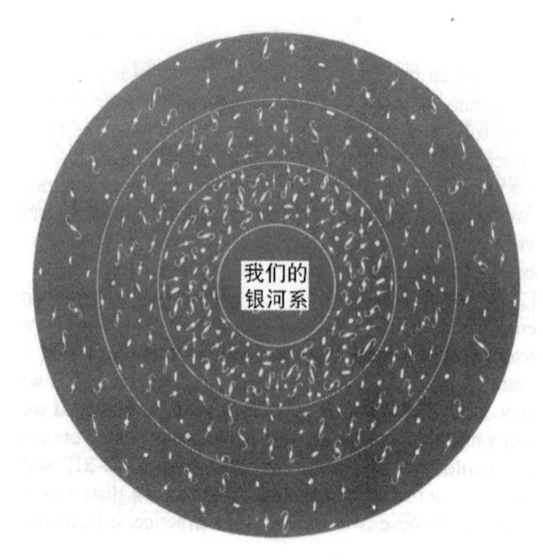

图 12-21 虽然不同的同心壳层具有不同的星系密度，对于中心的观测者仍然是各向同性的，但对于不在中心的观测者不再是各向同性的（图中夸大了星系的密度）

样。因此，观察星系随距离增加的密度变化情况便至少可以排除其中的一种情况。事实上，图 12-21 与观测相矛盾；而图 12-20 这种均匀分布的情形与密度测定结果是一致的。

光的传播时间，从远距星系来比从近处来要长一些。因此，随着图 12-21 中壳层半径的增加，观测到的应该是越来越早期的星系密度。但是，要使这种效应可以忽略不计，则须在光的传播时间内密度变化不大，这一条件当膨胀因子 Q 变化不大时是满足的。参考图 12-19，可见在这种情形下，光的传播时间必须远小于宇宙年龄，也就是说，远小于 100 亿年。因此，我们应该把距离限制在几亿光年的范围来进行上述的观测。只有当我们知道了 Q 随时间的确切变化情况，才能把观测范围延伸得更远，而对此我们却并不知道。由于这个不确定因素，我们只能说，就我们所能达到的宇宙范围，观测结果是与均匀结构一致的，但观测并没有证实情况必然如此。因此，甚大尺度上的均匀性还只是天文学们的一种信仰罢了。

相对于我们自己的星系，宇宙在大尺度上是各向同性的

把最近、最亮的星系（例如，新总表中的星系）画在天球上，会发现它们的分布是不均匀的，无论是邻近天区，还是相隔很远的不同天区，情况都是如此。类似的图对于越来越暗的星系来说，在邻近小天区内仍然是不均匀的，表现出有成团性。但是，如果把这些局部起伏平滑掉，则整个天空的分布会越来越变得均匀。在最大望远镜达到的范围内，星系的分布是非常均匀的。从我们的星系看去，宇宙在大尺度上不存在任何偏优的方向。对于我们来说，所表现的情况是各向同性的。

是否对其他星系上的观测者也是一样呢？没有任何办法能够直接通过观测来回答这个问题。无论是图 12-20 还是图 12-21，对于我们来说，在大尺度上都是各向同性的。但是，对于图 12-20 的情况，任何星系的观测者都会发现是各向同性的；而对于图 12-21 的情况，其他星系中的观测者则会发现不是各向同性的。

哥白尼时代之前，人们喜欢把地球看作是宇宙的中心。现在的情况不同了，今天的科学家发现这种观点是荒诞的。如果认为宇宙的大尺度特征仅仅对于我们才做了各向同性的安排，从当代的科学观点来看是不可思议的。因此，照宇宙学家的说法，原则上，图 12-21 的情况按理智分析是不能接受的。因此，我们断定其他星系中的观测者也应该发现是各向同性的。在这种情况下，数学能够证明，宇宙在大尺度上必然是均匀的，这种尺度大于由刚才讨论过的那些观测所确认的范围。

大尺度上的均匀性和各向同性极大地简化了宇宙数学模型的构造，在第 13 章中我们会看到这一点。我们说这类模型都是服从宇宙学原理的。

宇宙学家又认为存在着一个同步的宇宙时系统

以前所有的讨论中，本质上都是使用牛顿意义下的时间概念。但是，在第 10 章中我们已经看到，不存在为所有观测者都接受的统一时间系统，每个观测者携带的钟所测量的都仅仅是他自己的原时。我们如何来协调第 10 章和现在的讨论之间所存在的明显分歧呢？

第 10 章中的观测者是抽象地选择的，而现在观测者和星系相联系。这种选择观测者上的限制本身并不能解决问题，但却提供了解决问题的基础。我们还必须附加上一点，即星系之间都按哈勃定律联系起来。哈勃定律，再加上宇宙的均匀性和各向同性，便可以使每个星系的观测者所测出的原时彼此同步，得到一种类似于牛顿时的宇宙时系统。这使宇宙模型大为简化，我们可以按下面的方式看到这一点。

图 12–22 更明确地表示了图 12–19 中 Ⅰ 的情形。若以适当安排的曲线表示星系的世界线，我们还可以通过以下的方式来讨论图 12–19 中 Ⅱ 和 Ⅲ 的情形。

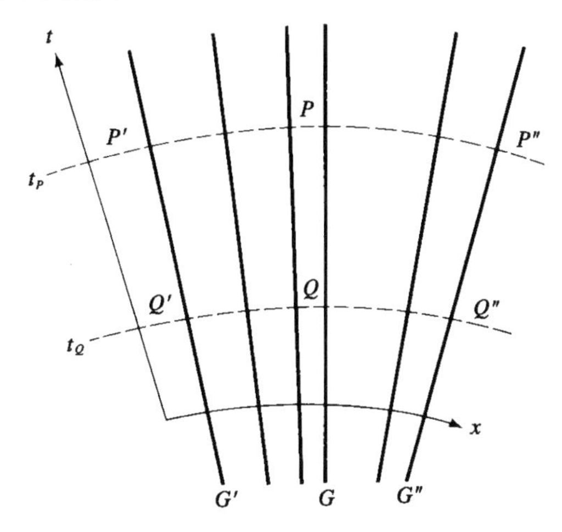

图 12–22 所有星系的世界线都表示在一个图上。只要假定宇宙在大尺度上是均匀各向同性的，则星系的世界线具有完全对称的分布，就像图中均匀发散的扇形一样

图 12–22 是一幅时空图。在这幅图中，我们自己的星系处于静止状态。对于任何其他星系处于静止状态时都可以画出类似的时空图来。这幅图是示意性的，图中横轴 x 代表整个三维空间。时间 t 是我们星

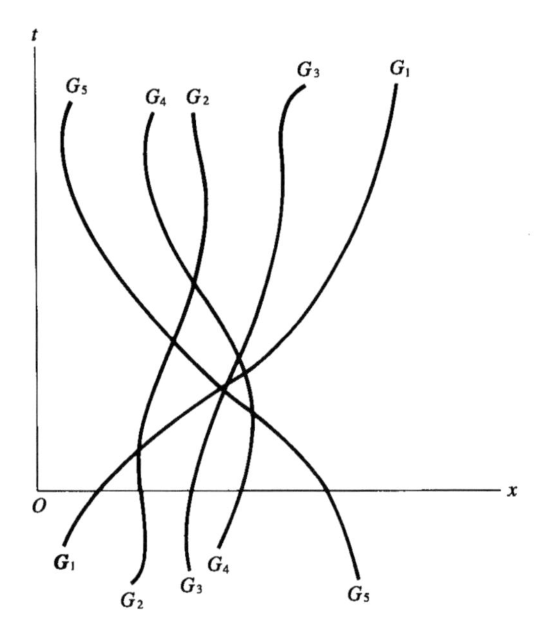

图 12-23　在一个扰动的宇宙中，星系 G_1,G_2, … 的世界线全都缠绕起来。幸运的是，我们的宇宙并不像这副样子

系中某一观测者的原时。这样，经过我们星系世界线上任意两点 P、Q 的时间差 t_P-t_Q，就是通过物理的办法，由我们星系中这位观测者携带一架钟测量从 Q 到 P 的时间间隔来加以确定的。通常我们并不期望 t_P-t_Q 也是每个星系中每位观测者所测得的原时间隔，而且如果别的星系像图 12-23 那样混乱运动，则无法加以判断。不过，从刚才讨论过的那些限制条件来看，情况正是如此。例如，星系 G' 中的观测者携带同样的钟从 Q' 到 P'，测出的也应该是 t_P-t_Q；G'' 中的观测者携带同样的钟从 Q'' 到 P'' 测出的也是一样。正是由于星系世界线所具有的这一明显特性，才使我们可以得到统一的时间。

还有一点是很奇妙而又有趣的。上一段所描述的内容当然无法做实际检验，因为没有具体办法用钟去进行这样的测量，我们无法去比对各个星系中观测者的测量结果。区分真实宇宙和宇宙数学模型的重要性也正在这里，如果模型正确地表示了宇宙，则这个数学模型便能使我们算出这些时间测定必然会得到什么结果。天文学家相信，一种模型正确地代表宇宙，它就应该服从哈勃定律和宇宙学原理，而且要能够根据爱因斯坦的广义相对论来进行计算。所有这些判据对第 13 章中所讨论的大爆炸宇宙模型都是得到满足的。凡是存在着同步时间系统的模型被认为是服从外耳假定，这样取名是因为外耳（H.Weyl，1885—1955）第一个研究了这种时间系统的一般数学性质。

§12-5　奥伯斯佯谬

早在 1826 年，威尼斯物理学家奥伯斯 (Heinrich Olbers) 就提出了一个看上去很幼稚的问题，“晚上，天空为什么是暗的？”但是，这个问题却难以找到满意的回答。事实上，一直到了 20 世纪，这个问题才得到圆满解决。下面讨论的由这个问题引起的争论后来称为奥伯斯佯谬。

地球的自转使我们每天背离一次太阳，简单地回答自然是太阳光被截断使天空在夜晚变暗。这样的回答只有当宇宙中除了太阳和地球之外什么都不存在时才能令人满意。然而，还有许多恒星和星系。因此，真正的问题是，为什么恒星和星系在夜晚的天空中只产生微弱的光，而不像太阳在白天那样光辉夺目呢？要说明这个问题并不那么简单，让我们看一下奥伯斯当初提出的理由 [其实，在奥伯斯之前还有瑞士天文学家奇西奥克斯(J.P.L.Cheseaux)]。

奥伯斯完全不知道星系是彼此分开的，他认为太阳系是处在均匀分布的恒星之中。由于我们不难设想把星系中的恒星均匀地分散在整个空间内，因此近代的图像与奥伯斯所猜想的是一致的。我们还可以把真实恒星的光度平均，取一个标准值 L，所有假设为均匀分布的恒星都采用这个值，每单位体积内有 n 个。

距离为 D 的一颗恒星，其流量 $f = L/4\pi D^2$，流量是指单位时间内通过垂直于恒星方向的单位面积上所接受到的能量。实际上，随着距离的增加，流量变得非常小。因此，我们也许马上会想到，远处恒

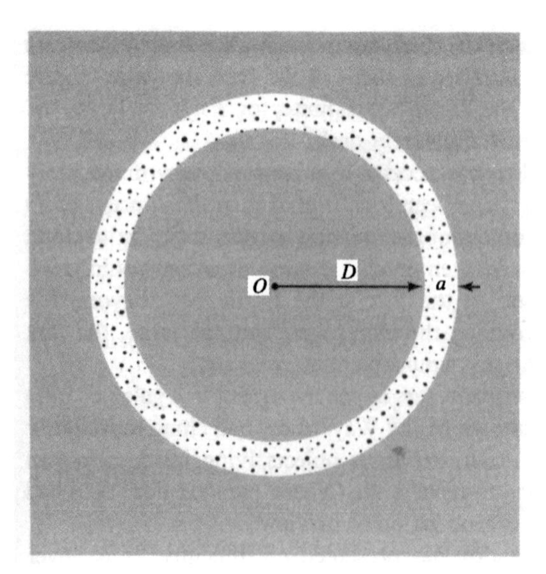

图 12-24 根据奥伯斯提出的理由，每一厚度为 a 的球层，其所有恒星对 O 点天空亮度的总贡献是一样的，不论距离 D 有多大都是如此

星对夜晚天光的贡献是微不足道的。但是，如果考虑图 12–24，在一个厚度为 a 的薄球层内有很多的恒星，该层的体积为表面积乘以厚度，即 $a\times4\pi D^2$。因此，这个球层内包含有 $4\pi aD^2n$ 个恒星。每个恒星贡献的流量为 $L/4\pi D^2$，于是球层内所有恒星的总流量等于

$$\frac{L}{4\pi D^2}\cdot4\pi aD^2n=anL$$ 。

令人惊奇的是，它与距离 D 无关。单个恒星由于距离遥远变暗完全可以由均匀分布的恒星数目的增加来补偿。整个宇宙中所有恒星的总流量是多少呢？答案可以这样求出，随 D 的增加取一系列的球层，各层的厚度都是 a，则每一球层对总流量的贡献为 anL。

奥伯斯假设，宇宙在空间上是无限的，在牛顿物理学中的确总是这样。这一假设表明，图 12–24 中球层的数目应该是无限的，于是流量也应该是无限的，那么天空也应该无限地亮，而与我们是否面向太阳无关！显然，这样的理由必然存在着严重的错误。对于 19 世纪的天文学家来说，问题在于找出其错误之所在。

想通过恒星辐射在到地球的途中被空间介质吸收来回避这一结论是无济于事的，它只是把困难从一个地方转移到了另一个地方。吸收辐射的介质势必被加热，再重新辐射。不用多久，介质辐射的能量和吸收的一样多，一模一样的困难依然存在。

如上所述，奥伯斯的理由不言而喻地认为，恒星是一个辐射点源，而实际上恒星都具有一定的大小，因此近处的恒星势必遮挡远处恒星

的辐射，这个效应在我们的计算中被忽略了。不过，稍加思考便发现，远处恒星被遮挡只能避免上述的无限大的结果。但是，流量虽有限却大得出奇，整个空间的表面亮度将同典型的恒星一样。这样一来，地球会像是处在一个辐射槽里，四周的辐射强度将和恒星的光球一样。因此，这样的修正并不能成功地解释佯谬。

奥伯斯佯谬可按几种途径来加以解释

如果宇宙有足够短的年龄限制，则佯谬可以得到合理的解释。从一颗距离为 D 的恒星发出的光，传播时间为 D/c；而如果宇宙的年龄为 T，也就是说，如果在时间 T 之前恒星都不存在，这样距离大于 cT 的恒星发出的光还不可能到达地球。因此，我们刚才所讨论的一系列球层必然在距离 cT 处被截断，图 12-24 中的对地球上流量有贡献的球层数目必然是有限的，只要 T 不特别大，流量就很小，因而夜天空实际上就是暗的。

这样解释佯谬已经为 19 世纪的天文学家所接受，但是，这看来不如岛宇宙的概念更有利。如果宇宙的物质成分是由有限的恒星云组成，它们处在无限的空间中，那么也会出现差不多的情形。在星云边界之外不会对地球上的流量有贡献，只要星云不是特别大，则地球上接受到的流量同样会很小，因而夜天空也会足够地暗。

直到 20 世纪 20 年代初，天文学家才普遍接受星系是一种与我们自己的银河系无关的系统。在这之前不少人固执地墨守成规，认为星系都是处在我们自己银河系之内一些很小的云状天体（参考第 9

章)。为了解释奥伯斯佯谬，更进一步助长了这种错误观点。

在近代，对于奥伯斯佯谬已经不存在困难。目前可以通过不止一种途径“圆满地得到解释”。宇宙的有限年龄或者红移现象都能解决问题。流量公式 $f=L/4\pi D^2$ 适用于 19 世纪天文学家所采用的牛顿宇宙。当 D 不是很大，因而红移 z 也不大时，该公式对近代宇宙模型也近似成立。然而，当 D 增大时，红移的引入会使流量截断，公式修改为 $f=L/4\pi D^2(1+z)^2$。当修正因子 $(1+z)^2$ 起作用时，利用已知的星系密度计算到达地球的总流量时，得出的结果非常小。因此，仅是红移对流量的影响就足以克服奥伯斯佯谬的困难。

第 13 章
大爆炸宇宙论

§13-1 宇宙学模型

宇宙学研究有两个方面的内容：第一是要寻求能模拟真实宇宙观测特性的数学模型；第二是要做出一些预言，以便在将来接受观测的检验。除了这两个明确的目标之外，我们还可以再补充一个更微妙的目标，那就是把我们所知道的物理定律尽可能地在时间和空间两个方面进行外推。这些目标中的第一个对于任何理论来说都是最为基本的；第二个激励人们进行新的观测；第三个可以增进我们对科学的基本认识。

对于宇宙学来说引力是最重要的一种相互作用

首先，任何理论都必须扎根于我们对物理学的现有认识之中。在本书的叙述过程中，我们已经知道有四种基本的物理相互作用，其中对确定宇宙大尺度结构起主要作用的是引力。在这一章中，我们会看到宇宙的动力学特性确实由引力相互作用所决定。然而，其他几种相互作用也并非毫不相干。电磁相互作用为我们提供有关宇宙遥远部分的信息。要是没有光和其他形式的辐射，所有的宇宙学模型都只是一些纯理论性的练习。我们也知道利用有关强、弱相互作用的知识去认识物质的原初条件，以及在今天又是怎样去找到原初物质的遗迹。

爱因斯坦广义相对论是宇宙学理论的物理基础

尽管牛顿引力理论比爱因斯坦广义相对论容易掌握，但是牛顿的理论同现代物理学的其他方面存在着某些概念上的矛盾。我们已经知道，太阳系内对水星近日点进动和光线经过太阳时发生弯曲现象的验证，是由爱因斯坦理论而不是由牛顿理论来做出解释的。鉴于这些理由，在宇宙学中看来我们应该相信广义相对论，而不是旧的牛顿理论。

对于宇宙学这个特殊问题来说，还有另外一些理由支持着这一观点。在宇宙学中，我们必然要涉及非常大的距离——对于这样的距离，光也得走上几十亿年时间。如果想要把牛顿有关瞬时超距作用的概念用在这么大的距离上，我们就得十分谨慎小心。爱因斯坦理论没有这个困难。当我们试图计算宇宙的某一部分对另一部分所产生的牛顿引力时又会出现另一个问题。由于牛顿空间的无限大性质，数学家们又是用无限远边界条件的形式来考虑问题，对这种作用力的计算就可能会非常不确定。

在牛顿理论中可以构成一些合理的宇宙学模型

前面我们在第 12 章中提到了均匀各向同性宇宙这一特殊情况中的一些困难，而米尔恩（E.A.Milne）和麦克雷（W.H.McCrea）在 1934 年就已对如何克服这些困难做出了说明。就牛顿理论来说，只要对光的性质给以巧妙的解释，那么结果会发现米尔恩和麦克雷的模型同广义相对论模型十分相似，以至使人感到意外。

在有关黑洞的讨论（第 11 章）中我们也已碰到过类似的情况。我们看到了在用牛顿理论进行计算时，球对称尘埃云引起坍缩的特征同按广义相对论的计算结果是一样的。但是，牛顿的理论不能说明做自旋运动黑洞的最基本特征；同样，对于比较复杂的非均匀各向同性宇宙学模型来说，它也是无能为力的。

从已经提到的这些情况来看，在这一章中我们显然认为最好是采用广义相对论。但是，对描述宇宙学问题来说，这并不等于完全肯定了广义相对论就是完美无缺的理论。尽管它比牛顿的引力理论略胜一筹，但也存在着一定的缺点。在下面的最后一章中我们还要回过头来对这些缺点做一番讨论。

§13-2 弗里德曼模型

在第 12 章中我们已经看到，满足宇宙学原理并且同时又满足韦尔假设（参见 §12-4）的模型，具有能对全部星系确定一种同步时间 t 的简单性。由 $t=$ 常数所确定的时空截面是均匀各向同性的，图 13-1 中示意性地说明了这一点。

等宇宙时空间的曲率处处相同

数学家们还有另外一种方法来描述时空的均匀各向同性截面，

这就是等曲率三维空间。曲率可以有三种类型：零（A），正（B）和负（C）。

举例来说，我们可以借助二维空间中的一些简单例子来理解正、负曲率的概念。这类例子正是我们所熟悉的一些特殊形式的面。平面，诸如房间的墙面或者瓶子中处于静止状态的水面，它们具有零曲率。球面具有正曲率，并且对球面上所有的点曲率都相同（鸡蛋表面也具有正曲率，但并非处处相同）。另一方面，马鞍的表面则有着负曲率，而且面上的不同地方曲率不是恒定不变的。如果使直角双曲线绕着它的一根轴旋转，构成如图 13-2 所示的那种喇叭状图形，那么就可以得到一个有等负曲率的面。

可以做一个简单的实验来判别某个面上任何一点处曲率的类别。取一小块纸片，把它放在这个点上，然后把纸片同这个面上靠近该点的小块区域紧贴在一起，如果纸片同这一小区域贴合得恰到好处，那

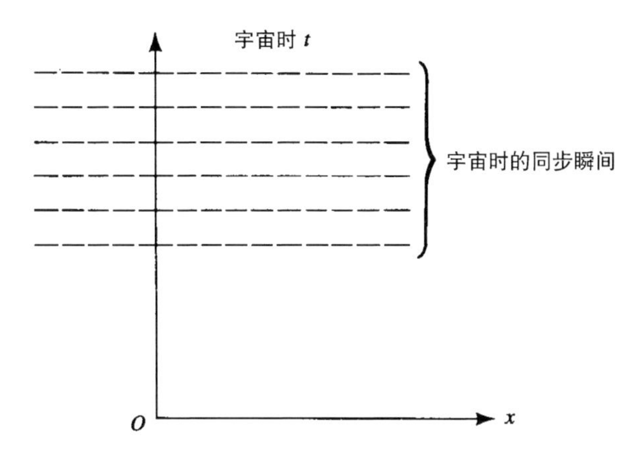

图 13-1　只要所有的观测者以统一的方式对他们的钟设立一个零点，那么就可以确定一种宇宙时系统。图上的虚线是时空的空间截面，它们是均匀各向同性的

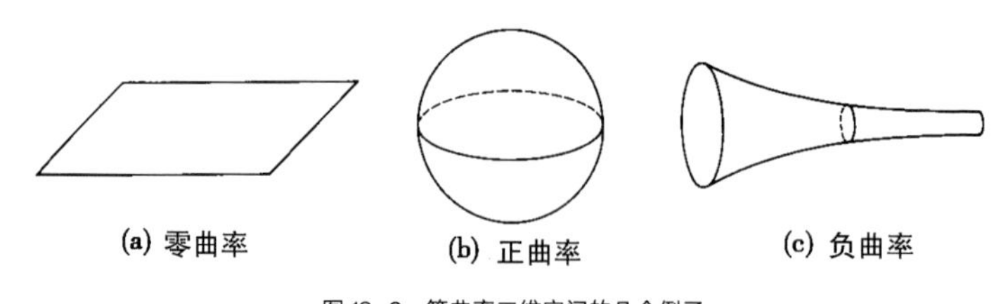

图 13-2 等曲率二维空间的几个例子

就是情况 A。如果纸片皱了起来，就是情况 B。要是纸片出现开裂，那就是情况 C。

对于更高维数的空间来说，要想形象化地表示它们的曲率就很困难了，但是很容易用数学方法来加以描述。从上面的一些例子我们可以知道存在着 A、B、C 三种可能性。其中第一种可能性给出了由 $t=$ 常数所确定的图 13-1 空间截面上简单的欧几里得几何学形式，而 B 和 C 两种可能性则要求在这些空间截面上的非欧几里得几何学形式（参见第 10 章）。如果回到图 13-1 并且重温一下宇宙在膨胀这个观测事实，那么现在就会出现下面的问题：我们需要寻求标度因子 $Q(t)$，以能知道空间截面中的几何关系如何随时间而变化。请注意，膨胀现象不会改变空间的类型。属于某一类型（A, B 或 C）的空间将会保持这一类型不变。在 B 和 C 两种情况中，曲率随空间膨胀而减小。对 A 来说，曲率始终保持为零，但任意两个星系之间的距离将会随空间的膨胀而增大。

广义相对论给出了有关膨胀因子 Q 的信息

1924 年俄国天文学家弗里德曼（A.Friedmann）研究了利用爱因

斯坦引力方程来确定函数 $Q(t)$ 的问题，他假定宇宙中物质的压力可以忽略不计。如果我们所在的是图 12-22 的有规则宇宙，而不是图 12-23 的湍流宇宙，这一假设就是正确的。通常把无压力的物质称为尘埃，正因为这一点弗里德曼的宇宙学模型往往就称为尘埃模型。建立这些模型的宗旨是要取得有关宇宙大尺度结构的完整信息。我们现在就来讨论这一目标在多大的范围内取得了成功。

尽管爱因斯坦理论为宇宙的大尺度结构加上了一些约束条件，但是，它仍然不足以对宇宙的几何学形成做出唯一的选择。具体来说，它并没有解出适用于 $t=$ 常数空间的几何学形式。这里有三种形式，我们已称之为 A，B，C（A ≡欧几里得几何学）。然而它也的确证明了如果 A 是合选的形式，那么星系之间就会永远不断地互相分离开去。事实上，在这种情况下爱因斯坦理论对 $Q(t)$ 推算出了某种明确的结果，如图 13-3 所示。如果以 $Q=0$ 时的瞬间作为全部星系中所有观测者时钟的零点，这等效于 § 12-4 中所提议的做法，那么可以证明 Q 与 $t^{2/3}$ 成比例（即与 t 的立方根的平方 $(t^{1/3})^2$ 成正比）。

有关 Q 的信息绝不是完整的

对于 B 和 C 所指的两种比较麻烦的几何学形式来说，爱因斯坦理论就不大明确了。不过，它确实证明了在 B 的情况下 $Q(t)$ 曲线以图 13-4 的方式反转，曲线具有对称的形式。过了标度因子 $Q(t)$ 的极大值之后，星系际距离就收缩，收缩过程同早期膨胀的情况正好反相。对于最后一种可能的几何学形式 C 来说，$Q(t)$ 是不会反转的。图 13-4 综合表示了这三种情况，其中约定对全部时钟零点的安置要

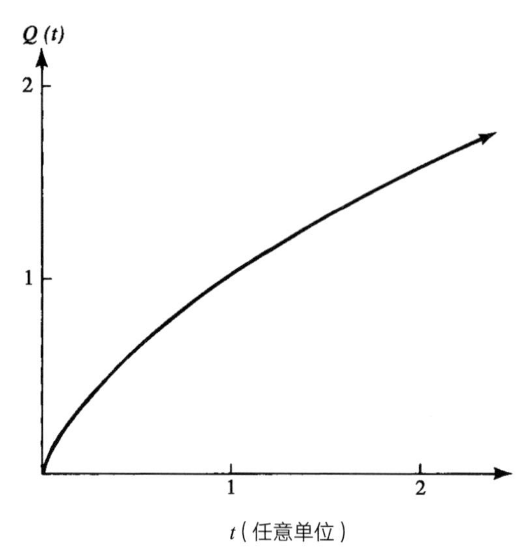

图 13-3　说明 A 型大尺度几何关系的 $Q(t)$ 的变化特性，这是根据爱因斯坦引力理论得出的结果。对于 $Q(t)$ 所选择的单位是要使 $t=1$ 时 $Q=1$

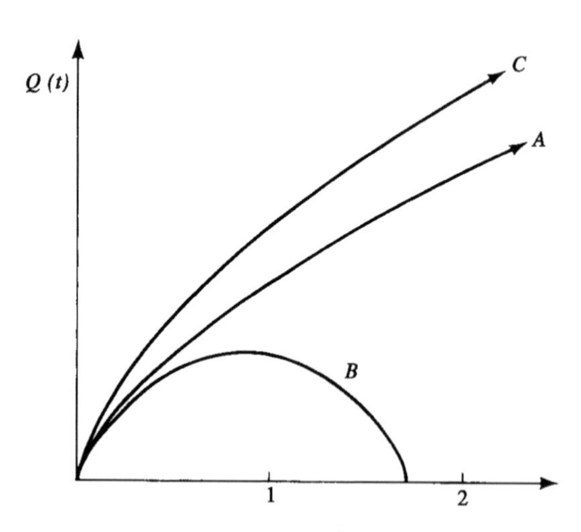

图 13-4　说明 A，B，C 三种大尺度几何学形式的 $Q(t)$ 的变化特性，这是根据爱因斯坦引力理论得出的结果。对 $Q(t)$ 所用单位的选择是使得 $t=1$ 时有 $Q=1$，但这时对于三种情况来说每一种要求垂直轴有不同的标度

能使 $t=0$ 与 $Q=0$ 瞬间相对应，而且不管几何学形式是 A，B 还是 C 都是如此。请注意，几何学形式 A 的变化特性是完全确定的，而对于 B 和 C 这两种几何学形式却有着许多种可能性。尽管我们可以说 B 和 C 有着图 13-4 所表示的总体性质，但是由爱因斯坦理论我们无法在这些可能性之间做出判别，例如图 13-5 即说明了这种情况。

下面我们将要把许多讨论内容限制在情况 A。一方面是因为这种情况下标度因子 $Q(t)$ 的变化特性是唯一的，另一方面在于它的欧几里得处理问题方式简单易懂，同时也因为有我们将会在第 14 章中看到的某些非常普通的理由。这种宇宙模型往往称为爱因斯坦-德西特（Einstein - de sitter）模型，我们通常也就用这一名字来称呼它。

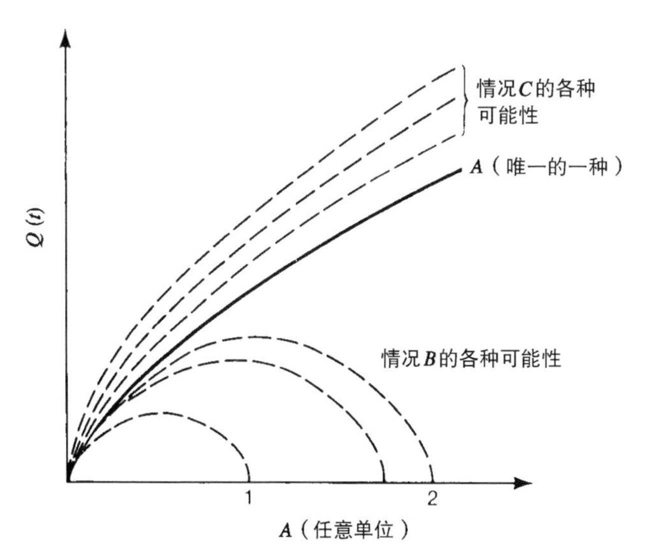

图 13-5 如果大尺度几何学属于 B 型或 C 型，那么 $Q(t)$ 的变化特性就不是唯一确定的。图中对 $Q(t)$ 所用单位的选取是使得 $t=1$ 时有 $Q=1$

§13-3 哈勃定律的推广

我们现在来考虑这样的可能性：走出我们所在的宇宙局部区域后，新的观测也许会给宇宙的大尺度结构带来更多的信息。因为从原则上说可以利用观测非常遥远的星系来对 A，B，C 这三种几何学形式做出判别，所以这个课题从理论和实用两个方面来说都是很重要的。本章以下的内容就是要对这些问题进行较为详细的讨论。

观测的距离范围越大，对了解宇宙的正确几何学形式就越为重要

在 §12-2 中，我们知道了如何用一幅图来表现星系，图上水平方向标注的是观测视星等，而纵坐标则是多普勒速度 v 的对数。然而，现在用多普勒速度就不对了，因为对于星系观测红移的多普勒解释属于狭义相对论几何学。现在是要把我们对问题的讨论扩展到远得多的距离范围，在这样大的距离上，简单的狭义相对论几何学也许就不成立。为避免采用 $v=cz$, 我们只要直接标出观测红移 z 就可以了。

前面已经讨论过红移的性质，但再做一些讨论是有益的。我们对某个具体的星系观测了原子的特征谱线的辐射，比如一次电离钙原子的 H 线和 K 线，所测得的频率分别记为 v'_H 和 v'_K，这两个频率与地面实验室中所观测到的电离钙原子谱线频率（比如说 v_H 和 v_K）不一样。但是，比值 v'_H/v'_K 和 v'_H/v'_K 是相同的。定义 $1+z=v_K/v'_K=v_H/v'_H$，因为 v_K 大于 v'_K，v_H 大于 v'_H，所以红移 z 是一个正数。

假设我们所研究的全部星系在内禀性质上彼此相同，则爱因斯

坦-德西特模型得出的 z 和视星等 M 之间的关系如图 13-6 所示[1]。下一章中我们将会知道如何得到这一特定的关系。在 z 值比较小的部分，图 13-6 中的 45° 线实质上就是图 12-14 中的直线；但是，当 z 值变大，曲线就偏向直线的右方。

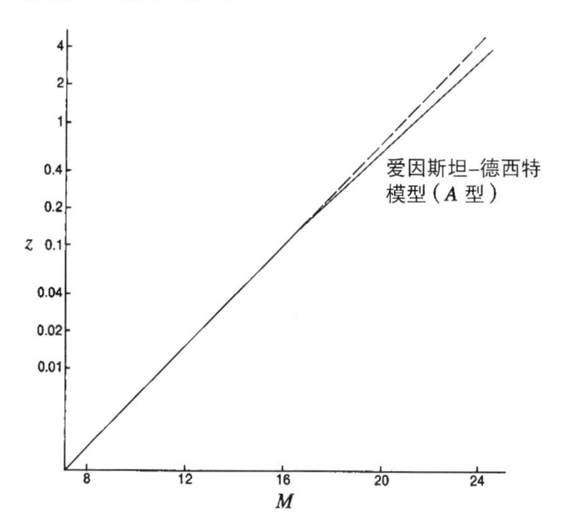

图 13-6 大尺度几何学为 A 型（爱因斯坦-德西特模型）时 z 和 M 之间的关系

对于 B 和 C 这两类几何学形式也有相应的曲线。C 类向 45° 线的右方偏离得更远，位于图 13-6 中的曲线（已重画在图 13-7 上）和画在图 13-7 的另一条曲线之间。说明 B 类几何学形式的曲线有着图 13-8 所表示的形状。z 值很大时这类曲线明显地处在爱因斯坦-德西特模型曲线之上。因此，正如图 13-9 所表示的那样，爱因斯坦-德西特模型曲线把 B 类同 C 类曲线分隔了开来。

1. 在前面的一些章节中总是用 m 来表示视星等。这里我们改用 M，以便在后面可以用 m 来表示粒子的质量。

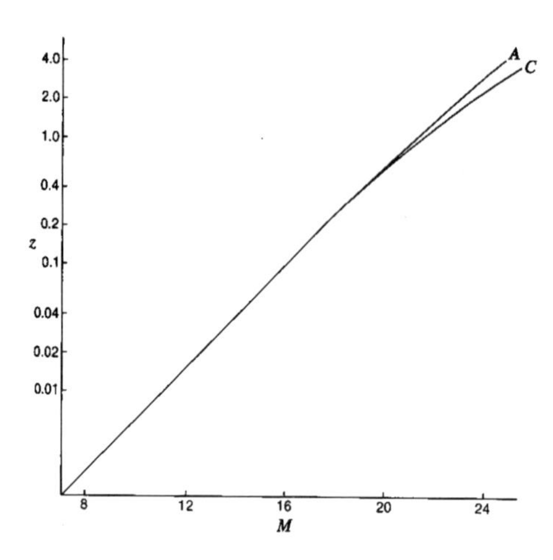

图 13-7 大尺度几何学为 C 型时，z 和 M 间的关系是位于图 13-6 曲线之下的一条曲线

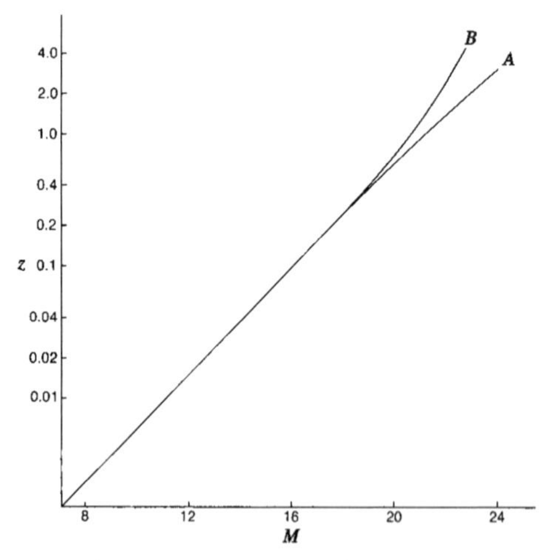

图 13-8 大尺度几何学为 B 型时，z 和 M 间的关系是位于图 13-6 曲线之上的一条曲线。此外，图中对这一关系未做详细说明

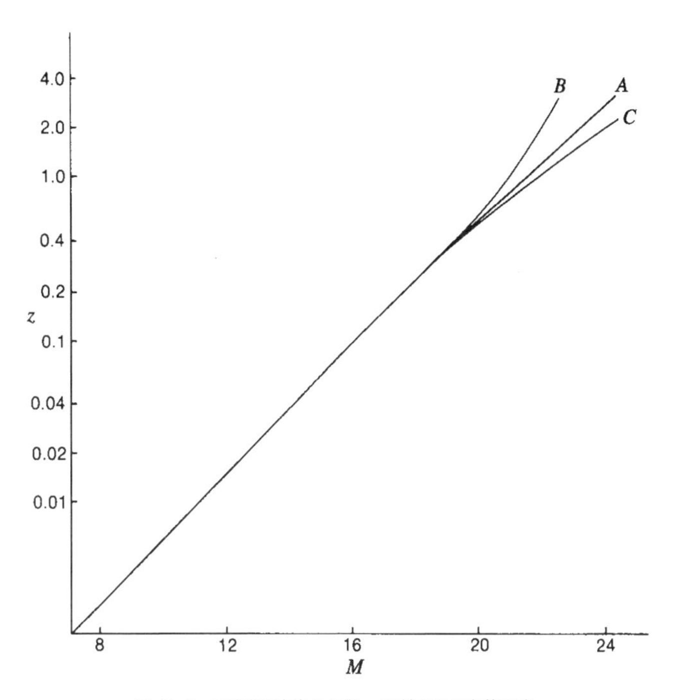

图 13-9 三种类型宇宙几何学 z-M 关系所具有的形式

图 13-9 中的 45° 线部分适用于局部几何学的有限范围。一般来说，距离变大就会偏离这条直线，具体情况取决于大尺度几何学的性质。如果我们发现在很大距离上观测到的星系确实像图 13-10 和图 13-11 所表示的那样位于 45° 线上，又如果星系在内禀性质上确实彼此相似，那么宇宙的几何学形式必然是 B 类。有些天文学家的确相信图 13-10 和图 13-11 说明了宇宙大尺度几何学是 B 类几何学。有时候会有这样的一些说法，它们的大意是星系系统的膨胀最终总会停止下来，并且代之以宇宙的收缩。上面所述的观点便是这类说法的基础。然而，也有许多天文学家认为 45° 线和图 13-6 曲线间的差异即使在 z 值大到 1/3 时也非常微小，因而不能认为上述结论完全可靠。图

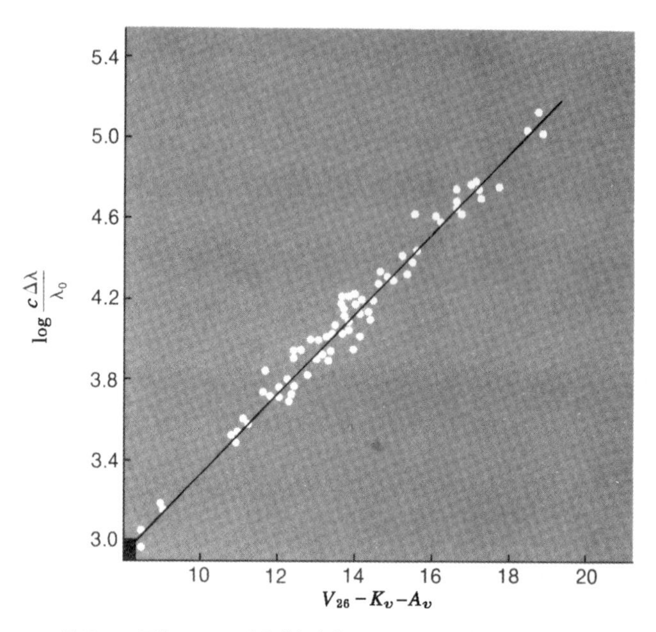

图 13-10 因为 $z=\Delta\lambda/\lambda_0$，左边的标度就是 lg（$cz$），下边的标度给出星系（指 84 个星系团中每个团内的最亮星系）的目视星等，其中已经做了某些修正，即 K_v 和 A_v

13-10 和图 13-11 中已经做了观测的星系在内禀性质上的微小差异会破坏这一结论。

要是观测可以做到 z 值比图 13-10 和图 13-11 中星系的 z 值大得多，那么解决这一问题就比较容易了。因为随着 z 值的增大，反映爱因斯坦-德西特模型的图 13-6 中的曲线会越来越偏离 45°。举个例来说，如果发现图 13-10 和图 13-11 中这种 45° 线的相关性一直保持到 $z=1$，那么认为宇宙几何学是 A 类的理由就充足了。对于星系来说，向大的 z 值的这种扩展在技术上是有困难的。道理很简单，因为 z 值大的星系非常遥远，因而也就特别暗。

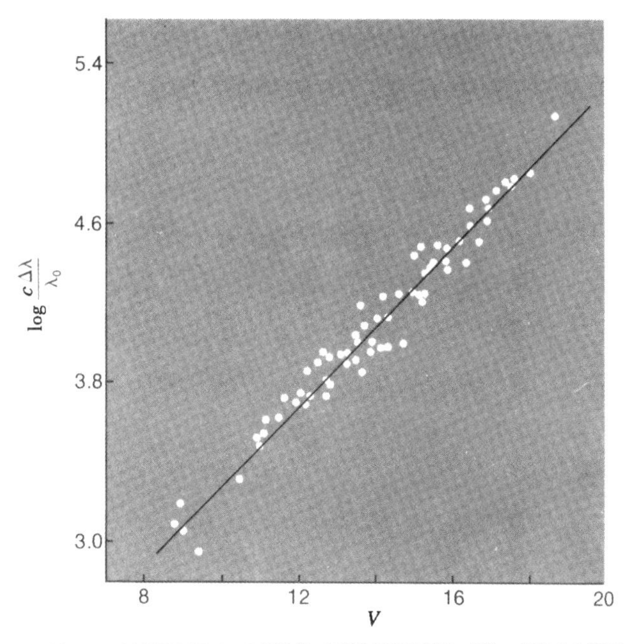

图 13-11 这幅图与图 13-10 相类似，但用的是射电星系。因为一些技术上的原因，现在的情况中没有加 K_v、A_v 这两项修正

在类星体发现之初，人们曾经以为由这些天体很快会使争论得到解决，因为知道许多类星体的 z 值之大正合我们之所需，有不少类星体的 z 值大于 1。图 13-12 给出了大约 250 个类星体的 z–M 关系，由此清楚地看出为什么这个希望已经落空。这幅图表明类星体自身之间就存在着很大的变化，因此不能满足内禀性质相同这一最基本条件。尽管这一点令人失望，但是在将来仍然有可能设法把图 13-10 和图 13-11 的观测推远到更大的 z 值范围。目前世界各地正在建造许多新的大型望远镜，因而可用于观测的时间将会增多。新的方法会比老方法更灵敏。确定宇宙几何学性质的奖金将是很高的，因而看来不会因为技术上的困难而长时间地阻碍天文学家们达到力图取得这笔奖金的目标。

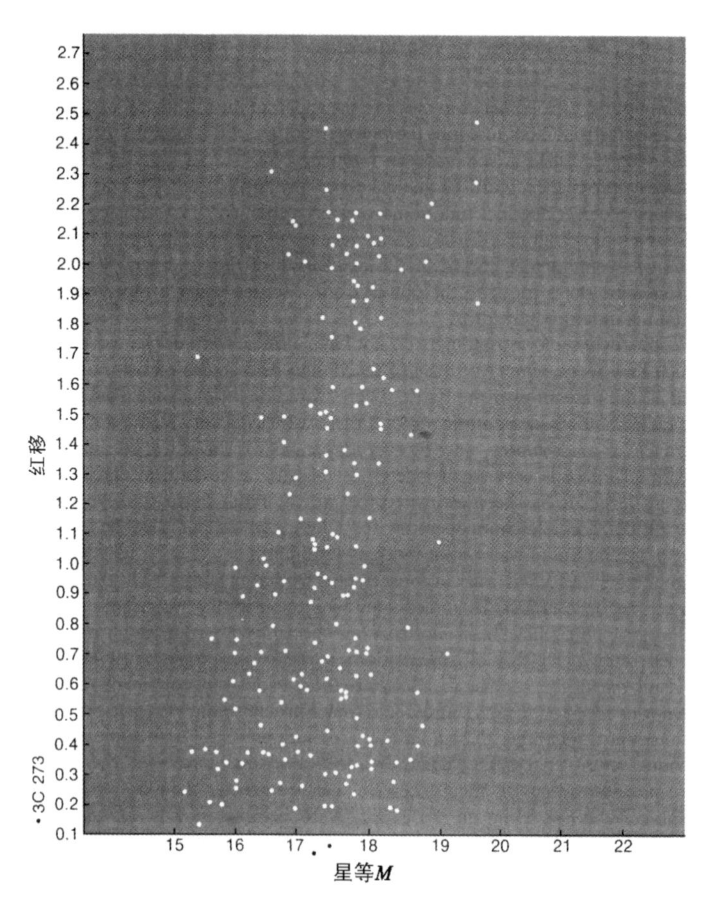

图 13-12　早期大约 250 个类星体的红移-星等关系。后来 700 多个类星体图表现出有同样大的弥散性。注意，这里在作图时直接用 z，而不是用它的对数

§13-4　射电源计数

正如光学天文学家可以测量天体的视星等一样，射电天文学家同样可以把无线电接收机调谐在某个选定的频率上来测量射电源的功

率。根据日常生活的经验，我们每个人对于通常所用的方法都是熟悉的。我们知道任何一台实际应用的接收机都不是正好调谐在某一个准确的频率上。即使接收机有少量的频率失谐，总还是可以收听到无线电节目。这个微小的失谐量称为接收机的带宽。射电天文学家所要做的就是用一台有确定标准带宽的接收机来测量射电源的功率。

在实际应用上，射电天文学家并不能随意地来选择他们的工作频率，其原因只是在于全球范围内一天 24 小时都在产生着许许多多的人为射电辐射。正因为天文距离实在太大，按日常生活的标准来看，从宇宙射电源所接收到的功率是极为微弱的，所以哪怕人为射电源只是做微不足道的竞争，测量天体射电波的工作也会变得十分困难。据估计，全世界所有的射电望远镜工作十年所能接收到的全部射电功率，要使一调羹水的温度哪怕升高百万分之一度也办不到。因此，射电天文学家必须在任何其他人都不在用的某种频率上进行工作。这种特定频率必须通过国际性的安排取得一致意见。事实上，已经给射电天文学家分配了若干特定的频率，而射电天文学的全部观测都只能在这些频率上来进行。

射电天文学家可以在分配给他们的某一个频率上来测量从射电源接收到的功率。他们可以对整个天空或者天空的一部分进行普查，对功率比某个给定值（比如说 S）大的源进行计数。这就是说，把那些发射功率使得接收器上读数大于 S 的小块天区的个数记下来；设这个数目记作 $N(S)$。在这项实验中，当 S 改变时我们怎样来预期 N 的变化特性呢？

如果我们提出以下的简化假设，那就不难对上述问题做出回答：

1. 所有射电源的内禀性质是相同的。
2. 射电源在空间均匀分布。
3. 在普查范围内时空的几何性质是狭义相对论的几何性质。

如果用图来表示 N 和 S 间的对数关系，那么我们会发现 N 的预期变化特性服从图 13-13 中的简单直线。随着 S 的变小，个数 N 就增大，这是因为 S 越小意味着距离越远，而在距离很远的地方射电源个数要比我们邻近区域内多得多。

通过对射电源的实际计数发现了一种不确定的、然而又神秘莫测的情况

图 13-14 表示了射电源计数结果，这是在位于西弗吉尼亚州格林贝克的国家射电天文台上完成的。除了在 S 值的高、低两端之外，观测结果同图 13-13 所预期的直线符合得非常好。在整个相当长的 S 值中间范围部分，这种一致性是很好的。观测得到的计数结果同图 13-13 中严格直线的偏离在 S 值的低端是显著而又重要的，但是在 S 值的高端却并不重要。影响图 13-14 中 S 值高端的射电源总数约为 400 个。要是在这 400 个射电源上再补充大约 40 个源，那么对图 13-13 中预期直线的偏离就会不存在了。现在，400 的平方根（也就是 20）代表了所谓的标准偏差，所以 S 值高端观测结果同图 13-13 中预期直线的偏离相当于大约两倍标准偏差。这样大小的偏差完全没有超出正态统计涨落的范围，因此也就没有什么太重要的意义。

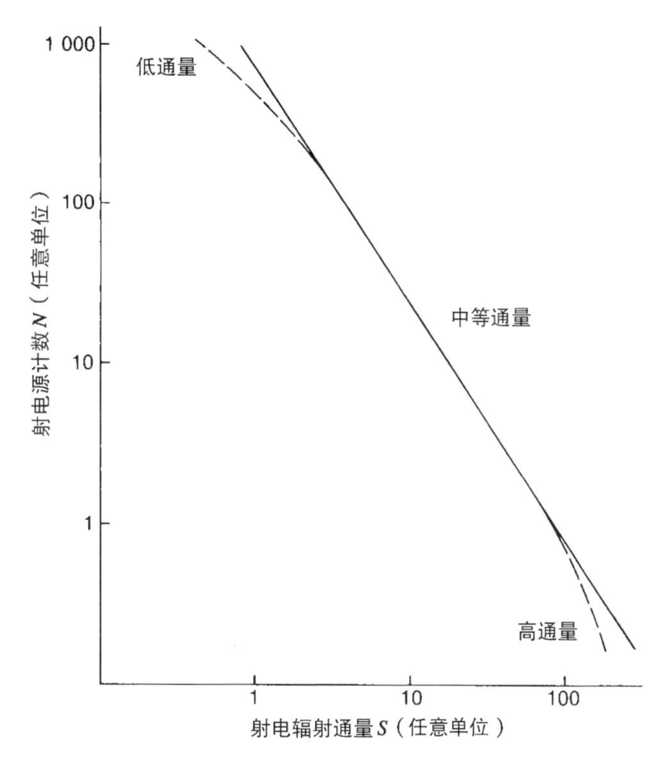

图 13–13 对于功率大于某个给定值 S 的射电源个数 N 所预期有的直线状变化特性，其中假定它们的内禀性质相同、分布均匀，以及时空的大尺度性质与它的局部小尺度性质相同。关于这类变化特性的观测证据见图 13–14

但是，图 13–13 中 S 值低端观测点落在直线之下的这种趋势并不是一种统计涨落。S 值低端源的数目 $N(S)$ 是很大的，统计涨落几乎没有影响。观测点的减少只能说明在 S 值低端上述的三个假设中至少有一个假设不再成立。S 值小意味着距离很大，人们往往推测这时不能成立的是假设 3。就是说，当距离尺度足够大时，时空的几何结构同我们由局部经验所认识的几何学形式不再一样。这恰恰正是我们通过 § 13–2 的讨论所预料到的情况。

作为本节的结束，我们要来讨论一种令人不可思议的奇怪情况：这一情况正是出现在图 13-14 中观测结果表现为同图 13-13 预期直线相符合的地方，也就是 S 值的中间范围部分。为了深入研究这一问题，我们首先要注意到构成 $N(S)$ 的大部分源是射电星系。射电源计数中的类星体部分约占 15%，这一部分是不足以对 N 随 S 的变化特性产生决定性影响的。

对于那些距离不是太远的星系来说，由于哈勃定律的关系，我们可以假定利用图 13-15 的直线就能从 z 值的测定结果求得它们的距离［请注意，图中的直线是由星系观测结果推算出来的 (z, D) 数据对建立起来的］。于是，一旦这条直线已经确立，我们就再也不用费心机去测定距离 D。因为相对来说测量 z 要比测量 D 来得容易。知道

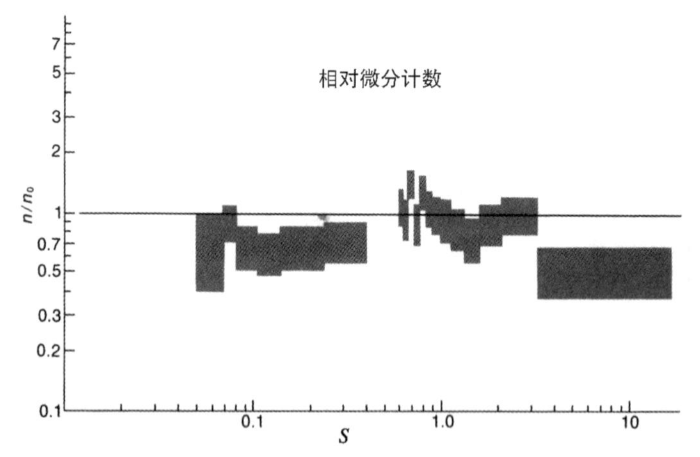

图 13-14　射电源计数结果，这里把 S 的范围分为一些小的区间，划分的方式是如果源的分布具有图 13-13 的直线形式，那么每一区间内有相同数目的射电源。左边的标度给出每一区间内实际计数结果 n 与任意选定的某个常数 n_0 之比。S 最高端的那个区间射电源比较少，其余部分除了左边一排中的几个区间外同图 13-13 中的直线情况没有显著的偏差。左边这些区间的结果表明在 S 值的低端 $N(S)$ 减少，这也就是图 13-13 中虚线所说明的情况

了 z 之后，所要做的仅仅就是按图 13-15 的方法读出 D）。如果对于中间范围 S 值［也就是 N（S）变化特性与图 13-13 中直线相一致部分的 S 值］所计数到的全部射电星系都取得了 z 的数值，那么我们就知道了全部这些射电星系 D 的数值。这一过程给出与中间范围 S 值相应的总体距离尺度，而我们就能在这一距离尺度上来评价假设 3。

实际上，到目前为止，已经做的是在对 S 值中间范围部分的 N 数起作用的那些射电星系中，已经测得了相当一部分星系的 z 值。由这些测量到的 z 值所推算出来的 D 值是相当大的，D 值之大确实使我们对假设 3 在如此大距离尺度上看来仍然很好地成立这一点感到惊讶。由于这种情况，自然要对我们有关宇宙学全部概念的主要内容重新进行估价。这种局面事关重大，除非能把其他可能性先行排除，不

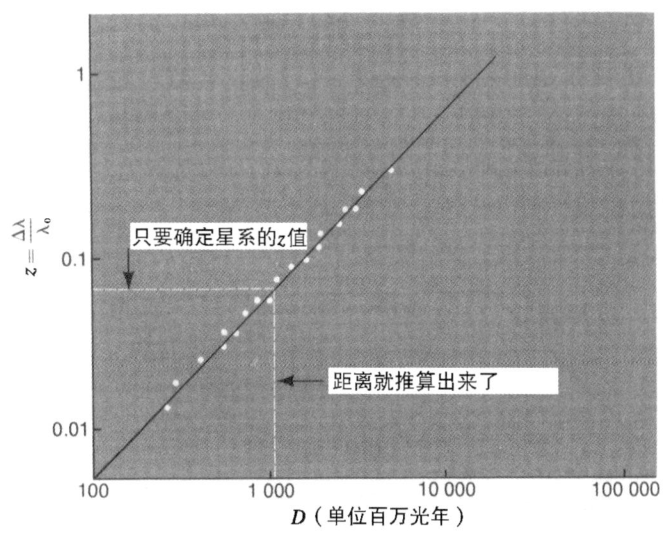

图 13-15 观测若干个星系，建立起 z 和 D 之间的关系，由此得到一条直线。这时，对于其他星系，一旦通过观测取得红移，那么只要利用这条直线就能读出它们的距离

然天文学家是不乐意接受的。天文学家们最乐意用的另一种做法就是放弃假设 2，这一假设曾用于图 13-13 中的直线。这样一来，除非假设 3 同样也不成立，不然我们就不可能得到这条直线（这条直线确实同 S 值中间范围部分的观测资料相吻合）。这个设想就是假设 2 和假设 3 都不成立，然而这时在 S 值的中间范围部分 N 随 S 而变化的预期特性却仍然遵循图 13-13 的直线 —— 上述争论中两项偏差引出的一种意想不到的补偿结果！

这后一种方案要求假设 2 不再成立，其含义是远距离地方射电源密度必然比近距离处的密度来得大。这是否意味着我们银河系位于射电源分布上的某种空缺部位的中央呢？的确如此。不过，这不是一种空间上的空缺，而是如图 13-16 所说明的一种时间空缺。我们在距离上看得越远，时间上就往回看得越早。我们要求过去时间的射电源个数比今天来得多。按图 13-16 的方式，在任意给定瞬间仍然保持着空间上的均匀性。

这种人们乐意采用的对于现象的解释机制通常称为演化宇宙，因为这时认为射电源的分布尽管在任意给定瞬间是均匀的，但是却随着时间而变化。演化宇宙是作为一种方法出现的，其用意是要使目前对一部分射电星系所取得的 z 值测量结果，同我们关于局部几何学适用范围的概念，以及同图 13-14 S 值中间范围部分的观测结果取得一致。演化宇宙存在着一种特有的缺陷，这就是刚才提到的那种意想不到的补偿作用。目前，还没有任何一种合适的理论来解释这种补偿作用。通常的观点认为补偿作用是偶然出现的。一种不太常见的观点认为，大部分 S 值处于中间范围的射电源离开我们并不太远，之所以看

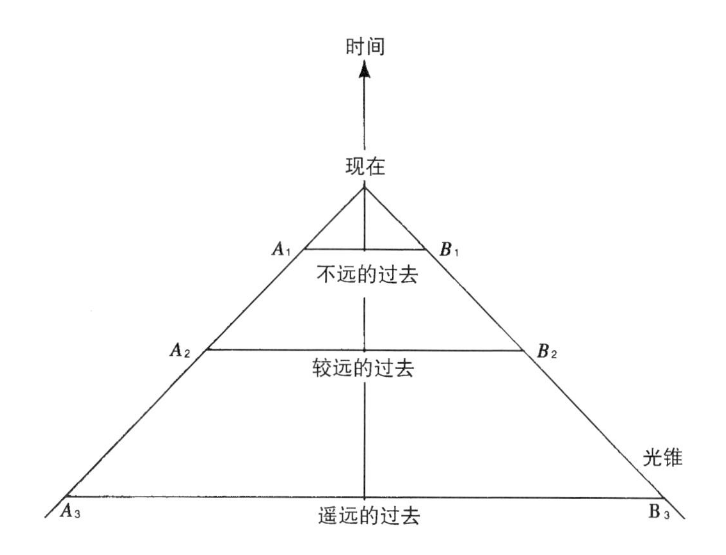

图 13-16　距离远的地方（而不是距离近的地方）射电源密度比较高，这一要求并非必然意味着破坏了空间均匀性。我们可以在距离远的地方看到比较多的源，因为这时在时间上往回看得比较早。这里，A_1 点和 B_1 点的射电源密度是相同的，但是那里的密度比 A_2 和 B_2 处来得低，而 A_2 和 B_2 处的密度又要比 A_3 和 B_3 处来得低

起来暗只是因为它们的内禀光度碰巧很低，这一点与少数已经取得 z 值的源不同。在射电天文学中越来越显示出存在着一种神秘莫测的现象，这就是所有的射电星系在光学波段都十分明亮，而且彼此相类似。尽管内禀光度很低的可能性同这种现象相矛盾，但它使一些事实得以满足而无须任何的巧合。就目前来说，这是解决问题的一种最为简捷的办法。它只不过相当于相信图 13-14 直线部分的数值，因为它向我们指出了属于 S 值中间范围部分的大部分射电源都是比较近的，处在局部时空结构适用的范围之内。如果情况是这样的话，那么我们就不能认为图 13-14 的观测结果对宇宙大尺度性质的研究会有深远的影响。

§13-5 角大小检验

笔者之一曾经在 1958 年提出过另外一种检验的办法，以利用射电天文技术来验证非欧几里得几何学在弗里德曼宇宙中的一些预言。这项检验需要观测离开我们非常遥远的射电星系的角大小。

为了理解这项检验的工作原理，让我们再次考虑二维空间中的一个简化例子。想象有一个扁平状的生物在欧几里得平直地面上（比如说在一块很平的地板上）爬行（参见图 13-17）。假设这个生物在观测一个线状的物体，比如说位于距离 D 处长度为 l 的一根杆子。这根杆子在观测者位置上的张角有多大呢？让我们进一步简化这个问题，假设杆子的距离 D 同它的长度 l 相比非常之大（大于 100 倍），那么，作为一种很好的近似，我们可以认为杆子在观测者位置上的张角 α 由下式给出：

$$\alpha=\frac{l}{D}\ （弧度）$$

（乘以 $180/\pi$ 即得到以度表示的角度值）。

因此，随着 D 的增大 —— 这就是说，随着杆子远离观测者，角 α 就减小，α 与 D 成反比关系。这一结果是欧几里得几何学的产物，欧氏几何在平直地面上有效。

现在把这同一个扁平状生物放在一个球面上，假定杆子（它的长度 l 比球半径小得多）再次远离观测者运动，同第一种情况一样，那

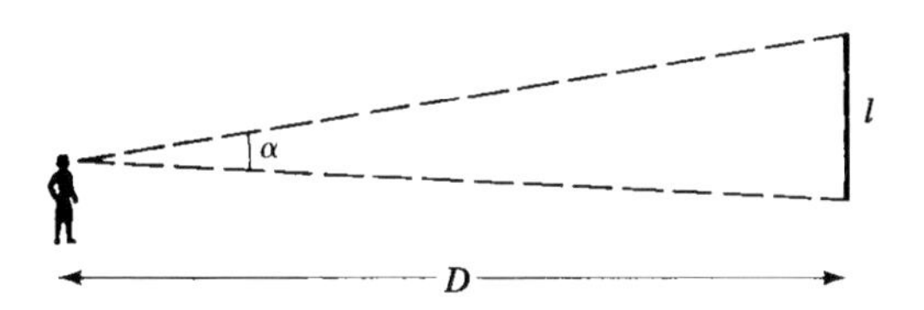

图 13-17 如果 D 比物体的长度 l 大得多，则物体在观测者位置上的张角为 $\alpha \approx l/D$

么现在张角将会怎样随距离而变化呢？

假定这根杆子因发光而被我们看到，我们注意到光线沿直线传播，也就是沿着球面上的大圆弧传播。不失一般性，我们可以把观测者放在北极，而使得杆子在远离观测者时始终保持位于某个纬圈上，同时它的一端又始终位于同一条子午线上，对于后者我们可以取格林尼治子午圈。但是，杆子的另一端并不始终保持在同一条子午线上，在这种情况下角 α 就是通过杆子两端的两条子午线间的交角。请注意，随着杆子向赤道移动过程中纬度的减小，角 α 就减小。就同欧几里得几何学中的情况一样，随着杆子越来越远，杆子张的角度就越变就小。

然而，细心的观测者会注意到，现在这种情况下 α 随距离减小的速率没有欧几里得情况中那么快！事实上，随着杆子向赤道靠拢，α 的减小会越来越慢。在赤道上就不再减小了，然后情况出现反转。换句话说，过了赤道以后 α 开始增大。图 13-18 说明了这种情况。虚线大圆与零子午线的交角要比实线大圆来得大。图 13-19 说明了我们刚才所讨论过的两种情况。

现在让问题回到宇宙学上来，用构成弗里德曼宇宙的四维时空来替代两维空间。这时我们应该用什么东西来代替杆子呢？一种很方便的做法就是用典型河外射电源这种线状结构。如图 13-20 所示，两个射电源的间距约为 200 kpc。因此，在 2 000 Mpc 远的地方，长度 l

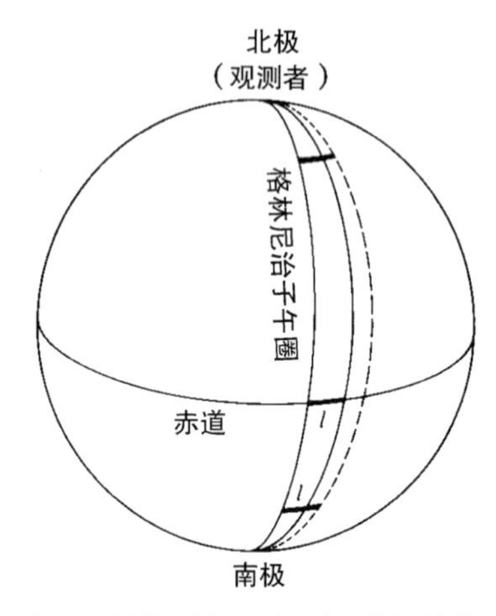

图 13-18　如果观测者位于北极，则杆子在赤道上时它的张角为极小；要是杆子离开赤道向远处运动，张角就变大。这是非欧几里得几何学的结果

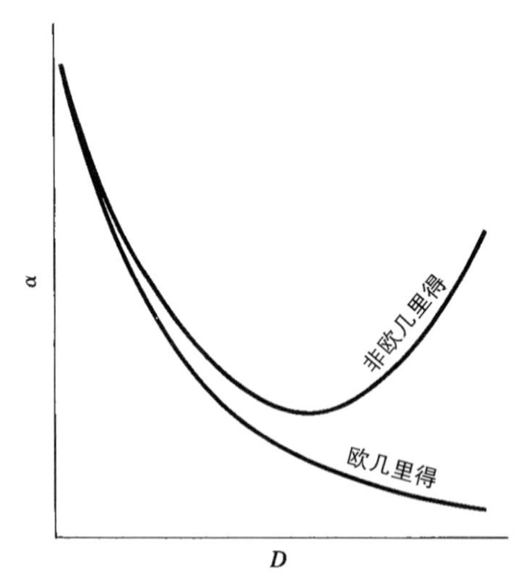

图 13-19　两种情况中 α 随 D 的变化情况：一种是平面上的欧几里得几何学，一种是球面上的非欧几里得几何学

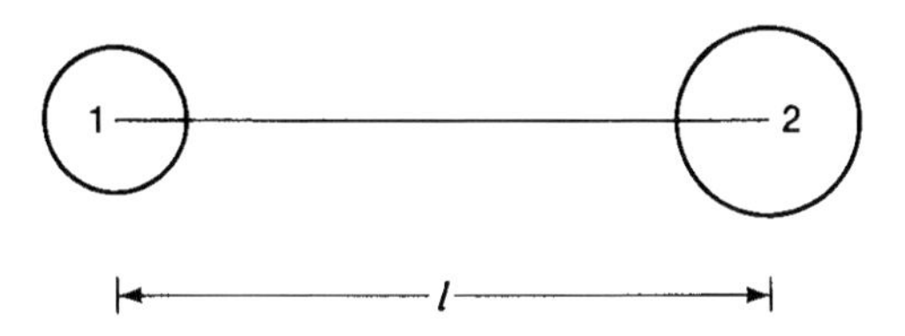

图 13-20　典型的河外双射电源，两子源间的距离是 $l \approx 200$ kpc

（假设与视线相垂直）所张的角约为

$$\alpha \approx \frac{200\ \text{kpc}}{2\,000\ \text{Mpc}} \propto 10^{-4}\ \text{弧度} \approx 20''\ 。$$

当然，这里的前提条件是欧几里得几何学应该成立。但是，在弗里德曼模型中，这种几何学是不成立的。即使在情况 A 中空间截面是欧几里得的，但由于空间截面随时间而膨胀，四维宇宙的时空几何学关系是非欧几里得的。不仅在 B 和 C 这两类模型中，而且在爱因斯坦-德西特模型中角大小也是应该在变化的。图 13-21 中说明了这种变化的具体情况。

请注意，在所有的情况中，我们画的是 α 同射电源红移 z 之间的关系。对于每一种情况，α 在一个确定的 z 值位置上都会有一个极小值。爱因斯坦—德西特模型中的极小值出现于 $z=1.25$ 的地方。对于 B 类模型，极小值出现在 z 值比 1.25 小的位置上；而对于 C 类模型，极小值出现在 $z>1.25$ 的地方。

因此，从原理上说，这个方法对确定 $t=$ 常数时时空截面几何学的类型是一种简单的方法。然而，在实际应用上却存在着若干困难，使得这种检验完全不能做出明确的判断。让我们来对其中的某些方

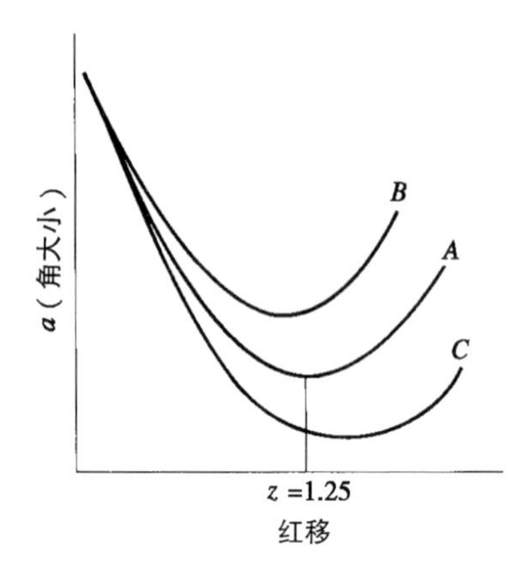

图 13-21　表示射电源角大小和红移间关系的曲线图，这些射电源的线尺度大小是相同的，但红移量不同。图中分别表示了 A，B，C 三种弗里德曼宇宙的情况。对于 A 类来说，极小值出现于 $z=1.25$ 的地方

面做一番考察，目的仅仅是使我们自己对各种不确定因素有比较深入的认识。

第一，我们所看到射电源的线状结构并不总是同视线相垂直。因此，我们看到的是实际射电源在横向上的投影；第二，并非所有射电源都有相同大小的线尺度，射电源的线尺度有相当大的变化范围，比方说在 50 kpc 到 500 kpc 之间变化，而前面提到的 200 kpc 仅仅是一个代表性的数字，这两个因素都会造成对图 13-21 的预期曲线有相当大的离散性，其结果是使得我们难以选出一条曲线来作为观测数据的自然（最佳）拟合曲线。

另外一个困难是，如果宇宙并非真正各向同性，而是有着以星系团或超星系团形式出现的物质团块，那么甚至图 13-21 的理论预期结果也会在某种程度上遭到破坏。由于物质分布非均匀性的引力效应会

造成光线的散射，于是图中所表示的曲线就要受到修正，具体情况取决于宇宙中所存在的物质非均匀性的范围大小。

最后还有一个测量射电源 z 值的困难。正如在 §13-4 中所提到的那样，要是对射电源的内禀功率不做一些特定的假设，那么就不可能直接从通量密度 S 推算出它的距离。比较可靠的是用图 13-15 的做法：通过证认找到同射电源相对应的光学星系，再从视星等推算出红移，或者更好的办法是直接测出星系的 z 值。这种做法进展甚慢，不可能很快地用于所有 α 值已知的射电源。

在肯定的一面我们可以补充的是，射电望远镜灵敏度的改进使得角大小 α 的直接测定已成为一项很容易做的工作，而且精度也很高。自 1958 年以来，到目前已从世界各地不同的射电望远镜取得了有关 α 的大量观测资料。埃克斯（R.Ekers）于 1975 年给出了第一批大范围研究结果，数量更大的一批观测资料来自位于南印度乌塔卡蒙的射电天文台。由于那里纬度低，接收面积大，望远镜（参见图 13-22）就很适合于通过月掩射电源的方法来测量源的角大小。

角大小检验也未取得明确的结果

埃克斯以及乌蒂的射电天文学家斯沃拉帕（G.Swarup）和卡帕希（V.Kapahi）通过对观测资料的首次分析得出了这样的结论：角大小一直在减小，并不像图 13-21 那样表现出有一个极小值。我们应该如何来解释这一结果呢？我们是否应该抛弃弗里德曼模型、选取某种欧几里得几何学关系以便能给出这样一种 α 连续减小的结果呢？和射电源计数时的情况一样，这种看法也许是合理的。但是正如在射电源计数中的情况那样，天文学家所乐意采用的解释机制是引入演化宇宙的概念，他们认为射电源的实际尺度在过去要比现在来得小。于是，我们又一次看到一种意想不到的补偿机制在发挥作用：按图13-21弗里德曼模型曲线的预言，红移大的时候 α 的数值会转而增大，但是过去时候射电源的线尺度比较小，α 增大的趋势就被抵消掉了。由于观测数据的离散性，最合理的办法也许是在有可能取得更为可靠的射电源标距参量之时重做这项检验。

图13-22 位于南印度乌塔卡蒙地方的射电望远镜，它是由排成一直线的抛物面天线阵构成的

§13-6 早期宇宙

这一章到现在为止所提出的三种检验方法都难以很明确地告诉我们应该采用什么样的宇宙模型。如果认为类星体的红移起因于宇宙膨胀，那么这些检验对宇宙过去历史探测的距离范围相当于红移 $z\sim1$ 或更大，最大到 $z\sim3$。

举例来说，为了观察红移怎样同过去时间相联系，我们来考虑下面的情况。假设遥远地方一个星系在时间 t_e 发出一束光波，现在到达我们这里的时间是 t_p，这束光波的红移会是多少呢？弗里德曼模型中所用的是非欧几里得几何学，同这一模型中的光线传播有关的一项简单计算给出了这样的公式：

$$1+z=\frac{Q(t_p)}{Q(t_e)}。$$

在膨胀宇宙中，函数 $Q(t)$ 随时间而增大，这样就有 $Q(tp)>Q(t_e)$。因此，红移总是正的。

现在来考虑爱因斯坦–德西特模型，在这一模型中，上述公式变为

$$1+z=\frac{t_p^{2/3}}{t_e^{2/3}}。$$

如果取 $z=1.25$ 为例，这时我们得到 $t_e=\frac{8}{27}t_p$，这意味着当我们观测一个红移为 1.25 的星系时，我们所看到的是宇宙只有目前年龄的 8/27 时的星系。从现在起我们经常要用红移来辨认过去的时间。

迄今谈到的那些检验工作，总是试图找出宇宙在它现有年龄内的各段时间上所发生的变化。对于一个演化宇宙来说，它的组成部分的物理性质（例如星系的光度、射电源的密度、射电源的大小等）在这些时间段内应该会发生显著的变化。

如果把时间段往回推到更为遥远的过去，我们是否会看到宇宙

在状态上有着很大的不同呢？自然，弗里德曼模型让我们对这一问题的回答是肯定的。如果让 t 减小，向零趋近，$Q(t)\to 0$，那么我们会到达大爆炸瞬间——人们认为宇宙是在这一原始爆炸发生时出世的。我们今天所看到的物质形式有星系、类星体、射电源等，在早期时代所有这些物质统统都紧密地集聚在一块。大爆炸一定发生在大约 $1/H$ 这么长一段时间之前（参见图 13-23）。

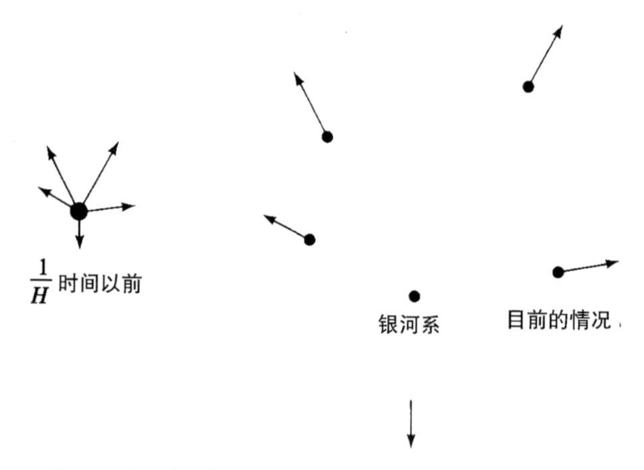

图 13-23　如果邻近的星系始终以目前的速度在运动并互相分离开去，那么倒过来看，$1/H$ 便是把所有这些星系汇聚到一起所需要的时间长度

重要的问题是要取得有关宇宙最早期阶段的观测资料

目前为止所评述过的那些检验并没有把我们带回到非常遥远的过去。因此，我们也许会问：是否存在着其他一些观测上的迹象可以告诉我们有关极早阶段宇宙的情况呢？为了回答这个问题，我们首先要把弗里德曼模型在时间上往回推。

让我们先来观察尘埃模型并提出这样的问题：过去的物质密度会像是什么样呢？假设现在的物质密度是 ρ_p，则在体积为 V 的一个盒子中所包含的物质数量为 $V\rho_p$。那么，在过去这个盒子有相同的形状，但是尺寸要比现在来得小，原因是宇宙已经历了膨胀。事实上，随着空间的扩张，盒子的线度在变化，这种变化同膨胀因子 $Q(t)$ 成正比。因此，对于某个较早的时间 t_1 来说，盒子的体积为

$$V\left[\frac{Q(t_1)}{Q(t_p)}\right]^3。$$

如果在 t_1 到 t_p 这段时间内，盒子仅仅是在膨胀，而没有任何物质通过盒子表面进入或离开盒子，那么我们知道 t_1 时间的密度 ρ_1 由方程

$$\rho_1 \times V\left[\frac{Q(t_1)}{Q(t_p)}\right]^3 = V\rho_p$$

给出。这个关系式很简单地说明了过去的密度比较高，高出的倍数等于目前的膨胀因子同过去膨胀因子之比的立方。或者换一种方式来表示的话，如果现在看到 t_1 时间的红移为 z_1，那么

$$\rho_1 = \rho_p(1+z_1)^3。$$

在宇宙膨胀过程中电磁辐射的密度又会怎样呢？迄今为止我们没有考虑辐射对模型动力学状态的影响，这是因为就目前来说辐射的能量密度 u 对宇宙膨胀速率的影响是可以忽略不计的。这种情况用数学式子表示就是

$$u_p \ll \rho_p c^2 \ ,$$

其中，c 为光速。但是，我们仍然可以问：过去的辐射密度同现在相比又大了多少呢？经推导答案是[1]

$$u_1 = u_p (1 + z_1)^4 ,$$

这就是说，在红移为 z_1 的那个时间，辐射密度 u_1 是现在密度值的 $(1+z_1)^4$ 倍。

我们现在碰到了一种奇妙的情况，这可以从图 13-24 充分地反映出来。在图 13-24 中，我们用对数标度画出了物质和辐射密度的变化特性。物质线的斜率是 3，而辐射线的斜率是 4，因此，尽管在现在来看，前者的位置比后者来得高（$\rho_p c^2 > u_p$）。但是，随着过去的时间越来越往回推，后者便在两条直线的交点处赶上前者。我们在图上指出了这一点的红移为 z_c。方程式

$$Q(t_c)(1 + z_c) = Q(t_p)$$

给出了与这个临界红移相应的临界过去时间 t_c。

作为一个例子，在爱因斯坦-德西特模型中我们有

1. 辐射同 $(1+z)^4$ 有关，物质同 $(1+z)^3$ 有关，这两者之间的差异是由于辐射要受到红移效应的影响，结果便在辐射能量密度的式子中多一个因子 $(1+z)$。

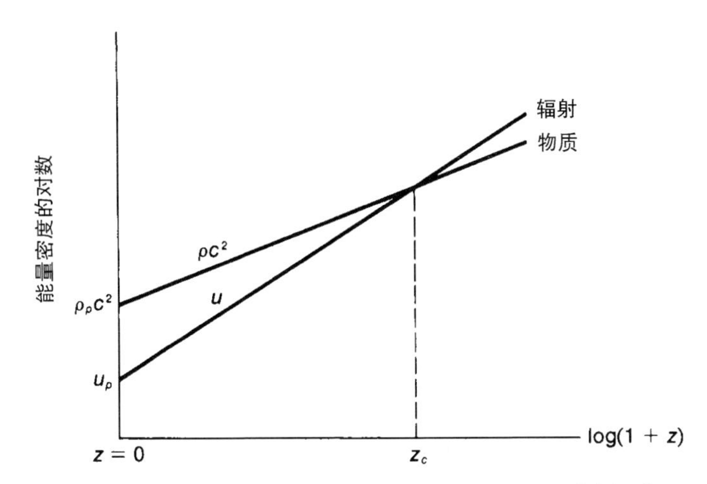

图 13-24 对于比红移 z_c 所表示的时间更早的那些时间来说，辐射密度大于物质的能量密度

$$u_1 = u_p\left(\frac{t_p}{t_1}\right)^{8/3}, \quad c^2\rho_1 = c^2\rho_p\left(\frac{t_p}{t_1}\right)^2$$

当 $t_1=t_c$ 时，$u_1=\rho_1 c^2$，这样我们就有

$$t_c = t_p\left(\frac{u_p}{c^2\rho_p}\right)^{3/2}。$$

于是我们发现，尽管根据今天的观测资料略去辐射效应的做法是合理的，但是在弗里德曼宇宙的极早期阶段中不考虑辐射效应就不合理了。相反，在极早期阶段我们应该把优先考虑的对象倒过来，应该把辐射看得比物质更为重要。时间 t_c 是转变时间，它把以辐射为主的早期宇宙和以物质为主的晚期宇宙区分开来。当然，这种转变不会是瞬即发生的。估计当两者所贡献的能量比较接近的时候，即在 $t=t_0$ 的前后应当会存在一个灰色区域。根据观测确定的 u_p 和 ρ_p，这个时期前后的红移应当在 1300 左右。

正如我们在第 3 章中所看到的那样，每一种黑体辐射分布都有相对应的一种温度。在下一节中我们将更多地用温度而不是用红移来表示早期阶段中的时间。然而，我们是否有充分的理由相信辐射应该具有黑体辐射的形式呢？后面还要回到这个问题上来，而现在我们假设回答是肯定的。根据这个假设，我们记得每单位体积内的辐射能随温度的四次方变化（参见第 3 章）。由此我们得到一个简单的关系式

$$T_1 = T_p(1 + z_1)。$$

这就是说，过去的辐射温度是现在温度值的 $(1+z_1)$ 倍。向着大爆炸接近时，$Q(t_1) \to 0$，以及 $z_1 \to \infty$。因此，温度越变越高，在接近大爆炸的时间温度变为无穷大，由此我们得出了热大爆炸的概念。

§13-7　热大爆炸

迄今为止我们是在时间上向着大爆炸倒退来看问题的。现在我们把这个过程反过来，从大爆炸（热大爆炸）开始来探索早期高温状态对后来宇宙变化特性的影响。

我们先来讨论上面遗留下来的问题——膨胀早期阶段中的辐射是否是一种黑体特征的辐射。正如我们在第 3 章中所看到的那样，如果辐射和吸收系统是在一个封闭区域内起作用，其方式是辐射不能离开这个封闭区，那么就出现黑体辐射。这就是说，光子（辐射的载体）

走不了多远就一定会被物质所散射或吸收。那么对早期宇宙来说，也就是对大爆炸之后不久的情况来说，估计物质并不集中在星系或其他离散分布的团块中。说得更恰当一点，我们估计物质的分布是以它的基本形式出现的，可以看作是一个由自由粒子组成的系统，其中有电子、质子、中子等。所有这些粒子都会同原始辐射发生作用，这种作用可以是散射、吸收或者重新发射。于是，系统很快表现为黑体形式。

到这一步，我们要从对主要问题的讨论中转过来考虑一下所谓物质粒子的随机运动。根据我们已经提到过的韦尔假设，以星系形式存在的物质的随机运动是可以忽略不计的。少量变化无常的运动会使图 13-22 中的图像发生某些变动而成为图 13-25 中所表示的形式。图中星系世界线出现的扭曲对应着少量的运动。计算表明，随着宇宙的膨胀，随机运动会趋于消失。反过来，如果我们在时间上往回看，那么宇宙中物质的随机运动必然增大。由于随机运动会产生压力，因此

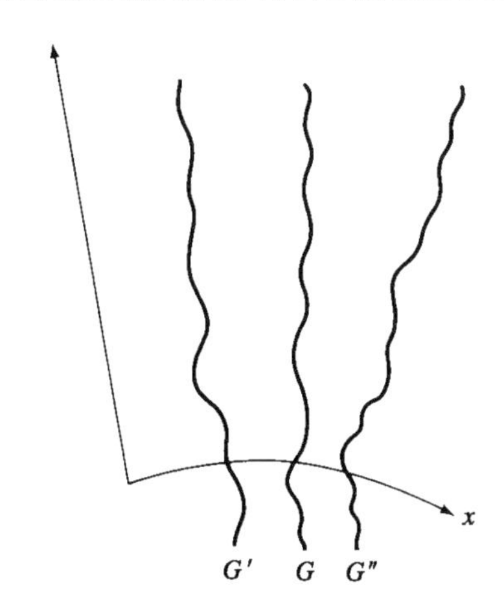

图 13-25　星系世界线的扭曲对应着少量的随机运动

尽管就现在时间来说物质的压力可以忽略不计，但在过去它是必须要加以考虑的。所以，在这么高的压力面前，像星系这样的大块结构看来是不大可能存在的。的确，比较可能出现的情况是物质以高速运动粒子的形式存在，而且有着大范围的随机运动。随机运动速度非常大（接近光速）的基本粒子应当更像是辐射而不是尘埃。

因此，在宇宙的早期阶段存在着一种辐射（光子）的炽热强风，电子、质子、中子等——所有这些粒子都处于热平衡状态之中。这股强风中也包含有粒子-反粒子对，如电子-正电子、中微子-反中微子，等等。在大爆炸后大约1秒钟的时候，这种粒子混合体的总体温度高达10^{10}K。让我们从某个比这更早的阶段（比如说年龄只有0.01秒时）开始来追踪宇宙的演变情况。

在那个阶段，宇宙的温度约为10^{11}K。炽热强风中包含了所有刚才提到的粒子，甚至中微子也陷入热平衡状态。通常情况下中微子几乎根本不可能同物质发生作用，它们可以畅通无阻地穿过几光年厚的铅物质。然而，在早期宇宙中物质密度之高足以把中微子拘束在宇宙的特征尺度之内[1]。混合体内的主要成分是轻粒子，每10亿个光子、电子或中微子中大约有一个质子或中子。由于电子和中微子的优势地位，产生了快速β衰变和逆β衰变反应，例如：

$$\bar{\nu} + \mathrm{p} \rightleftharpoons \mathrm{e}^{+} + \mathrm{n}$$

---

1. 宇宙特征尺度的典型量度为c/H，这里H是那个时间的哈勃常数值。对于早期宇宙这一尺度为~$\frac{1}{2}ct$，其中t是宇宙的年龄。

和

$$\nu + n \rightleftharpoons e + p$$ 。

因此，中子不断地变为质子，质子也不断地变为中子，而且这种变换出现的速度极快，从而使中子和质子的数目大致相同。

温度随着时间的推移而降低，在这一过程中，中子和质子在质量上的少量差异变得越来越重要。质子的质量比较小，从而使质子有较高的丰度。结果，当温度下降到~ 3×10^{10} K（这时宇宙的年龄为~ 0.1 秒）时，中子－质子之比变为 0.61，而在 10^{11} K 时这一比值接近于 1.0。

大约过了 1 秒钟之后，温度已下降到 10^{10} K，宇宙的密度也减少了，这时中微子就不可能再安居于热平衡状态之中。电子－正电子对也开始通过相互湮没反应而消失（温度更高时湮没速率大体上为这些粒子的产生率所抵消）。中子－质子比进一步降低到 0.32。但是，中子和质子的温度仍然太高，它们的能量很大，核力还不能把它们束缚在一起。

当温度进一步降低到 3×10^{9} K 时（大爆炸后~ 13.8 秒），质子和中子就可以形成像氦（^{4}He）那样的稳定原子核。稳定核的形成是通过形成氘（重氢）这一中间阶段而出现的，这一重要图像的部分内容首先由伽莫夫（G.Camow）在 20 世纪 40 年代后期提出。伽莫夫认为，热大爆炸及爆炸后早期宇宙的环境条件应当适合于合成今天我们所看到的各种不同的元素。从氢（p）开始，然后是氘（p，n）、氦（2p，

2n)，根据这个思想应当会继续形成较重的原子核。然而，这个过程是不可能很快进行的，因为不存在有5个或8个核粒子的稳定核。后来随着恒星天体物理的发展，人们开始清楚地认识到，对于合成较重的元素来说，恒星所提供的条件要好得多。尽管如此，伽莫夫宇宙学图像中氦和氘的形成仍然是很有意义的，我们在§13-9中将会看到这一点。

随着时间的推移，宇宙的温度跌到~3×10^8K（大爆炸之后大约35分钟），核过程停止了，氦和自由质子的质量之比大致保持在22%~28%这个范围内。现在，每个质子，无论是以氢形式出现的自由质子，或者是以氦形式出现的受束缚的质子，都对应着有一个电子。但是，宇宙的温度仍然太高，还不能结合起来形成不带电的中性原子。

自由电子是阻碍辐射的主要因素。因此，宇宙仍然是不透明的，这一状态一直保持到辐射温度跌到~3000K时为止。一旦到了这个阶段，质子中的化学结合作用已足以使绝大部分电子约束在中性原子之中。随着原始强风中自由电子的消失，辐射就可以作长距离的传播。这就是说，宇宙在光学上开始变得透明了。非常巧的是这一温度出现的时间恰好很接近我们前面提到过的时间t_c——宇宙就是在这个时间从辐射为主的状态转变为物质为主的状态。

表13-1总结了目前为止我们所讨论过的有关早期宇宙的一些基本特征，我们现在要来考虑对这幅早期宇宙图像有可能进行的观测检验。

表 13-1　　早期宇宙的重要发展阶段

年龄	温度	物质状态	备　注
10^{-1} 秒	10^{11}K	处于热平衡状态中的 n，p，e^-，e^+，ν，$\bar{\nu}$	[n]：[p] = 50：50
10^{-1} 秒	3×10^{10}K	同上	[n]：[p] = 38：62
1 秒	10^{10}K	处于热平衡状态中的 n，p，e^-，e^+ 以及光子	[n]：[p] = 38：62
13.8 秒	3×10^{9}K	氘核和氦核开始形成	e^-−e^+ 对消失
35 分	3×10^{8}K	e，p 和 He^4，D	^{4}He 和 H 的质量之比保持不变，^{4}He/H ~ 22 – 28%
3×10^{5} 年	3×10^{3}K	中性原子开始形成	宇宙从以辐射为主的状态转变为以物质为主的状态，现在宇宙对辐射来说是透明的

§13-8　微波背景辐射

在 §13-6 和 §13-7 两节中，我们看到了辐射作用在宇宙早期历史中会具有多大的重要性。前面我们在追踪早期宇宙的发展情况时，只谈到温度跌到 ~3000 K 的阶段，物质为主的状态就是在这个时候接任的。往后又发生了什么情况呢？前面已经说到，以后阶段辐射的作用就变得不那么重要了。辐射不再对宇宙的膨胀速率产生显著的影响。根据 §13-6 中所得到的规律，辐射仅仅是冷却下去。由此可见，即使在今天也应该到处都有某种程度的辐射（哪怕温度非常之低）存在。又因为宇宙的膨胀过程不会影响谱的黑体性质，这种残余辐射应该仍然具有黑体的特性。

在图 13-26 中，我们就不同的特征温度画出了几条典型的黑体曲线。请注意，出现峰值强度的波长随温度的不同而改变。对于观测者来说，重要的是要知道今天宇宙辐射预期会有什么样的温度。知道了这一点，观测者就能够在适当的波长位置上来搜索峰值强度。

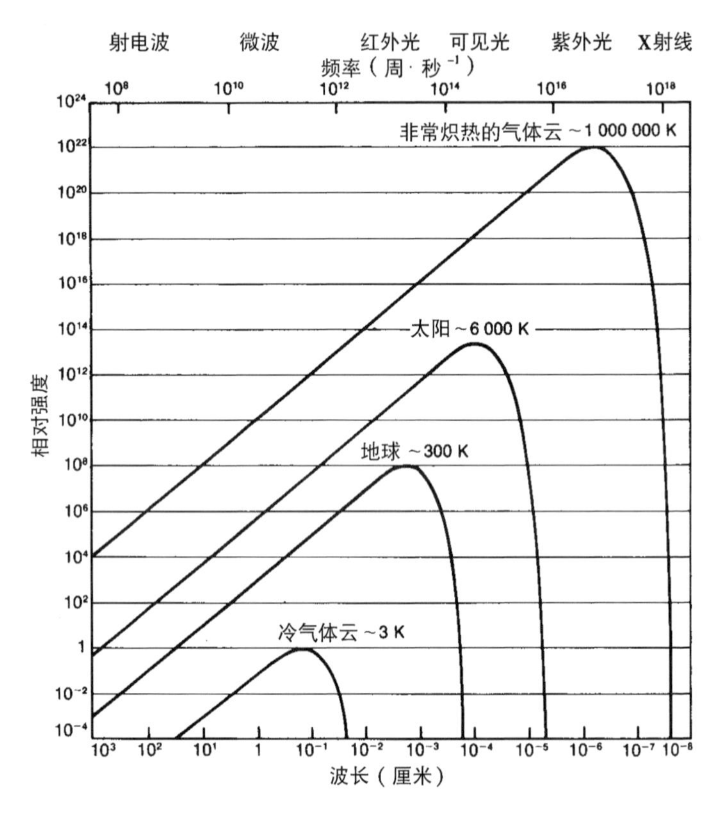

图 13-26　用对数标度画出的一些黑体曲线

我们已经提到过伽莫夫在有关早期宇宙核合成方面所做的先驱性工作。尽管伽莫夫与他的两位同事阿尔发（R.A.Alpher）和赫尔曼（R.Herman）做的计算在今天所能取得的全部细节上并非完全正确，但他们通过这项计算预言了目前时间的宇宙背景温度在 5K 左右。从图 13-26 我们看到，这种情况下的峰值强度应当位于微波区。

尽管在 1948 年做出了这一推测性的预言，但并没有马上着手对这种辐射背景进行探索，部分原因在于当时人们并没有很认真地接受有关辐射背景的观念，特别是因为它没有能做到合成所有的元素。20 世纪 50 年代，从宇宙学的核合成转移到了恒星的核合成，这方面工作做得最好的有杰弗里（Geoffrey）和伯比奇（M.Burbidge）、福勒以及霍伊尔，而伽莫夫在辐射背景方面的原始图像很少有人问津。只是到了 1964 年，有关宇宙学核合成的计算才又重新开始，进行这方面工作的有英国的霍伊尔和泰勒（R.Tayler），美国的皮布尔斯（P.J.E.Peebles），以及俄国的柴尔多维奇（Y.B.Zeldovich）。然而，这些理论工作尽管澄清了伽莫夫理论中的许多问题，但并没有确认宇宙背景辐射的存在。这种背景辐射的发现完全出于偶然的机遇。两位发现者，彭齐阿斯和威尔逊，是在寻找别的东西时偶尔碰上它的。

贝尔电话实验室的彭齐阿斯和威尔逊于 1964 年开始对来自银道面射电流的强度进行一系列的测量。为了完成这项任务，他们使用了装有 20 英尺低噪声喇叭形反射器的天线，这台天线原来是为通过回声号卫星进行通信而建造的。在测量过程中，彭奇阿斯和威尔逊所用的微波波长为 7.35 cm，因为预期在这个波长上来自银河的噪声可以忽略不计。但是，他们惊讶地发现，存在着一种各向同性（就是说不随方向而变）的残余噪声。正因为各向同性，就不可能把这种噪声同某个近距辐射源——如银河系中心或我们的邻近星系 M31（仙女星云）——联系起来。

经过几个月的仔细搜索，噪声仍然继续存在，到1965年初，彭齐阿斯和威尔逊就可以把它归因于一种3.5K[1]的纯理论温度。但是他们不可能对这一噪声做出解释，因为他们当时还不知道我们现在一直在讨论的宇宙学理论。有关这一发现的新闻传到了普林斯顿，皮布尔斯马上领悟到它的重要意义。他本人的理论工作已经让他产生了关于宇宙残余辐射的观念。他和他的一位年长的同事，普林斯顿的物理学家迪克（R.H.Dicke）因彭齐阿斯和威尔逊的发现而大为振奋。迪克本人也已开始了一项实验来测量这种辐射，同他一起工作的有他的同事，实验家罗尔（P.G.Roll）和威尔金森（D.T.Wilkinson）。

彭齐阿斯和威尔逊本人在《天体物理学杂志》上所发表的文章是非常谨慎的，这篇文章的标题是“在4080兆赫频率上对天线过热温度的一次测量”。他们只是报道了他们的实验装置，以及在得到这种未知原因噪声的过程中所采取的一些预防性措施。这篇文章问世之后，皮布尔斯、迪克、罗尔和威尔金森等人发表了一篇配合的文章，从宇宙学角度对彭齐阿斯和威尔逊的剩余微波辐射做了解释。

嗣后不久，罗尔和威尔金森宣布了他们在3.2 cm波长上工作的结果。他们也发现了一种剩余辐射温度，大小变化在2.5K到3.5K之间。从那时候起，射电天文学家们在大约十多种波长（范围从0.33 cm到73.5 cm）上测得了这种残余辐射。图13-27展示了实验数据点以及通过这些点子的理论黑体曲线。同这些观测点相应的最优黑体温度为2.7K。来自伯克莱的伍迪（D.P.Woody）和理查兹

---

1. 这个结果的误差棒为 ±1K。

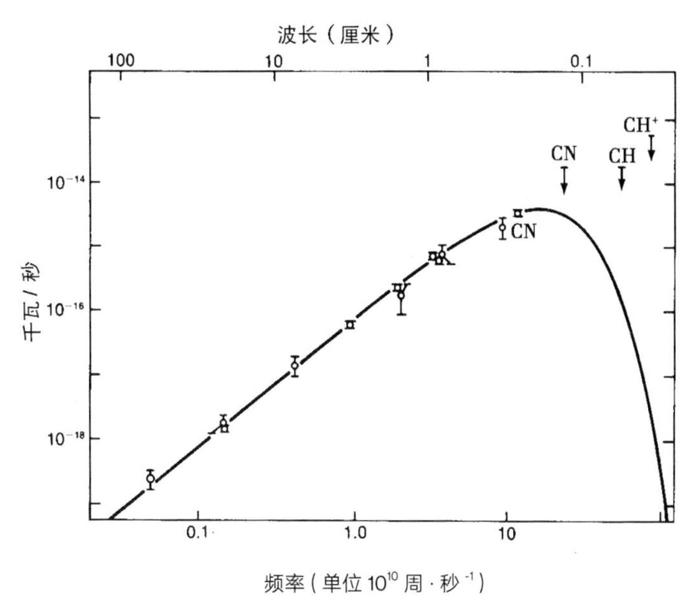

图 13-27　温度为 2.7K 的黑体曲线同观测点拟合得很密切（左边所注标度的单位是 kW · s，曲线说明了 $1/\pi km^2$ 面积上所接收到的功率，以 kW 为单位）。标上 CN，CH，CH^+ 的点和箭头给出的是根据这些化学系统中分子跃迁所做的间接测量的结果

（P.L.Richards）最近所做的工作又把曲线延长到短波端。尽管伯克莱的观测资料同黑体曲线之间在总体上一致，但是精细尺度上的分析仍然表现出有不一致的地方。

对我们在本章中所讨论的那种宇宙图像（热大爆炸宇宙）来说，图 13-27 的曲线也许是最强有力的证据。如果我们相信这种图像，那么黑体曲线所告诉我们的有关宇宙的状态至少可以早到宇宙刚开始变为光学上透明的那个阶段，也就是说回推到红移 $z \backsimeq 1\ 000$ 的阶段。在这个意义上说，我们从残余辐射出发对宇宙历史所作的回顾，要比 § 13-3，§ 13-4 和 § 13-5 这三节中谈到的其他几种检验要远得多。

热大爆炸是否算是对宇宙微波背景的唯一可能解释呢？目前为止还没有任何其他能站得住脚的理论，不过就目前来说完全不能排除其他可能性的存在。微波天文学仍然处于它的摇篮时代，因而我们不能认为再没有别的天体物理过程会产生出微波辐射。还有，图 13-27 中极大辐射强度右边向下折的那一段对于确定曲线的黑体特征是不可缺少的，它还需要得到充分的证实。

§13-9 氦和氘的原始丰度问题

我们现在能够把宇宙学的发展情况同前面提到过的一个重要问题联系起来，这就是有关元素氦的起源问题。在银河系内，只有一类恒星的表面层中看来基本上没有氦存在，除此以外在所有的天体中都发现有氦（在这类例外的恒星中，氦很可能被重力所分解，因此它们可能同宇宙中氦无处不存在的问题没有关系）。在邻近星系中也发现有氦。氦的丰度看来在任何地方都大致相同，宇宙物质中约有 25% 的质量是由氦组成的。如果我们完全确信所有的地方氦丰度都近乎相同，或者哪怕我们可以肯定氦丰度决不会低到某个具体数值（比如说 20%）以下，那么这种情况必然会让我们猜想大部分观测到的氦并不是通过第 8 章所讨论的在恒星中产生出来的。但是，在观测结果中不可避免地存在着某种不明确的地方，因为氦是一种难以对付的元素，从本质上说这是因为氦的一些最强的量子跃迁所发出的辐射频率位于远紫外区，而这些频率的辐射是穿不过地球大气层的。因此，有关氦丰度的所有测量结果都会有某种程度的不确定性。我们说氦所占的那部分质量在任何地方都大约是 25%，但在有些地方这个数值可能是 30%～35%，而在另外一些地方可能是 15%～20%，这并不违反我们说的事实。因此，我们不能肯定存在着一个标准宇宙氦丰度值，而在天文学文献中有时候却正是这样断言的。除了很近的一些星系外，对于其他星系中的氦丰度我们也没有太多的了解。

用恒星中的一些过程来解释 25% 这样高的氦丰度有着定量上的困难，这便是人们猜想大部分氦产生于宇宙发展史初期的主要理由。如果有 25% 这么多的氢转化为氦，又如果由此而产生的能量以可见光形式从星系中释放出来，那么星系应当要比它们所观测到的样子明亮得多。毫无疑问，这是一条很有说服力的理由，它吸引着人们为星系中所观测到的大部分氦去寻求原始的起因。因此，让我们来讨论一下氦的原始起因问题，讨论中假定早期存在的是我们熟悉的那种粒子。

与形成氦有关的粒子是中子和质子。中子是不稳定的，在实验室条件下通过式 $n \to p+e+\bar{\nu}_e$ 发生衰变，特征时间约为 10 分钟。然而，在宇宙早期阶段中温度和物质密度都很高，中子和质子结合在一起（$n+p \to D$）的可能性也就相当高。由此而形成的氘大多数通过 $D+n \to T$ 和 $D+p \to {}^3He$ 这两个过程转变为氚（T）和 ^3He。然后，再通过对 ^3He 补充中子以及对 T 补充质子而形成 ^4He。在爱因斯坦-德西特模型中，可以证明结果所产生的氦大约等于原始物质质量的 28%。

还有几种轻核是在地球、太阳和陨星上发现的，它们的浓度之高根本不可能用恒星内的合成过程来加以解释。

表 13-2 中给出了这些核以及它们的质量比例。恒星外部或者恒星表面同高速粒子有关的一些过程可以用来解释这类核的起源，而是

否可以用这种过程来解释这些核的质量比例仍然是一个有争议的问题，尤其对氘来说更是如此。由于氘的质量比例比较高，因而通过这条途径来解释就要比 ^{3}He，^{6}Li 以及 ^{7}Li 更为困难。所以，D 可能也是由原始合成过程诞生的。

表 13-2 不可能在恒星内部合成的一些轻核

原子核	质量比例
D	$\sim 2\times10^{-4}$
^{3}He	$\sim 6\times10^{-5}$
^{6}Li	$\sim 10^{-9}$
^{7}Li	$\sim 10^{-8}$

§13-10 宇宙的年龄

现在让我们回到哈勃定律上来。我们是否可以把目前所观测到的哈勃常数值与目前宇宙的年龄联系起来呢？有一个简单公式就是用来对付这件事的。我们可以用 $\dot{Q}(t)$ 来表示标度因子 Q 随时间的变化率。因此，目前的哈勃常数由下式给出

$$H=\left.\frac{\dot{Q}}{Q}\right|_{t=t_p}\text{。}$$

这就是说，我们必须求得 $t=t_p$ 时等式右边的比值。因此，如果我们知道了 $Q(t)$，那么就可以根据 t_p 求得 H，或者反过来，根据 H 求得 t_p。

对于爱因斯坦－德西特模型，$Q(t)\propto t^{2/3}$，由此得出

$$\frac{\dot{Q}(t)}{Q(t)}=\frac{2}{3t},$$

这就是说，

$$H=\frac{2}{3t_p},\quad t_p=\frac{2}{3}H^{-1}。$$

如果取 H=75 *km/Mpc/s*，我们得到 $t_p \approx 9\times10^9$ 年。

如果用 B 类模型，我们会发现年龄比这个值来得小，而如果用 C 类模型，年龄就比这个值大，但是不会大于 $H^{-1}\approx1.33\times10^{10}$ 年。因此，如果天文学家发现宇宙中有一些天体比 H^{-1} 来得老，那么问题就严重了。就目前来说，对恒星和星系天体物理年龄的估计还不够精确，不可能很精确地来检验这一预言。比如说，我们银河系的年龄在 $10^{10}\sim1.5\times10^{10}$ 年，这个数值范围已开始难以为爱因斯坦－德西特模型或 B 类模型所接受，但是在 C 类模型中还是可以对付的。如果有一些星系比我们银河系的年龄更大，那么问题就更麻烦了！

§13-11　再论奥伯斯佯谬

让我们来看一下膨胀宇宙会对奥伯斯的计算做出怎样的修正。在红移现象中包含有奥伯斯没有考虑到的一种极为重要的信息。

举例来说，假定有一个遥远的星系在每秒钟内发出的光量为 L。光量子在到达我们这里时发生了红移。因此，在辐射源那里频率为 ν、能量为 $h\nu$ 的一个量子，到达接收者这里时的能量为

$$\frac{h\nu}{1+z}。$$

而且，时间尺度也会受到影响（参见第 11 章）。因此，如果在辐射源那里发射这个量子所经历的时间为 Δ，那么到接收者这里时这段时间被拉长为

$$\Delta \cdot (1+z)。$$

结果，接收者这里在每秒钟内每单位面积上所接收到的光量就不再是奥伯斯所计算的数值

$$f=\frac{L}{4\pi D^2},$$

而是

$$f=\frac{L}{4\pi D^2(1+z)^2},$$

这就是第 12 章最后部分所引用的结果。

因此，对于很远地方的壳层来说，由于红移很大，它们对光量所做的贡献要比奥伯斯的估计数少得多。当我们把直到无穷远处全部壳层对光量的贡献都加在一起时，所得到的答案只是一个不大的量，由此说明天空实际上是暗的。我们可以说天空在夜间之所以暗的原因正是由于宇宙膨胀！

第 14 章
惯性和宇宙学

§14-1 引言

我们在第 13 章最后部分达到的知识境界，代表了大部分天文学家对有关宇宙起源和结构问题所持有的普遍性观点，这一图像有着许多值得褒美的特点。以爱因斯坦引力定律为基础的这些最简单的模型，表现出我们所观测到的宇宙膨胀，也解释了哈勃定律。而且，这种宇宙学理论并非纯属推测之见。它已经激励着人们在光学天文和射电天文领域内进行了许多很有意义的观测检验。宇宙学家们总想把现已知道的物理定律，外推式地应用到大爆炸以后的早期阶段中所具有的极端条件，他们在这方面所寄托的信念已经取得了丰硕的成果，那就是对于微波背景辐射以及氦和氘观测丰度的起源问题有了某种理解。

可是，由这些成功而来的是有点自鸣得意的情绪，我们感到这种情绪对宇宙学的进一步发展是有害的。人们已经产生了一种印象，即认为热大爆炸图像大体上是正确的，而现在我们所必须做的全部事情只不过是补充一些细节而已。这种思想状况在许多方面有所表现。研究宇宙学的任何非标准途径都被认为是异端邪说，任何观测资料要是不能同标准图像相一致的话就会对它产生怀疑，这样一种认识状态所带来的结果就是忽视了标准图像的真正困难之所在。

我们认为，由大爆炸瞬间 $t=0$ 所引起的困难是不容回避的。为什么整个宇宙偏偏就是在过去某个时间 $t=0$ 时一下子创生出来的呢？为什么我们就不能把宇宙的历史延伸到大爆炸之前呢？既然有很多种其他的可能性存在，为什么原始爆炸偏偏会产生出一个均匀各向同性的宇宙呢？在早期阶段中，宇宙各部分之间的交流范围是非常窄的，那么微波背景又怎样会变得像今天的观测资料所表明的那么均匀呢？

请注意，根据相对论，大爆炸（$t=0$）瞬间的几何图像是奇异的，它的性质同第 11 章中所讨论过的引力坍缩问题中出现的时空奇点差不多一样。由于物理定律在这类奇点处失效，宇宙学家们根本不可能对上面提出的大部分问题做出回答。我们不得不满足于这样的一种说法：所有这一切全是由初始条件决定的。戈尔特曾经说："宇宙之所以有今天，正是因为有它的过去"，而前述说法也只不过是戈尔特论点的另一种表示而已。

在附录 A 中我们对稳恒态理论做了介绍，这种理论试图撇开奇点，同时把物质创生引入物理学的范围之中。但是，目前来说，这一理论看来无法对观测到的微波背景做出解释，因而它在现在还是令人怀疑的。

这一章内我们要对研究这些问题的另一条途径加以简要的介绍，这条途径将从不同的角度来观察标准大爆炸图像，并且由此可以得出一种理论，而它的前景则要比广义相对论更为宽广。它的另一个优点是同时应用了马赫原理——这条原理力图把物质的惯性同宇宙的大尺度结构联系起来。下面的叙述就从对这一原理的讨论开始。

§14-2 马赫原理

让我们回到第 10 章，从批评的角度来对牛顿运动定律做一番观察。这几条定律中所出现的量有 3 个，分别是速度、加速度以及力。那么，我们应该怎样来测定这些量以证实运动定律的正确性呢？

首先，我们注意到，对速度或加速度的测定必然是相对的。考虑下面这种说法：一辆汽车正以每小时 55 英里的速度向北行驶。很明显，这里对速度的测定是指相对地球表面而言的。事实上地球在绕轴自转，同时围绕着太阳运动，而太阳又参与银河系的旋转运动；如果我们考虑到这一点，那么可以认为汽车也参与银河系的运动，速度要大得多，方向也完全不同了。因为对那种情况来说，我们应当采用位于银河系中心的一种无转动静止参考坐标系——相对于可以观测到的最远星系没有旋转运动。

同样情况也适用于加速度。举例来说，在绳上绑一个石块，并使之旋转而做圆周运动。我们把图 10-2 重画于图 14-1，这里是从圆心（绳子的另一端）为静止时的参考系来观察石块。另一方面，在图 14-2 中则是石块静止不动，原来的圆心在一个圆周上绕石块运动。

很明显，在开始应用牛顿定律之前，我们必须决定为了测量速度

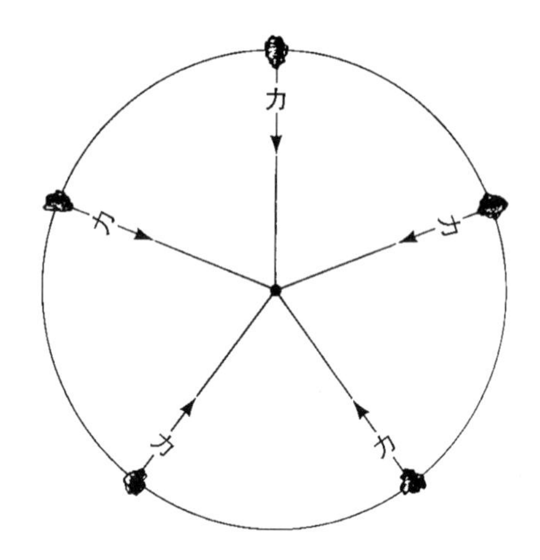

图 14-1 为了使石块在一个圆周上保持做旋转运动，必须要有一个力加在石块上，这个力必须始终朝向圆周的中心

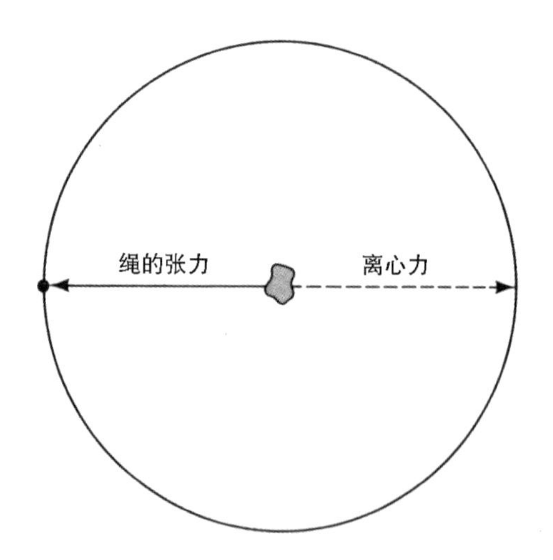

图 14-2 在石块参考系中，石块的加速度为零。因此，我们一定要引进一个与绳子的张力大小相等方向相反的力。图中这个离心力用虚线来表示

和加速度应该采用什么样的参考系。就石块的例子来说，在第一种参考系中我们认为绳子的张力提供了使石块获得加速度的力。如果 m 是石块的质量，v 是石块在圆周上不变的运动速率，r 是圆半径，而 T 是绳子的张力，则我们以下面的形式写出运动学第二定律

$$质量 \times 加速度 = 力,$$

由此得出

$$m \times \frac{v^2}{r} = T\ 。$$

到现在为止一切正常。在第二种参考系中情况又怎样呢？石块静止不动，没有受到加速作用。因此，上述方程左端为零。

但右端显然不为零，那么什么地方出了点毛病呢？作用在石块上的力仍然指向圆心，它是由 T 来给出的。既然再没有任何其他的力存在，我们又怎样才能使右端同左端相等呢？

因此，看来运动第二定律并不适用于所有的参考系。牛顿认识到这一问题，经过反复思考之后他提出了绝对空间的假设。

在绝对空间中牛顿选出了唯一的一种参考系，他的运动定律在这种参考系中完全成立。要是有一个参考系相对于绝对空间做加速运动，那么在这种参考系中我们就会遇到在石块例子的第二种参考系中所看到的那一类困难。为了解决这类非绝对情况中的困难，我们采用牛

顿所给出的规定，即引进一个表观力以使运动方程成立。在有关石块的例子中，我们必须引进一个力 $-T$，这就是说，引进一个与 T 大小相等而方向相反（朝外）的力。这个表观力通常叫作离心力。之所以称为表观力，是因为这个力实际上是没有来源的；为了在非绝对参考系中使帐面取得平衡，我们不得不引进这一个力。根据牛顿的做法，石块例子中的绝对参考系就是图 14–1 中的参考系。

这一类表观力称为惯性力，因为它们同所考虑的系统的惯性成比例。在石块的例子中，离心力的大小为 mv^2/r，它同石块的质量成正比。请注意，只是对那些相对于绝对空间做加速运动的参考系才出现表观力。对于一个相对绝对空间做匀速运动的参考系来说，没有必要引进任何的惯性力。做匀速运动的参考系称为惯性参考系。我们在第 10 章中已经见到过这种参考系。因此，我们可以把牛顿定律的适用范围从绝对空间扩大到所有的惯性参考系。（相对于绝对空间）做加速运动的参考系称为非惯性参考系。

尽管牛顿的绝对空间仍然是一种抽象的概念，但是在 19 世纪中奥地利的哲学家兼科学家马赫（E.Mach，图 14–3）就已注意到了天文学上的一个重要现象，它同牛顿的概念是相一致的，这种一致性好像使牛顿的概念取得了坚实可靠的地位。假定我们想要测定地球相对于绝对空间的自转运动。为了做这样的测定，在实验室实验中必然要用到固定在地球表面上的一个参考系，所以我们首先必须考虑因这种实验条件会引起什么样的表观惯性力。尽管离心力是地球自转引起的，但这种力相当小，这是因为地球自转的角速度（24 小时转一周）是很小的。图 14–4 中所画的是一个单摆（一端固定的绳子悬挂着的一个

图 14-3　马赫（1838—1916）

小重锤），它在一个竖面内来回运动，这时有一种表观力以这幅图中所说明的形式出现，它比离心力稍大一些，称为科里奥利力。因地球自转而造成的科里奥利力的效应，会使得摆的摆动平面绕着它的竖轴转动。如果摆设计得可以自由地在任意一个竖面内摆动，那么我们发现在地理纬度 l 的地方，摆平面在 $\frac{1}{\sin l}$ 天内绕着垂线方向转动一整周，如图 14-5 所示。这种摆称为傅科摆（图 14-6）。实验者可以利用傅科摆来测定地球的角速度，他只要把摆转动的角速度乘以 $\sin l$ 就行了。值得注意的是，用这种方法所得到的答案，同观察围绕着我们运动的

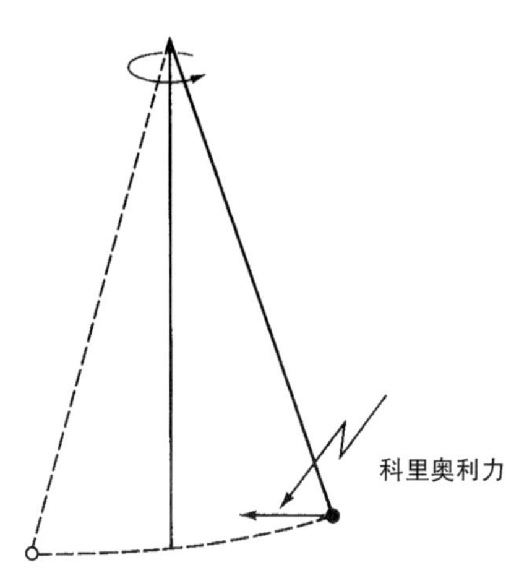

图 14-4　科里奥利力使得傅科摆的摆动平面绕着过悬挂点的竖轴转动

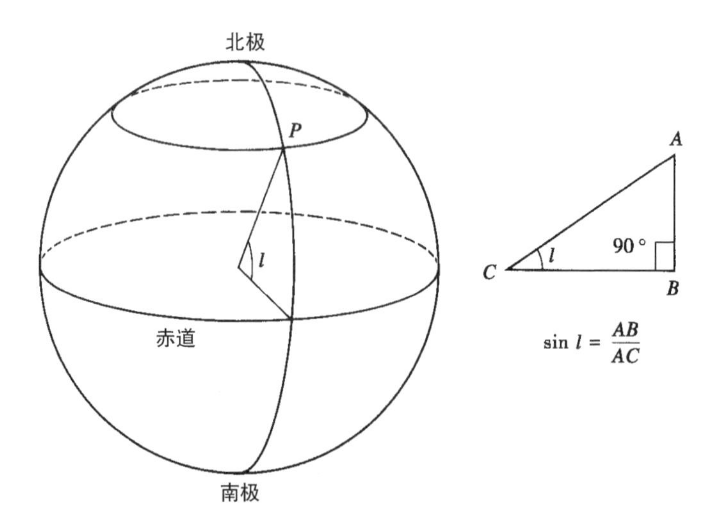

图 14-5　在纬度为 l 的点 P 上，傅科摆在 $1/\sin l$ 天时间内转过一整周。对右边所示的直角三角形来说，$\sin l$ 的数值即等于比值 AB/AC

远方恒星所能取得的答案符合得非常之好。换句话说，地球相对远方恒星的自转运动同相对牛顿绝对空间的自转运动几乎完全一样。

惯性这种性质是同宇宙的遥远部分有关的吗？

由于马赫注意到了这种一致性，他认为牛顿的绝对空间事实上是

图 14-6 傅科摆的一个实际工作模型

以远方恒星为参考系来加以确定的。又因为惯性力的概念同这种特定的参考系联系在一起，马赫进而推测惯性这种性质本身也同远方恒星背景联系在一起，其原因并不清楚。他认为，要是把背景去掉，那么我们实际上没有办法来确定作为运动定律基础的绝对空间，因为惯性与质量成比例，我们必然会认为物体的质量并不像牛顿所假定的那样是物体本身的一种内禀性质，而是同宇宙的遥远部分有关。这一概念称为马赫原理。19世纪以来对“遥远部分”的解释已经发生了变化。河外星系天文学表明，用遥远的星系来作为牛顿绝对空间的近似，要比用我们自己银河系内的远方恒星更为有效。物理学家们对这种一致性的估价，以及对马赫原理所具有的重要性的估价并没有取得一致的意见。在这一章中，我们就来对认真考虑了马赫有关质量和惯性的观念之后，给宇宙学所带来的一些影响做一番探索。我们感到对已经经受了将近一个世纪时间考验的一致性问题应该进行更深入一步的研究。

§14-3 单位和量纲

在科学研究中要涉及许多不同的物理量：质量、速度、力、角动量、电荷、磁场强度等。每一个量都以一些合适的单位来表示，于是由此而得到的代表这个量的数字就不会太大。举例来说，我们可以用磅或公斤来表示一个人的质量。然而，用这两个单位来说明恒星的质量都是不合适的。对于一颗恒星来说，合适的单位是太阳质量（$M_\odot$），它差不多等于 2×10^{30} kg。

只存在一种基本量纲

我们只要稍微思考一下就会知道，所有的物理量都可以用由长度（L）、质量（M）和时间（T）的幂次所构成的一些单位来加以表示。例如，速度的单位是（L/T），电荷单位是（$L^{3/2}M^{1/2}/T$），引力常数的单位是（L^3/T^2M），等等。科学家用了许许多多不同的单位，例如达因、焦耳、伏特、高斯等，其理由也只是为了方便。在每一步都要记住 L，M 和 T 的幂次那是十分麻烦的。但是，这种实际应用上的做法不应该掩盖所有物理单位对于 L，M 和 T 的基本依赖关系。

现在把这一简化过程更向前推进一步，是不是一定要有三个基本单位，一个对 L，一个对 M，一个对 T 呢？由于 20 世纪物理学上的两项重要进展，我们不再一定要有三个独立的基本单位了。其中的一项就是狭义相对论（参见第 10 章），它证明了在自然界中存在着一种基本速度。这个基本速度就是光速，其大小为

$$c=2.997929(\pm0.000004)\times10^{10}\,\mathrm{cm}\cdot\mathrm{s}^{-1}。$$

如果我们考虑到这一重要结果的存在，那么采用使 $c=1$ 的单位制不是顺乎自然的吗？在这样一种单位制中，我们可以用时间单位来确定长度单位，反之亦然：

$$1\,\mathrm{s}=\{2.997929(\pm0.000004)\times10^{10}\}\mathrm{cm}。$$

有了 $c=1$，我们就可以不再把秒作为一种独立的时间单位。现在

所有的速度全是无量纲量，这就是说，它们是一些纯数。狭义相对论给任何速度的大小建立了一个上限 1（参见图 14-7）。

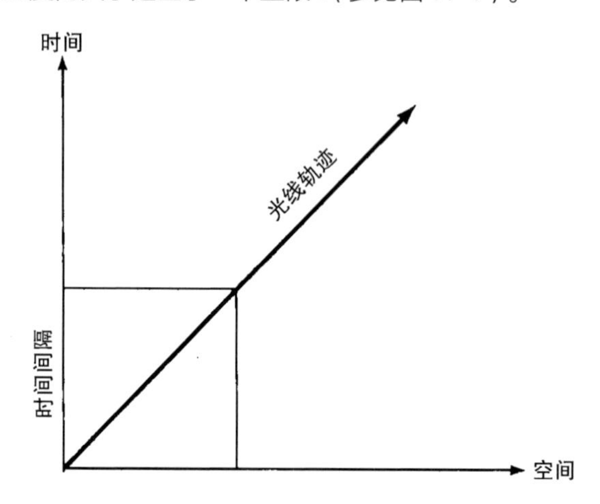

图 14-7 利用光线我们可以把任何空间间隔转换成时间间隔，反之亦然。取光速为 1（$c=1$）即相当于在空间单位和时间单位之间建立了这样一种等价关系。光线轨迹同空间轴（同时也同时间轴）交 45° 角

第二个重要发现是量子理论，它引入了自然界的另一个常数，即普朗克常数 h，或者是与之有关的常数 $\hbar=h/2\pi$. 量子力学测不准原理

$$\Delta x\Delta p \gtrsim \hbar$$

告诉我们，对一个系统来说，位置（图 14-8 中的 x 坐标）和动量（图 14-8 中用 p 表示）的任何测定都不可能做到无限地精确。上面的关系式为位置测定中的不确定性 Δx 与动量测定中的不确定性 Δp 的乘积确立了一个下限。如果我们想提高 x 的测定精度，也就是说要减少 Δx，那么所必须付出的代价就是增大 Δp。

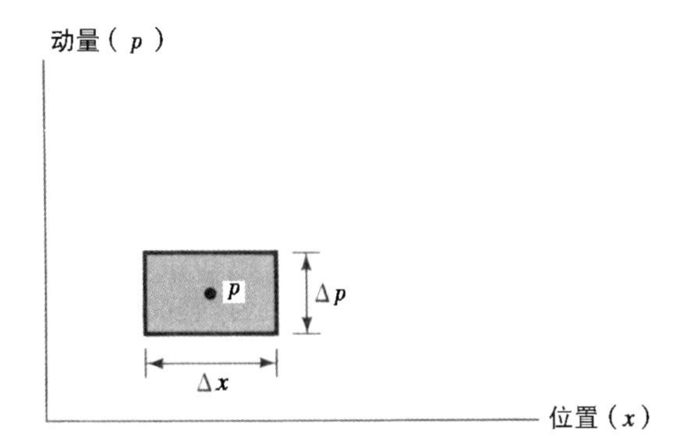

图 14-8　按经典的概念，我们可以严格确定一个粒子的位置（x）和动量（p），在 x-p 图上我们可以用一点来表示这个粒子．量子理论告诉我们，这种精度是不可能达到的。充其量我们也只能确定 P 位于面积为 $\hbar$ 的一个矩形（图中的阴影部分）之内

现在，动量的量纲是质量 × 速度，而我们已经知道，因为取 $c=1$，速度成了无量纲数。所以，图 14-8 中的误差矩形一条边的量纲是长度（$\Delta x \sim L$），另一条边的量纲是质量（$\Delta p \sim M$），如果我们现在令 $\hbar=1$，这样图 14-8 阴影部分矩形的面积就等于 1，那么我们就得到了质量单位 M 和长度单位 L 之间的一个关系：

$$ML \sim 1,$$

这就是说

$$L \sim M^{-1}。$$

应用这些单位，测不准原理可以写成下面的形式

$$\Delta x \Delta p \gtrsim 1。$$

因此，就可以用 g^{-1} 这种单位来表示长度。同样的单位对时间也是适用的，因为我们已经通过令 $c=1$ 而用长度单位来表示时间。只要指定常用的 $\hbar$ 值

$$\hbar = 1.05443(\pm 0.00003) \times 10^{-27}\ \mathrm{g/cm^2/s} = 1,$$

我们确实就会得出一个表示克、厘米和秒之间关系的方程，再加上前面的厘米和秒之间的关系式，结果只剩下一个独立单位。我们选定这个单位是质量。于是，只要用质量我们就能写出所有其他物理量的单位：

长　度	$\sim M^{-1}$
时　间	$\sim M^{-1}$
能　量	$\sim M$
电　荷	$\sim M^{0}$
磁场强度	$\sim M^{2}$
引力常数	$\sim M^{-2}$

我们可以说，能表达成 M^n 的一个单位在这一单位制中具有维数 n。

于是，全部问题归结为选择一个用以表示 M 的单位。我们可以选用克，或者我们也可以选用某个基本粒子，比如电子或一个质子的质量，前提是我们要确信某个基本粒子的质量为常数。如果我们遵循

牛顿关于惯性是物质的一种内禀性质的箴言，那么对于我们的质量单位就会有一个固有的数值。我们可以承认，或者只是假定，只要不存在任何相反的证据，那么电子质量 m_e 在任何时候、任何地方都是相同的。这就给了我们一种确定的框架，然后所有的单位就都固定在这一框架内了。

但是，一种利用可变粒子质量的框架可能引出简化的几何学关系

在我们讨论宇宙遥远部分中的长度测定和几何关系时，上述框架使我们确信在那里所用的测量单位同我们实验室中的单位是一样的。在考察遥远星系中原子所发出的谱线时，我们可以认为，在那边有关谱线的条数，同现在我们这里同类过程中所应当发现的数目是相同的。

尽管如此，我们一定不能忘记这种表观上坚实可靠的框架只是建筑在牛顿物理学的一条假设之上，而如果我们倚重马赫原理的话，这条假设就会变得靠不住了。如果 m_e 是我们这里现在的电子质量，那么 m_e 目前所观测到的数值同今天的遥远星系背景有关。就一般情况来说，我们无法保证这种遥远背景永远会步调一致地使得对任何时候、任何地方来说 m_e 都有着相同的数值。因此，在描述宇宙的物理特性时，我们必须把 m_e 会变化的这种可能性也考虑进去，也就是说，我们的量度框架不是刚性的，而是允许 m_e 随某个外界因子按比例变化。

做出这样的一步发展并不一定需要使情况复杂化，只要在不同时空点上有采用不同长度标度的自由，那么这后一种图像就能够使数学家们选择一种形式上要比其他方法所可能做到的更为简单的几

何系。因此，可以证明在大多数情况中以下两种图像在数学上来说是等价的：

粒子质量不变 + 复杂的宇宙几何学
$\Leftrightarrow$ 粒子质量可变 + 简单的宇宙几何学 …（E）

两类图像表现为截然不同的例子是在一些特殊场合中出现的，这发生在时空的一些特定点上，那里全部粒子的质量在新的图像中恰好为零。在第一种图像中与粒子质量消失相应的表现是时空几何学的一个奇点。

前面一章中，我们曾经用第一类图像对宇宙做了描述。在这一章中，我们要用第二种描述方法，因为用后一条途径来描述宇宙会使得宇宙学的许多方面，特别是与宇宙起源有关的那些方面变得更容易理解。宇宙的起源恰恰就是时空几何学的这一类奇点。因此，宇宙的起源在第一类图像中显得奥秘莫测，但在第二类图像中就毫无奥秘可言了。

§14-4 星系系统膨胀的含义

现在从第一类图像开始来考虑一组 n 个星系，它们在某一特定宇宙时瞬间（比如说 t）的位置是 G_1，G_2，…，G_n。再假设用直线把 G_1 和 G_2，G_2 和 G_3，…，G_{n-1} 和 G_n 以及 G_n 和 G_1 连接起来，构成一个多边形。我们可以对不同瞬间（比如说 t'）时的同一组星系做同样的事情，从而得到第二个多边形。宇宙学原理使我们能得出的推论（其中所用到的数学相当复杂）是第二个多边形必然同第一个多边形有相同的形状。但是，我们无法推知两个多边形有相同的尺度，它们的尺度可能不相同，如图 14-9 所示。我们用建立一个宇宙时系统的做法，使得我们可以由任何的一组星系来构成一个多边形，而且不论我们选取什么宇宙时瞬间来构成这个多边形，它总有着确定的形状。

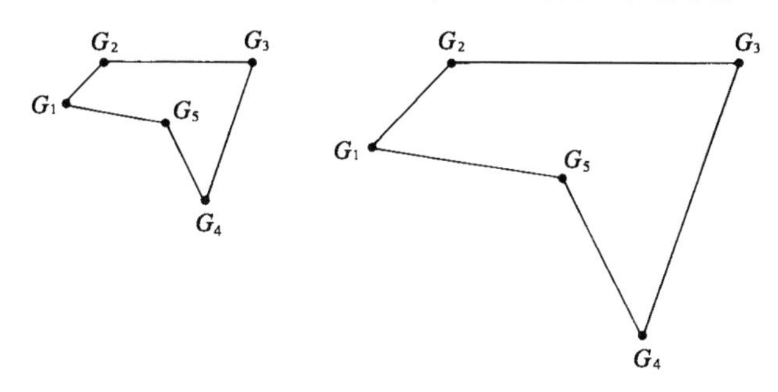

图 14-9　根据通常有关宇宙学的一些假设，如果把一组星系在两个不同宇宙时瞬间的空间位置连接起来，构成两个多边形，那么这两个多边形的形状必然相同。但是，有关宇宙学的一般性假设并不要求两个多边形有相同的尺度

第 13 章中，我们曾利用标度函数 $Q(t)$ 来确定一个多边形在 t 时间的尺度。因此，在图 14-9 中，左边那个多边形的 $Q(t)$ 就比右边那个多边形来得小。在膨胀宇宙图像中，$Q(t)$ 随时间的推移而增大，在图 14-9 中就是从左边的图形朝着出现在它之后的右边那个图形而增大。$Q(t)$ 的变化特性是宇宙时的函数，其中的有些方面可以通过爱因斯坦引力理论来加以计算。

为了对第一幅图中的情况再次进行简单的讨论，让我们先来考虑三个星系。这时，多边形即成为一个三角形，这个三角形的尺度随着时间的推移而增大（Q 增大，参见图 14-10）。过去的三角形要比现在来得小，将来的三角形会变得比现在的来得大。这种情况就会引出

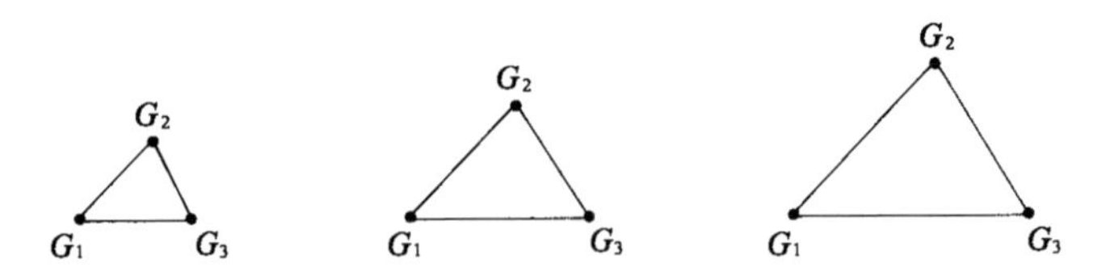

图 14-10 在膨胀宇宙中，对于连接三个星系而构成的三角形来说，过去的要比现在的来得小；将来的会比现在的来得大

一个问题：如果我们向着过去走得足够远，那么这个三角形是否会像图 14-11 中的情况那样缩小到根本不存在呢？回答是肯定的，因为 Q 曾经一度为零。这个答案在第 13 章中是从爱因斯坦引力理论得来的，在爱因斯坦-德西特模型中我们从图 13-3 看到这一点，而对于 A，B，C 这三种几何学情况来说我们是从图 13-4 看到这一点的。

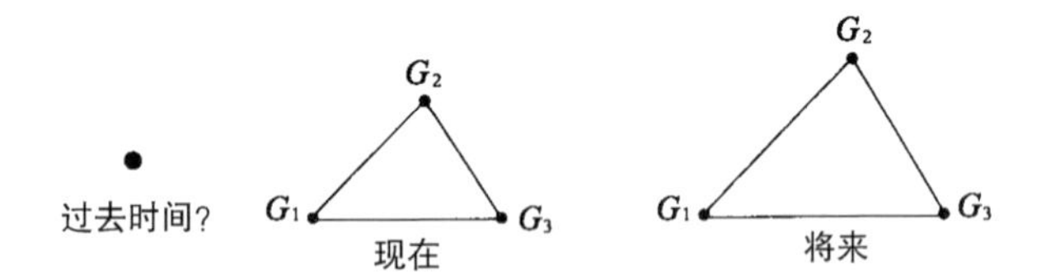

图 14-11 图 14-10 引出这样一个问题：在过去是否有某一个时间会使这个三角形缩小而为一点呢？

那么 $Q(t)$ 随时间而变化又究竟意味着什么呢？我们怎样来测定星系多边形在尺度上的变化呢？回答是，我们的基本标准，无论是关于时间间隔或空间长度的标准，都是根据某种选定原子的特定量子跃迁所引起的辐射波长来加以建立的。辐射的波长又取决于构成原子的粒子质量，特别是电子的质量。当我们计算在某种原子的跃迁（比如说，氢的 H_α 跃迁）中所发出的辐射频率（比如说 v）时，v 与电子质量成正比。因此，如果记电子质量为 m，那么就有 v 与 m 成正比。辐射的波长为 c/v，因此波长与电子质量的倒数 $1/m$ 成正比。就是这个

$1/m$ 确定了我们的物理标度，它用原子的大小以及通过原子辐射所给出的时间单位（即原子钟的单位）来表示。当我们在说星系间距离随时间而增大时，我们指的是相对于 $1/m$ 所测得的距离。我们的意思是星系多边形相对于作为单位（如图 14-12 中所示的）的 $1/m$ 而增大。

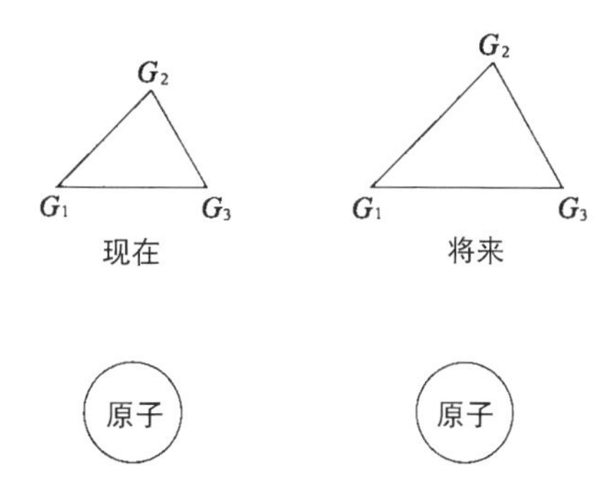

图 14-12 当我们说图 14-10 中三角形的大小随时间而增大时，我们的意思是指三角形任一边的长度同由原子大小（这里已做了充分的夸大）所确定的长度标度之比在增大，而标度本身则保持不变

§14-5 宇宙膨胀的另一种解释

§14-3 表达式（E）所给出的等价关系的含义现在便很清楚了。该式等号左边要求 $1/m$ 保持固定不变，这时星系多边形随标度因子 $Q(t)$ 而增大。但是，如果来看它的右边部分，那么我们可以假定星系多边形保持不变，所以对任何时间总有 $Q(t)=1$，这时 $1/m$ 必定如图 14-13 中那样减小。我们是否能够设计出一些物理实验来对图 14-12 和图 14-13 所描述的两种情况做出判别呢？局部性的实验是不可能做到这一点的，因为它们所涉及的时间间隔太短，在这期间 $1/m$ 的任何变化都完全可以忽略不计。但是，如果假定地球上的一位实验者可以活很长的时间，又假定他能够取得某种原子发出的辐射，比如说

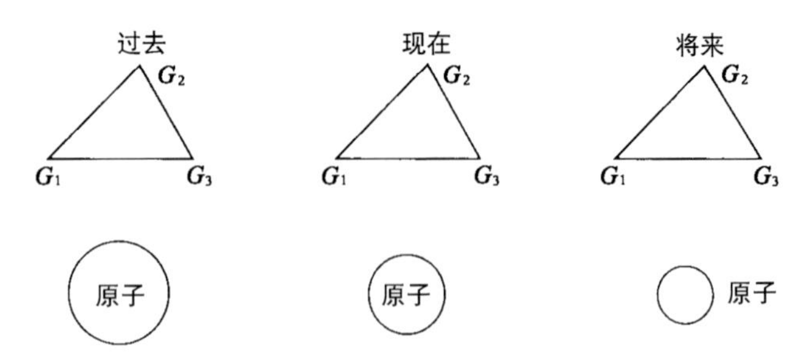

图 14-13　图 14-10 的另一种解释是使三角形的大小保持固定不变，同时假设原子的尺度（这里也做了充分的夸大）随时间而减小

钙的 H 和 K 振荡，并且能把这种辐射储存起来以为将来作参考之用。那么，在经过一段长时间之后，就可以把所储存的辐射和同类原子新发出的辐射加以比较。老辐射的振荡频率是否与新辐射的频率相同呢？

可以用非膨胀宇宙中粒子质量随时间的变化来解释哈勃红移的起因

在某种意义上说这类实验是能够完成的，这种情况如图 14-14 所示。遥远地方一个星系所发出的光线经过很长的时间到达我们这边，而我们可以把穿过空间的历程看作为某种形式的储存。当我们接收到这样一个星系所发出的光线时，就可以来检验这种老的光线，对于有些星系来说这是在几十亿年之前产生的光线。我们发现了什么呢？我们发现老光线的振荡频率与地面实验室目前产生的新光线的频率不同。我们是否应该把这点认作为一种证据，说明几十亿年前粒子的质量与它们今天的质量不同呢？为什么要费心动用多普勒位移以及星系彼此间高速分离的观念呢？我们刚才描述过的红移观测结果可以通过这种全然不同的方式来做出解释，也就是用 $1/m$ 的某种变化来做出解释。

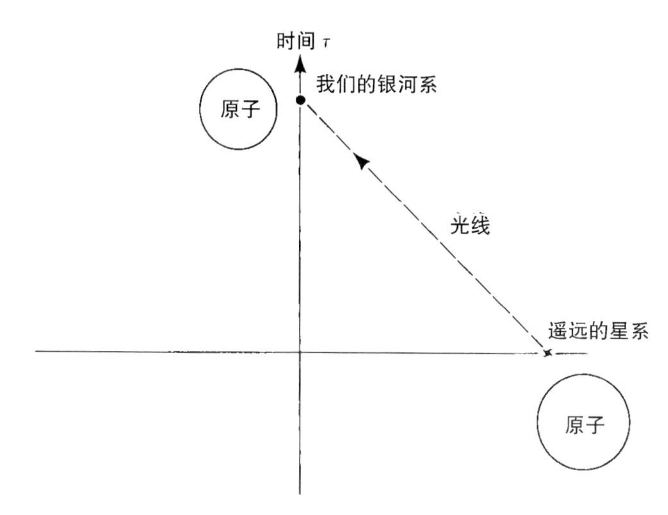

图 14-14 我们可以说，遥远地方一个星系所发出的光线是在过去某个时间产生的，当时粒子的质量要比现在的质量来得小。由于这个原因，一种特定原子跃迁所造成的辐射与今天同一种跃迁的辐射相比就出现了红移

物理学家们一想到对一种现象有两类互不相同而又无法加以判别的解释时就会变得心烦意乱。对于这类情况，他们的反应是力图说明如果为了描述一项观测结果存在着两种方式，而对这两种方式又无法做出判别，那么不管表观上它们可能显得如何地不一致，但这两种方式实际上必然是相同的。所以，我们无需考虑图 14-12 和图 14-13 中究竟哪一个才算是正确的图像，应该把它们看作为同一图像，而且应该修正我们的物理观念以使它们成为同一。

上面所述的会意味着什么呢？它应当意味着一个粒子的质量必须由它同其他粒子间的关系来加以确定，同时又要服从以严格的数学方式来加以叙述的某一些规则。这些规则的选取必须恰当，这样才能从我们的物理学理论（例如引力理论），对图 14-13 得出与图 14-12

完全相同的、可观测到的结果来。这种严格等价的要求，需要在技术上有重大的提高，其细节情况我们在这里就不必要去细加推敲了。就目前来说，只要知道可以做到使图 14–12 和图 14–13 严格彼此等价就足够了。因此，我们在处理问题时，可以用图 14–13 而不是用图 14–12 来作为我们对宇宙的说明。

问题马上表现出明显的简化。当我们采用图 14–13 的图像时，宇宙的几何学关系就变得与局部时空的几何学关系相同，而且不管图 14–12 中星系多边形的类空特性是 A 型、B 型还是 C 型，几何学关系总是保持一样。不论以前的情况如何，现在我们的情况是方便的，这就是说，整个宇宙的几何学关系同局部的狭义相对论几何学关系一模一样。

对爱因斯坦–德西特模型还有着另外一种重要的简化。在新的图像中，星系就像图 14–15 中那样在空间均匀分布。这里，引入平滑化宇宙的观念是有好处的。我们可以设想对图 14–15 中星系的物质加以平滑化，以使粒子的密度处处相同。这样做了之后，我们就可以做出图 14–15 那样的一种图像，但是现在世界线所代表的是个别粒子而不是星系，图 14–16 中说明了这一点。显然，图 14–16 中个别粒子密集程度要比图 14–15 中的星系高得多（间隔距离的减小应当比图中所能表示的情况明显得多）。

注意，图 14–16 中粒子的平均间距给了我们一种新的长度标度，比如说 L，我们可以用它而不是用原子所确定的标度来测定空间长度。标度 L 的优点在于任何时间它都是相同的，而现在对于由原子辐射所

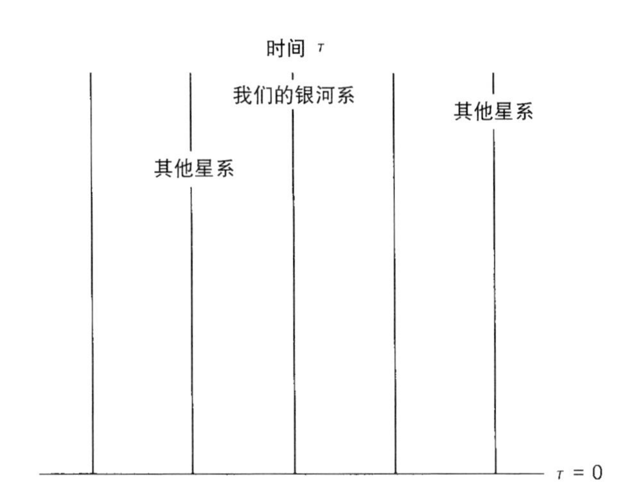

图 14-15 这里是爱因斯坦-德西特模型中图 14-13 的另一种图像，宇宙在这种图像中是静止的

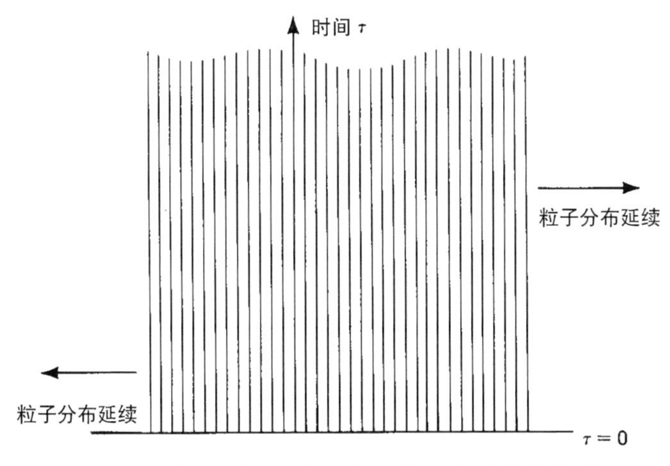

图 14-16 我们可以想象对星系物质进行平滑化，形成一种均匀的粒子背景

建立的标度来说，缺点就是由于构成原子的粒子质量是可变的，这种标度就会随时间而变化。事实上，这种质量变化正是以新形式再次出

现的红移效应，这一点我们已经注意到了。还要提请注意的是标度 L 是物理标度。我们还可以为时间单位也建立一种物理标度，为此只需要求光线和其他形式的辐射在图 14-16 中以 45° 角方向传播，就像图 14-17 那样。用这种方法进行测量时，我们以 τ 来表示时间。对于以这种方法所确定的时间来说，另一项结果也完全可以得到证明，即在爱因斯坦-德西特模型中粒子质量的变化与 τ^2 成正比。现在就来看一下，我们是否能够对引出这一结果的方法有深入的了解[1]。

可以对马赫原理给出一种数学框架

谈到这一步我们要来重温一下 § 14-2 中已介绍过的马赫的观念。马赫论证了粒子惯性的观测性质并不是该粒子的一种内禀性质，而是粒子因同背景的相互作用而获得的一种性质。这里，马赫并没有给出一种数学上的理论。在我们现在试图加以发展的图像中，我们所得到的结论就是马赫原理应当能保证：典型粒子的质量取决于宇宙的大尺度结构。我们现在就要更深入地来研究一下这个概念，并且尝试对其中的相互作用进行系统的阐述，这种相互作用可以对一个粒子的惯性如何由宇宙中其他粒子引起的问题做出定量的描述。

图 14-18 中我们要把 A 点位置上粒子 a 的质量，看作是由其他粒子引起的各种影响所决定的，这些影响在 45° 斜线上传播，图 14-18 中其他粒子以粒子 b 为例。不管是什么情况，我们现在同样把相互作用看作为来自过去，就同光的情况一样。首先我们要问，这样一种

1. 读者完全不必为下面的细节情况感到烦恼，高兴的话，可以马上跳到 § 14-6 去。

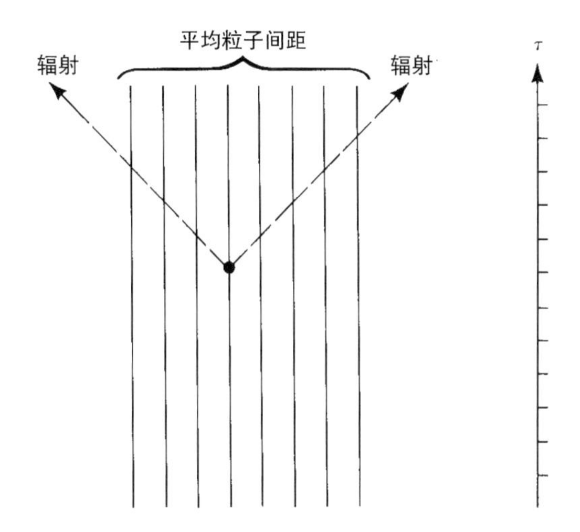

图 14-17 在图 14-16 的平滑化模型中，粒子间的平均距离给出了一种空间标度。对时间测量所用标度的选择是要使得辐射传播方向与时间轴成 45° 角，图上表示了这一点

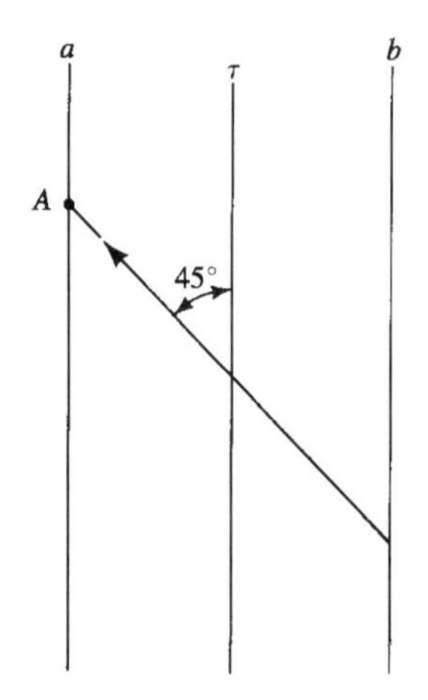

图 14-18 A 点位置上粒子 a 的质量是由另一些粒子 b 的影响决定的。这些影响在与时间轴交 45° 角的方向上传播

相互作用的影响同粒子 a 和 b 之间的距离 r 会有怎样的关系。我们显然会认为，在 r 比较大、两个粒子分得比较开的时候，相互作用的影响应当比 r 小的时候来得小。这种看法意味着存在一种反比关系，但影响是同简单的倒数 $1/r$ 成正比，或是同倒数平方 $1/r^2$ 成正比，还是同 r 的另外某种形式成正比呢？最初，我们也许会假定平方反比律 $1/r^2$ 应当是正确的，对于距离 r 地方一个源的辐射强度来说就是这样。但是，辐射强度本身取决于某个更基本量的平方，这个量通常称为辐射的振幅，它的特性是随 $1/r$ 而变化。对我们正在寻求的相互作用来说，它的变化特性像振幅，而不像强度，所以它随 $1/r$ 而变化。因此，情况就是这样：为了确定图 14-18 中 A 点位置上粒子 a 的质量，我们必须把所有其他粒子与 $1/r$ 有关的影响加起来，这些其他粒子在图 14-18 中是以粒子 b 来作为例子的。让我们看一下如何来进行这种加法，这里要记着粒子在空间均匀分布，相隔距离为 L。

在图 14-18 中以 A 点为球心作一组球面，半径为 L，$2L$，$3L$ 等。因为在图 14-18 中只画了空间三维中的一维，我们不可能用一般的方法来画出这些球。如果把空间三维中的两维隐去，球就成了一些简单的点子，原因是对于我们图上按 45° 角传播的相互作用来说，由于在时间零点之前任何粒子都不会存在，于是我们向着过去可以走多远是存在着某个极限的。如果记 A 点位置的这一时间为 τ，那么我们到达这类粒子时的空间距离 $r=\tau$。显然，这时对 A 点位置上粒子 a 质量的影响，只限于由有限数目的一系列球 L，$2L$ 等所到达的粒子，这个系列中最后一个球的半径比 τ 来得小，两者之差不过就是一段不长的距离 L。图 14-19 说明了这种情况。

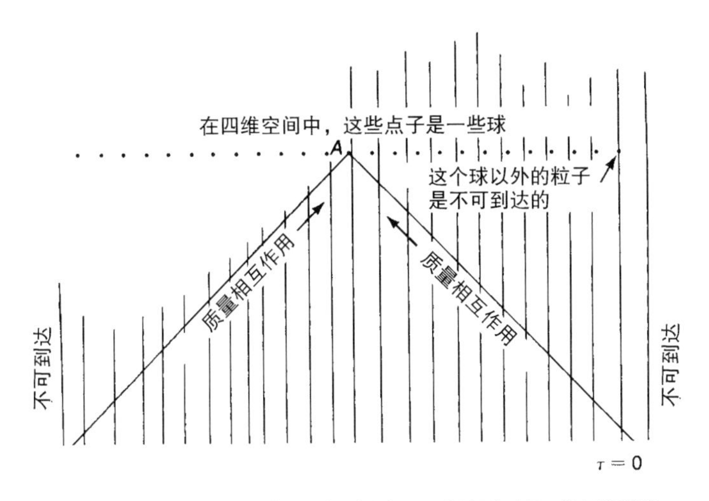

图 14-19 空间均匀分布的一组球，球心为 A。因为这里把空间三维中的两维隐去了，球就成了一些简单的点子。最后一个球上的粒子刚好达到对 A 点位置上粒子 a 的质量还能做出影响

接着，我们来考虑半径 $(n+1)L$ 的球能到达、而半径 nL 的球所没有到达的全部粒子对质量的影响。这里 n 应看作为一个大的整数，但还没有大到使 $(n+1)L$ 超过 τ。实质上，上述全部粒子到 A 点的空间距离就是 nL，因而每个粒子对 A 点位置上质量的影响与 $1/nL$ 成正比。这类粒子的数目与两球所夹的那部分体积成正比，而用 $4\pi n^2L^3$ 来表示这一体积就足够精确了。因此，球 $(n+1)L$ 已到达而球 nL 却没有到达的全部粒子所造成的影响必须与乘积 $(1/nL\times4\pi n^2L^3)$ 成正比，也就是与 $4\pi nL^2$ 成正比。

这项论证的最后一步就是要把全部这些球对的影响累加起来。这种影响从一对球到另一对球的变化就同整数 n 的变化一样。因此，我们要求的总和与级数

$$S=1+2+\cdots+k$$

成正比，这里 kL 是图 14-19 中最后一个球的半径。

有许多种方法可以使这一和式得以简化。注意，级数的第一项和最后一项相加得 $k+1$。第二项和倒数第二项相加为 $2+k-1=k+1$。事实上，如果我们把到两端等距离的两项构成一对，那么对每一对来说答案都是相同的，即 $k+1$。有多少个这样的对呢？如果 k 是偶数，就有 $\frac{1}{2}k$ 对，所以 $S=\frac{1}{2}k(k+1)$。如果 k 为奇数，那么这样的对就有 $\frac{1}{2}(k-1)$，另外加上级数的中间一项 $\frac{1}{2}(k+1)$。由此得到 $S=\frac{1}{2}(k+1)+\frac{1}{2}(k-1)(k+1)=\frac{1}{2}k(k+1)$。无论哪一种情况所得到的答案都是相同的。因为 k 是一个大数，我们可以把 S 近似地看作就是 $\frac{1}{2}k^2$。另外，因为 L 同 τ 相比是个小量，我们可以写出 $k=\tau/L$。以 $k=\tau/L$ 代入后，我们得到 $S=\frac{1}{2}(\tau/L)^2$，这个量与 τ^2 成正比，这就是我们所寻求的答案。现在我们知道粒子的质量可以随时间而变化是怎样引起的了，我们通过一种巧妙的方法说明了为什么在遥远星系的辐射中会观测到红移效应。

§14-6 哈勃和哈曼逊的红移-星等关系

我们现在的目标是要来证明一个更为雄心勃勃的结果，这就是在图 13-6 中所画的星等和红移间的关系。考虑 τ 时间从距离为 r 的一个星系那里所接受到的光线，如图 14-20 所示。由于测定 τ 的标度是

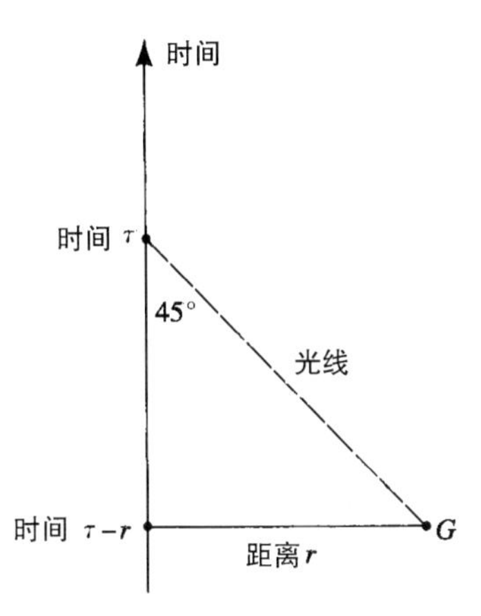

图 14-20　τ 时间从空间距离为 r 的一个星系所接受到的光线，必然要在 $\tau-r$ 时间开始它的旅行

根据光在这幅图上按 45° 角传播这一要求来加以确定的，那么这个星系所发出的光必须在 $\tau-r$ 时间开始它的旅行，这样才能在 τ 时间收到它。现在，根据我们刚才所了解的情况，辐射发出时粒子质量必然与 $(\tau-r)^2$ 成正比，而接受这一辐射时粒子的质量与 τ^2 成正比。我们可以就电子来表达这一结果，分别记 $\tau-r$ 和 τ 时间的质量为 $m(\tau-r)$ 和 $m(\tau)$，其中 $m(\tau-r)$ 和 $m(\tau)$ 满足方程

$$\frac{m(\tau)}{m(\tau-r)}=\frac{\tau^2}{(\tau-r)^2}。$$

利用类似的记号我们写出 $\nu(\tau-r)$ 和 $\nu(\tau)$，用来表示由某一种原子的一种跃迁所发出辐射的频率；例如，$\nu(\tau-r)$ 可以是氢原子的 H_α 跃迁在 $\tau-r$ 时间所发出辐射的频率，而 $\nu(\tau)$ 应当是在 τ 时所发出的 H_α 的频率，前面已经谈到过辐射的发射频率与电子质量间的关系，即 ν 与 m 成正比，根据这一点我们得出

$$\frac{\nu(\tau)}{\nu(\tau-r)}=\frac{m(\tau)}{m(\tau-r)}\text{。}$$

现在，这个方程的左边部分正好是量 $1+z$，所以

$$1+z=\frac{m(\tau)}{m(\tau-r)}=\frac{\tau^2}{(\tau-r)^2}\text{。}$$

为了对不同的星系取得不同数值的红移，就像生活在 τ 时间的一名观测者所确定的结果一样，我们只要在这个公式中使 τ 保持不变，同时改变距离 r。

下一个问题是要求得这些星系的星等对于 r 的具体依赖关系。设一个星系的距离为 r，内禀光度为 $\mathscr{L}$ [那么它的视亮度恰好就是 $\mathscr{L}/4\pi r^2$，因为现在来说宇宙几何学同我们所熟悉的局部几何学是完全一样的。但是，在应用这一简单结果时，我们必须记着要选用 $\tau-r$ 的时间的 $\mathscr{L}$]，$\tau-r$ 就是 τ 时间所接受到的光线的发射时刻。现在，可以知道 $\mathscr{L}$ 的特性随粒子质量的平方而变化。所以，$\mathscr{L}$ 与 $m^2(\tau-r)$ 成正比，因而就与 $(\tau-r)^4$ 成正比〔光度意味着单位时间发出的能量。能量的变化特性与粒子质量相类似，所以与 $m(\tau-r)$ 成正比。单位时间与 $1/m(\tau-r)$ 成正比。因此，单位时间除以能量就与 $m^2(\tau-r)$ 成正比〕。

在可变粒子质量的闵可夫斯基宇宙中，红移-星等关系具有一种非常简单的形式

由上面一段可以得出能通量 f 与 $(\tau-r)^4/r^2$ 成正比。在第 12 章中

（参见图 12-15）我们知道，星等（比如说 M）由式

$$M=-2.5\log f+\text{确定的常数}$$

所确定[1]。这个公式可以写成如下的形式：

$$M=-2.5\log\left[\frac{(\tau-r)^4}{r^2\tau^2}\right]-5\log\tau+\text{确定的常数}。$$

因为 τ 是常数，$-5\log\tau$ 这一项可以与右端的最后一项合并。因此我们有

$$M=-2.5\log\left[\frac{(\tau-r)^4}{r^2\tau^2}\right]+\text{常数},$$

其中的常数对于 τ 时间所观测到的每个星系都是相同的。

这项论证的最后一步是把有关 M 的这个方程同前面关于 z 的方程联合起来。因为 $1+z=\tau^2/(\tau-r)^2$，不难看出

$$\frac{r}{\tau}=1-\frac{1}{\sqrt{1+z}}\ 。$$

现在先指定 z，然后来计算 r，再用 r 来计算 M。根据对不同起始值 z 所得出的结果，便引出图 13-6 中所给出的曲线，这里我们把它重新绘于图 14-21。

1. 视星等的常用记号为 m。为了不致与质量的记号相混淆，我们将用 M 来表示视星等，而不是用 m。

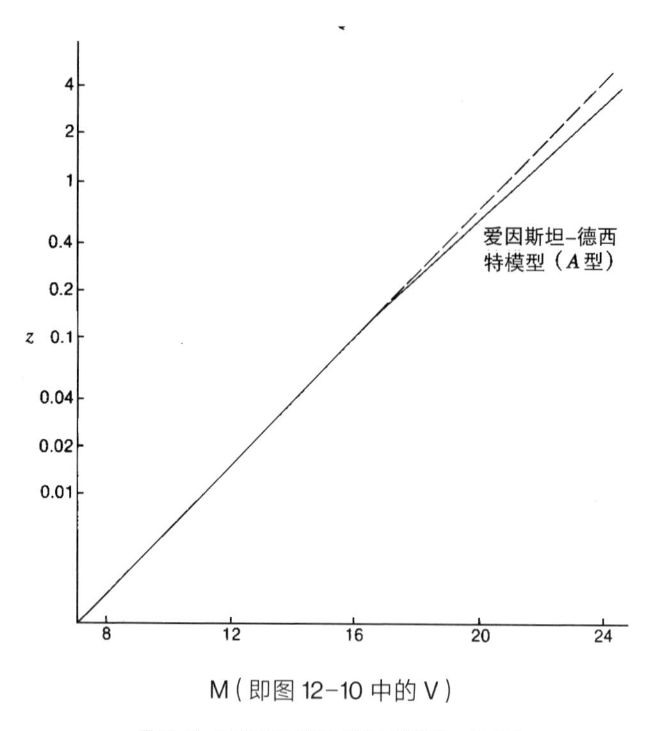

图 14-21 适用于爱因斯坦-德西特模型的 z-M 关系

这一结果是相当成功的，因为通常为了得到这个结果必须用到有关相对论和宇宙学的专业课程，所涉及的内容很广。这里我们所用到的只是一些非常简单明了的推理。

§14-7 早期宇宙

现在，依据爱因斯坦-德西特模型，我们对宇宙结构有了一幅清晰的图像，我们对星系表现出红移现象有了一种简单的理解方式：原因在于粒子质量随时间而变化。在 $\tau=0$ 这一初始瞬间我们的星系多边形不再收缩为乌有。所有时间的几何学关系都是很简单的。特别是当 $\tau=0$ 时，不存在有任何几何学上的问题。狭义相对论几何学对 $\tau=0$ 是适用的，正像它适用于任何别的瞬间一样。还需要注意的一个重要特点是，所有我们的粒子都处于静止状态。这里我们完全不需要多普勒效应，不存在我们在第 12 章所碰到的那种概念上的困难，在那里我们已经认识到往往是由红移的多普勒解释而引起的那种错误观念，即由于所有的星系都表现为离开我们自己的星系做退行运动，我们必须位于宇宙的某个中心位置上。在图 14-16 中不表现出有任何的中心。我们也懂得了是什么因素使得 $\tau=0$ 瞬间会如此地特别。$\tau=0$ 时粒子质量为零，它们之所以为零是因为在 $\tau=0$ 之前不存在有任何的相互作用。

请考虑一下 τ 值很小但不严格为零时的情况。因为那个时候粒子的质量很小，原子所发出的是低频辐射。因此，如果 τ 足够小，那么现在在地面实验室中发出可见光的原子在那时甚至会发出射电波。由于从宇宙早期历史以来所延续下来的任何辐射的振荡频率不会随时间的推移而发生变化，同时对现在来说几何学又有着简单的欧几里得形式，因此我们预期如果这样的辐射仍然存在的话，那就只会在低频上才观测得到。我们可以预测频率分布应当具有图 13-26 所表示的那种形式，但是到目前为止我们还不可能预测在各种不同的可能性中频率分布会服从哪一种。事实上我们在第 13 章中已经知道，这种辐射不是别的，正是彭齐阿斯和威尔逊在 1965 年首次观测到的微波背景。在图 13-26 的各条曲线中，最底下对应于 3 K 的那一条同观测结果最为接近。只要把迄今我们所给出的图像加以扩充，就能对这种辐射的起源有进一步的了解。在 § 14-9 中我们将会看到这一点。

现代有关宇宙学的许多讨论中，总是假定辐射在 $\tau=0$ 时已经存在。尽管由于在 $\tau=0$ 之前假定什么都不存在，因而也就没有东西可以产生出辐射来，所以这一观念看来也许有点特别，但正是这一观念引出了一些有意义的结果。即使在当时只是一些低频辐射，正因为在 τ 不大时粒子质量非常接近零，所以这种辐射必然对物质的特性起着支配的作用。辐射可能会产生出各种形式的奇异粒子，而这些粒子在现在只能通过强大的加速器产生出来，例如位于伊利诺斯州巴塔维亚的那种加速器。在非常靠近 $\tau=0$ 时存在的那些粒子的性质应当是极其复杂的，而且这些粒子应当属于现在称之为宇宙元初时代的内容。

有些物理学家已经怀疑，如此复杂的过程是否能产生出某种今天世界中仍然可以观测得到的效应。$\tau=0$ 附近的一束粒子会可能导致星系的形成吗？这个看法看来也许是抱负不凡，但是我们必须记住，用来解释星系起源的其他一些表面上看来比较简捷的尝试至今还没有取得很大的成功。

§14-8 当前宇宙学中的难题

图 14-22 中总结了目前为止我们所已推导出的爱因斯坦-德西特模型的图像。尽管从可以观测得到的特征，例如从哈勃定律和微波背景来说，这种总体图像是令人满意的，然而还是有着一些不能令人满意的地方。只要看一下图 14-22，我们立即会觉察到的一个特征是，所有粒子的世界线全都在历元 $\tau=0$ 突然终止。为什么这些世界线就应该以这种方式突然终止呢？就我们所能看到的范围来说，$\tau=0$ 时的几何学关系同以后任何时间（$\tau>0$）都是一样的。

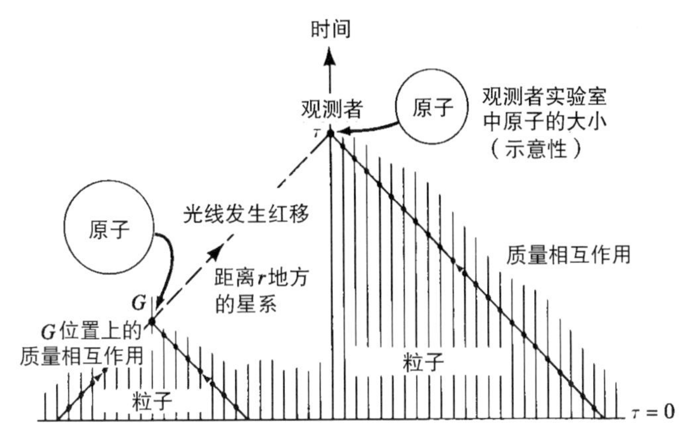

图 14-22 有关爱因斯坦-德西特模型结果的总结

假定我们不要像图 14-22 那样使 $\tau=0$ 之前什么东西也不存在，而是设法避免粒子轨线出现人为的中断，像图 14-23 那样把轨线向更早的时间延伸，无限制地往回走去。现在我们马上就会遇到麻烦了，这是因为我们计算粒子质量的方法会导致某种无穷大的结果。这样，在上一节中我们发现一个粒子的质量与有限级数 $S=1+2+3+\cdots+k$ 成正比，其中的最后一项根据图 14-19 所表示的方法来加以确定：整数 k 和粒子间平均间距 L 的乘积与 τ 很接近，所以，式 $k=\tau/L$ 有足够的精度。但是，在图 14-23 的情况中，我们并没有用这样的方法来终止遥远壳层对质量的影响；这就是说，§ 14-5 中引入的半径为 L，$2L$，$3L$ 等的一系列球可以无限制地延续下去，这么一来所计算出的质量就变得同级数 $S=1+2+3+\cdots$ 成正比，这是一个无穷级数。

这种力图避免图 14-22 中出现轨线终点的做法是失败的，我们从中知道粒子质量 m 与 τ^2 成正比这一结果的出现（对爱因斯坦-德西特模型这一结果是必然的）完全在于认为所有的粒子都在 $\tau=0$ 时

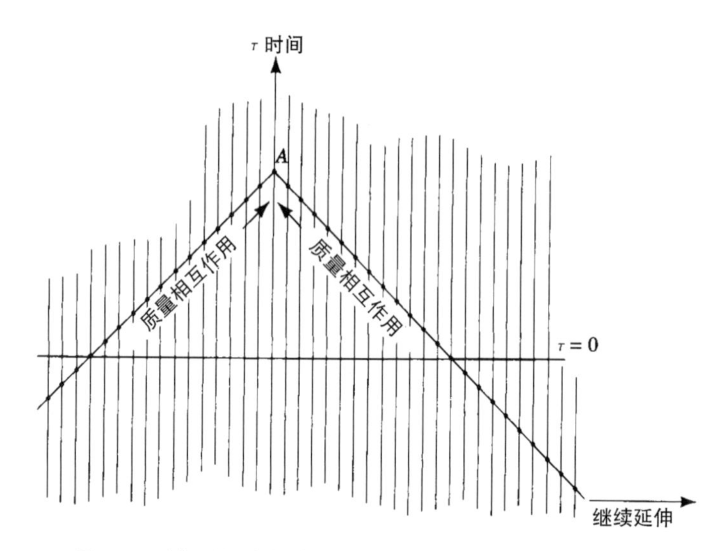

图 14-23　我们可以设法避免粒子轨线出现中断，办法是把它们往回无限地延伸

突然开始。

时空奇点和宇宙起源的问题是可以避免的

让我们接受从图 14-23 所得到的教训，回到图 14-22 上来，设法为图 14-22 中粒子轨线的突然开始找到一种物理学上的解释。在做这些事情的时候就会遇上我们在附录 A 中所考虑的问题，那里是通过附图 A-3 来加以说明的。我们将会看到，可以建立一条数学定律（它通过某种作用量原理的方法来加以确定）来描述具有终点的粒子轨线，一旦我们使得这条数学定律在物理学上得以发挥作用，那么终点处于其他 τ 值位置上的轨线同样也是会出现的（如附图 A-3 所示），对由此而引起的物理学问题的普通解决方法会使我们完全脱离

大爆炸宇宙学。一旦用一种行之有效的物理学原理来描述这些有终点的轨线，那么我们最终就会得到附录 A 中的稳恒态模型。但是，微波背景的存在又好像使稳恒态模型无法成立。因此，难题在于物理学和数学上的普通推理方法似乎把我们带入了理论和观测间的某种矛盾之中。

有许多人乐于接受这种状况。他们认为图 14-22 自然成立，而不去为粒子的突然开端寻求任何物理学上的解释。他们有意识地把这种突然开端认为是超自然的，这就是说超出了物理学的范围。因此，认为物理定律在 $\tau=0$ 时不再成立，而且生来就是如此。对许多人来说，这种理想方法似乎是心满意足了，因为这样做可以在 $\tau=0$ 时引入超出物理学范围的“某种东西”。语义一转，“某种东西”即成了“神”，只要第一个字母改为大写那就是上帝[1]，这便警告我们对问题的追究不得再前进一步。

把超自然概念引入世界并由此来解释一些现象的种种企图在过去总是以失败而告终。在 19 世纪初，人们认为不可能通过普通的化学过程来合成有机分子。现在，有一整套工业就建筑在这种合成方法之上。生命起源被认为是又一个物理定律不能成立的地方，而这种观点看来已站不住脚了。实际情况是在过去已经发现了一些现象，它们已迫使人们对物理定律加以扩展。放射性的发现即是一例。但是，物理定律的扩展并没有改变它们的基本逻辑。当然，我们可以争辩宇宙起源因其内在的性质可算是一个特例。尽管对许多人来说，这场最后

1. 英语 god（神）中第一个字母改为大写后的意思就是“上帝”（God）。—— 译者注

的论战好像是很值得的，但是我们宁可依赖过去的经验。我们不相信需要祈求超自然作用来解决我们能够想到的任何问题。

对于解决刚才所叙述的那个难题来说是否已时机成熟了呢？这个问题大概可算是天文学、也许还是物理学的所有问题中最为棘手的一个。现在来解释为什么我们相信时机必然已成熟无疑。

在科学研究中有着一种奇妙的现象，那就是无论已经达到了什么阶段，即不管是 1800 年，1900 年，1950 年或是 1980 年的科学水平，任何一个时期的研究工作者尽管都很清楚，前代人所表现出的类似的信赖是完全靠不住的，但最完善的认识总是恰好处在转折时期。为什么我们会有这样的错觉：完善的真理总是等候在显然是一条漫长而又曲折的道路的下一个转折点处呢？原因在于对一个问题来说，只有当接近解决它的时候我们才能够想到它。对我们可以想到的那些问题来说，解答确实就处在这条道路的下一个转折点附近。我们无须考虑那些会使将来的科学家感到苦恼的问题，理由很充分，因为我们还不可能想到它们。

因此，我们相信，由于图 14-22 中与 $\tau=0$ 有关的问题是我们可以想到而且可以做出系统性阐述的一个问题，所以解决它的时机必然已经成熟。我们应该采取什么样的途径呢？也许我们是否应该回到稳恒态模型，决不屈服于根据微波背景而提出的批评呢？这曾经是十年前我们对于因射电源计数而来的一些批评所采取的态度，而且已经证明那些批评并非像一开始看上去那样不可击破。也许将会证明由微波背景而来的批评过于夸大，而随着时间的推移这种批评就会低落下去呢？也许会是这样，但在目前阶段，在力图“跳出困境”的十多年之后，我们最好是尝试从刚才介绍过的那套议论的有限圈子内摆脱出来。让我们设法来做到这一点，我们的着眼点是把图 14-22 扩展到图 14-23，初看起来这也许不可能，因为这种扩展会导致无限大质量。让我们来看看是否有可能通过某种途径来避免这种无穷大。

我们知道，对于一个电场来说，可以有正和负的两种影响，具体情况取决于产生影响粒子的电荷的符号。物质团块所包含的粒子既有带正电荷的也有带负电荷的（质子和电子），因此就会对电场造成正、负两种影响。

让我们尝试把类似的概念用在造成粒子质量的某种场上，其中正和负的影响来自一些遥远的、甚大尺度的物质团块，尺度之大甚至可以同遥远星系的距离相比。但是，现在同电的情况会有一种重要的差别。个别团块所产生的或者全是正影响，或者全是负影响，而不是两者的混合。例如，假定我们像图 14-24 那样来考虑 $\tau=0$ 时间在宇宙尺度上彼此分离的正影响和负影响。这时，只要我们在方法上做出某种重要的改变，所算得的粒子质量就会同 τ^2 成正比，这正是我们对爱因斯坦-德西特模型所要求的结果。

在图 14-25 中，我们有 §14-5 中所用的那种形式的质量相互作用。假定图中所示的 a，b 粒子的两段轨线在 $\tau=0$ 的同一边（比如说在正的一边），而且随着 τ 的变化粒子 a 轨线上 A 点的位置在时间上要晚于粒子 b 轨线上的 B 点。在我们前面的计算方法中，曾经假定 A 点位置上粒子 a 的质量有来自 B 点的影响，但是我们假定 B 点位

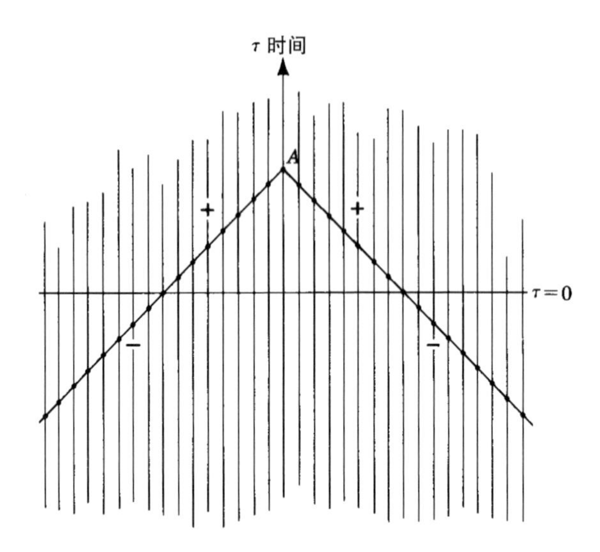

图 14-24 假设 $\tau=0$ 时正、负质量相互作用彼此分离，图中说明了这种情况

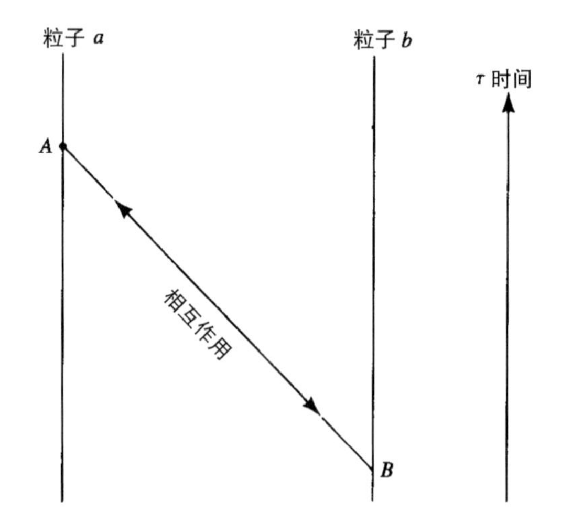

图 14-25 §14-5 中的情况是，A 点位置上粒子 a 的质量有着来自（较早的）B 点位置上粒子 b 的影响，但 B 点位置上 b 的质量不会有来自 A 点的影响。现在使这种情况对称起来，即 A 对 B 有同样大小的相互作用

置上粒子 b 的质量没有来自 A 点的影响。这就是说，计算方法表现出一种我们所不希望有的非对称性。让我们使图 14-25 中的相互作用对称起来。根据牛顿的说法，作用力同反作用力大小相等、方向相反。这一变化确实是方法上的一种重大改进，由此能得出我们所要求的结果，即粒子质量与 τ^2 成正比。

于是，刚才所提到的难题由于图 14-25 的对称体系而得到了解决。这样一来，关于粒子轨线带有终点的要求就避免掉了。但是，为什么 $\tau=0$ 时相互作用的符号会出现转变呢？为什么这一特定瞬间是如此地与众不同呢？这是一些自然会提出来的问题，而令人鼓舞的是，我们发现只要对图 14-24 做特殊的安排，然后再加以很好的归纳，就可以对这些问题做出回答。

§14-9　质量相互作用的一般形式

考虑图 14-26 所示的情况，其中有两个以上的 + 和 − 的团块（照例我们注意到，由于要求只用二维来表示实际上是四维的情况，这就必然造成表现上的限制）。如图 14-27 所示意性说明的那样，为了确定粒子 a，b 轨线上 A，B 两点之间相互作用的符号，我们对 A 和 B 所在的区域赋以适当的符号。如果 A 和 B 都位于 + 团块之中，那么相互作用的符号是 $(+1)\times(+1)$，即为正。如果 A 和 B 都位于 − 团块中，符号由乘积 $(-1)\times(-1)$ 所确定，所以也是正的。但是，如果一点在 + 团块中，另一点在 − 团块中，则由 $(-1)\times(+1)$ 所给出的符号就是负的，这个意义也正是对图 14-26 中的 +、− 号所赋予的意义。

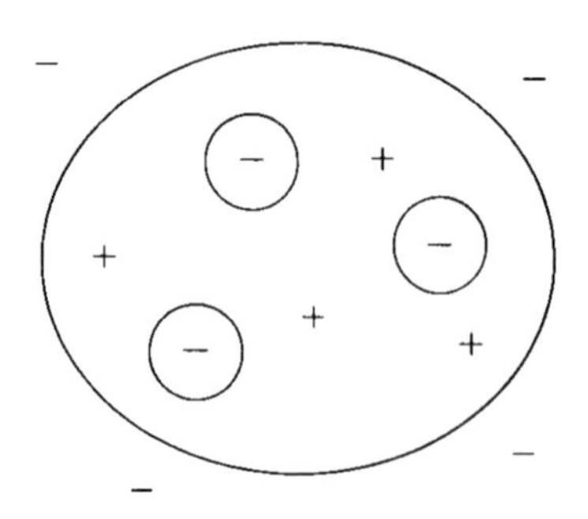

图 14–26　大尺度 +、– 团块的示意性表示

图 14–26 是对大尺度宇宙的示意性表示，这一尺度范围要比实际上所能观测到的那部分宇宙大得多。事实上，我们应该把所观测到的全部星系，哪怕是最大的望远镜中所能见到的最遥远的星系，仅仅看作是只占有图 14–26 中一个团块内的比较小的一个小单元。为了具体起见，我们就说这是一个 + 团块。

对这种图像来说，宇宙中任何地方、任何一点上某个粒子所受到的相互作用，相当于对所有不同团块的影响做一种复杂的加法。如果我们合理地假定，平均来说 – 团块和 + 团块一样重要，那么任意位置上全部相互作用的联合效应也许为正，也许为负，两者可能性相等。对有些区域来说全部影响的总和为正，另外一些区域则影响总和为负，在这两类区域的分界面上 + 和 – 的影响正好互相抵消。对这类表面上的那些点来说，粒子的质量就是零。

就最一般性的情况来说，我们现在取得了一项至关重要的结果：从宇宙学研究，特别是从星系红移研究所得到的极其重要的认识是，我们恰好位于靠近这种零质量面的宇宙单元之中。请注意，我们提到

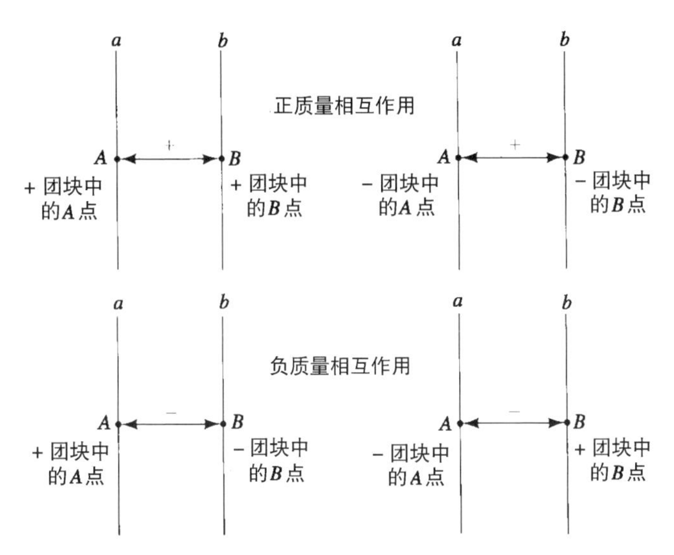

图 14-27 确定 A 点上 a 和 B 点上 b 之间质量相互作用符号的规定如下：如果 A，B 两点位于同类团块之中符号为 +，否则为 -

的这个面并不需要像我们在图 14-24 中所认为的那样是一个独一无二的面。我们观测所及的范围只是宇宙中的一个小单元；为了强调说明这一点，我们把图 14-24 实际上仅仅是图 14-26 中一个小单元这种情况表示在图 14-28 中，同时要看到，有关宇宙学的一些研究所涉及的仅仅是这个微小区域，而宇宙的范围要比这大得多。

在这更大范围的宇宙尺度上，我们不能再应用第 12 章中所说明的那种对称性，而必须代之以同十分复杂的黎曼几何学打交道。只是在图 14-26 的小三角形[1] 尺度内这种所谓的宇宙学原理才能很好地成立。事实上，宇宙学原理得以成立仅仅是因为我们碰巧很靠近某一个

1. 这是指图 14-24 在图 14-26 中只是一个很小的三角形，但在图中并没有把它画出来。—— 译者注

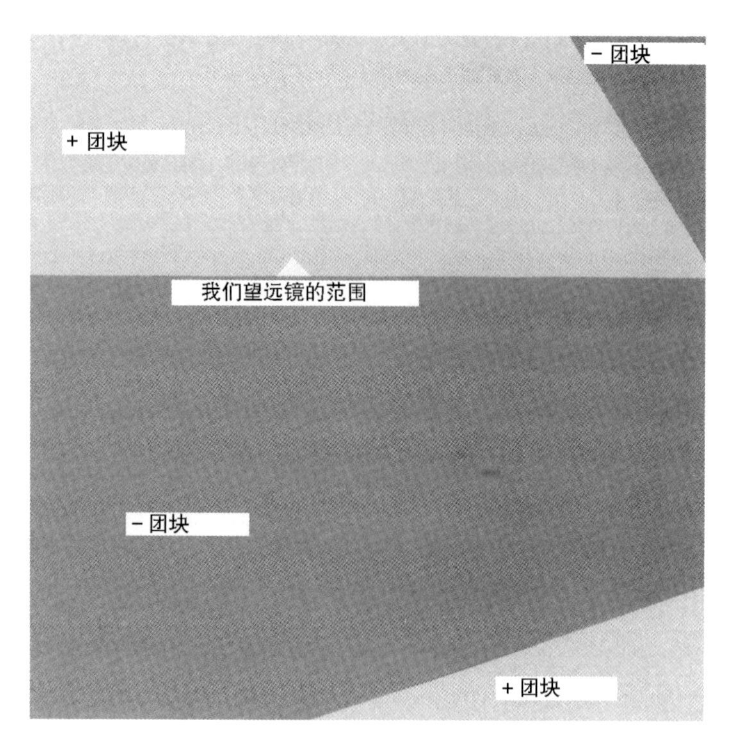

图 14-28 我们有关宇宙学研究所涉及的也许只是一个小单元，而宇宙的范围要比这大得多

零质量面。因此，发现全尺度的宇宙几何学关系就是一个非常困难的任务；取得零质量面的详细形态远不是一件轻而易举的事，要知道图 14-26 中所作的只是一种示意性的表示。

尽管如此，就图 14-24 所示的局部零质量面来说，令人惊讶的是我们对一个面所引起的效应的认识能达到多深的程度。假定光在这个面的两边以同样的方向传播，再假定在另一边也存在有星系和恒星。那么我们是否应当预期能够观测到另外一边的这些星系呢？很遗憾，我们不可能直接观测到它们，因为这些星系中恒星所发出的光，在接近 $\tau=0$ 时必然会受到恒星粒子强烈的散射、吸收或削弱作用。不过，削弱后的辐射还是会进入零质量面我们的一边，所以确实应当能观测得到。它正好会具有我们在 § 14-7 中所研究过的那种黑体形式。还有，它应当包含有一定的能量，能量的大小则由另外一边恒星中氢向氦的转变所确定。这种能量是可以算得出来的，而且可以证明对于这种削弱后的辐射来说由能量所得出的温度大约是 3K，正好就是观测到的微波背景所具有的温度。因此，微波背景的存在（从而使稳恒态模型受到明显的损害）很有力地支持了这里所提出的概念。我们不需要特别地假设它的存在，在通常的大爆炸宇宙学中则必须做这样的假设。我们也许可以有一定的理由，说明微波背景表明了局部零质量的另一边是存在的。

有关星系和类星体成协的许多特征仍然得不到解释

另外一边存在着星系的概念也许还可以同我们这一边的星系成团问题联系起来。长时间以来，天文学家们总觉得星系是群居在一起的，其集聚程度要超出如果只有随机因素作用时对这种情况所能做出的合理估计。图 14-29 到图 14-33 涉及我们在前面几章中讨论过的其他一些问题。只有在我们的天文学理论中考虑到另外一边的条件时，这几幅图才有可能得到完美的解答。

我们在天文学方面所知道的许多内容，大体上在图 14-30 到图 14-32 中有了充分的反映。这三幅图都是 NGC1097，这个星系在南半球进行观测最好。这些照片是在不同曝光条件下拍摄的，它们表明

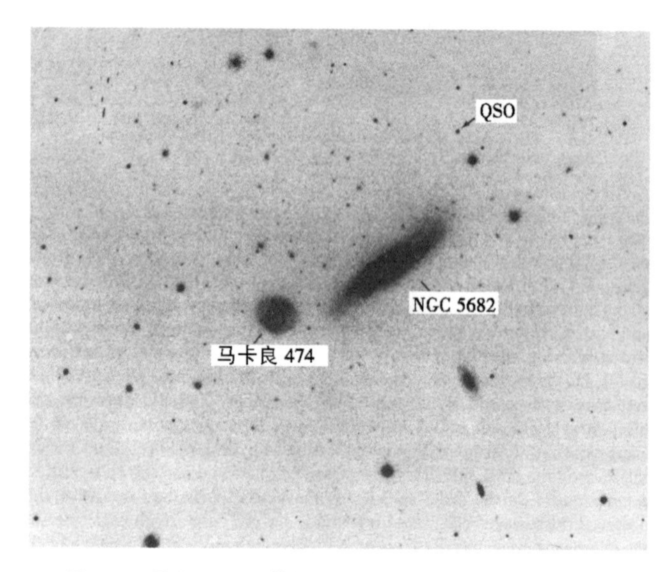

图 14-29 星系 NGC5682 的红移是 $z=0.0073$，马卡良 474 是 $z=0.041$，而类星体为 $z=1.94$. 这三者成协可能出于偶然，不过，这时奇怪的是这些天体各自的形状竟会如此之特别

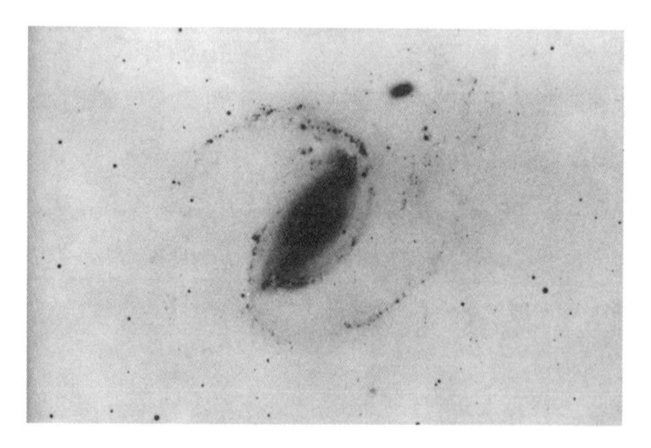

图 14-30 星系 NGC1097 的 Hα 氢线照片。请注意，外围的旋臂非常细，有许多 HII 区沿着旋臂成串排列

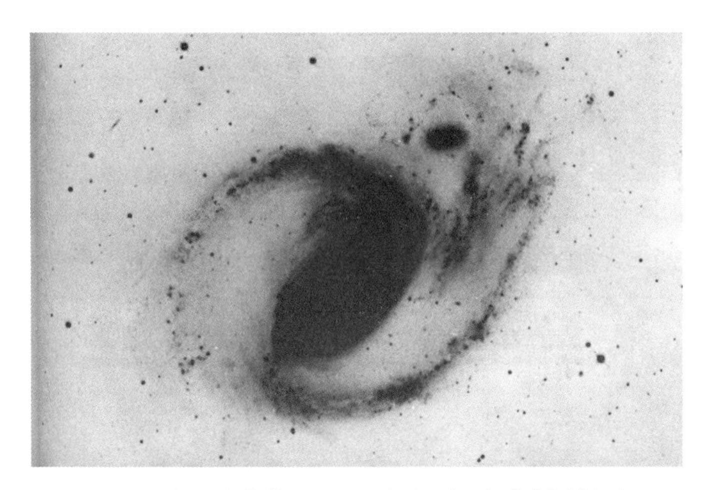

图 14-31 中等曝光时间的 NGC1097 照片，表现出一种涡旋式的自转运动

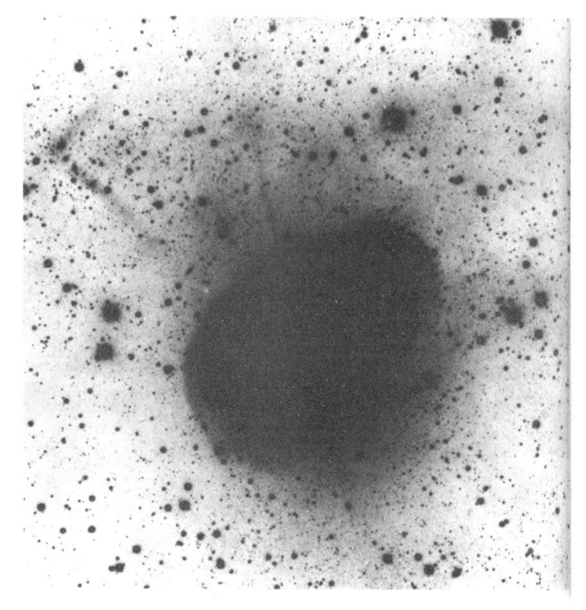

图 14-32 长时间曝光的 NGC1097 照片。注意从中心方向伸出一些明显的喷流。左上方的那条喷流有着一串五个模糊的像，这可能是一些小的子星系，它们看上去同喷流成协

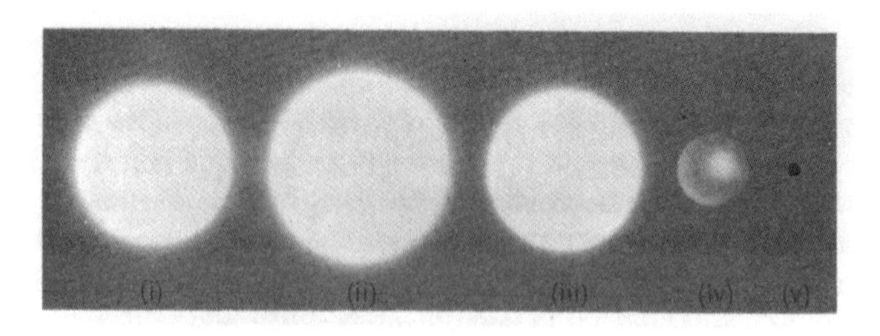

图 14-33　一个无内压力的局部性天体膨胀以后就收缩，所遵循的规律同 B 类几何学的规律有着惊人的相似之处。这个局部性天体开始是膨胀（i），在体积到达极大（ii）后就出现收缩（iii），收缩过程会继续下去（iv），直到最终变为一个黑洞（v）

了我们是怎样发现这个星系的不同结构特性。图 14-30 是氢的 $H\alpha$ 线照片，它展现出一个明亮的中央核以及盘，周围则是非常细的旋臂。一些明亮的结块沿着旋臂排列，犹如一串念珠，它们是一些气体星云（§9-4），是因为同年轻的亮星成协而变得可见的一些炽热电离氢云，其中亮星的年龄不超过几百万年。在中等曝光时间的图 14-31 中，旋臂的外貌加宽而且变浓，但仍然有着数不清的气体星云。现在的图案暗示了整个星系经历着一种激烈的涡旋式运动。在长时间曝光的图 14-32 中，中央部分的细节从照片上显现出来了，但是现在整个星系的周围可以看到很多的天体——星团，也许还有一些小的暗星系。不难发现从中心向左上方伸出两条喷流，在其中之一的相对方向上可能还存在着一条反向喷流。最靠左上方的那条喷流有着一串五个模糊的像，这显然是一些小的子星系，它们沿着喷流的外部成串排列，刚好位于喷流突然朝右方弯曲的部位之前。这一串天体看来是同喷流成协的，因而也就与主星系成协。

这些喷流暗示了在星系中心存在着一个爆发天体，也许是一个在性质上与类星体相类似的天体。这些星系周围的一整块亮晕很可能是许多喷流重叠的结果，这些喷流的年龄要比我们看得见的那几个来得老，后者几乎肯定要比星系本身的年龄小得多——而且甚至可能比星系的自转周期还来得短。我们观测到的也许是出现在最近 1000 ~ 10000 万年的一些爆发活动所造成的结果。

§14-10 黑洞和白洞

作为本章的结束，我们要在范围比较大的马赫原理框架内来对黑洞和白洞做一番讨论。在第 11 章中我们已经知道，黑洞是由大质量天体经过引力坍缩形成的，而白洞则可以看作是引力坍缩的某种时间反演——从挤压变为爆发。

假设我们像在第 11 章中那样从一个大范围的均匀尘埃球出发，并且在开始时有着一种不大的向外运动。球会出现一段短时间的膨胀，然后因引力的作用而收缩。引力坍缩的结果是形成黑洞，这时就到达时空奇点，图 14-33 中说明了这种情况。我们可以为这个天体给定一个随时间而变化的总体标度因子 Q。图 13-33 中的时间 t 是由位于天体表面的观测者来量度的。标度因子 $Q(t)$ 的变化特性同 B 类宇宙学（第 13 章）中的标度因子相同，与图 13-4 的差别只是这里的 Q 并不是从零开始。不同的是，我们现在有的是图 14-34 的变化特性。图 14-34 中最重要的方面在于 Q 减小为零，这意味着天体坍缩成一点，根据通常的观念，到这一步天体也就不复存在了。

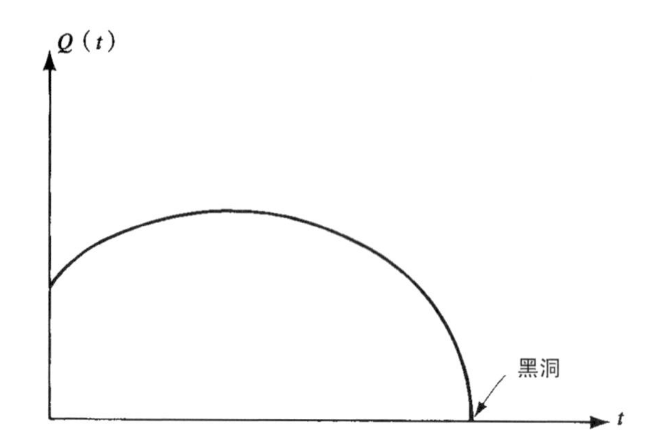

图 14-34　这类局部性天体的 $Q(t)$ 曲线在到达极大值后就向下转，最后减小为零。这种现象产生出黑洞

黑洞和白洞是联系在一起的

现在的问题是：我们能否像在宇宙学情况中所做的那样再继续进行下去。我们曾经设法解决了宇宙起源的难题，那么能否通过类似的途径来避免天体的不复存在呢？为了解决前一个难题，我们把图 14-12 中的图像改变为图 14-13，并且用图 14-24 来替代图 14-22——这就是说对宇宙添上了另外的一半。对局部性天体的回答是，我们确实可以用类似的方法来加以处理。我们可以把为这一目的而引入的另外一半称为白洞。这时，局部坍缩中天体所演变出的结构不再仅仅由黑洞组成，而是由黑洞加上白洞来组成。

黑洞或白洞的空间尺度，从恒星级质量天体的几千米，到星系级质量天体的 0.01 光年左右。零质量面的性质要求出现以下的一系列事件，第一次到达零质量面时天体坍缩为黑洞；这个天体瞬即穿过这个面，并随之而变为白洞。但是，这第一个白洞是不长久的，而是在天体中的粒子第二次到达零质量状态时，很快又第二次转变为黑洞。然后，第二个白洞出现了，当出现类星体或射电星系中所发现的那一类爆发现象时，这个白洞可能是很容易观测到的。

图 14–35 中说明了这种黑洞后面跟着一个白洞的两次顺序出现情况，图中的闭曲面代表了一个零质量面，这是在 §14–9 中曾经描述过的广义宇宙图像中可能存在着的许多种情况之一。物质的世界线进入这个闭区域，而质量相互作用的符号就是在那里改变的。正是这种符号的改变造成了对于广义相对论的某种变化。这种变化再现在外围 + 区域和内部 – 区域的交界处。在每一区域各自的范围内广义相对论都完全成立，但是在穿过闭曲面时数学家所称为的边界条件在配合上就不一致了。

在世界线进入图 14–35 的零质量闭曲面之前，这是黑洞的情况。当世界线进入圆泡时，粒子表现为像一个白洞。但是，在最初的白洞

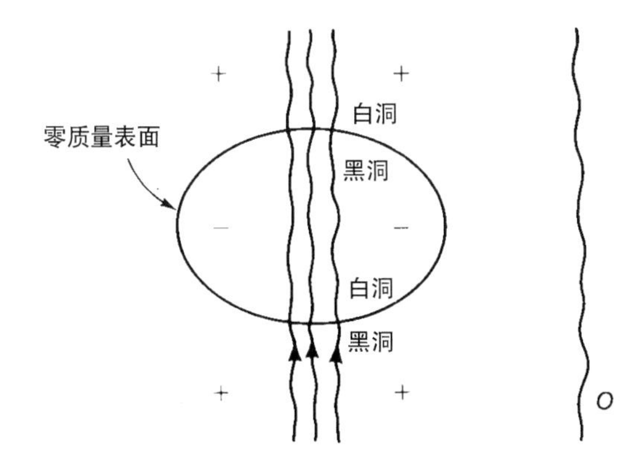

图 14–35　一族粒子进入和离开零质量闭曲面时表现为两对黑洞–白洞。在一个遥远的观测者 O 看来，第二个白洞也许同第一个黑洞没有什么联系。零质量面是因为在这个面上质量相互作用符号的改变而出现的

阶段后，随着世界线第二次与零质量面相交，又出现黑洞的情况。在这第二次相交之后，在位于 + 区域中的一位外部观测者 O 看来，世界线有着白洞的状态。观测者 O 也许无法看到闭曲面的内部，对他来说第二个白洞看上去同第一个黑洞没有什么联系。而位于这个天体上的一名观测者看来，它们则以图 14–35 的方式联系了起来。因此，黑洞和白洞可能是有联系的。

我们在这里想要考虑的第二个议题是时空奇点的问题。我们在大爆炸宇宙的情况中曾经看到，爱因斯坦理论要求宇宙从某个时空奇点开始。奇点是在引力坍缩终了时，或者说是在一个白洞开始时出现的。这种情况中奇点的出现是爱因斯坦理论的必然结局吗？

在宇宙学中，我们在有关宇宙的对称性上做过一些简化假设，这就是宇宙学原理和韦尔假设。在我们关于均匀尘埃球引力坍缩的讨论中，也存在着不少的对称性。时空奇点是否是因为有关对称性的这些假设而引起的呢？

在 20 世纪 50 年代末、60 年代初，许多理论家相信，只要起用比较复杂的物质分布，他们就有可能避免奇点的出现。例如，旋转引起离心力，方向与旋转轴相垂直。这种力可以对重力起反抗作用。但是，沿着旋转轴方向它们当然是不起作用的。是否还会有其他的各向异性作用力呢？如果宇宙在不同方向上的膨胀速度不相同，那么介质就会受到切向力的作用，这就同一根铁棒在扭转时出现切向形变的情况大致相同。然而，宇宙学介质中的切变会使事情变得更糟糕，反而有助于奇点的出现。求助于非均匀性同样也没有用。事实上，20 世纪

60 年代的后五年内，彭罗斯、霍金和杰罗奇曾经提出一些很有用的定理，这些定理说明了那些办法是没有一个会有用的 —— 除了一些特殊的或神秘莫测的场合外，奇点的出现是广义相对论必然有的特征。

从图 14-12 到图 14-13，我们已告别了通常的广义相对论叙述方式。我们发现就爱因斯坦-德西特模型来说，相对论图像中 $t=0$ 时的时空奇点，已为新图像中 $\tau=0$ 时的零质量面所代替。尽管对于描述我们那部分宇宙来说，两种图像在数学上是等价的，但新图像的优点是使我们在更普遍的意义上对宇宙的认识有了大大的提高，这不仅仅是扩展到 $\tau=0$ 的另外一边，而且还说明了我们的可观测宇宙也许只是由许多零质量面组成的一个更大宇宙的一小部分。

爱因斯坦-德西特模型是这种普遍化的出发点，模型中包含有多种对称性。这个模型再次提出了这样一个问题：我们是否有可能避免因为爱因斯坦-德西特模型的高度对称性而在这一模型中所出现的奇点呢？我们在新图像中所获得的几何学形式 —— 狭义相对论几何学 —— 之所以简单就在于爱因斯坦-德西特模型的对称性，这一点是明确无疑的。要是我们放弃这种模型，寻求其他更带有普遍性的相对论模型，例如兼有切向形变和转动的模型以及非均匀性的模型，那么就不可能会在我们的新图像中得到简单的狭义相对论几何学；但是可以证明，在所有这些其他的场合中我们的几何学形式是非奇异的。现在，对于在通常的相对论模型中存在奇点的地方，我们有一个零质量面。这样一来我们就回到了包含有一些零质量面的、带有普遍性的宇宙图像，这在图 14-26 中已经描述过了，于是我们便有以下的等效关系：

$$\text{粒子质量不变}+(\text{一个或几个})\text{时空奇点}$$
$$\Leftrightarrow \text{粒子质量可变}+(\text{一个或几个})\text{零质量面。}$$

如果我们从右到左来看这个等效关系，那么马上就会清楚为什么奇点是广义相对论不可避免的一种特征了。回到我们的单位制，并且重温一下长度单位已变为

$$L \sim M^{-1},$$

那么我们就看到，当 M 变为零时 L 必然趋于无穷大。在广义相对论中保持长度单位固定不变的办法是改变几何学的定律，而现在由于上面的原因，当我们趋向零质量面时，任何想保持长度单位不变的努力都将是徒劳的。我们强要把刚性杆子一直带到 $m=0$ 的地方，为此而付出的代价表现为给几何学形式加上了不可能办到的约束，所以当 $m=0$ 时最终便出现断裂。这种情况便是广义相对论的时空奇点。

我们不应该用任何超自然的意义来解释时空奇点，而是应该承认它们的存在：这是在数学上不允许的地方应用刚性单位的结果。

附录 A
稳恒态宇宙模型

我们在 § 13-10 中已经知道，如果是大爆炸宇宙，宇宙的年龄则不可能超过 H^{-1}。哈勃首次测得 H^{-1} 时，其数值（$\approx 1.8\times10^9$ 年）之低令人困惑不解。即使地球的地质年龄（$\approx 4.5\times10^9$ 年）也要比它大 1.5 倍。在那个时候人对最老的恒星和星系的年龄知道得还不太确切，但是预期要大于 1.8×10^9 年。

这个显而易见的矛盾就是促使某些理论家寻找在爱因斯坦理论所给出的模型之外的其他宇宙学模型的原因之一。这方面努力的一项成果就是所谓稳恒态模型，这是在 1948 年由邦迪和戈尔德，以及由霍伊尔各自独立地提出的。为了解决年龄困难，这种模型走到了另一个极端：宇宙无所谓开端，因而它的年龄无限老。

邦迪和戈尔德是从演绎的观点来探索这一宇宙学问题的，他们的推论如下。假设我们做了一次宇宙学观测（例如测定红移等），它涉及观测非常遥远的星系。因为观测是通过光进行的，我们所观测到的星系便是它在遥远过去年代的样子。为了把宇宙的这一遥远部分同我们所在的邻近区域进行合理的比较，我们还必须再做一个假设，我们必须假定在那边适用的物理定律同在这里的物理定律是一样的。例如就红移来说，我们就根据适用于地面实验的原子物理学来证认星系的谱线。如果我们不做这样的假设，比较工作的整个基础就会垮台。当然，这并不排除事实上也许有一套不同的物理定律适用于宇宙其他地方的可能性。如果是这样的话，宇宙学家的任务就更为困难了。宇宙学家的处境可以比作是晚间有一个人在灯光暗淡的街上寻找一枚丢失了的硬币，他唯一可以很好搜索的场所就是少数几盏路灯下面的地方。要是他运气好的话，硬币也许就落在这种灯光照明了的地方，但是它也可能落在某个暗处。

现在回到标准大爆炸图像上来。邦迪和戈尔德认为早期阶段宇宙的状态和它现在的状态不大一样，以至有关物理学定律相同的假设要受到严重的破坏。宇宙毕竟包含了一切东西，其中包括它的一些基本定律。如果过去的宇宙是如此的不同，那么我们怎么能保证那个时候的定律就同现在一样呢？为了保证有相同的物理学定律，宇宙就必须保持不变。为了使这一观念得以成立，邦迪和戈尔德系统地阐述了完全宇宙学原理的概念。

我们在 §12-4 中知道，普通宇宙学原理要求 t= 常数时的三维空间应该是均匀的。用普通宇宙学原理这一假设，就足以保证在任何给定的宇宙时间，同样的物理学定律适用于所有的星系三维空间。但是，我们需要（通过观测）比较不同时间 t 的两个星系。因此，对不同的时间来说，物理学定律也必须相同。为了保证做到这一点，完全宇宙学原理指出不同 t 的空间在物理性质上是相同的。这样，均匀性的概念便扩大到时间维。

这么一来，所得到的宇宙图像是不变化的，它的名字稳恒态就有这一层意思。然而，这并不排除有运动存在。一条稳定流动的河流在任何时候都呈现同样的图像，但它并不是静止的。同样，星系世界并不需要保持静止不动，它可以是一种膨胀型的系统。事实上，邦迪和戈尔德利用奥伯斯佯谬（§12-5 和 §13-11）推断，由夜间的黑暗状态可以知道在下述三种可能性中只有第二种才能解释稳恒态情况下的佯谬问题：

1. 宇宙是静止的。
2. 宇宙总是在不断地膨胀。
3. 宇宙总是在不断地收缩。

还有，因为在稳恒态宇宙中所有可观测的参数在任何时间都必然是相同的，所以哈勃常数对于任何的宇宙时来说也必然相同。这一结果意味着膨胀函数 $Q(t)$ 的形式为

$$Q(t)=\exp(Ht),$$

式中 H 为哈勃常数。请注意，同大爆炸模型情况不一样，这里没有用到任何引力理论而导出了 $Q(t)$ 的形式，$Q(t)$ 的形式是从完全宇宙学原理演绎出来的。

这条原理又要求在稳恒态模型中全部星系的平均间距必然始终保持不变。要是有任何一种可观测的性质同时间有关，那就违背了稳恒态条件。那么，既然每对星系间的距离像 $Q(t)$ 那样在增大，我们

又怎样来满足这一必须满足的条件呢？如果新的星系按附图 A-1 的方法不断地形成，就可以满足这一条件。在这一图像中，新星系的诞生率必须正好填补上已有的星系间距离的增加。随着已有的星系向外扩张，新的星系便在它们之间的空间中诞生出来。

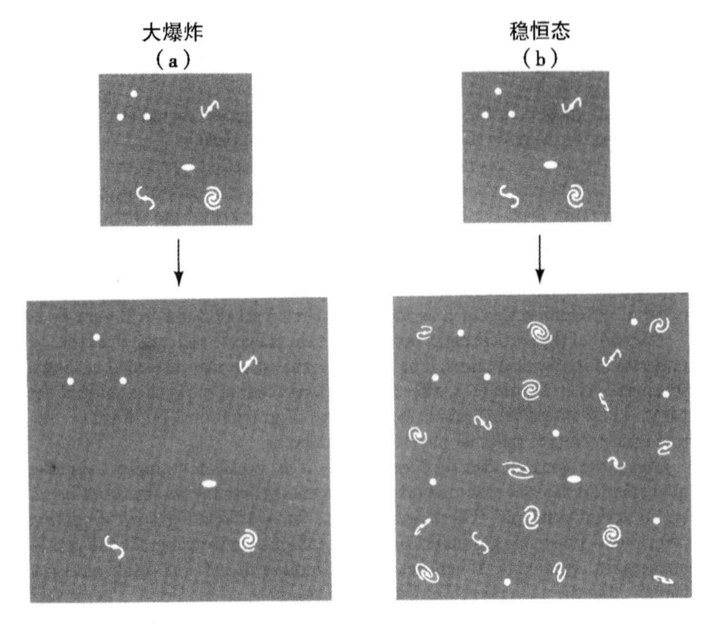

附图 A-1 （a）已有的星系彼此分离开去，这是大爆炸宇宙学的情况。（b）新星系的诞生率必须刚好补上已有星系间距离的不断增大。图中对星系的密度做了明显夸大的表示

这种新的物质是怎样诞生的呢？邦迪和戈尔德并没有对这一问题做出回答，他们只是说这是完全宇宙学原理的一个推论。事实上，仅仅对稳恒态理论提出这样的问题是有点不太公平的。在大爆炸模型中，所有的物质都是在 $t=0$ 时创生出来的，至于这件事怎样发生又为什么发生则没有给出任何说明。

正是这种物质创生的概念使霍伊尔得出了一种稳恒态的观念。创生现象意味着会出现参差不齐的世界线。在附图 A-2 中，左边的一组箭头表示了在 $t=0$ 时开始的粒子世界线。如果在时间上从现在起往回看，所有粒子的轨线都在 $t=0$ 时终止。为什么所有粒子的终端就应该恰好以这种方式排成一行呢？为什么就不能预期这些终端会在不同 t 值时出现，就像出现在附图 A-2 右边那一组轨线所表示的情况呢？

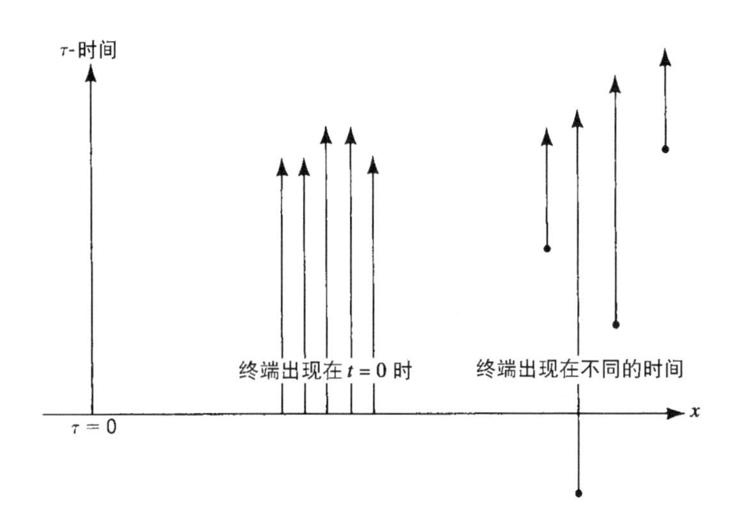

附图 A-2　不要总以为所有粒子轨线的终端都落在某个时间瞬间（如大爆炸模型中那样）。为什么就不能预期这些终端会落在不同的瞬间、甚至在 $t=0$ 之前的瞬间呢？

粒子轨线的终端出现在宇宙的范围之内，因此必须从物理学方面来加以理解。附图 A-3 中示意性地说明了我们所需要解释的性质，图中相互作用发生在参差不齐的轨线终端。正如物理学家所述的那样，这些作用不可能是电磁相互作用或引力相互作用，它们必然构成一类新的场。

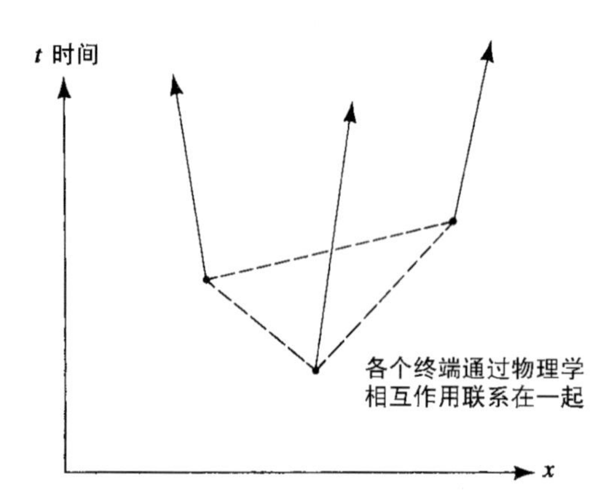

附图 A-3 有一种理论假设粒子轨线的终端落在不同的瞬间，在这种理论中我们认为是物理学相互作用把一个粒子的终端同其他粒子的终端联系了起来

假设我们有附图 A-3 的总体概念，那么利用物理学中的标准方法，也就是以某种作用量原理为基础的那些方法，我们就有可能建立起一种严密的数学理论。有几种标准方法可以把这类作用量原理同爱因斯坦引力理论联系起来，然后得出一些有关宇宙学方面的结论。一旦这样做了，就会出现一项非常惊人的结果，那就是宇宙自身居于稳恒状态之中。邦迪和戈尔德的完全宇宙学原理就可以应用了。我们有着合乎逻辑的等价关系：

出现于不同 t 值时的粒子轨线终端 $\Leftrightarrow$ 完全宇宙学原理。

稳恒态模型遭到反驳

同其他任何一种宇宙学模型相比，稳恒态模型更容易经受检验，其理由说明于附图 A-4。当我们用任何形式的辐射来进行观测时，我

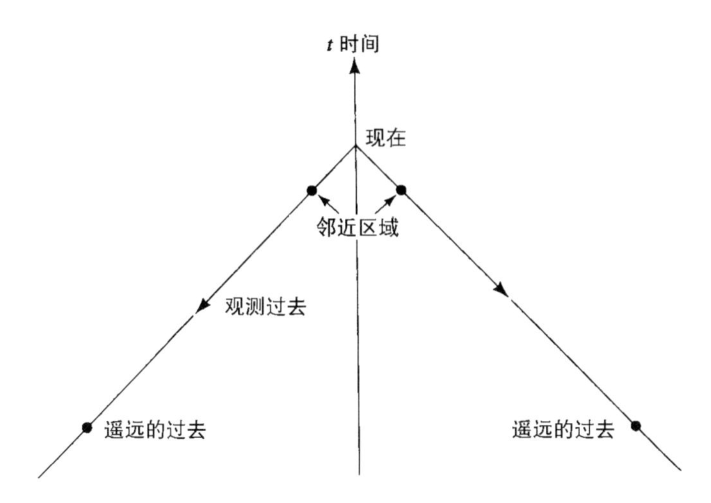

附图 A-4 我们可以就任何一种天文学上的性质来检验稳恒态模型，办法是同很远距离（也就是非常早时间）的状态进行比较

们就是在沿着光锥回头向过去看。因此，在我们的观测结果中采集了存在于较早时间的那些条件，而如果我们沿着光锥往回走得足够远，那么就有可能来检验比现在早得多时间的状态。如果像附图 A-4 所示的那样观测遥远的过去，发现某一种天文学上的性质同邻近区域的情况相比出现明显的不同，那么宇宙在所有方面都处于稳恒状态的论点就不能成立了。

这种方法用来检验稳恒态模型从逻辑上讲是很简单的，可是用起来却存在着两种困难。如果宇宙随时间而变化，又如果稳恒态模型是错误的，那么从原理上讲要推翻这一点应该是沿着光锥回头看一长段距离要比只看一小段距离来得好。较短时间内的变化很可能比长时间内所出现的变化小得多，而我们观测本身所固有的误差因素总是会把小的变化掩盖起来。因此，显然我们必然期求进行远距离的观测。然而，遗憾的是远距离天体通常是非常暗的，因此很难进行高精度的观测。决不能把因仪器在极限状态下工作所造成的虚假效应错误地解释为演化上的变化。

第二种困难来自稳恒态模型自身的某种不确定性。宇宙会在什么尺度上表现为稳恒态呢？显然不是太阳系的尺度，也不是我们银河系的尺度，甚至不是星系团的尺度。主张稳恒态模型的主要人物从来没有对这一问题做出过明确的回答。邦迪和戈尔德曾经猜想宇宙表现为稳恒态的尺度不会比邻近星系的距离大很多。但是，我们总是可以认为“稳恒性尺度”应该定得比这大得多，同时又不使理论中的一些最重要概念受到损害。由于理论上说无论对空间还是时间都不存在有任何的范围限制，我们所选择的考虑问题的尺度就带有一定的随意性。稳恒性的意思是各种性质保持不变，也许只是当所考察的区域包含有好几百万个星系时才能把它确定下来。因此，只要把尺度范围充分地加大，我们总可以使得沿着刚才所提到的思路来推翻稳恒态理论的种种企图归于失败。

让我们通过一个明显的例子来考虑这些问题，这个例子就是§13-4中讨论过的射电源计数。图13-14中给出了最新的观测材料。如果所得到的这些观测结果要求某种演化宇宙模型，那么邦迪和戈尔德这种限定形式的稳恒态理论就不能成立。可是，观测资料中存在着一些不确定因素，在§13-4中已对这种情况做了说明，所以问题还是没有解决，特别是当稳恒性尺度取得很大时更是如此。

要是不存在§13-8中所讨论过的微波背景，那么也许有理由认为稳恒态模型在现时是充分站得住脚的。微波背景的起源同认为宇宙有起点的大爆炸宇宙学联系在一起。然而，在稳恒态模型中不可能给出任何这一类的解释，这是因为在稳恒态模型中宇宙不存在有起点。就宇宙的大尺度特征来说，一个时间同另一个时间就不可能有差异。如果宇宙有起点的话，这种稳恒状态就会遭到破坏。

那么，在稳恒态模型中我们可以怎样来解释微波背景的存在呢？所观测到的背景辐射是由频率范围为 $10^9 \sim 3 \times 10^{11}$ Hz 的一些射电波组成的。已经知道有许多射电源会产生这样的射电波。所以，为什么这些源——也就是像射电星系和类星体那样的离散分布天体——就不应该是造成背景辐射的原因呢？表面上看来这是解决问题的一条捷径，但困难在于现已知道的射电源（也就是图 13-14 中所画出的射电源计数结果）不能给出足够的强度，尤其在背景辐射的高频端更是如此。可以想到的一种补救办法是假定存在着许许多多的未探见射电源，这些源的内禀发射强度很低，比如说只及我们确已观测到的那些射电源内禀发射强度的百万分之一。于是就大约需要 10^{14} 个这样的弱源，这个数目约为可见星系总数的 10 000 倍。需要假设的不仅仅是存在着新的一类射电源，而且是成员数目极多的一类射电源，大多数天文学家觉得这一点难以接受。这种批评是正当的。尽管如此，我们还是一定要小心，不要受天文学中一直存在的倾向性观点的影响，不要以为世界上除了用今天的仪器所正好能观测到的那些事物外，就再也不存在其他任何东西了。这种观点已经一再证明是错误的，毫无疑问以后还会再次证明它是错误的。但是，在有关存在着大量的弱射电源从而就能拯救稳恒态模型的问题上，是否最后也会证明这种观点是错误的呢？尽管在这一点上要做出肯定性的回答看来是有疑问的，但我们还是应当看到从严密的数学解算结果的意义上来检验的话，稳恒态模型至今还没有完全被推翻。除了刚才所提到的之外，也还存在着解决这一困难的其他一些可能性，只有在取得更多的观测资料之后才能够对它们的合理性做出评价。

附录 B
表格

附表 B-1 元素

Z	元素名	化学符号	发现年代	宇宙物质中的丰度
1	氢	H	1766	3.18×10^{10}
2	氦	He	1895	2.21×10^{9}
3	锂	Li	1817	49.5
4	铍	Be	1798	0.81
5	硼	B	1808	350
6	碳	C	* *	1.18×10^{7}
7	氮	N	1772	3.64×10^{6}
8	氧	O	1774	2.14×10^{7}
9	氟	F	1771	2450
10	氖	Ne	1898	3.44×10^{6}
11	钠	Na	1807	6.0×10^{4}

续表 1

Z	元素名	化学符号	发现年代	宇宙物质中的丰度 *
12	镁	Mg	1755	1.06×10^6
13	铝	Al	1827	8.5×10^5
14	硅	Si	1823	10^6
15	磷	P	1669	9600
16	硫	S	* *	5.0×10^5
17	氯	Cl	1774	5700
18	氩	Ar	1894	1.17×10^5
19	钾	K	1807	4205
20	钙	Ca	1808	7.2×10^4
21	钪	Sc	1879	35
22	钛	Ti	1791	2770
23	钒	V	1830	262
24	铬	Cr	1797	1.27×10^4
25	锰	Mn	1774	9300
26	铁	Fe	* *	8.3×10^5
27	钴	Co	1735	2210
28	镍	Ni	1751	4.8×10^4
29	铜	Cu	* *	540
30	锌	Zn	1746	1245
31	镓	Ga	1875	48
32	锗	Ge	1886	115
33	砷	As	* *	6.6
34	硒	Se	1817	67
35	溴	Br	1826	13.5
36	氪	Kr	1898	47
37	铷	Rb	1861	5.88
38	锶	Sr	1790	26.8
39	钇	Y	1794	4.8
40	锆	Zr	1789	28

续表 2

Z	元素名	化学符号	发现年代	宇宙物质中的丰度 *
41	铌	Nb	1801	1.4
42	钼	Mo	1778	4
43	锝	Tc	1937	不稳定
44	钌	Ru	1844	1.9
45	铑	Rh	1803	0.4
46	钯	Pd	1803	1.3
47	银	Ag	* *	0.45
48	镉	Cd	1817	1.42
49	铟	In	1863	0.189
50	锡	Sn	* *	3.59
51	锑	Sb	* *	0.316
52	碲	Te	1782	6.41
53	碘	I	1811	1.09
54	氙	Xe	1898	5.39
55	铯	Cs	1860	0.387
56	钡	Ba	1808	4.80
57	镧	La	1839	0.445
58	铈	Ce	1803	1.18
59	镨	Pr	1879	0.149
60	钕	Nd	1885	0.779
61	钷	Pm	1947	不稳定
62	钐	Sm	1879	0.227
63	铕	Eu	1896	0.085
64	钆	Gd	1880	0.297
65	铽	Tb	1843	0.055
66	镝	Dy	1886	0.351
67	钬	Ho	1879	0.079
68	铒	Er	1843	0.225
69	铥	Tm	1879	0.034

续表 3

Z	元素名	化学符号	发现年代	宇宙物质中的丰度 *
70	镱	Yb	1878	0.216
71	镥	Lu	1907	0.0362
72	铪	Hf	1923	0.210
73	钽	Ta	1802	0.0210
74	钨	W	1781	0.160
75	铼	Re	1925	0.0526
76	锇	Os	1803	0.745
77	铱	Ir	1803	0.717
78	铂	Pt	1735	1.40
79	金	Au	* *	0.202
80	汞	Hg	* *	0.40
81	铊	Tl	1861	0.192
82	铅	Pb	* *	4.0
83	铋	Bi	1753	0.143
84	钋	Po	1898	不稳定
85	砹	At	1940	不稳定
86	氡	Rn	1900	不稳定
87	钫	Fr	1939	不稳定
88	镭	Ra	1898	不稳定
89	锕	Ac	1899	不稳定
90	钍	Th	1828	0.058
91	镤	Pa	1917	不稳定
92	铀	U	1789	0.0262
93	镎	Np	1940	不稳定
94	钚	Pu	1940	不稳定
95	镅	Am	1945	不稳定
96	锔	Cm	1944	不稳定
97	锫	Bk	1950	不稳定
98	锎	Cf	1950	不稳定

续表 4

Z	元素名	化学符号	发现年代	宇宙物质中的丰度 *
99	锿	Es	1955	不稳定
100	镄	Fm	1955	不稳定
101	钔	Md	1955	不稳定
102	锘	No	1958	不稳定
103	铹	Lr	1961	不稳定

注：最后一列为相对丰度，取硅的丰度为 10^6 作为参考标准。“* *”表示很早就已知道的元素。到 2004 年，加上人造元素，已知的元素已超过 120 种（译者注）。

附表 B-2 星座

名称	缩写	近似赤经（h）	近似赤纬（°）	星座名的含义
仙女座	Ana	01	35	仙女
唧筒座 *	Ant	10	-30	水泵
天燕座 *	Aps	17	-75	极乐鸟
宝瓶座	Agr	22	-15	盛水的容器
天鹰座	Agl	20	05	鹰
天坛座	Ara	17	-55	祭坛
白羊座	Ari	02	20	公羊
御夫座	Aur	05	40	驾车的人
牧夫座	Boo	15	30	牧人
雕具座 *	Cae	05	-40	雕刻用刀具
鹿豹座 *	Cam	06	70	长颈鹿
巨蟹座	Cnc	09	20	蟹
猎犬座 *	CVn	13	40	猎狗
大犬座	CMa	07	-25	大狗
小犬座	CMi	07	05	小狗
摩羯座	Cap	21	-15	海中之羊
船底座 *	Car	09	-60	船的龙骨
仙后座	Cas	01	60	仙后
半人马座	Cen	13	-50	半人半马怪物
仙王座	Cep	21	65	仙王
鲸鱼座	Cet	02	-5	鲸鱼
蝘蜓座 *	Cha	11	-80	变色龙
圆规座 *	Cir	16	-65	圆规
天鸽座 *	Col	06	-35	鸽子
后发座 *	Com	13	20	皇后的头发
南冕座	CrA	19	-40	南天王冠
北冕座	CrB	16	30	北天王冠
乌鸦座	Crv	12	-20	乌鸦

续表1

名称	缩写	近似赤经(h)	近似赤纬(°)	星座名的含义
巨爵座	Crt	11	-15	杯子
南十字座*	Cru	12	-60	南天十字架
天鹅座	Cyg	21	40	天鹅
海豚座	Del	21	15	海豚
剑鱼座*	Dor	05	-60	旗鱼
天龙座	Dra	18	60	龙
小马座	Equ	21	10	小马
波江座	Eri	03	-25	波江
天炉座*	For	03	-30	火炉
双子座	Gem	07	25	双生子
天鹤座	Gru	22	-45	鹤
武仙座	Her	17	30	大力神
时钟座*	Hor	03	-55	钟
长蛇座	Hya	10	-15	水怪
水蛇座*	Hyi	01	-70	水蛇
印第安座*	Ind	20	-50	印第安人
蝎虎座*	Lac	22	40	蜥蜴
狮子座	Leo	10	20	狮子
小狮座*	LMi	10	35	小狮子
天兔座	Lep	05	-20	野兔
天秤座	Lib	15	-15	天平
豺狼座	Lup	15	-45	狼
天猫座*	Lyn	09	40	山猫
天琴座	Lyr	19	35	竖琴
山案座*	Men	06	-75	书案山
显微镜座*	Mic	21	-35	显微镜
麒麟座*	Mor	07	00	独角兽
苍蝇座*	Mus	13	-70	苍蝇

续表 2

名称	缩写	近似赤经（h）	近似赤纬（°）	星座名的含义
矩尺座 *	Nor	16	-55	曲尺
南极座 *	Oct	22	-85	八分圆
蛇夫座	Oph	17	00	捉蛇的人
猎户座	Ori	05	05	猎户
孔雀座 *	Pav	20	-60	孔雀
飞马座	Peg	22	20	飞马
英仙座	Per	03	40	英仙
凤凰座 *	Phe	01	-45	凤凰
绘架座 *	Pic	07	-60	画架
双鱼座	Psc	00	10	双鱼
南鱼座	PsA	23	-30	南天之鱼
船尾座 *	Pup	07	-35	船的尾部
罗盘座 *	Pyx	09	-35	船用罗盘
网罟座 *	Ret	04	-65	网
天箭座	Sge	20	15	箭
人马座	Sgr	18	-30	射手
天蝎座	Sco	17	-35	蝎子
玉夫座 *	Scl	01	-30	雕刻师
盾牌座 *	Sct	19	-10	盾牌
巨蛇座	Ser	16	05	大蛇
六分仪座 *	Sex	10	00	六分仪
金牛座	Tau	05	20	公牛
望远镜座 *	Tel	18	-45	望远镜
三角座	Tri	02	35	三角形
南三角座 *	TrA	16	-65	南天三角形
杜鹃座 *	Tuc	23	-60	巨嘴鸟
大熊座	UMa	11	50	大熊
小熊座	UMi	15	75	小熊

续表3

名称	缩写	近似赤经（h）	近似赤纬（°）	星座名的含义
船帆座 *	Vel	09	-50	船帆
室女座	Vir	13	00	处女
飞鱼座 *	Vol	08	-70	飞鱼
狐狸座 *	Vul	20	25	狐狸

* 近代命名的星座。

附表 B-3

最近的恒星

星表名		1900 赤经*		赤纬*		目视星等	B–V**	距离（秒差距）	绝对星等	质量（☉）	半径（太阳半径）	备注
Grm34＝43° 44′	*A*					8.08	1.55	3.60	10.30			双星，两星相距 38″。*A* 星本身是一颗分光双星
		00h	13m	43°	27′							
(=CC19)	*B*					11.05	1.78		13.27			
水蛇座 β		00	20	-77	49	2.79	0.61	6.54	3.71			
仙后座 η	*A*					3.44	0.57		4.73	0.85	0.84	双星，周期 490 年，两星相距 12″
		00	43	57	17			5.52				
	B					7.25			8.54	0.52		
范玛伦＝佛耳夫 28		00	44	04	55	12.34	0.55	4.26	14.19			
鲸鱼座 UV	*A*					12.41	1.9	2.67	15.28	0.044		双星，周期约 200 年，两星相距 5″
		01	34	-18	28							
	B					12.95	1.9		15.87	0.035		
鲸鱼座 τ		01	39	-16	28	3.50	0.72	3.63	5.70			
波江座 82 波江座 e		03	16	-43	27	4.23	0.71	6.41	5.19			
波江座 e		03	28	-09	48	3.74	0.87	3.30	6.14			

续表 1

星表名		1900 赤经 *		1900 赤纬 *		目视星等	B–V**	距离（秒差距）	绝对星等	质量（☉）	半径（太阳半径）	备注
波江座 σ^2 =	*A*					4.44	0.81		5.96			三合星，*B* 为白矮星，*BC* 周期约为 250 年
波江座 40								5.00				
	B	04^h	11^m	-07°	49′	9.61	0.63		11.16	0.44	0.018	
	C					11.05			12.57	0.21	0.43	
卡普坦星 =-45° 1841		05	08	-44	59	8.9		3.98	10.9			
HD 36395 =-3° 1123		05	26	-03	42	7.97	1.48	6.13	9.03			
罗斯 47		05	36	12	29	11.58		6.10	12.65			
-21° 1377		06	06	-21	49	8.18	1.51	5.88	9.33			
罗斯 614	*A*					11.25		4.02	13.23	0.14		双星，周期 16.5 年，两星相距 1″
		06	24	-02	44							
（=CC 390）	*B*					4.8			16.8	0.08		
天狼 = 大犬座 α	*A*					-1.46	0.01		1.41	2.31	1.8	双星，周期 49.7 年，两星相距 7″.6，子星 *B* 为白矮星
		06	41	-16	35			2.67				
	B					8.67	0.04		11.54	0.98	0.022	
佛耳夫 294		06	48	33	24	10.15		5.92	11.29			
罗斯 986		07	03	38	43	11.68		5.81	12.86			

续表 2

星表名		1900 赤经*		1900 赤纬*		目视星等	B–V**	距离（秒差距）	绝对星等	质量（☉）	半径（太阳半径）	备注
雷登星 =5° 1668		07^h	22^m	05°	32′	9.92		3.76		12.02		
南河三 = 小犬座 α	*A*					0.35	0.40	3.48	2.64	1.75	1.7	双星，周期 40.6 年，两星相距 4″.5，子星 *B* 为白矮星
		07	34	05	29							
	B					10.8	0.5		13.1	0.64	0.01	
L 745–46	*A*					13.6		6.10	14.14			双星，两星相距 21″。子星 *A* 为白矮星
		07	36	-17	10							
	B					17.6			8.7			
L 97–12		07	53	-67	30	14.9		5.88	16.1			白矮星
罗斯 619		08	06	09	15	13.8		6.62	13.78			
LFT 571=L 674–15		08	08	-21	11	12.88		6.02	14.9			
53° 1320	*A*					7.68	1.44	6.13	8.74			双星，周期约为 1000 年，两星相距 19″
		09	08	53	07							
53° 1421	*B*					7.77			8.82			
Grm 1618 = 50° 1725		10	05	49	57	6.60	1.37	4.50	8.33			
狮子座 AD=20° 2465		10	14	20	22	9.41	1.55	4.72	11.04			

续表 3

星表名		1900 赤经 *		1900 赤纬 *		目视星等	B–V**	距离（秒差距）	绝对星等	质量（☉）	半径（太阳半径）	备注
佛耳夫 359		10^h	52^m	07°	36′	13.66		2.35	16.80			
Lal 21185＝36° 2147		10	58	36	38	7.47	1.51	2.51	10.42	0.35		看不见的小质量子星
44° 2051	*A*					8.76	1.54	5.81	9.94			双星，两星相距为 28″
		11	01	44	02							
(= 大熊座 WX)	*B*					14.8			16.0			
CC 658		11	40	-64	17	12.5		4.93	14.0			白矮星
AC 79° 3888		11	41	79	14	10.92		5.05	12.41			
罗斯 128		11	43	01	23	11.13		3.36	13.50			
L 68–28	*A*					15.7		6.58	16.6			双星，两星相距 15″
		12	23	-70	56							
L 68–29	*B*					17.7			18.6			
佛耳夫 424	*A*					12.63		4.35	14.44			双星相距 0.″5
		12	28	09	34							
	B					12.7			14.5			
15° 2620		13	41	15	26	8.49	1.44	4.98	10.01			

续表 4

星表名		1900 赤经*		1900 赤纬*		目视星等	B–V**	距离（秒差距）	绝对星等	质量（⊙）	半径（太阳半径）	备注
半人马座比邻星		14^h	23^m	-62°	15′	10.7		1.31	15.1	0.1		这是最近的一颗恒星
-11° 3759		14	29	-12	06	11.38		6.33	12.37			
半人马座 α	*A*					0.00	0.69	1.33	4.39	1.09	1.23	双星，周期 80.1 年，两星相距 17″.7
		14	23	-60	25							
	B					1.38			5.76	0.88	0.87	
-20° 4125	*A*					5.82	1.12	5.81	7.00			双星，两星相距 20″
		14	52	-20	58							
-20° 4123	*B*					8.10			9.28			
-40° 9712		15	26	-40	54	10.1		6.02	11.1			
-12° 4523=CC995		16	25	-12	25	10.07	1.60	4.10	12.01			
-8° 4352	*A*					9.72	1.59	6.58	10.63	0.38		三合星，*C* 离开 AB72″，*AB* 为密近双星，周期 1.7 年
		16	50	-08	09							
	B					9.8			10.7	0.34		
（=佛耳夫 629）	*C*					11.76		6.25	12.78			

续表 5

星表名		1900 赤经*		1900 赤纬*		目视星等	B–V**	距离（秒差距）	绝对星等	质量（☉）	半径（太阳半径）	备注
+45° 2505	*A*					9.95		6.25	10.97	0.31		双星，周期 13.1 年，两星相距 0.″7
		17^h	09^m	45°	50′							
(=Fu46)	*B*					10.31			11.33	0.25		
蛇夫座 36	*A*					5.07	0.85	5.68	6.31			三合星，*AB* 相距 5″，*BC* 相距 12′12″
		17	09	-26	27							
(=-26° 12026)	*B*					5.11			6.35			
(=-26° 12036)	*C*	17	10	-26	24	6.34	1.14	5.81	7.52			
-46° 11540		17	21	-46	47	9.4	1.5	4.69	11.0			
-44° 11909		17	30	-44	14	11.1		4.78	12.7			
68° 946		17	37	68	26	9.13	1.52	4.93	10.67			
UC48		17	38	-57	14	12.9		5.99	14.0			
巴纳德星 =4° 3561		17	53	04	25	9.53	1.75	1.83	13.21			
蛇夫座 70	*A*					4.22	0.87	5.21	5.64	0.89		双星，周期 87.8 年，两星相距 4.″5
		18	01	02	31							
(=2° 3482)	*B*					5.94			7.36	0.68		

续表 6

星表名		1900 赤经 *		1900 赤纬 *		目视星等	B–V**	距离（秒差距）	绝对星等	质量（☉）	半径（太阳半径）	备注
59° .1915	*A*					8.90	1.54	3.53	11.16			双星，两星相距 17″
		18ʰ	42ᵐ	59°	29′							
(=Σ2398)	*B*					9.69	1.58		11.95			
罗斯 154		18	44	-23	54	10.6		2.86	13.3			
4° 4048	*A*					9.13	1.49	5.85	10.29			双星相距 1′14″
		19	12	05	02							
	B					18.0			19.2			
L 347–14		19	13	-45	42	13.7		5.92	14.8			
天龙座 σ		19	33	69	29	4.69	0.80	5.68	5.92			
河鼓二 = 天鹰座 α		19	46	08	36	0.75	0.25	5.05	2.23			
孔雀座 δ		19	59	-66	26	3.56	0.75	5.88	4.71			
-8° 13940	*A*					5.33	0.85	5.81	6.51			两星相距 7″
		20	05	-36	21							
(=HR7703)	*B*					11.5			12.7			
-45° 13677		20	07	-45	28	8.0	1.44	6.29	9.0			

续表 7

星表名		1900 赤经 *		1900 赤纬 *		目视星等	B−V**	距离（秒差距）	绝对星等	质量（☉）	半径（太阳半径）	备注
天鹅座 61	*A*					5.20	1.21	3.42	7.53	0.59		
		2h	02m	38°	15′							两星相距 24.″6，周期 720 年
	B					6.03	1.40		8.36	0.50		
-39° 14192		21	11	-39	15	6.69	1.42	3.91	8.73			
-49° 13515		21	27	-49	26	8.9		4.57	10.6			
印第安座 ε		21	56	-57	12	4.73	1.05	3.50	7.01			
克鲁格 60=	*A*					9.83	1.63	4.00	11.82	0.72	0.51	
仙王座 DO		22	24	57	12							双星，周期 45 年，两星相距 2″.4
（=56° 2783）	*B*					11.37			13.36	0.16		
L 789−6		22	33	-21	52	12.58		3.38	14.93			
-21° 6267	*A*					9.3		4.57	11.0			
		22	33	-21	08							两星相距 23″
	B					11.0			12.7			
43° 4305		22	42	43	49	10.05	1.39	5.05	11.53			
-15° 6290		22	48	-14	47	10.16	1.60	4.85	11.73			
(= 罗斯 780）												

续表 8

星表名	1900		目视星等	B−V**	距离（秒差距）	绝对星等	质量（⊙）	半径（太阳半径）	备注
	赤经 *	赤纬 *							
-36° 15693	22^h 59^m	-36° 26′	7.39	1.50	3.66	9.57			
56° 2966	23 08	56 37	5.58	1.01	6.58	6.49			
罗斯 248	23 37	43 39	12.25	1.8	3.16	14.75			
1° 4774	23 44	01 52	8.99	1.49	6.13	10.05			
-37° 15492	23 59	-37 51	8.59	1.48	4.57	10.29			

* 表中恒星按赤经增加的次序排列。赤经、赤纬是历元 1900 年 1 月 1 日 00.00 时的数值。

**B−V 的数值决定了表面温度的大小，它们之间的对应关系如下：

B−V	表面温度（K）
-0.2	18800
0.0	10800
0.2	8190
0.4	6820
0.6	5920
0.8	5200
1.0	4530
1.2	3920
1.4	3480

附表 B-4 最亮的恒星

星名		1900				目视星等	B-V	绝对星等	距离（秒差距）
		赤经		赤纬					
壁宿二	仙女座 α	00^h	03^m	28°	32′	2.07	-0.07	-0.5	31
王良一	仙后座 β	00	04	58	36	2.26	0.34	1.5	14
火鸟六	凤凰座 α	00	21	-42	51	2.37	1.07	0.2	27
王良四	仙后座 α	00	35	55	59	2.20	1.16	-1.3	50
土司空	鲸鱼座 β	00	39	-18	32	2.04	1.01	0.8	18
策	仙后座 γ	00	51	60	11	2.15	-0.2	-0.9	40
奎宿九	仙女座 β	01	04	35	05	2.07	1.62	0.2	24
北极星	小熊座 α	01	23	88	46	2.02	0.6	-4.5	200
水委一	波江座 α	01	34	-57	45	0.49	-0.17	-2.2	35
天大将军一	仙女座 γ	01	58	41	51	2.16	1.3	-2.3	80
娄宿三	白羊座 α	02	02	22	59	2.00	1.17	0.3	22
蒭藁增二	鲸鱼座 o	02	14	-03	26	2.00	1.5	-1.0	40
天囷一	鲸鱼座 α	02	57	03	42	2.53	1.16	-1.0	50
大陵五	英仙座 β	03	02	40	34	2.10	-0.05	-0.5	31
天船三	英仙座 α	03	17	49	30	1.80	0.48	-4.1	150
毕宿五	金牛座 α	04	30	16	19	0.80	1.55	-0.8	21
五车二	御夫座 α	05	09	45	54	0.09	0.81	-0.6	14

续表 1

星名		1900				目视星等	B−V	绝对星等	距离（秒差距）
		赤经		赤纬					
参宿七	猎户座β	05^h	10^m	-08°	19′	0.11	-0.05	-7.1	270
参宿五	猎户座γ	05	20	06	16	1.63	-0.22	-4.1	140
五车五	金牛座β	05	20	28	32	1.65	-0.13	-2.9	80
参宿三	猎户座δ	05	27	-00	22	2.19	-0.21	-6.0	450
厕一	天兔座α	05	28	-17	54	2.58	0.22	-4.8	300
参宿二	猎户座ε	05	31	-01	16	1.70	-0.18	-6.8	500
参宿井一	猎户座ζ	05	36	-02	00	1.79	-0.21	-6.2	400
参宿六	猎户座κ	05	43	-09	42	2.06	-0.16	-7.1	700
参宿四	猎户座α	05	50	07	23	0.4	1.85	-5.9	180
五车三	御夫座β	05	52	44	56	1.89	0.04	-0.2	26
军市一	大犬座β	06	18	-17	54	1.96	-0.23	-4.5	200
老人	船底座α	06	22	-52	38	-0.72	0.16		
井宿三	双子座γ	06	32	16	29	1.93	0.00	-0.5	30
天狼	大犬座α	06	41	-16	35	-1.44	-0.01	1.41	27
弧矢七	大犬座ε	06	55	-28	50	1.48	-0.17	-5.0	200
弧矢一	大犬座δ	07	04	-26	14	1.85	0.63	-7.0	600
弧矢二	大犬座η	07	20	-29	06	2.42	-0.07	-7.1	800

续表 2

星名		1900				目视星等	B−V	绝对星等	距离（秒差距）
		赤经		赤纬					
北河二	双子座 α	07^h	28^m	32°	06′	1.56	0.05	0.8	14
南河三	小犬座 α	07	34	05	29	0.36	0.41	2.7	3.5
北河三	双子座 β	07	39	28	16	1.15	1.01	1.0	10.7
弧矢增二十二	船尾座 ζ	08	00	-39	43	2.23	-0.27	-7.3	800
天社一	船帆座 γ	08	06	-47	03	1.85	-0.25	-4.2	160
海石一	船底座 ε	08	20	-59	11	1.94	1.2	-3.1	100
天社三	船帆座 δ	08	42	-54	21	1.93	0.04	0.1	23
天记	船帆座 λ	09	04	-43	02	2.23	1.7	-4.3	200
南船五	船底座 β	09	12	-69	18	1.68	-0.01	-0.4	26
海石二	船底座 ι	09	14	-58	51	2.24	0.18	-4.2	180
天社五	船帆座 κ	09	19	-54	35	2.45	-0.16	-3.0	120
星宿一	长蛇座 α	09	23	-08	14	2.05	1.43	-0.7	35
轩辕十四	狮子座 α	10	03	12	27	1.34	-0.11	-0.8	26
轩辕十二	狮子座 γ	10	14	20	21	2.02	1.2	-0.5	32
天璇，北斗二	大熊座 β	10	56	56	55	2.36	-0.02	0.6	23
天枢，北斗一	大熊座 α	10	58	62	17	1.81	1.06	-0.6	30
西上相	狮子座 δ	11	09	21	04	2.55	0.12	0.8	23

续表 3

星名		1900				目视星等	B−V	绝对星等	距离（秒差距）
		赤经		赤纬					
五帝座一	狮子座 β	11^h	44^m	15°	08′	2.13	0.08	1.6	13
天玑，北斗三	大熊座 γ	11	49	54	15	2.43	0.00	-0.1	32
轸宿一	乌鸦座 γ	12	11	-16	59	2.58	-0.09	-2.4	100
十字架二	南十字座 α	12	21	-62	33	0.83	-0.26	-3.7	80
十字架一	南十字座 γ	12	26	-56	33	1.68	1.58	-2.5	70
库楼七	半人马座 γ	12	36	-48	25	2.16	-0.01	-1.7	60
十字架三	南十字座 β	12	42	-59	09	1.29	-0.25	-4.3	130
玉衡，北斗五	大熊座 ε	12	50	56	30	1.78	-0.02	-0.2	25
开阳，北斗六	大熊座 ζ	13	20	55	27	2.12	0.03	0.0	26
角宿一	室女座 α	13	20	-10	38	0.97	-0.23	-3.1	65
南门一	半人马座 ε	13	34	-52	57	2.34	-0.23	-3.6	150
摇光，北斗七	大熊座 η	13	44	49	49	1.86	-0.19	-2.3	70
马腹一	半人马座 β	13	57	-59	53	0.63	-0.24	-5.0	130
库楼三	半人马座 θ	14	01	-35	53	2.07	1.02	0.9	17
大角	牧夫座 α	14	11	19	42	-0.05	1.24	-0.2	11
库楼二	半人马座 η	14	29	-41	43	2.39	-0.21	-3.0	120
南门二	半人马座 α	14	33	-60	25	-0.27	0.71	4.2	1.3

续表 4

星名		1900				目视星等	B−V	绝对星等	距离（秒差距）
		赤经		赤纬					
骑官十	豺狼座 α	14^h	35^m	-46°	58′	2.5	-0.22	-2.5	100
梗河一	牧夫座 ε	14	41	27	30	2.39	0.93	-0.6	40
帝，北极二	小熊座 β	14	51	74	34	2.04	1.49	-0.6	33
贯原四	北冕座 α	15	30	27	03	2.22	-0.02	0.5	22
房宿三	天蝎座 δ	15	54	-22	20	2.32	-0.14	-4.0	180
房宿四	天蝎座 β	16	00	-19	32	2.52	-0.09	-4.0	200
心宿二，大火	天蝎座 α	16	23	-26	13	0.94	1.83	-4.7	130
韩	蛇夫座 ζ	16	32	-10	22	2.56	0.00	-3.4	160
三角形三	南三角座 α	16	38	-68	51	1.93	1.43	-0.4	29
尾宿二	天蝎座 ε	16	44	-34	07	2.29	1.15	0.6	22
宋	蛇夫座 η	17	05	-15	36	2.44	0.05	0.8	21
尾宿八	天蝎座 λ	17	27	-37	02	1.60	-0.23	-3.2	90
尾宿五	天蝎座 θ	17	30	-42	56	1.86	0.38	-4.0	150
侯	蛇夫座 α	17	30	12	38	2.07	0.15	0.9	17
尾宿七	天蝎座 χ	17	36	-38	59	2.39	-0.21	-3.3	140
天四	天龙座 γ	17	54	51	30	2.21	1.54	-0.8	40
箕宿三	人马座 ε	18	18	-34	26	1.81	-0.02	-1.7	50

续表 5

星名		1900				目视星等	B-V	绝对星等	距离（秒差距）
		赤经		赤纬					
织女	天琴座 α	18^h	34^m	38°	41′	0.03	0.00	0.5	8.1
斗宿四	人马座 σ	18	49	-26	25	2.09	-0.20	-2.4	80
斗宿六	人马座 ζ	18	56	-30	01	2.57	0.09	-0.4	40
牛郎，河鼓二	天鹰座 α	19	46	08	36	0.77	0.22	2.3	4.9
孔雀十一	孔雀座 α	20	17	-57	03	1.94	-0.20	-2.9	90
天津一	天鹅座 γ	20	19	39	56	2.22	0.66	-4.8	250
天津四	天鹅座 α	20	38	44	55	1.25	0.08	-7.2	500
天津九	天鹅座 ε	20	42	33	36	2.46	1.03	0.6	24
天钩五	仙五座 α	21	16	62	10	2.43	0.23	1.5	15
危宿三	飞马座 ε	21	39	09	25	2.38	1.56	-4.6	250
鹤一	天鹤座 α	22	02	-47	27	1.75	-0.14	-0.2	25？
鹤二	天鹤座 β	22	37	-47	24	2.16	1.62	-2.6	90
北落师门	南鱼座 α	22	52	-30	09	1.16	0.09	1.9	7.0
室宿二	飞马座 β	22	59	27	32	2.50	1.7	-1.4	60
室宿一	飞马座 α	23	00	14	40	2.49	-0.04	0.0	32

注：初看来，我们可能会以为最亮的恒星也就是最近的恒星，但是把这张表同附表 B-3 作一比较之后就会说明这种看法是不正确的。只是 4 颗恒星同时出现在两张表中。对于射电源往往也有类似的假设，而这种假设可能也是不对的，这份表中的许多恒星是由阿拉伯天文学家命名的（指恒星的西名——译者注），但也有一些并非如此，哪 5 颗恒星的内禀亮度最大？

附表 B-5 核的丰度

元 素	A	同位素丰度 (%)	宇宙丰度 ($Si=10^6$)
^1H	1	~100	$3.18\times^{10}$
	2		5.2×10^9
^2He	3		$\sim3.7\times10^5$
	4	~100	2.21×10^9
^3Li	6	7.42	3.67
	7	92.58	45.8
^4Be	9	100	0.81
^5B	10	19.64	68.7
		80.36	281.3
^6C	12	98.89	1.17×10^7
	13	1.11	1.31×10^5
^7N	14	99.634	3.63×10^6
	15	0.366	1.33×10^4
^8O	16	99.759	2.14×10^7
	17	0.0374	8040
	18	0.2039	4.38×10^4
^9F	19	100	2450
^{10}Ne	20	(88.89)	3.06×10^6
	21	(0.27)	9290
	22	(10.84)	3.73×10^5
^{11}Na	23	100	6.0×10^4
^{12}Mg	24	78.70	8.35×10^5
	25	10.13	1.07×10^5
	26	11.17	1.19×10^5

续表 1

元　素	A	同位素丰度（%）	宇宙丰度（$Si=10^6$）
$^{13}A1$	27	100	3.5×10^5
^{14}Si	28	92.21	9.22×10^5
	29	4.70	4.70×10^4
	30	3.09	3.09×10^4
^{15}P	31	100	9600
^{16}S	32	95.0	4.75×10^5
	33	0.760	3800
	34	4.22	2.11×10^4
	36	0.0136	68
^{17}Cl	35	75.529	4310
	37	24.471	1390
^{18}Ar	36	84.2	9.87×10^4
	38	15.8	1.85×10^4
	40		~20？
^{19}K	39	93.10	3910
	40		5.76
	41	6.88	289
^{20}Ca	40	96.97	6.99×10^4
	42	0.64	461
	43	0.145	105
	44	2.06	1490
	46	0.0033	2.38
	48	0.185	133
^{21}Sc	45	100	35
^{22}Ti	46	7.93	220
	47	7.28	202
	48	73.94	2050
	49	5.51	153

续表 2

元 素	A	同位素丰度 (%)	宇宙丰度 (Si=10^6)
	50	5.34	148
^{23}V	50	0.24	0.63
	51	99.76	261
^{24}Cr	50	4.31	547
	52	83.7	1.06×10^4
	53	9.55	1210
	54	2.38	302
^{25}Mn	55	100	9300
^{26}Fe	54	5.82	4.83×10^4
	56	91.66	7.61×10^5
	57	2.19	1.82×10^4
	58	0.33	2740
^{27}Co	59	100	2210
^{28}Ni	58	67.88	3.26×10^4
	60	26.23	1.26×10^4
	61	1.19	571
	62	3.66	1760
	64	1.08	518
^{29}Cu	63	69.09	373
	65	30.91	167
^{30}Zn	64	48.89	608
	66	27.81	346
	67	4.11	51.1
	68	18.67	231
	70	0.62	7.71
^{31}Ga	69	60.4	29.0
	71	39.6	19.0
^{32}Ge	70	20.52	23.6

续表 3

元　素	A	同位素丰度（%）	宇宙丰度（Si=10^6）
	72	27.43	31.5
	73	7.76	8.92
	74	36.54	42.0
	76	7.76	8.92
^{33}As	75	100	6.6
^{34}Se	74	0.87	0.58
	76	9.02	6.06
	77	7.58	5.09
	78	23.52	15.8
	80	49.82	33.5
	82	9.19	6.18
^{35}Br	79	50.537	6.82
	81	49.463	6.68
^{36}Kr	78	0.354	0.166
	80	2.27	1.06
	82	11.56	5.41
	83	11.55	5.41
	84	56.90	26.6
	86	17.37	8.13
^{37}Rb	85	72.15	4.16
	87		1.72
^{38}Sr	84	0.56	0.151
	86	9.86	2.65
	87		1.77
	88	82.56	22.2
^{39}Y	89	100	4.8
^{40}Zr	90	51.46	14.4
	91	11.23	3.14

续表 4

元 素	A	同位素丰度 (%)	宇宙丰度 (Si=10^6)
	92	17.11	4.79
	94	17.40	4.87
	96	2.80	0.784
^{41}Nb	93	100	1.4
^{42}Mo	92	15.84	0.634
	94	9.04	0.362
	95	15.72	0.629
	96	16.53	0.661
	97	9.46	0.378
	98	23.78	0.951
	100	9.63	0.385
^{44}Ru	96	5.51	0.105
	98	1.87	0.0355
	99	12.72	0.242
	100	12.62	0.240
	101	17.07	0.324
	102	31.61	0.601
	104	18.58	0.353
^{45}Rh	103	100	0.4
^{46}Pd	102	0.96	0.0125
	104	10.97	0.143
	105	22.23	0.289
	106	27.33	0.355
	108	26.71	0.347
	110	11.81	0.154
^{47}Ag	107	51.35	0.231
	109	48.65	0.219
^{48}Cd	106	1.215	0.018

续表 5

元　素	A	同位素丰度（%）	宇宙丰度（$Si=10^6$）
	108	0.875	0.013
	110	12.39	0.124
	111	12.75	0.189
	112	24.07	0.356
	113	12.26	0.181
	114	28.86	0.427
	116	7.58	0.112
^{49}In	113	4.28	0.008
	115	95.72	0.181
^{50}Sn	112	0.96	0.0346
	114	0.66	0.0238
	115	0.35	0.0126
	116	14.30	0.515
	117	7.61	0.274
	118	24.03	0.865
^{50}Sn	119	8.58	0.309
	120	32.85	1.18
	122	4.72	0.170
	124	5.94	0.214
^{51}Sb	121	57.25	0.181
	123	42.75	0.135
^{52}Te	120	0.089	0.0057
	122	2.46	0.158
	123	0.87	0.056
	124	4.61	0.296
	125	6.99	0.449
	126	18.71	1.20
	128	31.79	2.04

续表 6

元 素	A	同位素丰度（%）	宇宙丰度（$Si=10^6$）
	130	34.48	2.21
^{53}I	127	100	1.09
^{54}Xe	124	0.126	0.00678
	126	0.115	0.00619
	128	2.17	0.117
	129	27.5	1.48
	130	4.26	0.229
	131	21.4	1.15
	132	26.0	1.40
	134	10.17	0.547
	136	8.39	0.451
^{55}Cs	133	100	0.387
^{56}Ba	130	0.101	0.00485
	132	0.097	0.00466
	134	2.42	0.116
	135	6.59	0.316
	136	7.81	0.376
	137	11.32	0.543
	138	71.66	3.44
^{57}La	138		0.00041
	139	99.911	0.445
^{58}Ce	136	0.193	0.00228
	138	0.250	0.00296
	140	88.48	1.04
	142	11.07	0.131
^{59}Pr	141	100	0.149
^{60}Nb	142	27.11	0.211
	143	12.17	0.0949

续表 7

元　素	A	同位素丰度 (%)	宇宙丰度 ($Si=10^6$)
	144	23.85	0.186
	145	8.30	0.0647
	146	17.22	0.134
	148	5.73	0.0447
	150	5.62	0.0438
^{62}Sm	144	3.09	0.00698
	147		0.0349
	148	11.24	0.0254
	149	13.83	0.0313
	150	7.44	0.0168
	152	26.72	0.0604
	154	22.71	0.0513
^{63}Eu	151	47.82	0.0406
	153	52.18	0.0444
^{64}Gd	152	0.200	0.000594
	154	2.15	0.00639
	155	14.73	0.0437
	156	20.47	0.0608
	157	15.68	0.0466
	158	24.87	0.0739
	160	21.90	0.0650
^{65}Tb	159	100	0.055
^{66}Dy	156	0.0524	0.000189
	158	0.0902	0.000325
	160	2.294	0.00826
	161	18.88	0.0680
	162	25.53	0.0919
	163	24.97	0.08099

续表8

元 素	A	同位素丰度 (%)	宇宙丰度 (Si=10^6)
	164	28.18	0.101
^{67}Ho	165	100	0.079
^{68}Er	162	0.136	0.000306
	164	1.56	0.00351
	166	33.41	0.0752
	167	22.94	0.516
	168	27.07	0.0609
	170	14.88	0.0335
^{69}Tm	169	100	0.034
^{70}Yb	168	0.135	0.000292
	170	3.03	0.00654
	171	14.31	0.0309
	172	21.82	0.0471
	173	16.13	0.0348
	174	31.84	0.0688
	176	12.73	0.0275
^{71}Lu	175	97.41	0.0351
	176		0.00108
^{72}Hf	174	0.18	0.00038
	176	5.20	0.0109
	177	18.50	0.0389
	178	27.14	0.0570
	179	13.75	0.0289
	180	35.24	0.0740
^{73}Ta	180	0.0123	0.00000258
	181	99.9877	0.0210
^{74}W	180	0.135	0.000216
	182	26.41	0.0422

续表 9

元　素	A	同位素丰度(%)	宇宙丰度($Si=10^6$)
	183	14.40	0.0230
	184	30.64	0.0490
	186	28.41	0.0454
^{75}Re	185	37.07	0.0185
	187		0.0341
^{76}Os	184	0.018	0.000135
	186	1.29	0.00968
	187		0.0088
	188	13.3	0.0998
	189	16.1	0.121
	190	26.4	0.198
	192	41.0	0.308
^{77}Ir	191	37.3	0.267
	193	62.7	0.450
^{78}Pt	190	0.0127	0.000178
	192	0.78	0.0109
	194	32.9	0.461
	195	33.8	0.478
	196	25.3	0.354
	198	7.21	0.101
^{79}Au	197	100	0.202
^{80}Hg	196	0.146	0.000584
	198	10.2	0.0408
	199	16.84	0.0674
	200	23.13	0.0925
	201	13.22	0.0529
	202	29.80	0.119
	204	6.85	0.0274

续表 10

元　素	A	同位素丰度 (%)	宇宙丰度 ($Si=10^6$)
^{81}Tl	203	29.50	0.0567
	205	70.50	0.135
^{82}Pb	204	1.97	0.0788
	206	18.83	0.753
	207	20.60	0.824
	208	58.55	2.34
^{83}Bi	209	100	0.143
^{90}Th	232	100	0.058
^{92}U	235		0.0063
	238		0.0199

引自 A.G.W. *Cameron*, *Space Science Reviews* 15(1970), 121。

图书在版编目（CIP）数据

物理天文学前沿 /（英）F. 霍伊尔，（印）J. 纳里卡著；何香涛，赵君亮译 . — 长沙：湖南科学技术出版社，2018.1（2024.1 重印）
（第一推动丛书 . 宇宙系列）
ISBN 978-7-5357-9451-2
Ⅰ . ①物… Ⅱ . ① F… ② J… ③何… ④赵… Ⅲ . ①天体物理学—普及读物②天文学—普及读物
Ⅳ . ① P14-49 ② P1-49
中国版本图书馆 CIP 数据核字（2017）第 212892 号

The Physics-Astronomy Frontier
By Fred Hoyle , Jayant Narlikar

本书中文版由作者 Jayant Narlikar 授权翻译出版。
本书根据 Freeman 公司 1980 年版本译出。

湖南科学技术出版社获得本书中文简体版中国大陆独家出版发行权

WULI TIANWENXUE QIANYAN
物理天文学前沿

著者
[英]F. 霍伊尔
[印]J. 纳里卡
译者
何香涛　赵君亮
出版人
潘晓山
责任编辑
吴炜　戴涛　杨波
装帧设计
邵年 李叶 李星霖 赵宛青
出版发行
湖南科学技术出版社
社址
长沙市芙蓉中路一段416号
泊富国际金融中心
网址
http://www.hnstp.com
湖南科学技术出版社
天猫旗舰店网址
http://hnkjcbs.tmall.com

邮购联系
本社直销科 0731-84375808
印刷
长沙鸿和印务有限公司
厂址
长沙市望城区普瑞西路858号
邮编
410200
版次
2018 年 1 月第 1 版
印次
2024 年 1 月第 9 次印刷
开本
880mm × 1230mm　1/32
印张
19
字数
396 千字
书号
ISBN 978-7-5357-9451-2
定价
78.00 元